智能系统与技术丛书

多智能体强化学习

基础与现代方法

Multi-Agent Reinforcement Learning: Founc
and Modern Approaches

[德] 斯特凡诺·V. 阿尔布莱希特（Stefano V. Albrecht）
[希] 菲利波斯·克里斯蒂安诺斯（Filippos Christianos） 著
[德] 卢卡斯·舍费尔（Lukas Schäfer）
孙罗洋 李欣然 张海峰 译

机械工业出版社
CHINA MACHINE PRESS

图书在版编目（CIP）数据

多智能体强化学习 ：基础与现代方法 /（德）斯特凡诺·V. 阿尔布莱希特，（希）菲利波斯·克里斯蒂安诺斯，（德）卢卡斯·舍费尔著 ；孙罗洋，李欣然，张海峰译. -- 北京 ：机械工业出版社，2025. 3. --（智能系统与技术丛书）. -- ISBN 978-7-111-77687-1

Ⅰ. TP18

中国国家版本馆 CIP 数据核字第 2025AL8393 号

机械工业出版社（北京市百万庄大街 22 号　邮政编码 100037）

策划编辑：刘　锋　　责任编辑：刘　锋　冯润峰

责任校对：王　捷　张雨霏　景　飞　　责任印制：任维东

三河市骏杰印刷有限公司印刷

2025 年 4 月第 1 版第 1 次印刷

186mm×240mm · 16 印张 · 403 千字

标准书号：ISBN 978-7-111-77687-1

定价：109.00 元

电话服务　　网络服务

客服电话：010-88361066　　机　工　官　网：www.cmpbook.com

010-88379833　　机　工　官　博：weibo.com/cmp1952

010-68326294　　金　书　网：www.golden-book.com

封底无防伪标均为盗版　　机工教育服务网：www.cmpedu.com

THE TRANSLATOR'S WORDS

译 者 序

多智能体强化学习（MARL）作为人工智能的一个新兴研究领域，已经在国际上积累了较为丰富的研究成果和实践经验。本书系统性地总结了 MARL 的研究脉络，在领域内有较强的影响力。

本书由 Stefano V. Albrecht、Filippos Christianos 和 Lukas Schäfer 三位在多智能体系统和强化学习领域享有盛誉的专家共同撰写。本书内容主要分为两部分：第一部分介绍 MARL 中的基本概念和基础知识；第二部分则介绍基于深度学习技术的前沿 MARL 研究。本书不仅涵盖坚实的理论基础，还在实践层面展示了将复杂概念转化为应用方案的方法。通过具体的算法实践，读者可以加深对理论知识的理解。

我们希望这本中文翻译版可以给国内读者带来阅读的便利。得益于大语言模型的帮助，本书的翻译效率得到了极大的提升。在翻译过程中，我们也遇到了一些挑战，例如，某些术语尚无统一的中文翻译，我们选择了目前较为主流的翻译，并在首次出现时标注了其他可能的翻译，以便读者理解。此外，为了让本书更加通俗易懂，我们在翻译时特别注重语言的流畅性和表达的准确性。我们力求将复杂的概念用简洁明了的语言进行解释，同时保留原文的科学性和严谨性。

在此，我们要特别感谢在本书翻译过程中给予支持和帮助的所有老师和同学。他们的建议和指导使本书的翻译更加准确和完善。同时，也要感谢机械工业出版社的支持，使得这本书的中文版得以顺利出版。

尽管我们在翻译过程中力求准确无误，但由于时间和精力有限，书中难免存在疏漏之处。我们诚挚地欢迎读者提出宝贵的批评和建议，以便我们在后续版本中不断改进和完善。

PREFACE

前　言

多智能体强化学习（Multi-Agent Reinforcement Learning，MARL）是一个多样化且极为活跃的研究领域。随着深度学习在2010年代中期被引入多智能体强化学习，该领域的研究工作出现了爆炸式增长。现在，所有主要的人工智能和机器学习会议都会例行讨论相关文章，比如开发新的多智能体强化学习算法或以某种方式应用多智能体强化学习。这种急剧增长还体现在自那以后发表的越来越多的综述论文中，我们在书末列出了许多这样的论文。

随着这种增长，该领域显然需要一本教科书来提供对多智能体强化学习的原则性介绍。本书部分基于并在很大程度上遵循了Stefano V. Albrecht和Peter Stone在2017年澳大利亚墨尔本举行的国际人工智能联合会议（International Joint Conference on Artificial Intelligence，IJCAI）上所做的“Multiagent Learning：Foundations and Recent Trends”报告的结构。本书的写作目的是对多智能体强化学习中的模型、求解、算法思想和技术挑战进行基本介绍，并描述将深度学习技术整合进多智能体强化学习以产生强大新算法的现代方法。从本质上讲，我们认为本书所涵盖的材料应该为每一位从事多智能体强化学习的研究人员所了解。此外，本书还旨在为研究人员和从业人员使用MARL算法提供实用指导。为此，本书附带了用Python编程语言编写的代码库，其中包含本书讨论的几种多智能体强化学习算法的实现。代码库的主要目的是提供自成一体且易于阅读的算法代码，以帮助读者理解。

本书假定读者具有本科水平的基础数学背景，包括统计学、概率论、线性代数和微积分。此外，为了理解和使用代码库，读者需要熟悉基本的编程概念。通常，我们建议按顺序阅读本书的各个章节。对于不熟悉强化学习和深度学习的读者，我们将在第2章、第7章和第8章分别介绍相关基础知识。对于已经熟悉强化学习和深度学习的读者，如果想快速开始学习基于深度学习的最新多智能体强化学习算法，那么可以先阅读第3章，然后跳到第9章及以后的章节。为了帮助教师采用本书，我们制作了讲义幻灯片（可从本书网站获取），内容可根据课程需要进行修改。

多智能体强化学习已成为一个庞大的研究领域，本书并未涵盖其所有方面。例如，关于在多智能体强化学习中使用通信的研究日益增多，但本书并未涉及。这方面的研究问题包括：当通信信道嘈杂、不可靠时，智能体如何学会稳健地进行通信；智能体如何利用多智能体强化学习来学习针对特定任务的专用通信协议或语言。虽然本书的重点不是多智能体强化学习中的通信，但本书介绍的模型具有足够的通用性，也可以表示通信行为（如3.5节所述）。此外，还有关于将演化博弈论用于多智能体学习的研究，在本书中也没有涉及（我们推荐Bloembergen等人于2015年发表的优秀综述）。最后，随着近年来多智能体强化学习研究工作的急剧增加，试图编写一本跟上新算法的书籍是徒劳的。因此，我们将重点放在多智能体强化学习的基础概念和思想上，并参考研究综述论文（书末），以获知更完整的算法发展历程。

致谢：我们非常感谢在本书撰写过程中许多与我们合作或提供反馈意见的人。在这里，特别感谢MIT出版社的Elizabeth Swayze和Matthew Valades，他们在出版过程中给予了我们悉心的指导。许多同事也为我们提供了宝贵的反馈意见和建议，我们在此一并表示感谢（按姓氏字母顺序排列）：Christopher Amato、Marina Aoyama、Ignacio Carlucho、Georgios Chalkiadakis、Sam Dauncey、Alex Davey、Bertrand Decoster、Mhairi Dunion、Kousha Etessami、Aris Filos-Ratsikas、Elliot Fosong、Amy Greenwald、Dongge Han、Josiah Hanna、Leonard Hinckeldey、Sarah Keren、Mykel Kochenderfer、Marc Lanctot、Stefanos Leonardos、Michael Littman、Luke Marris、Elle McFarlane、Trevor McInroe、Mahdi Kazemi Moghaddam、Frans Oliehoek、Georgios Papoudakis、Tabish Rashid、Michael Rovatsos、Rahat Santosh、Raul Steleac、Massimiliano Tamborski、Kale-ab Tessera、Callum Tilbury、Jeroen van Riel、Zhu Zheng。我们还要感谢为MIT出版社审阅本书的匿名审稿人。图2.3中的火星探测车的马尔可夫决策过程（Markov Decision Process，MDP）基于Elliot Fosong和Adam Jelley为爱丁堡大学强化学习课程创建的类似的马尔可夫决策过程。图4.4和图4.5b中的图像是Mahdi Kazemi Moghaddam为本书制作的。我们非常感谢Karl Tuyls在2023年智能体及多智能体系统（Autonomous Agents and Multi-Agent Systems，AAMAS）国际会议上发表的主旨演讲中宣布了本书的出版。

勘误：尽管我们尽了最大努力，但仍可能有一些错字或不准确之处未被注意到。如果发现任何错误，请通过电子邮件issues@marl-book.com向我们告知，我们将不胜感激。

本书网站、代码库和幻灯片：本书的完整PDF版本以及附带资料（包括代码库和讲义幻灯片）的链接可在本书网站上找到：www.marl-book.com。

Stefano V. Albrecht
Filippos Christianos
Lukas Schäfer

SUMMARY OF NOTATION

符号总览

集合用大写字母表示。集合中的元素用小写字母表示。时间指数 t（或 τ）用上标表示（例如，$\boldsymbol{s}^t$ 表示时刻 t 时的状态）；智能体索引用下标表示（例如，$\boldsymbol{a}_i$ 表示智能体 i 的动作）。书中最常使用的符号在下方列出，特定章节可能会使用额外的符号。

通用

$\mathbb{R}$	实数集
$\propto$	成正比
$\boldsymbol{x}^\top$	向量 $\boldsymbol{x}$ 的转置
$\boldsymbol{X}^\top$	矩阵 $\boldsymbol{X}$ 的转置
Pr	概率
$\Pr(x \mid y)$	给定 y 时 x 的条件概率
$\mathbb{E}_p[x]$	概率分布 p 下 x 的期望
$x \sim p$	根据概率分布 p 采样的 x
$x \leftarrow y$	给变量 x 赋值 y
$\mathcal{D}$	训练数据集
$\frac{\partial f}{\partial x}$	函数 f 关于 x 的导数
∇	梯度
$\langle a, b, c, \cdots \rangle$	将输入 $a, b, c, \cdots$ 连接成元组 $(a, b, c, \cdots)$
$[x]_1$	指示函数：如果 x 为真，则返回 1，否则返回 0

博弈模型

I	智能体集合
i, j	智能体下标
$-i$	表示元组〈除了智能体 i 之外的所有智能体〉的下标
$S, \overline{S}$	状态空间，终止状态集合

$\boldsymbol{s}$	状态
O, O_i	(联合)观测空间，智能体 i 的观测空间
$\boldsymbol{o}, \boldsymbol{o}_i$	(联合)观测，智能体 i 的观测
A, A_i	(联合)动作空间，智能体 i 的动作空间
$\boldsymbol{a}, \boldsymbol{a}_i$	(联合)动作，智能体 i 的动作
r, r_i	(联合)奖励，智能体 i 的奖励
μ	初始状态分布
$\mathcal{T}$	状态转移函数
$\hat{\mathcal{T}}$	状态转移的模拟/采样模型
$\mathcal{O}, \mathcal{O}_i$	(智能体 i 的)观测函数
$\mathcal{R}, \mathcal{R}_i$	(智能体 i 的)奖励函数
Γ_s	状态 s 的标准式博弈

策略、回报、价值

Π, Π_i	(联合)策略空间，智能体 i 的策略空间
π, π_i	(联合)策略，智能体 i 的策略
π^*	最优策略或均衡联合策略
$H, \hat{H}$	历史集，全部历史集
$\boldsymbol{h}, \boldsymbol{h}_i$	联合观测历史，智能体 i 的观测历史
$\hat{\boldsymbol{h}}$	包含状态、联合观测、联合动作的全部历史
$\sigma(\hat{h})$	从全部历史 $\hat{h}$ 返回联合观测历史的函数
γ	折扣因子
u, u_i	(智能体 i 的)折扣回报
U, U_i	(智能体 i 的)期望折扣回报

(多智能体)强化学习

$\mathbb{L}$	学习算法
α	学习率
ε	探索率
$\bar{\pi}_i$	智能体 i 的经验动作分布或平均策略
$\hat{\pi}_j$	智能体 j 的智能体模型
BR_i	智能体 i 的最佳响应动作或策略集
V^π, V_i^π	策略 π 下(智能体 i)的状态-价值函数
Q^π, Q_i^π	策略 π 下(智能体 i)的动作-价值函数
V^*, Q^*	最优状态/动作-价值函数
Value_i	返回智能体 i 在标准式博弈中的均衡值

深度学习

$\boldsymbol{\theta}$	网络参数
$f(\boldsymbol{x};\boldsymbol{\theta})$	输入 x 的函数 f，参数为 θ
$\mathcal{L}(\boldsymbol{\theta})$	参数 θ 的损失函数
$\mathcal{B}$	批量训练数据
B	批量大小，即一批中的样本数

(多智能体)深度强化学习

$\boldsymbol{\theta},\boldsymbol{\theta}_i$	(智能体 i 的)价值函数参数
$\boldsymbol{\phi},\boldsymbol{\phi}_i$	(智能体 i 的)策略参数
$\overline{\boldsymbol{\theta}}$	目标网络参数
$\mathcal{D},\mathcal{D}_i$	(智能体 i 的)经验回放缓冲区
$\mathcal{H}$	熵
$\boldsymbol{z}$	集中式信息，例如，环境的状态

CONTENTS

目 录

译者序

前言

符号总览

第 1 章 引言 …… 1

1.1 多智能体系统 …… 1

1.2 多智能体强化学习 …… 4

1.3 应用示例 …… 6

1.3.1 多机器人仓库管理 …… 6

1.3.2 棋盘游戏和电子游戏中的竞争性对战 …… 7

1.3.3 自动驾驶 …… 7

1.3.4 电子市场中的自动化交易 …… 7

1.4 多智能体强化学习的挑战 …… 8

1.5 多智能体强化学习的议题 …… 9

1.6 本书内容和结构 …… 10

第一部分 多智能体强化学习的基础

第 2 章 强化学习 …… 12

2.1 一般定义 …… 12

2.2 马尔可夫决策过程 …… 14

2.3 期望折扣回报和最优策略 …… 16

2.4 价值函数与贝尔曼方程 …… 17

2.5 动态规划 …… 18

2.6 时序差分学习 …… 21

2.7 学习曲线评估 …… 23

2.8 $\mathcal{R}(s,a,s')$和 $\mathcal{R}(s,a)$的等价性 …… 26

2.9 总结 …… 27

第 3 章 博弈：多智能体交互模型 …… 28

3.1 标准式博弈 …… 29

3.2 重复标准式博弈 …… 30

3.3 随机博弈 …… 31

3.4 部分可观测随机博弈 …… 33

3.5 建模通信 …… 35

3.6 博弈中的知识假设 …… 36

3.7 词典：强化学习与博弈论 …… 37

3.8 总结 …… 38

第 4 章 博弈的解概念 …… 40

4.1 联合策略与期望回报 …… 41

4.2 最佳响应 …… 42

4.3 极小极大算法 …… 43

4.4 纳什均衡 …… 44

4.5 ϵ-纳什均衡 …… 46

4.6 (粗)相关均衡 …… 47

4.7 均衡解的概念局限性 …… 49

4.8 帕雷托最优 …… 50

4.9 社会福利和公平 …… 51

4.10 无悔 …… 53
4.11 均衡计算的复杂性 …… 54
4.11.1 PPAD 复杂性类 …… 55
4.11.2 计算ε-纳什均衡是 PPAD-完全问题 …… 56
4.12 总结 …… 57
第 5 章 博弈中的多智能体强化学习：第一步与挑战 …… 58
5.1 一般学习过程 …… 58
5.2 收敛类型 …… 60
5.3 单智能体强化学习的简化 …… 62
5.3.1 中心学习 …… 62
5.3.2 独立学习 …… 63
5.3.3 示例：基于等级的搜寻 …… 65
5.4 多智能体强化学习的挑战 …… 66
5.4.1 非平稳性 …… 67
5.4.2 均衡选择 …… 68
5.4.3 多智能体信用分配 …… 69
5.4.4 扩展到多个智能体 …… 71
5.5 智能体使用哪些算法 …… 71
5.5.1 自博弈 …… 72
5.5.2 混合博弈 …… 72
5.6 总结 …… 73
第 6 章 多智能体强化学习：基础算法 …… 75
6.1 博弈的动态规划：价值迭代 …… 75
6.2 博弈中的时序差分：联合动作学习 …… 77
6.2.1 极小极大 Q 学习 …… 79
6.2.2 纳什 Q 学习 …… 80
6.2.3 相关 Q 学习 …… 81
6.2.4 联合动作学习的局限性 …… 81
6.3 智能体建模 …… 82
6.3.1 虚拟博弈 …… 83
6.3.2 智能体建模的联合动作学习 …… 85
6.3.3 贝叶斯学习与信息价值 …… 87
6.4 基于策略的学习 …… 92
6.4.1 期望奖励中的梯度上升 …… 92
6.4.2 无穷小梯度上升的学习动态 …… 93
6.4.3 赢或快速学习 …… 94
6.4.4 用策略爬山算法实现赢或快速学习 …… 96
6.4.5 广义无穷小梯度上升 …… 98
6.5 无悔学习 …… 99
6.5.1 无条件与有条件的遗憾匹配 …… 99
6.5.2 遗憾匹配的收敛性 …… 100
6.6 总结 …… 103
第二部分 多智能体深度强化学习：算法与实践
第 7 章 深度学习 …… 106
7.1 强化学习的函数逼近 …… 106
7.2 线性函数逼近 …… 107
7.3 前馈神经网络 …… 108
7.3.1 神经元 …… 109
7.3.2 激活函数 …… 109
7.3.3 由层和单元构成网络 …… 110
7.4 基于梯度的优化 …… 111
7.4.1 损失函数 …… 111
7.4.2 梯度下降 …… 112
7.4.3 反向传播 …… 114
7.5 卷积神经网络与递归神经网络 …… 114
7.5.1 从图像中学习——利用数据中的空间关系 …… 115
7.5.2 利用记忆从序列中学习 …… 116

7.6 总结 …… 117

第 8 章 深度强化学习 …… 119

8.1 深度价值函数逼近 …… 119

8.1.1 深度 Q 学习——可能出现什么问题 …… 120

8.1.2 目标值变动问题 …… 121

8.1.3 打破相关性 …… 123

8.1.4 汇总：深度 Q 网络 …… 124

8.1.5 超越深度 Q 网络 …… 126

8.2 策略梯度算法 …… 126

8.2.1 学习策略的优势 …… 127

8.2.2 策略梯度定理 …… 128

8.2.3 REINFORCE：蒙特卡罗策略梯度 …… 129

8.2.4 演员-评论家算法 …… 131

8.2.5 A2C：优势演员-评论家 …… 132

8.2.6 近端策略优化 …… 134

8.2.7 策略梯度算法在实践中的应用 …… 135

8.2.8 策略的并行训练 …… 136

8.3 实践中的观测、状态和历史记录 …… 139

8.4 总结 …… 140

第 9 章 多智能体深度强化学习 …… 142

9.1 训练和执行模式 …… 142

9.1.1 集中式训练和执行 …… 143

9.1.2 分散式训练和执行 …… 143

9.1.3 集中式训练与分散式执行 …… 144

9.2 多智能体深度强化学习的符号表示 …… 144

9.3 独立学习 …… 145

9.3.1 基于独立价值的学习 …… 145

9.3.2 独立策略梯度方法 …… 146

9.3.3 示例：大型任务中的深度独立学习 …… 149

9.4 多智能体策略梯度算法 …… 150

9.4.1 多智能体策略梯度定理 …… 150

9.4.2 集中式评论家 …… 151

9.4.3 集中式动作-价值评论家 …… 153

9.4.4 反事实动作-价值估计 …… 154

9.4.5 使用集中式动作-价值评论家的均衡选择 …… 155

9.5 共享奖励博弈中的价值分解 …… 157

9.5.1 个体-全局-最大化性质 …… 159

9.5.2 线性价值分解 …… 159

9.5.3 单调价值分解 …… 162

9.5.4 实践中的价值分解 …… 166

9.5.5 超越单调价值分解 …… 170

9.6 使用神经网络的智能体建模 …… 173

9.6.1 用深度智能体模型进行联合动作学习 …… 173

9.6.2 学习智能体策略的表示 …… 176

9.7 具有同质智能体的环境 …… 178

9.7.1 参数共享 …… 179

9.7.2 经验共享 …… 180

9.8 零和博弈中的策略自博弈 …… 182

9.8.1 蒙特卡罗树搜索 …… 183

9.8.2 自博弈蒙特卡罗树搜索 …… 186

9.8.3 带有深度神经网络的自博弈 MCTS：AlphaZero …… 187

9.9 基于种群的训练 …… 188

9.9.1 策略空间响应预言家 …… 189

9.9.2 PSRO的收敛性 ········ 192
9.9.3 《星际争霸Ⅱ》中的宗师级别：AlphaStar ········ 194
9.10 总结 ········ 196

第10章 实践中的多智能体深度强化学习 ········ 198
10.1 智能体环境接口 ········ 198
10.2 PyTorch中的多智能体强化学习神经网络 ········ 199
10.2.1 无缝参数共享实现 ········ 201
10.2.2 定义模型：IDQN的一个示例 ········ 201
10.3 集中式价值函数 ········ 203
10.4 价值分解 ········ 204
10.5 多智能体强化学习算法的实用技巧 ········ 205
10.5.1 堆叠时间步与循环网络 ········ 205
10.5.2 标准化奖励 ········ 205
10.5.3 集中式优化 ········ 206
10.6 实验结果的展示 ········ 206
10.6.1 学习曲线 ········ 206
10.6.2 超参数搜索 ········ 207

第11章 多智能体环境 ········ 209
11.1 选择环境的标准 ········ 209
11.2 结构不同的2×2矩阵博弈 ········ 210
11.2.1 无冲突博弈 ········ 210
11.2.2 冲突博弈 ········ 211
11.3 复杂环境 ········ 212
11.3.1 基于等级的搜寻 ········ 213
11.3.2 多智能体粒子环境 ········ 214
11.3.3 星际争霸多智能体挑战 ········ 215
11.3.4 多机器人仓库 ········ 216
11.3.5 谷歌足球 ········ 217
11.3.6 《花火》 ········ 217
11.3.7 《胡闹厨房》 ········ 218
11.4 环境集合 ········ 218
11.4.1 熔炉 ········ 219
11.4.2 OpenSpiel ········ 219
11.4.3 Petting Zoo ········ 220

多智能体强化学习研究综述 ········ 221

参考文献 ········ 224

CHAPTER1

第1章

引　　言

试想这样一种场景：有一群能够自己做出决策的自主智能体，为了实现特定目标必须在共享环境中进行交互。这些智能体可能有共同的目标，比如让一组移动机器人在一个大型仓库中收集和运送货物，或者让一组无人机监控一个发电厂；这些智能体也可能有相互冲突的目标，比如在虚拟市场中进行商品交易的智能体，每个智能体都试图最大化自己的收益。由于我们并不确切知道应该如何让各个智能体进行交互来实现其目标，因此我们的做法是让它们自己去探索。因此，智能体开始在其所处的环境中尝试各种动作并收集经验，包括环境因其动作而导致的变化以及其他智能体是如何行动的。随着时间的推移，智能体开始学习各种概念，例如，解决任务所需的技能，以及更重要的是学习如何与其他智能体协调行动。它们甚至可能学会开发一种共享语言，以便实现智能体之间的交流。到最后，智能体的能力会达到一定水平，并成为以最优方式进行交互来实现目标的专家。

简而言之，这个令人兴奋的愿景正是多智能体强化学习(Multi-Agent Reinforcement Learning，MARL)旨在实现的。多智能体强化学习以强化学习(Reinforcement Learning，RL)为基础，在此过程中，智能体通过尝试动作并接受奖励来学习最优决策策略，其目标是选择动作以最大化随时间累积获得的奖励总和。在单智能体强化学习中，重点是学习单个智能体的最优策略，而在多智能体强化学习中，重点是学习多个智能体的最优策略，并应对这一学习过程中出现的独特挑战。

在本章中，我们将开始概述多智能体强化学习的一些基本概念和挑战。首先，我们将介绍多智能体系统的概念，该系统由环境、环境中的智能体及其目标定义。然后，我们将讨论多智能体强化学习如何在此类系统中运作，以学习智能体的最佳策略，并通过一些潜在的应用示例来加以说明。接下来，我们将讨论多智能体强化学习中的一些关键挑战，例如，非平稳性和均衡选择问题，以及多智能体强化学习的几个“议题”，这些议题描述了多智能体强化学习的不同应用方式。在本章的最后，我们将概述本书两部分所涵盖的主题。

1.1　多智能体系统

一个多智能体系统由环境和多个决策智能体组成，这些智能体在环境中相互作用，以实现特定的目标。图 1.1 展示了一个多智能体系统的总体示意图，下面我们将对其基本组成部分进行描述。

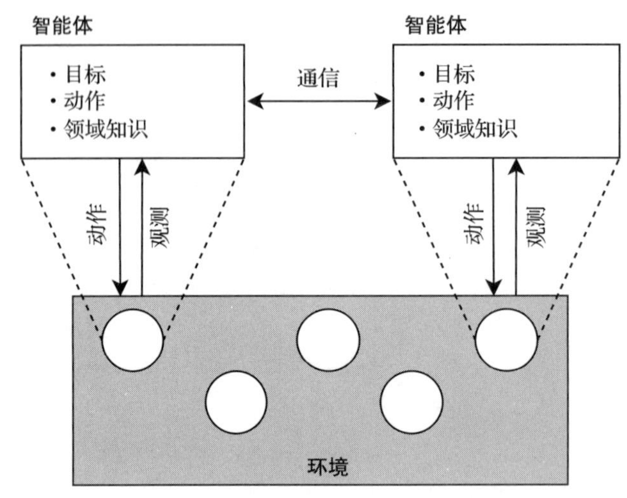

图 1.1 多智能体系统总体示意图。一个多智能体系统由环境和多个决策智能体(如环境中的圆圈所示)组成。智能体可以观测环境信息，并采取动作实现目标

环境

环境是一个物理的或虚拟的世界，其状态随着时间的推移而变化，并受到环境中存在的智能体的动作的影响。环境规定了智能体在任何时间点可以采取的动作，以及各个智能体对环境状态的观测结果。环境的状态空间可以是离散的也可以是连续的，或者是二者的组合。例如，在二维迷宫环境中，状态可以定义为所有智能体的离散整数位置与其连续方向(以弧度表示)的组合。同样，动作空间也可以是离散或连续的，例如，在迷宫中向上/下/左/右移动，或以指定的连续角度转动。多智能体环境通常的特点是，智能体对环境的观测是有限的、不完全的。这意味着单个智能体可能只能观测到环境状态的部分信息，而且不同的智能体可能会接收到不同的环境观测结果。

智能体

智能体是一个接收环境状态信息的实体，可以选择不同的动作来影响环境状态。智能体可能拥有关于环境的不同先验知识，例如，环境可能处于的状态以及状态如何受智能体动作的影响。要注意的是，智能体是目标导向型的，即智能体有明确的目标，并为实现目标而选择动作。这些目标可以是达到某个特定的环境状态，也可以是最大化某些数量(如货币收入)。在 MARL 中，这些目标是由奖励函数确定的，奖励函数指定了智能体在特定状态下采取特定动作后获得的标量奖励信号。“策略”一词指的是智能体根据当前环境状态选择动作(或为选择每个动作分配概率)的函数。如果环境对于智能体是部分可观的，那么策略可能基于智能体当前和过去的观测结果。

作为上述概念的具体示例，考虑图 1.2 所示的基于等级的搜寻示例[⊖]。在这个示例中，机

⊖ 基于层次的觅食示例将贯穿本书。我们提供此环境的开源实现，网址为 https://github.com/uoe-agents/lb-foraging。有关此环境的更多详细信息，请参阅 11.3.1 节。

器人的任务是收集分布在网格世界环境中的物品。每个机器人和物品都有一个相关的技能等级，一个或多个机器人组成的小组可以收集物品，前提是这些机器人位于物品旁边，且机器人的等级之和大于或等于物品的等级。在给定时间内，该环境的状态完全由包含机器人和物品位置的变量(用 x 和 y 来表示)以及表示物品是否存在的二进制变量来描述[㊀]。在本例中，我们使用三个独立的智能体分别控制三个机器人。在任何给定的时间，每个智能体都可以观测到环境的完整状态，并从集合{上、下、左、右、收集、无操作}中选择一个动作来控制自己的机器人。这个动作集合中的前四个动作通过将机器人移动到相应的方向来修改机器人在状态中的位置 x 或 y(若机器人已经处于网格世界的边缘，则这种移动将不改变其位置)。“收集”动作会让机器人尝试去收集附近的物品，如果物品被收集，则该动作会修改物品对应的二进制存在变量。“无操作”动作对状态没有影响。

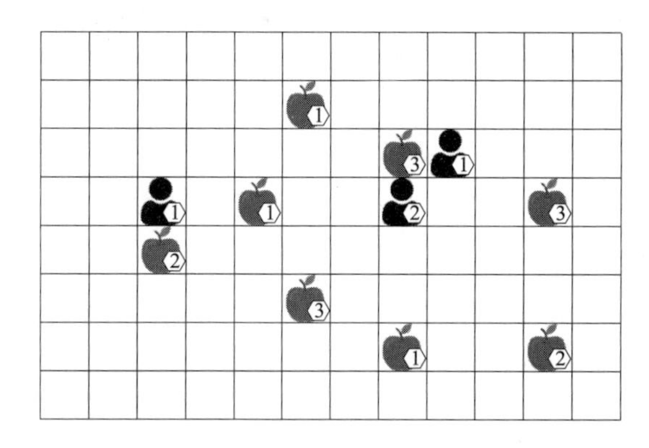

图 1.2 一个基于等级的搜寻任务，其中由三个机器人组成的小组必须收集所有物品(如图中的苹果)，每个机器人由一个智能体控制。每个机器人和物品都有一个相关的技能等级显示在右下角，如图所示。一个或多个机器人组成的小组只要位于物品旁边，且机器人的等级总和大于或等于物品的等级，就可以收集物品

请注意，在上述描述中，我们用“机器人”和“智能体”来指代两个不同的概念。在基于等级的搜寻过程中，“机器人”一词是通过位置变量 x 和 y 明确表示的对象的标签。同样，“物品”一词指的是基于等级搜寻的对象，它由位置变量 x 和 y 以及一个二进制存在变量表示。与这些物体标签不同，“智能体”一词指的是一个抽象的决策实体，它观测环境中的某些信息，并为特定的动作变量选择值。在本例中，智能体选择的是机器人的动作。如果智能体和某些对象之间存在直接的一一对应关系，例如，基于等级的搜寻示例中的智能体和机器人，那么可以方便地交替使用这两个术语。例如，在基于等级的搜寻示例中，当提到由智能体 i 控制的机器人的技能等级时，我们可以说“智能体 i 的技能等级”。除非有必要进行区分，否则在本书中，我们一般将“智能体”一词与它所控制的对象等同。

多智能体系统的决定性特征是，各智能体必须协调(或对抗)彼此的动作，以实现各自的目标。在完全合作的情况下，智能体的目标是完全一致的，因此它们需要为实现共同目标而合作。例如，在基于等级的搜寻示例中，当任何一个智能体成功收集到一件物品时，所有智能体都可能获得$+1$的奖励。在竞争场景中，智能体的目标可能截然相反，因此智能体之间是间接竞争关系。这种竞争场景的一个例子是让两个智能体下棋，赢棋的一方获得的奖励为$+1$，输棋的一方获得的奖励为-1(或者平局双方奖励都为0)。在这两种极端情况之间，智能体的目标可能在某些方面一致，而在其他方面存在差异。这就可能导致既涉及合作，也涉及不同

㊀ 请注意，机器人和物品的技能水平不包括在状态中，因为这些水平被假设为恒定的。然而，如果技能水平可以在不同的回合之间变化，那么状态可能还包括机器人和物品的技能水平。

程度的竞争的复杂多智能体交互问题。例如，在基于等级的搜寻示例的实际实现中(将在11.3.1节中描述)，只有那些参与了物品收集的智能体(而不是所有智能体)才能获得正的归一化奖励。因此，智能体有动机最大化自己的回报(奖励总和)，这可能会导致它们试图抢在其他智能体之前收集到物品，但它们也可能需要在某些时候与其他智能体协作才能收集到物品。

上述状态、动作、观测和奖励等概念是在博弈模型中正式定义的。博弈模型有多种类型，第3章将介绍多智能体强化学习中最常用的博弈模型，包括标准式博弈、随机博弈和部分可观测随机博弈。博弈模型的解由一组满足特定期望属性的智能体策略组成。正如我们将在第4章中看到的，在一般情况下存在着一系列的解概念。大多数的解都以某种均衡概念为基础，这意味着没有任何一个智能体可以偏离解中的策略来改善其结果。

多智能体系统的研究在人工智能领域有着悠久的历史，并涉及广泛的技术问题(Shoham和Leyton-Brown，2008；Wooldridge，2009)。这些问题包括：如何设计算法使智能体能够选择最优动作，以实现其特定目标；如何设计环境激励智能体的某些长期行为；如何在智能体之间进行沟通和传播；如何在智能体群体中形成规范、惯例和不同的角色。本书关注的是这些问题中的第一个，重点是使用强化学习技术优化和协调智能体的策略，以最大限度地提高它们随时间积累的奖励。

1.2　多智能体强化学习

多智能体强化学习算法为多智能体系统中的一组智能体学习最优策略[⊖]。与单智能体算法类似，多智能体强化学习的策略也是通过试错来学习的，目的是使智能体的累积奖励或回报最大。图1.3展示了MARL的基本示意图。一组智能体(n个)选择各自的动作，这些动作合起来称为联合动作。联合动作会根据环境动态来改变环境状态，智能体会因此获得各自的奖励以及对新的环境状态的观测。图中的这个循环会一直持续，直到满足一个终止条件(如一个智能体赢得一盘棋)或无限进行下去。从初始状态到终止状态的完整循环，在强化学习中称为一个“episode”，即一轮或一个回合。从多个独立的回合中产生的数据，也就是每一回合中的状态、动作和奖励，将用于不断改进智能体的策略。

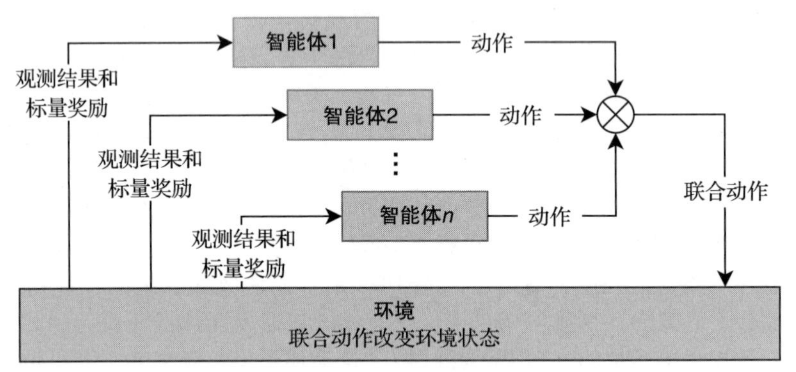

图1.3　多智能体强化学习示意图。一组智能体(n个)接收关于环境状态的观测结果，并选择动作来改变环境状态。然后，每个智能体都会收到一个标量奖励和一个新的观测结果，并重复这个过程

⊖ 本书使用了MARL术语的字面定义，我们在其中学习了多个智能体的策略。这与学习在多智能体系统中运行的单个智能体的策略形成鲜明对比，在该系统中，我们无法控制其他智能体。

在1.1节介绍的基于等级的搜寻环境中，每个智能体$i \in \{1,2,3\}$观测完整的环境状态，并选择一个动作$a_i \in \{$上,下,左,右,收集,无操作$\}$。给定联合动作(a_1,a_2,a_3)后，根据联合动作中选择的动作，通过修改机器人的位置变量和物品的二进制存在变量，环境状态会过渡到一个新的状态。然后，每个智能体都会收到一个奖励，例如，如果有物品被收集到，则奖励为+1，否则为0，并观测环境的新状态。一旦所有物品都被收集完毕，或达到允许的最大时间步，基于等级的搜寻任务的一个回合就结束了。最初，每个智能体都以随机策略开始，随机选择动作。随着智能体在不同的状态下不断尝试不同的动作，并观测由此产生的奖励和新状态，它们将改变策略，在每个状态下选择能使所获奖励总和最大的动作。

图1.3所示的多智能体强化学习循环类似于单智能体强化学习循环(将在第2章中介绍)，并将其扩展到多智能体。与后者相比，多智能体强化学习有几个重要的用途。其中一个是将一个庞大、难以解决的决策问题分解成更小、更容易解决的决策问题。为了说明这个想法，请回顾图1.2中所示的基于等级的搜寻示例。如果我们将其视为一个单智能体强化学习问题，那么我们就必须训练一个单一的中心智能体，由其为三个机器人中的每一个来选择动作。因此，中心智能体的动作由元组(a_1,a_2,a_3)确定，其中a_i指定机器人i的动作。这就导致了一个决策问题，即中心智能体在每个时间步中都有$6^3=216$种可能的动作。即使在这样一个简单的示例中，大多数标准式的单智能体强化学习算法也不容易扩展到这么大的动作空间。但是，我们可以通过引入三个独立的智能体(每个机器人一个)来分解这个决策问题，这样每个智能体在每个时间步中只面临6个可能的动作选择。当然，这种分解也引入了一个新的挑战，即智能体需要协调它们的动作才能取得成功。多智能体强化学习算法可采用多种方法来促进协调的智能体策略的学习。

即使我们能够利用单智能体强化学习成功解决上述例子，训练出一个中心智能体，这种方法仍然依赖于一个隐含假设：环境允许集中控制。然而，在多智能体系统的许多应用中，可能无法从一个中心位置控制和协调多个智能体的动作。例如，城市环境中的自动驾驶，每辆汽车都需要有自己的本地驾驶策略；或者在搜救任务中使用的移动机器人团队，可能无法与中心协调者进行通信，因此每个智能体(机器人)可能需要完全独立行动。在这类应用中，智能体可能需要学习分散式策略，即每个智能体根据自己的观测结果在本地执行自己的策略。对于这类应用，就需要多智能体强化学习算法学习分散式执行的智能体策略。

如表1.1所示，多智能体强化学习算法可以根据多个维度进行分类：对智能体奖励的假设(比如完全合作、竞争或混合)、算法旨在实现哪种类型的解(比如纳什均衡)，以及智能体可以观测到的环境等。算法也可以根据智能体学习策略时(“训练”)和学习后(“执行”)的假设进行分类。在集中式训练和执行中，假设这两个阶段都能访问某些集中共享的机制或信息，比如在智能体之间共享所有的观测数据：一个中心智能体可以接收来自其他所有智能体的信息，并向各智能体下达动作指令。这种集中式有助于改善智能体之间的协调，并减轻诸如非平稳性(在1.4节中讨论)等问题。相比之下，分散式训练和执行则不假设有这种集中共享的信息，而是要求在学习某个智能体的策略以及策略本身时，只使用该智能体的本地信息。第三个主要类别是集中式训练分散式执行的结合，旨在综合上述两种方法的优势，假设在训练期间(比如在模拟中)集中式是可行的，同时产生可以完全分散式执行的策略。这些观点将在第9章中进一步讨论。

表 1.1　多智能体强化学习的维度以及相应章节

维度	问题及相应章节
大小/量级	环境中有多少智能体？智能体的数量是固定的，还是可以变化的？环境中规定了多少种状态和动作？状态和动作是离散的还是连续的？动作被定义为单值还是多值向量？（第 3 章）
知识	智能体知道自己和其他智能体可以采取什么动作吗？它们知道自己和其他智能体的奖励函数吗？智能体知道环境的状态转移概率吗？（第 3 章）
可观测性	智能体能观测到环境的哪些情况？智能体能观测到完整的环境状态，还是能观测到片面的、不准确的环境状态？它们能观测到其他智能体的动作和奖励吗？（第 3 章）
奖励	在智能体是对手的情况下，奖励是零和的吗？或者在智能体是队友的情况下，有共同(共享)奖励吗？或者说，智能体是否必须以某种方式既竞争又合作？（第 3 章）
目标	智能体的目标是学习一个均衡的联合策略吗？什么类型的均衡？学习过程中的表现重要吗，还是只有最终学习到的策略重要？目标是在与某些类别的其他智能体竞争时取得好成绩吗？（第 4 章和第 5 章）
集中式与通信	智能体能否通过一个中央控制器或协调器来协调自己的动作？还是智能体学习完全独立的策略？智能体能否在学习过程中和学习后来共享或交流信息？通信渠道是可靠的，还是嘈杂不可靠的？（第 3 章、第 5 章、第 6 章和第 9 章）

1.3　应用示例

我们提供了几个示例来说明图 1.3 所示的多智能体强化学习训练循环及其不同的组成要素，如智能体、观测、动作和奖励。每个示例都基于现实世界中的潜在应用，我们还提供了使用 MARL 开发此类应用的相关工作。

1.3.1　多机器人仓库管理

想象一个由许多货架组成的大型仓库，货架上摆放着各式各样的物品，这些货架构成了一个个通道。订单会不断流入，指定要从货架上取走的特定物品和数量并送到工作站进行进一步处理。假设我们有 100 个移动机器人，它们可以沿着通道移动，从货架上拾取物品。我们可以使用多智能体强化学习来训练这些机器人以最佳方式协作，从而尽可能快速、高效地完成订单。在这个应用中，每个机器人都可以由一个独立的智能体控制，因此我们将有 100 个智能体。每个智能体都可以观测到自己在仓库中的位置和当前的朝向、所携带的物品以及正在处理的订单等信息。它还可以观测其他智能体的信息，如它们的位置、物品和订单。智能体的动作可能包括物理移动，例如，朝某个方向转动和加速/刹车，以及拾取物品。动作也可能包括向其他机器人发送通信消息，例如，可能包含通信智能体的物理移动信息。最后，每个智能体在完成订单(按照订单拾取特定数量的物品)时都可能会获得单独的正向奖励。或者，当任何一个智能体完成订单时，所有智能体都会获得集体奖励。后一种情况称为共享奖励(或共同奖励)，是 MARL 的一个重要特例，将在第 3 章中进一步讨论。Krnjaic 等人(2024)

将多智能体强化学习算法用于多机器人仓库应用。11.3.4节描述了一个简单的多机器人仓库模拟器。

1.3.2 棋盘游戏和电子游戏中的竞争性对战

多智能体强化学习可以用来训练智能体，以实现在棋盘游戏和纸牌游戏(如西洋双陆棋、国际象棋、围棋、扑克牌)以及多人电子游戏(如射击游戏、赛车游戏等)中的强竞争性对战。每个智能体在游戏中扮演其中一名玩家的角色。智能体可以采取行动，将单个棋子或单元移动到指定位置、放置指定牌、射击目标单元等。智能体可能观测整个游戏状态(例如，整个游戏棋盘和所有棋子)，也可能只观测部分状态(例如，只观测自己的牌而不观测其他玩家的牌，或者只观测游戏地图的一部分)。根据游戏规则和机制的不同，智能体可能会也可能不会观测到其他智能体选择的动作。在包含两个智能体的完全竞争的游戏中，一个智能体的奖励是另一个智能体奖励的负值。如果一个智能体赢得游戏后获得+1的奖励，那么另一个输掉游戏的智能体将获得−1的奖励，反之亦然。这一特性被称为零和奖励，是多智能体强化学习中的另一个重要特例。通过这种设置，在MARL训练过程中，智能体将学会利用对方的弱点改进自己的策略，以消除自身的弱点，从而实现强竞争性对战。许多不同类型的棋盘游戏、纸牌游戏和电子游戏都已经使用MARL方法进行了处理(Tesauro 1994；Silver等人，2018；Vinyals等人，2019；Bard等人，2020；Meta Fundamental AI Research Diplomacy Team等人，2022；Pérolat等人，2022)。

1.3.3 自动驾驶

城市环境和高速公路中的自动驾驶涉及与其他车辆的频繁交互。利用多智能体强化学习，我们可以训练多车辆的控制策略，以便在复杂的交互场景中导航，例如，驶过繁忙的路口和环岛，以及汇入高速公路。智能体的动作可能是车辆的连续控制，如转向和加速/制动；也可能是离散动作，如决定执行不同的机动动作(如变道、转弯、超车)。智能体可能会接收到自己控制的车辆的观测信息(如车道位置、方向、速度)以及附近其他车辆的观测信息。由于传感器噪声，对其他车辆的观测可能是不确定的，并且由于遮挡造成的部分可观测性(例如，其他车辆阻挡智能体的视线)，观测可能不完整。每个智能体的奖励可能涉及多个因素。从根本上说，智能体必须避免碰撞，因为任何碰撞都会导致很大的负奖励。此外，我们希望智能体产生高效和自然的驾驶行为，比如尽量缩短驾驶时间可能会获得正奖励，而突然加速或刹车以及频繁变道则会获得负奖励。与多机器人仓库(智能体具有相同的目标)和博弈(智能体具有相反的目标)不同的是，自动驾驶是一个混合动机场景，即智能体为避免碰撞而协作，但同时也出于自身利益的考虑，希望尽量缩短驾驶时间并平稳驾驶。这种情况被称为一般和奖励(非零和奖励)，是多智能体强化学习中最具挑战性的任务之一。MARL算法已被应用于一系列自动驾驶任务(如Shalev-Shwartz、Shammah和Shashua，2016；Peake等人，2020；Zhou、Luo等人，2020；Dinneweth等人，2022；Zhou等人，2022)。

1.3.4 电子市场中的自动化交易

可以开发软件智能体来扮演电子市场中交易者的角色(Wellman、Greenwald和Stone，2007)。智能体在市场中的典型目标是通过下达买卖指令来最大化自己的回报。因此，智能体的动作包括根据指定时间、价格和数量买入或卖出商品。智能体接收有关市场价格变动和其他关键绩效指标的观测结果，可能还会收到订单当前状态的相关信息。此外，智能体可能需要根据观测到的不同类型信息来模拟和监控外部事件与过程，例如，与特定公司相关的新闻，或在点对点能源市场中自有管理家庭的能源需求和使用情况。智能体的奖励可以定义为在一段时期内(例如在每个交易日、每个季度或每年结束时)所获收益和损失的函数。因此，电子市场交易是混合动机场景的另一个示例，因为多智能体需要在某种程度上进行合作，让卖出和买入价格达成一致，同时力求最大化各自的收益。目前已经为不同类型的电子市场提出了多智能体强化学习算法，包括金融市场和能源市场(Roesch 等人，2020；Qiu 等人，2021；Shavandi 和 Khedmati，2022)。

1.4 多智能体强化学习的挑战

多智能体强化学习中存在各种挑战，这些挑战主要来自以下方面：智能体可能有相互冲突的目标；智能体可能对环境有不同的观测能力；智能体同时学习以优化其策略等。下面我们将概述一些主要挑战，第 5 章将对这些挑战进行更详细的讨论。

多智能体学习过程中的非平稳性

多智能体强化学习的一个重要特点是非平稳性，这是由智能体在学习过程中不断变化的策略造成的。这种非平稳性可能会导致目标移动问题，因为每个智能体都会适应其他智能体的策略，而这些策略也会反过来适应其他智能体的变化，从而可能导致循环和不稳定的学习动态。由于智能体的奖励和局部观测结果不同，它们可能会以不同的速度学习不同的行为，从而进一步加剧这一问题。因此，以稳健的方式处理这种非平稳性的能力往往是多智能体强化学习算法的一个关键方面，也一直是许多研究的主题。

最优策略和均衡选择

多智能体系统中的策略何时最优？在单智能体模型中，如果一个策略在每个状态下都能实现最大期望回报，那么这个策略就是最优的。然而，在多智能体强化学习中，一个智能体的策略回报还取决于其他智能体的策略，因此我们需要更复杂的最优性概念。第 4 章将介绍一系列解概念，例如均衡解，其中每个智能体的策略在某种特定意义上都是相对于其他智能体策略的最优策略。此外，在单智能体情况下，所有最优策略都会为智能体带来相同的期望回报，但在多智能体系统中(智能体可能会获得不同的奖励)，可能会有多个均衡解，而且每个均衡解可能会为不同的智能体带来不同的回报。因此，存在一个额外的挑战，即智能体必须在学习过程中就收敛到哪个均衡点进行本质上的协商(Harsanyi 和 Selten，1988)。MARL 研究的一个核心目标是开发能够使智能体的策略稳健地收敛到特定解的学习算法。

多智能体信用分配

强化学习中的时间信用分配问题旨在确定过去的哪些动作促成了获得的奖励。在多智能体强化学习中，这个问题因为另外一个问题而变得更加复杂，那就是确定是哪一个智能体的动作促成了奖励。为了说明这一点，考虑图 1.2 所示的基于等级的搜寻示例，假设所有智能体都选择了“收集”动作，之后它们获得＋1 的集体奖励。仅凭借这些状态、动作和奖励信息，要梳理出每个智能体对所获奖励的贡献是非常困难的，尤其是左边的智能体对奖励没有贡献，因为它的动作没有效果(该智能体的等级不够大)。虽然基于反事实推理的想法，在原则上可以解决这个问题，但如何以高效和可扩展的方式解决多智能体信用分配问题仍然是一个开放性问题。

智能体数量的扩展

在多智能体系统中，智能体之间可能的动作组合总数会随着智能体数量的增加而呈指数增长，特别是每个新增的智能体都有自己的附加动作变量的情况。例如，在基于等级的搜寻任务中，每个智能体控制一个机器人，那么再增加一个智能体时就会带来其本身的相关动作变量(没有指数增长的反例见 5.4.4 节)。在多智能体强化学习的早期，通常只使用两个智能体来避免扩展问题。即使是今天基于深度学习的多智能体强化学习算法，通常使用的智能体数量也在 2～10 之间。如何以高效、稳健的方式处理更多的智能体是 MARL 研究的一个重要目标。

1.5　多智能体强化学习的议题

Shoham、Powers 和 Grenager(2007)撰写了一篇题为“If multi-agent learning is the answer, what is the question?”的重要文章，描述了多智能体强化学习研究中的几个不同议题[⊖]。这些议题在使用多智能体强化学习的动机和目标以及衡量进展和成功的标准方面各不相同。Shoham 等人在文章中提出了一个重要观点，即在使用多智能体强化学习时，必须明确意图和目标。我们将主要议题描述如下：

计算性

计算性议题使用多智能体强化学习作为计算博弈模型的求解方法，由满足特定属性(如将在第 4 章讨论的纳什均衡和其他解概念)的智能体决策策略集合组成。计算出解后，可以将其部署到博弈应用中以控制智能体(见 1.3 节中的一些示例)，也可以将其用于对博弈进行进一步分析。因此，在该议题中，多智能体强化学习算法与其他直接计算博弈解的方法展开了竞争(Nisan 等人，2007；Roughgarden，2016)。对于某些类型的博弈，此类直接方法可能比多智能体强化学习算法更高效(例如，4.3 节和 4.6 节中讨论的线性规划方法)，但它们通常需要博弈的全部知识，包括所有智能体的奖励函数。相比之下，多智能体强化学习算法通常旨在不完全了解博弈的情况下学习解。

规范性

规范性议题特别关注智能体在学习过程中的行为和表现，并探讨它们应如何学习以达到一组给定的标准。在这方面不同的标准已被提出：一种可能的标准是，无论其他智能体是如何学习的，学习型智能体在学习过程中获得的平均奖励不应低于某个临界值；另一种可能的标准是，如果其他智能体来自某一类智能体(如静态、非学习型智能体)，则学习型智能体应学习最优动作，否则不应低于某个性能阈值(Powers 和 Shoham，2004)。这类标准主要关注智能体在学习过程中的行为，对集体学习过程是否会收敛到特定均衡点持开放态度。因此，收敛到特定的解(如均衡)并不一定是本议题的目标。

描述性

描述性议题使用多智能体强化学习来研究智能体(包括人类和动物等自然智能体)在群体中学习时的行为。这一议题通常首先提出一个特定的多智能体强化学习算法，该算法使用理

⊖ Shoham、Powers 和 Grenager(2007)的文章是“Foundations of Multi-Agent Learning”特刊的一部分，该特刊发表在 *Artificial Intelligence* 杂志上(Vohra 和 Wellman，2007)。这期特刊包含了许多来自 MARL 研究早期贡献者的有趣文章，包括对 Shoham 等人文章的回应。

想化的描述来说明所研究的智能体如何根据过去的交互来调整其动作。社会科学和行为经济学的方法可用于测试多智能体强化学习算法与智能体行为的匹配程度，例如，通过实验室环境中的受控实验(Mullainathan 和 Thaler，2000；Camerer，2011；Drouvelis，2021)。然后进行分析，例如，通过基于演化博弈论的方法(Bloembergen 等人，2015)，如果所有智能体都使用所提出的 MARL 算法，那么这样的智能体群体是否会收敛到某种均衡解。

在本书中，我们的观点是将多智能体强化学习视为优化智能体决策策略的一种方法。因此，本书主要涉及计算性议题和规范性议题中的观点和算法。尤其是，计算性议题与我们的观点最为接近，这一点在本书的结构中得到了体现，即首先介绍博弈模型和解概念，然后介绍旨在学习此类解的算法。在描述性议题中，使用多智能体强化学习来研究自然智能体和其他智能体的学习行为，则不属于本书的讨论范围。

1.6 本书内容和结构

本书介绍了多智能体强化学习的理论与实践，适合大学生、研究人员和从业人员阅读。继本章之后，本书的其余部分分为两部分。

第一部分将提供有关多智能体强化学习中使用的基本模型和概念的基础知识。具体而言，第 2 章将介绍单智能体强化学习的理论和表格算法。第 3 章将介绍基本的博弈模型，以定义多智能体环境中的状态、动作、观测和奖励等概念。然后，第 4 章将介绍一系列解概念，这些概念定义了求解这些博弈模型的含义，即智能体采取最优动作的含义。第一部分的最后两章将探讨计算博弈解的多智能体强化学习方法：第 5 章将介绍中心学习和独立学习等基本概念，并讨论多智能体强化学习的核心挑战；第 6 章将介绍在多智能体强化学习研究中开发的不同类别的基础算法，并讨论它们的学习特性。

第二部分的重点是多智能体强化学习的当代研究，这些研究利用深度学习技术创建了新的强大的多智能体强化学习算法。首先，我们将在第 7 章和第 8 章分别介绍深度学习和深度强化学习。在这两章的基础上，第 9 章将介绍近年来开发的几种重要的多智能体强化学习算法，包括集中式训练分布式执行、价值分解、参数共享和基于种群的训练等思想。第 10 章将为实现和使用多智能体强化学习算法以及如何评估学习到的策略提供实用指导。最后，第 11 章将介绍在 MARL 研究中开发的多智能体强化学习环境示例。

本书的一个目标是为希望将本书中讨论的多智能体强化学习算法应用于实践并开发自己的算法的读者提供一个起点。因此，本书附带了自己的 MARL 代码库(可从本书网站下载)，该代码库是用 Python 编程语言开发的，提供了许多现有算法的实现，这些实现自成一体，易于阅读。在第 10 章中，我们使用代码库中的代码片段来解释前几章中介绍的算法所依据的重要概念的实现细节。我们希望所提供的代码将有助于读者理解多智能体强化学习算法，并在实践中开始使用这些算法。

P A R T I

第一部分

多智能体强化学习的基础

本书第一部分将涵盖多智能体强化学习的基础。这一部分的各章主要讨论基本问题，包括如何通过博弈模型表示多智能体系统的机制、如何在博弈中定义学习目标以指定最优的智能体动作、如何使用强化学习方法学习最优的智能体动作，以及多智能体学习所涉及的复杂性和挑战。

第 2 章将介绍强化学习的基本模型和算法概念，包括马尔可夫决策过程、动态规划和时序差分算法。第 3 章将介绍用于表示多智能体系统交互过程的博弈模型，包括基本的标准式博弈(normal-form game)、随机博弈和部分可观测随机博弈。第 4 章将介绍一系列博弈论中的解概念，用于定义博弈中的最优智能体策略，包括极小极大、纳什均衡和相关均衡等均衡解，以及帕雷托最优、福利/公平和无悔等其他概念。我们为每个解概念提供示例，并讨论重要的概念局限性。博弈模型和解概念共同定义了多智能体强化学习中的学习问题。

在前几章的基础上，第 5 章和第 6 章将探讨如何使用强化学习技术来学习博弈中的最优智能体策略。第 5 章将首先定义博弈中的一般学习过程和不同的收敛类型，并介绍把多智能体学习问题简化为单智能体学习问题的中心学习和独立学习的基本概念；然后讨论多智能体强化学习中的核心挑战，包括非平稳性、均衡选择、多智能体信用分配以及扩展到更多智能体。第 6 章将介绍多智能体强化学习的几类基础算法，这些算法超越了第 5 章介绍的基本方法，并讨论它们的收敛特性。

CHAPTER2

第 2 章

强化学习

多智能体强化学习本质上是将强化学习应用于多智能体博弈模型，为智能体学习最优策略。因此，多智能体强化学习深植于强化学习理论和博弈论。本章将介绍基本的强化学习的理论和算法，只针对一个智能体来学习最优策略。首先，我们将对强化学习进行一般性定义，然后介绍马尔可夫决策过程，这是强化学习中用于表示单智能体决策过程的基础模型。基于马尔可夫决策过程模型，我们将定义期望回报、最优策略、价值函数和贝尔曼方程等基本概念。强化学习问题的目标是学习一种最优策略，通过选择动作来实现某些目标，例如，最大化环境中每种状态下的期望回报(见图 2.1)。

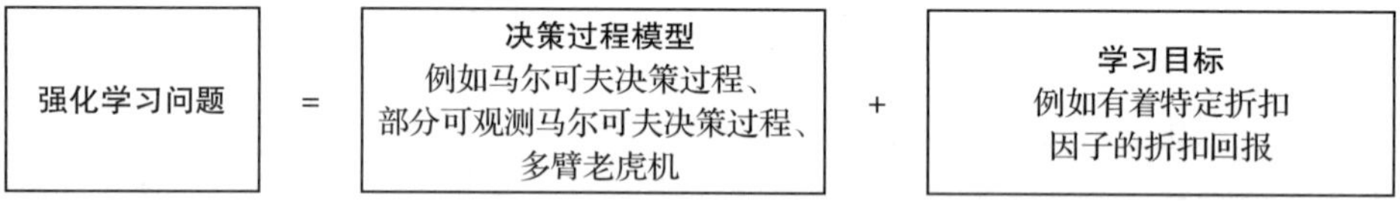

强化学习问题 = 决策过程模型 例如马尔可夫决策过程、部分可观测马尔可夫决策过程、多臂老虎机 + 学习目标 例如有着特定折扣因子的折扣回报

图 2.1　强化学习问题是由一个决策过程模型和一个学习目标组合而成的，前者定义了智能体与环境的交互机制，后者则规定了要学习的最优策略的属性(例如，在每个状态下最大化期望折扣回报)

接下来，我们将介绍计算马尔可夫决策过程最佳策略的两类基本算法：动态规划和时序差分算法。动态规划需要完整的马尔可夫决策过程规范知识，并利用这些知识来计算最优价值函数和策略。相比之下，时序差分算法不需要关于马尔可夫决策过程的完整知识，而是通过与环境的交互和生成经验来学习最优价值函数和策略。第 6 章介绍的多智能体强化学习算法大多建立在这两类算法的基础上，本质上是将它们扩展到博弈模型。

本书第一部分聚焦于多智能体强化学习中使用的基本模型和概念，因此本章只着重介绍理解这一部分以下各章所需的基本强化学习概念。特别是，本章不涉及价值函数和策略函数近似等主题。这些内容将在第 7 章和第 8 章中介绍。

2.1　一般定义

首先，我们对强化学习进行一般定义：

强化学习算法通过与环境的多轮交互，来学习序贯决策过程的解决方案。

这一定义引出了三个主要问题：

1. 什么是序贯决策过程？
2. 什么是序贯决策过程的解决方案？
3. 什么是通过多轮交互的学习？

序贯决策过程是由一个在环境中通过多个时间步做出决策的智能体来定义的，目的是实现一个特定的目标。在每个时间步中，智能体从环境中接收观测结果并选择一个动作。在我们本章假设的完全可观的环境中，智能体可以观测到环境的全部状态。但通常来说，观测结果可能是不完整的或有噪声的。根据所选动作，环境会相应地改变其状态，并向智能体发送一个标量奖励信号。图 2.2 概述了这一过程。

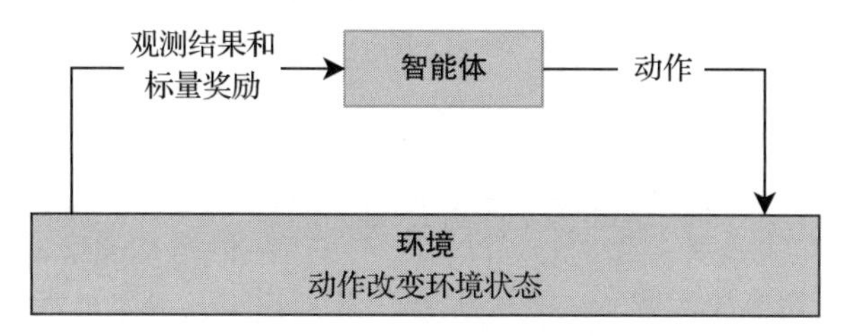

图 2.2 单智能体系统的基本强化学习回路

为智能体提供的最优策略被称为决策过程的解。该策略在每个状态下选择动作以实现某个特定的学习目标。通常情况下，学习目标是最大化智能体在每个可能状态下的期望回报[㊀]。当遵循给定策略时，某一状态下的回报被定义为从该状态开始的一段时间内获得的奖励之和。原则上，强化学习决策过程中的目标是最大化期望回报。

强化学习算法通过在不同状态下尝试不同动作并观测结果来学习最优策略。这种学习方式有时被称为“试错”，因为动作可能会导致正面或负面的结果，而这些结果是事先不知道的，因此必须通过尝试不同的动作来解决。在这个学习过程中，一个通常被称为“探索-利用困境”的核心问题是，如何在探索不同动作的结果和坚持目前最佳的结果之间取得平衡。探索可能会让智能体发现表现更好的动作，但在此过程中获得的奖励可能很低；而利用则能获得一定的奖励，但可能发现不了最优动作。

强化学习是机器学习的一种类型，它不同于监督学习和无监督学习等其他类型。在监督学习中，我们可以获得一组带标签的输入输出对$\{x_i, y_i\}$，它们属于某个未知函数$f(x_i)=y_i$，目标是利用这些数据来学习该函数。在无监督学习中，我们可以获得一些未标记的数据$\{x_i\}$，目标是在数据中识别出一些有用的结构。但是强化学习不属于这两类算法。奖励信号并不能告诉智能体在每个状态x_i下应该采取哪个动作，因此不能起到监督信号y_i的作用。这是因为有些动作可能会带来较低的当前奖励，但可能导致智能体最终获得更高的奖励。因此，强化学习不是监督学习。另外，奖励信号虽然不能作为监督信号，但可以指导智能体来学习最优策略，所以强化学习也不是无监督学习。

在接下来的小节中，我们将在一个名为马尔可夫决策过程的框架内正式定义这些概念——序贯决策过程、最优策略和通过交互学习。

㊀ 可以指定其他学习目标，例如最大化平均回报(Sutton 和 Barto，2018)和不同类型的“风险敏感”目标(Mihatsch 和 Neuneier，2002)。

2.2　马尔可夫决策过程

强化学习中用来定义序贯决策过程的标准模型是马尔可夫决策过程：

定义 1(马尔可夫决策过程)　一个有限的马尔可夫决策过程包括：

- 状态的有限集 S，包含终止状态的子集 $\overline{S}\subset S$
- 动作的有限集 A
- 奖励函数 $\mathcal{R}:S\times A\times S\rightarrow\mathbb{R}$
- 状态转移函数 $\mathcal{T}:S\times A\times S\rightarrow[0,1]$，使得

$$\forall s\in S,\quad a\in A:\sum_{s'\in S}\mathcal{T}(s,a,s')=1 \tag{2.1}$$

- 初始状态分布 $\mu:S\rightarrow[0,1]$，使得

$$\sum_{s\in S}\mu(s)=1\quad 和\quad \forall s\in\overline{S}:\mu(s)=0 \tag{2.2}$$

一个马尔可夫决策过程从初始状态 $s^0\in S$ 开始，该状态是从分布 μ 中采样得到的。在时间 t，智能体观测马尔可夫决策过程的当前状态 $s^t\in S$，并根据其策略 $\pi(a^t\mid s^t)$给出的概率来选择动作 $a^t\in A$，该策略取决于状态。给定状态 s^t 和动作 a^t，马尔可夫决策过程以概率 $\mathcal{T}(s^t,a^t,s^{t+1})$转移到下一个状态 $s^{t+1}\in S$，并且智能体接收奖励 $r^t=\mathcal{R}(s^t,a^t,s^{t+1})$。我们也将这个概率写作 $\mathcal{T}(s^{t+1}\mid s^t,a^t)$，以强调它取决于状态-动作对 s^t,a^t。重复进行上述步骤，直到过程达到终止状态 $s^t\in\overline{S}$，或者达到最大时间步 T 后终止[⊖]。如果马尔可夫决策过程是非终止的，则这些步骤可能会无限次重复。上述过程的每次独立运行称为一回合。

一个有限马尔可夫决策过程可以被紧凑地表示为一个有限状态机。图 2.3 展示了一个示例，在这个 MDP 中，火星探测车已经采集了一些样本，必须返回基站。从初始状态出发，有两条路可以通向目标状态(基站)。探测车可以沿着陡峭的山坡向下行驶(动作向右)，直接到达基站。但是这种情况下，探测车很有可能掉下悬崖并被摧毁(－10 奖励)，这个概率为 0.5。或者，探测车可以沿着更长的路径行进(先向左，再向右两次)，经过两个站点(A 站和 B 站)，最终到达基站。在这种情况下，到达每个站点都需要一天的时间(－1 奖励)，而且火星车有 0.3 的概率会困在岩石地面上无法移动(－3 奖励)。到达基站可获得＋10 奖励。

“马尔可夫”一词来自马尔可夫性质，该性质指出，在给定当前状态和动作的条件下，未来状态和奖励与过去的状态和动作条件独立：

$$\Pr(s^{t+1},r^t\mid s^t,a^t,s^{t-1},a^{t-1},\cdots,s^0,a^0)=\Pr(s^{t+1},r^t\mid s^t,a^t) \tag{2.3}$$

这意味着当前状态提供了足够的信息来在马尔可夫决策过程中选择最优动作——与过去的状态和动作不相关。

强化学习中最常见的假设是马尔可夫决策过程的动态对于智能体来说是先验未知的，特别是状态转移函数 $\mathcal{T}$ 和奖励函数 $\mathcal{R}$。通常，我们只假设动作空间 A 和状态空间 S 在 MDP 中已知。

尽管在定义 1 中，马尔可夫决策过程定义为有限的和离散的状态和动作，但是马尔可夫决策过程也可以定义为具有连续的状态和动作，或是离散和连续元素的混合。此外，虽然此处定义的奖励函数 $\mathcal{R}$ 是确定性的，但马尔可夫决策过程也可以定义一个概率奖励函数，使得 $\mathcal{R}(s,a,s')$提供可能奖励的分布。

⊖ 从技术上讲，如果我们假设智能体可以观察到时间步长 t，那么 t 个时间步长后的终止可以通过将 t 包含在状态 s_t 中包含的信息中并定义一组终端状态 $\overline{S}$ 来建模，以包含所有状态 s_t，$t\geqslant T$。

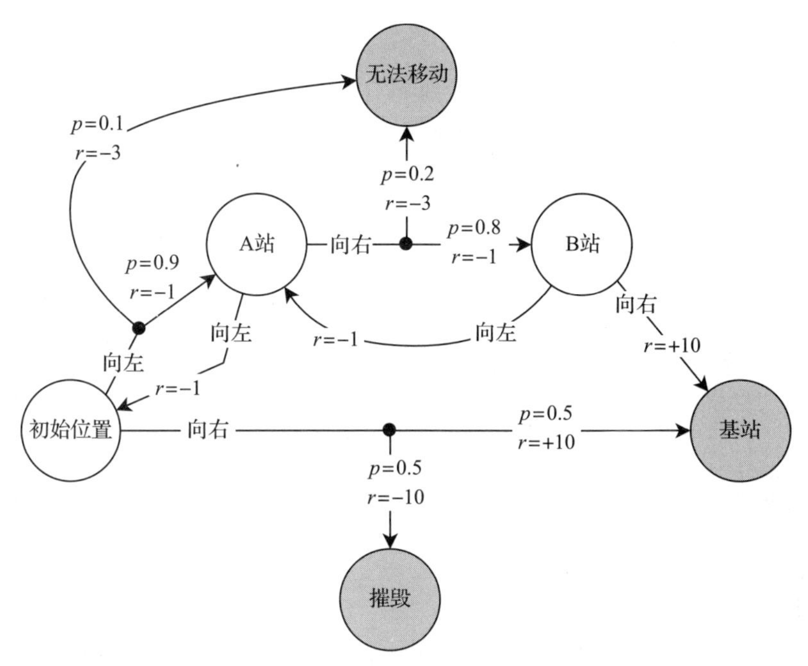

图 2.3　火星探测车马尔可夫决策过程。圆圈表示各个状态，其中初始位置是初始状态。每个非终止状态(白色)都有两个可能的动作，即向右和向左，这两个动作显示为有向边，并带有相关的转移概率(p)和奖励(r)。灰色阴影圆圈表示终止状态

多臂老虎机问题是马尔可夫决策过程的一个重要特例，其中每一轮在一个时间步后终止(即 $T=1$)，S 中只有一个状态，没有终止状态(即 $|S|=1$ 且 $\overline{S}=\varnothing$)，奖励函数 $\mathcal{R}$ 是概率奖励函数，对智能体来说是未知的。因此，在这个问题中，每个动作都会从某个未知的奖励分布中产生奖励，目标是尽快找到能产生最高期望回报的动作。多臂老虎机问题是研究探索-利用困境的基本模型(Lattimore 和 Szepesvári，2020)。

马尔可夫决策过程中的一个固有假设是智能体可以在每个时间步中完全观测到环境的状态。但实际上，在许多应用中智能体只能观测到环境的部分和嘈杂的信息。部分可观测马尔可夫决策过程(Partially Observable Markov Decision Process，POMDP)(Kaelbling、Littman 和 Cassandra，1998)通过定义一个决策过程来概括 MDP，其中智能体接收到的是观测值 o^t 而不是直接的观测状态 s^t，并且这些观测值是依赖于状态的(以概率性或确定性的方式)。因此，一般来说，智能体需要考虑过去的观测历史 $o^0,o^1,\cdots,o^t$，以推断可能的当前环境状态 s^t。部分可观测马尔可夫决策过程是部分可观测随机博弈(Partially Observable Stochastic Game，POSG)模型的一个特例，该模型将在第 3 章中介绍。换句话说，部分可观测马尔可夫决策过程是只有一个智能体的部分可观测随机博弈。关于决策过程中部分可观测性的更详细定义和讨论，请参阅 3.4 节。

我们已将马尔可夫决策过程定义为决策过程的模型，但我们尚未定义它的学习目标。2.3 节将介绍马尔可夫决策过程中最常用的学习目标：最大化期望折扣回报。如前所述(见图 2.1)，马尔可夫决策过程和学习目标共同指定了一个强化学习问题。

2.3 期望折扣回报和最优策略

给定策略 π，规定了每个状态下的动作概率，并假设马尔可夫决策过程中的每一轮在 T 个时间步后终止，那么一轮的总回报是随时间累积的奖励。

$$r^0+r^1+\cdots+r^{T-1} \tag{2.4}$$

由于马尔可夫决策过程的随机性质，因此可能无法在每一轮都最大化这种回报。这是因为某些动作可能会以一定概率导致不同的结果，而这些结果是智能体无法控制的。因此，智能体的目标是最大化以下给出的期望回报：

$$\mathbb{E}_\pi[r^0+r^1+\cdots+r^{T-1}] \tag{2.5}$$

其中，假设初始状态是从初始状态分布中采样得到的(即 $s^0\sim\mu$)，智能体遵循策略 π 来选择动作(即 $a^t\sim\pi(\cdot\mid s^t)$)，并且下一个状态由状态转移概率所决定(即 $s^{t+1}\sim\mathcal{T}(\cdot\mid s^t,a^t)$)。

上述对总回报的定义保证了在终止的马尔可夫决策过程中是有限的。然而，在非终止的马尔可夫决策过程中，总回报可能是无穷大的。这种情况下，回报可能不足以区分实现无穷大回报的不同策略的表现。在非终止的马尔可夫决策过程中确保有限回报的标准方法是使用一个折扣因子 $\gamma\in[0,1)$，基于此我们定义折扣回报如下[㊀]：

$$\mathbb{E}_\pi[r^0+\gamma r^1+\gamma^2 r^2+\cdots]=\mathbb{E}_\pi\left[\sum_{t=0}^{\infty}\gamma^t r^t\right] \tag{2.6}$$

对于 $\gamma<1$，并假设奖励被限制在有限范围$[r_{\min},r_{\max}]$内，这保证了折扣回报是有限的：

$$\sum_{t=0}^{\infty}\gamma^t r^t\leqslant r_{\max}\sum_{t=0}^{\infty}\gamma^t=r_{\max}\frac{1}{1-\gamma} \tag{2.7}$$

在上述方程中，右侧的分数是由几何级数的闭合形式给出的，其形式为 $\sum_{t=0}^{\infty}\gamma^t$。

折扣因子有两种等价的解释。一种解释是，$(1-\gamma)$是马尔可夫决策过程在每个时间步之后终止的概率。因此，在经过总共 $T>0$ 个时间步后终止的概率是 $\gamma^{T-1}(1-\gamma)$，其中 γ^{T-1} 是在前 $T-1$ 个时间步中继续(即不终止)的概率，乘以终止于下一个时间步的概率$(1-\gamma)$。例如，在图 2.3 中显示的例子中，我们可以指定一个折扣因子 $\gamma=0.95$ 来模拟探测车在每次状态转移后会有 0.05 的概率发生电池失效的情况。第二种解释是智能体对于在时间 t 收到的奖励 r_t 给予了“权重”γ^t。因此，接近 0 的 γ 导致智能体更关心近期的奖励，而接近 1 的 γ 导致智能体更重视远期的奖励。无论哪种情况，重要的是要注意折扣率是学习目标的一部分，而不是一个可调的算法参数。γ 是由学习目标指定的固定参数。在本书的其余部分，每当我们提到回报时，我们特别指的是带有某个折扣因子的折扣回报。

上述对折扣回报的定义，可以通过吸收状态的约定来适用于终止和非终止的马尔可夫决策过程。如果在一回合中达到了终止状态或最大时间步，则我们将此时的最终状态定义为吸收状态，即在该状态下的任何后续动作都将以 1 的概率转移到马尔可夫决策过程的同一状态，并给智能体带来 0 的奖励。因此，一旦马尔可夫决策过程达到吸收状态，它将永远停留在该状态，智能体将不再获得任何奖励。

基于上述折扣回报和吸收状态的定义，我们现在可以将 MDP 的解定义为最大化期望折扣回报的最优策略 π^*。

㊀ 请注意，r^t 表示时间 t 的奖励，而 γ^t 表示求幂运算(γ 为 t 的幂)。这是强化学习文献中的标准符号惯例。

2.4　价值函数与贝尔曼方程

根据式(2.3)中定义的马尔可夫性质，我们知道在给定当前状态和动作的情况下，未来的状态和奖励独立于过去的状态和动作。这意味着过去的奖励是独立的，因为奖励是状态和动作的函数，$r^t=\mathcal{R}(s^t,a^t,s^{t+1})$。因此，在 MDP 中，期望回报可以针对每个状态 $s\in S$ 分别定义。这引出了价值函数的概念，这是强化学习理论和许多算法的核心。

首先，请注意折扣奖励序列可以递归地写成

$$u^t=r^t+\gamma r^{t+1}+\gamma^2 r^{t+2}+\cdots \tag{2.8}$$

$$=r^t+\gamma u^{t+1} \tag{2.9}$$

给定一个策略 π，状态价值函数 $V^\pi(s)$ 给出了在策略 π 下状态 s 的“价值”，即从状态 s 开始并遵循策略 π 选择动作时的期望回报，形式上为

$$V^\pi(s)=\mathbb{E}_\pi\left[u^t\mid s^t=s\right] \tag{2.10}$$

$$=\mathbb{E}_\pi\left[r^t+\gamma u^{t+1}\mid s^t=s\right] \tag{2.11}$$

$$=\sum_{a\in A}\pi(a\mid s)\sum_{s'\in S}\mathcal{T}(s'\mid s,a)\left[\mathcal{R}(s,a,s')+\gamma\mathbb{E}_\pi\left[u^{t+1}\mid s^{t+1}=s'\right]\right] \tag{2.12}$$

$$=\sum_{a\in A}\pi(a\mid s)\sum_{s'\in S}\mathcal{T}(s'\mid s,a)\left[\mathcal{R}(s,a,s')+\gamma V^\pi(s')\right] \tag{2.13}$$

在终止(吸收)状态 $s\in\overline{S}$ 中，$V^\pi(s)=0$。式(2.13)中给出的递归方程称为贝尔曼方程，以纪念理查德·贝尔曼(Richard Bellman)和他的开创性工作(Bellman，1957)。

V^π 的贝尔曼方程定义了一个包含 m 个变量的 m 个线性方程组，其中 $m=|S|$ 是有限 MDP 中状态的数量：

$$V^\pi(s_1)=\sum_{a\in A}\pi(a\mid s_1)\sum_{s'\in S}\mathcal{T}(s'\mid s_1,a)\left[\mathcal{R}(s_1,a,s')+\gamma V^\pi(s')\right] \tag{2.14}$$

$$V^\pi(s_2)=\sum_{a\in A}\pi(a\mid s_2)\sum_{s'\in S}\mathcal{T}(s'\mid s_2,a)\left[\mathcal{R}(s_2,a,s')+\gamma V^\pi(s')\right] \tag{2.15}$$

$$\vdots$$

$$V^\pi(s_m)=\sum_{a\in A}\pi(a\mid s_m)\sum_{s'\in S}\mathcal{T}(s'\mid s_m,a)\left[\mathcal{R}(s_m,a,s')+\gamma V^\pi(s')\right] \tag{2.16}$$

其中，$V^\pi(s_k)$ 是方程组中的变量($k=1,\cdots,m$)，而 $\pi(a\mid s_k)$，$\mathcal{T}(s'\mid s_k,a)$，$\mathcal{R}(s_k,a,s')$ 和 γ 是常数。对于策略 π，这个方程组有唯一的解，由价值函数 V^π 给出。如果 MDP 的所有元素都已知，那么可以使用任何解线性方程组的方法(如高斯消元法)来解这个方程组，从而得到策略 π 的价值函数 V^π。

类似于状态价值函数，我们可以定义动作-价值函数 $Q^\pi(s,a)$，它给出了在状态 s 选择动作 a，然后按照策略 π 选择后续动作时的期望回报：

$$Q^\pi(s,a)=\mathbb{E}_\pi\left[u^t\mid s^t=s,a^t=a\right] \tag{2.17}$$

$$=\mathbb{E}_\pi\left[r^t+\gamma u^{t+1}\mid s^t=s,a^t=a\right] \tag{2.18}$$

$$=\sum_{s'\in S}\mathcal{T}(s'\mid s,a)\left[\mathcal{R}(s,a,s')+\gamma V^\pi(s')\right] \tag{2.19}$$

$$=\sum_{s'\in S}\mathcal{T}(s'\mid s,a)\left[\mathcal{R}(s,a,s')+\gamma\sum_{a'\in A}\pi(a'\mid s')Q^\pi(s',a')\right] \tag{2.20}$$

在终止状态 $s\in\overline{S}$ 中，$Q^\pi(s,a)=0$。从式(2.19)跳转到式(2.20)，请注意式(2.13)中的第二个求和(对状态 s')是式(2.19)的应用，因此它可以用 $Q^\pi(s',a')$ 替换。式(2.20)对应一个线性方程组，其唯一解由 Q^π 给出。

在 MDP 中，如果策略的（状态或动作）价值函数是 MDP 的最优价值函数，那么策略 π 是最优的，定义为

$$V^*(s)=\max_{\pi'} V^{\pi'}(s), \quad \forall s\in S \tag{2.21}$$

$$Q^*(s,a)=\max_{\pi'} Q^{\pi'}(s,a), \quad \forall s\in S, a\in A \tag{2.22}$$

我们用 π^* 来表示具有最优价值函数 V^* 或 Q^* 的任何最优策略。由于贝尔曼方程的存在，这意味着对于任何最优策略 π^*，我们有

$$\forall \pi' \forall s: V^*(s)\geqslant V^{\pi'}(s) \tag{2.23}$$

因此，在 MDP 中最大化期望回报等同于最大化每个可能状态 $s\in S$ 中的期望回报。

事实上，我们可以使用贝尔曼最优方程，不需要参考策略来写出最优价值函数：

$$V^*(s)=\max_{a\in A}\sum_{s'\in S}\mathcal{T}(s'|s,a)[\mathcal{R}(s,a,s')+\gamma V^*(s')] \tag{2.24}$$

$$Q^*(s,a)=\sum_{s'\in S}\mathcal{T}(s'|s,a)[\mathcal{R}(s,a,s')+\gamma \max_{a'\in A} Q^*(s',a')] \tag{2.25}$$

贝尔曼最优方程定义了一个包含 m 个非线性方程的系统，其中 m 是有限 MDP 的状态数量。非线性是由于方程中使用了最大值运算符。该系统的唯一解是最优价值函数 V^*/Q^*。

一旦我们知道了最优动作-价值函数 Q^*，最优策略 π^* 就可以通过在每个状态中选择具有最大价值（即期望回报）的动作来简单地推导出来。

$$\pi^*(s)=\arg\max_{a\in A} Q^*(s,a) \tag{2.26}$$

在式(2.26)中，我们使用“=”符号作为一个方便的简写，用来表示确定性策略，该策略将概率 1 分配给状态 s 中的最大动作。如果在 Q^* 下有多个动作具有相同的最大值，则最优策略可以为这些动作分配任意概率（这些概率总和必须为 1）。因此，虽然 MDP 的最优价值函数始终是唯一的，但可能存在多个[㊀]最优策略具有相同的最优（唯一）价值函数。然而，如式(2.26)所示，MDP 中总是存在确定性的最优策略。

在接下来的小节中，我们将介绍两种计算最优价值函数和策略的算法。第一种是动态规划算法，它以迭代的方式使用贝尔曼（最优）方程来估计价值函数，要求了解完整的 MDP，比如奖励函数和状态转移概率。第二种方法是时序差分算法，它不需要完整的 MDP 知识，而是利用与环境交互过程中的采样经验来更新价值估计。

2.5 动态规划

动态规划（Dynamic Programming，DP）[㊁]算法，用于在马尔可夫决策过程中计算价值函数和最优策略（Bellman，1957；Howard，1960）。动态规划使用贝尔曼方程作为运算符来迭代估计价值函数和最优策略。因此，需要完整的 MDP 模型知识，包括奖励函数 $\mathcal{R}$ 和状态转移概率 $\mathcal{T}$。虽然动态规划算法不与环境“交互”，正如我们在 2.1 节中定义的，但其基本概念是强化学习理论的重要组成部分，包括 2.6 节中介绍的时序差分算法。

基本的动态规划方法是策略迭代，它交替执行两个任务：

㊀ 事实上，如果多个动作具有最大值，那么将有无数个最优策略，因为这些动作的可能概率分配集跨越了一个连续（无限）的空间。

㊁ DP 中的“programming”一词是指一个数学优化问题，类似于该术语在线性规划和非线性规划中的使用方式。关于形容词“动态”，Bellman(1957)在他的序言中指出：“它表明我们对时间起重要作用的过程感兴趣，在这些过程中，操作顺序可能至关重要。”

- **策略评估**：计算当前策略 π 的价值函数 V^π。
- **策略提升**：根据价值函数 V^π 改进当前策略 π。

因此，策略迭代产生一系列策略和价值函数的估计，从某个初始策略 π^0（例如均匀随机策略）和价值函数 V^0（例如零向量）开始：

$$\pi^0 \to V^{\pi^0} \to \pi^1 \to V^{\pi^1} \to \pi^2 \to \cdots \to V^* \to \pi^* \tag{2.27}$$

如本节后面将展示的，这一序列在贪婪策略提升下会收敛到最优价值函数 V^* 和最优策略 π^*。

我们首先考虑策略评估任务。回顾式(2.13)，V^π 的贝尔曼方程定义了一个线性方程组，通过求解可以得到 V^π。然而，使用高斯消元（线性方程组的标准解法）的时间复杂度为 $O(m^3)$，其中 m 是 MDP 的状态数量。在动态规划相关文献中已经发展出了许多用于策略评估的替代方法，这些方法通常以迭代方式操作，产生价值函数的连续近似（相关内容请参阅 Puterman，2014；Sutton 和 Barto，2018）。迭代策略评估是其中一种方法，它反复应用 V^π 的贝尔曼方程以产生连续的 V^π 估计。算法首先为所有 $s\in S$ 初始化一个向量 $V^0(s)=0$。然后，它反复对所有状态 $s\in S$ 进行更新扫描：

$$V^{k+1}(s) \leftarrow \sum_{a\in A}\pi(a\mid s)\sum_{s'\in S}\mathcal{T}(s'\mid s,a)\left[\mathcal{R}(s,a,s')+\gamma V^k(s')\right] \tag{2.28}$$

这个序列 $V^0, V^1, V^2, \cdots$ 收敛到价值函数 V^π。因此，一旦在执行更新扫描后，V^k 到 V^{k+1} 没有变化，我们就可以停止更新。请注意，式(2.28)使用其他状态 s' 的价值估计来更新状态 s 的价值估计。这种性质称为自举（bootstrapping），是许多强化学习算法的核心性质。

在 2.2 节的火星探测车问题中，我们来应用迭代策略评估，其中 $\gamma=0.95$。首先，考虑一个策略 π，在初始状态（用 s_0 表示）中选择向右行动的概率为 1（我们忽略其他状态，因为在这个策略下它们永远不会被访问）。当我们运行迭代策略评估直到收敛时，我们得到 $V^\pi(s_0)=0$ 的值。根据图 2.3，很容易验证这个值是正确的，因为 $V^\pi(s_0)=-10\times0.5+10\times0.5=0$。现在，考虑一个策略 π，在初始状态中两个动作的选择概率均为 0.5，在状态 A 站（用 s_1 表示）和 B 站（用 s_2 表示）中向右行动的概率为 1。在这种情况下，收敛的值分别为 $V^\pi(s_0)=2.05$，$V^\pi(s_1)=6.2$ 和 $V^\pi(s_2)=10$。对于这两种策略，终止状态的值都是 0，因为如 2.3 节中定义的一样，这些都是吸收状态。

为了理解迭代策略评估为什么收敛到价值函数 V^π，可以证明贝尔曼算子在式(2.28)中的定义是一个压缩映射。对于 $\gamma\in[0,1)$，如果所有 $x,y\in\mathcal{X}$，则在一个 $\|\cdot\|$：赋范完备向量空间 $\mathcal{X}$ 上的映射 $f:\mathcal{X}\to\mathcal{X}$ 是一个压缩映射：

$$\|f(x)-f(y)\|\leqslant\gamma\|x-y\| \tag{2.29}$$

根据巴拿赫不动点定理，如果 f 是一个压缩映射，那么对于任意初始向量 $x\in\mathcal{X}$，序列 $f(x)$，$f(f(x)), f(f(f(x))), \cdots$ 会收敛到一个唯一的不动点 $x^*\in\mathcal{X}$，满足 $f(x^*)=x^*$。利用最大范数 $\|x\|_1=\max_i|x_i|$，可以证明贝尔曼方程确实满足式(2.29)。首先，将贝尔曼方程重写为

$$V^\pi(s)=\sum_{a\in A}\pi(a\mid s)\sum_{s'\in S}\mathcal{T}(s'\mid s,a)\left[\mathcal{R}(s,a,s')+\gamma V^\pi(s')\right] \tag{2.30}$$

$$=\sum_{a\in A}\sum_{s'\in S}\pi(a\mid s)\mathcal{T}(s'\mid s,a)\mathcal{R}(s,a,s')+\sum_{a\in A}\sum_{s'\in S}\pi(a\mid s)\mathcal{T}(s'\mid s,a)\gamma V^\pi(s') \tag{2.31}$$

这可以写为价值向量 $\boldsymbol{v}\in R^{|S|}$ 上的算子 $f^\pi(\boldsymbol{v})$。

$$f^\pi(\boldsymbol{v})=\boldsymbol{r}^\pi+\gamma\boldsymbol{M}^\pi\boldsymbol{v} \tag{2.32}$$

其中，$\boldsymbol{r}^\pi\in\mathbb{R}^{|S|}$ 是一个向量，其元素为

$$\boldsymbol{r}_s^{\pi}=\sum_{a\in A}\sum_{s'\in S}\pi(a\mid s)\mathcal{T}(s'\mid s,a)\mathcal{R}(s,a,s') \tag{2.33}$$

而矩阵 $\boldsymbol{M}^{\pi}\in\mathbb{R}^{|S|\times|S|}$ 包含的元素为

$$\boldsymbol{M}_{s,s'}^{\pi}=\sum_{a\in A}\pi(a\mid s)\mathcal{T}(s'\mid s,a) \tag{2.34}$$

然后，对于任何两个价值向量 $\boldsymbol{v}$ 和 $\boldsymbol{u}$，我们有：

$$\|f^{\pi}(\boldsymbol{v})-f^{\pi}(\boldsymbol{u})\|_{\infty}=\|(\boldsymbol{r}^{\pi}+\gamma\boldsymbol{M}^{\pi}\boldsymbol{v})-(\boldsymbol{r}^{\pi}+\gamma\boldsymbol{M}^{\pi}\boldsymbol{u})\|_{\infty} \tag{2.35}$$

$$=\gamma\|\boldsymbol{M}^{\pi}(\boldsymbol{v}-\boldsymbol{u})\|_{\infty} \tag{2.36}$$

$$\leqslant\gamma\|\boldsymbol{v}-\boldsymbol{u}\|_{\infty} \tag{2.37}$$

因此，贝尔曼算子在最大范数下是一个 γ 压缩映射，而重复应用贝尔曼算子会收敛到一个唯一的不动点，即 V^{π}。(式(2.37)中的不等式成立是因为对于每个 $s\in S$，我们有 $\sum_{s'}\boldsymbol{M}_{s,s'}^{\pi}=1$，因此，对于任意值向量 $\boldsymbol{x}$，都有 $\|\boldsymbol{M}^{\pi}\boldsymbol{x}\|_1\leqslant\|\boldsymbol{x}\|_1$)。

现在我们已经有了策略评估的方法，接下来考虑策略迭代中的策略提升任务。一旦我们计算出价值函数 V^{π}，策略提升任务就会修改策略 π，使其对所有的 $s\in S$ 都变得贪婪：

$$\pi'=\arg\max_{a\in A}\mathcal{T}(s'\mid s,a)[\mathcal{R}(s,a,s')+\gamma V^{\pi}(s')] \tag{2.38}$$

$$=\arg\max_{a\in A}Q^{\pi}(s,a) \tag{2.39}$$

根据策略提升定理(Sutton 和 Barto，2018)，我们知道，如果对于所有的 $s\in S$，都有

$$\sum_{a\in A}\pi'(a\mid s)Q^{\pi}(s,a)\geqslant\sum_{a\in A}\pi(a\mid s)Q^{\pi}(s,a) \tag{2.40}$$

$$=V^{\pi}(s) \tag{2.41}$$

那么 π' 必须与 π 一样好或更好：

$$\forall s: V^{\pi'}(s)\geqslant V^{\pi}(s) \tag{2.42}$$

如果在策略提升任务之后，贪婪策略 π' 与 π 相同，那么 $V^{\pi'}=V^{\pi}$ 对于所有的 $s\in S$ 也成立：

$$V^{\pi'}(s)=\max_{a\in A}\mathbb{E}_{\pi}[r^t+\gamma V^{\pi}(s^{t+1})\mid s^t=s,a^t=a] \tag{2.43}$$

$$=\max_{a\in A}\mathbb{E}_{\pi'}[r^t+\gamma V^{\pi'}(s^{t+1})\mid s^t=s,a^t=a] \tag{2.44}$$

$$=\max_{a\in A}\sum_{s'\in S}\mathcal{T}(s'\mid s,a)[\mathcal{R}(s,a,s')+\gamma V^{\pi'}(s')] \tag{2.45}$$

$$=V^*(s) \tag{2.46}$$

因此，如果在策略提升后 π' 与 π 保持不变，那么 π' 必然是该 MDP 的最优策略，并且策略迭代完成。

上述版本的策略迭代采用迭代策略评估，对整个状态空间 S 进行多次完整的更新扫描。价值迭代是一种动态规划算法，通过使用贝尔曼最优方程作为更新算子，将迭代的策略评估和策略提升结合在一个更新方程中：

$$V^{k+1}(s)\leftarrow\max_{a\in A}\sum_{s'\in S}\mathcal{T}(s'\mid s,a)[\mathcal{R}(s,a,s')+\gamma V^k(s')],\quad\forall s\in S \tag{2.47}$$

根据与贝尔曼算子类似的论证，可以证明式(2.47)中定义的贝尔曼最优算子是一个压缩映射。因此，重复应用价值迭代会收敛到唯一的不动点，即最优价值函数 V^*。算法 1 提供了价值迭代算法的完整伪代码。

算法 1 MDP的价值迭代

1：初始化，即对于所有的 $s\in S$，令 $V(s)=0$

2：重复，直到 V 收敛，即

$$\forall s\in S: V(s)\leftarrow\max_{a\in A}\sum_{s'\in S}\mathcal{T}(s'\mid s,a)[\mathcal{R}(s,a,s')+\gamma V(s')] \tag{2.48}$$

3：返回最优策略 π^*，其中

$$\forall s\in S: \pi^*(s)\leftarrow\arg\max_{a\in A}\sum_{s'\in S}\mathcal{T}(s'\mid s,a)[\mathcal{R}(s,a,s')+\gamma V(s')] \tag{2.49}$$

回到火星探测车的例子中，如果运行价值迭代直到收敛，那么我们会得到最优状态价值 $V^*(s_0)=4.1, V^*(s_1)=6.2$，和 $V^*(s_2)=10$。最优策略 π^* 在初始状态 s_0 选择动作向左的概率为1，在位于A站的状态 s_1 和位于B站的状态 s_2 选择动作向右的概率为1。

2.6 时序差分学习

时序差分(Temporal-Difference，TD)算法是一类强化学习算法，根据与环境的交互经验学习价值函数和最优策略。这些经验是通过遵循图2.2所示的智能体-环境交互循环生成的：在状态 s^t 中，从策略 π 中采样一个动作 $a^t\sim\pi(\cdot\mid s^t)$，然后观测奖励 $r^t=R(s^t,a^t,s^{t+1})$ 和新状态 $s^{t+1}\sim T(\cdot\mid s^t,a^t)$。与动态规划算法类似，时序差分算法根据贝尔曼方程和自举法学习价值函数，使用后续状态或动作的价值估计来估算当前的状态或动作的价值。然而，与动态规划算法不同的是，时序差分算法不需要完全了解马尔可夫决策过程，比如奖励函数和状态转移概率。相反，时序差分算法仅基于与环境交互时收集的经验来执行策略评估和策略提升任务。

时序差分算法使用以下的更新规则来学习动作-价值函数：

$$Q(s^t,a^t)\leftarrow Q(s^t,a^t)+\alpha[\mathcal{X}-Q(s^t,a^t)] \tag{2.50}$$

其中 $\mathcal{X}$ 是更新目标，$\alpha\in(0,1]$ 是学习率(步长)。目标 $\mathcal{X}$ 是基于与环境交互收集的经验样本 (s^t,a^t,r^t,s^{t+1}) 构建的。指定目标的选择有很多，这里我们介绍两种基本变体。

回忆一下策略 π 的动作-价值函数 Q^π 的贝尔曼方程：

$$Q^\pi(s,a)=\sum_{s'\in S}\mathcal{T}(s'\mid s,a)\left[\mathcal{R}(s,a,s')+\gamma\sum_{a'\in A}\pi(a'\mid s')Q^\pi(s',a')\right] \tag{2.51}$$

Sarsa(Sutton和Barto，2018)是一种时序差分算法，基于式(2.51)来构建更新目标，它通过将后续状态 s' 和动作 a' 的求和以及奖励函数 $\mathcal{R}(s,a,s')$ 替换为经验元组 $(s^t,a^t,r^t,s^{t+1},a^{t+1})$ 中的相应元素来构建更新目标，因此被称为Sarsa：

$$\mathcal{X}=r^t+\gamma Q(s^{t+1},a^{t+1}) \tag{2.52}$$

其中，动作 a^{t+1} 是从状态 s^{t+1} 对应的策略 π 中采样得到的，即 $a^{t+1}\sim\pi(\cdot\mid s^{t+1})$。完整的Sarsa更新规则为

$$Q(s^t,a^t)\leftarrow Q(s^t,a^t)+\alpha[r^t+\gamma Q(s^{t+1},a^{t+1})-Q(s^t,a^t)] \tag{2.53}$$

如果策略 π 保持不变，那么在某些条件下可以证明Sarsa会学习动作-价值函数 $Q=Q^\pi$。第一个条件是，在学习过程中必须无限次尝试所有状态-动作组合 $(s,a)\in S\times A$。第二个条件由“标准随机近似条件”给出，该条件规定学习率 α 必须随时间递减，以满足以下条件：

$$\forall s \in S, a \in A: \sum_{k=0}^{\infty} \alpha_k(s,a) \rightarrow \infty \quad 和 \quad \sum_{k=0}^{\infty} \alpha_k(s,a)^2 < \infty \tag{2.54}$$

其中 $\alpha_k(s,a)$ 表示在状态 s 中第 k 次选择动作 a 后应用式(2.53)中的更新规则时使用的学习率。式(2.54)中的左侧求和确保学习率足够大以克服初始学习条件，而右侧求和确保序列将以一定速率收敛。因此，$\alpha_k(s,a)=\frac{1}{k}$ 满足学习率的这些条件，而常数学习率 $\alpha_k(s,a)=c$ 则不满足。然而，在实践中常使用常数学习率，因为满足上述条件的学习率虽然在理论上是合理的，但可能导致学习速度缓慢。

为了让 Sarsa 学习最优价值函数 Q^* 和最优策略 π^*，必须逐渐调整策略 π，使其更接近最优策略。为了实现这一目标，可以使 π 相对于价值估计 Q 变得贪婪，类似于式(2.39)中定义的动态规划策略提升任务。但是，将 π 完全变为贪婪的和确定性的将违反无限次尝试所有状态-动作组合的第一个条件。因此，在时序差分算法中的一种常用方法是使用 ε-贪婪策略，其中 ε 是一个取值范围为 $[0,1]$ 的参数，定义如下[⊖]：

$$\pi(a \mid s)=\begin{cases} 1-\varepsilon+\frac{\varepsilon}{|A|} & 如果 a \in \arg\max_{a' \in A} Q(s,a') \\ \frac{\varepsilon}{|A|} & 其他 \end{cases} \tag{2.55}$$

因此，ε-贪婪策略以概率 $1-\varepsilon$ 选择贪婪动作，并以概率 ε 随机选择其他动作。通过这种方式，如果 $\varepsilon>0$，就能保证无限次尝试所有状态-动作组合的要求。现在，为了学习最优策略 π^*，我们可以在学习过程中逐渐减小 ε 的值到 0，使得 π 逐渐收敛到 π^*。算法 2 给出了使用 ε-贪婪策略的 Sarsa 伪代码。

算法 2　马尔可夫决策过程的 Sarsa 算法(带有 ε-贪婪策略)

1：初始化，即对于所有的 $s \in S, a \in A$，令 $Q(s,a)=0$
2：每一轮重复执行以下步骤：
3：观测初始状态 s^0
4：以概率 ε 选择随机动作 $a^0 \in A$
5：否则选择动作 $a^0 \in \arg\max_a Q(s^0,a)$
6：对于 $t=0,1,2,\cdots$ 执行以下步骤：
7：　执行动作 a^t，观测奖励 r^t 和下一个状态 s^{t+1}
8：　以概率 ε 选择随机动作 $a^{t+1} \in A$
9：　否则选择动作 $a^{t+1} \in \arg\max_a Q(s^{t+1},a)$
10：　更新 $Q(s^t,a^t)$ 为 $Q(s^t,a^t)+\alpha[r^t+\gamma Q(s^{t+1},a^{t+1})-Q(s^t,a^t)]$

虽然 Sarsa 是基于 Q^π 的贝尔曼方程，但我们也可以根据 Q^* 的贝尔曼最优方程构造时序差分算法的更新目标。

$$Q^*(s,a)=\sum_{s' \in S} \mathcal{T}(s' \mid s,a)\left[\mathcal{R}(s,a,s')+\gamma \max_{a' \in A} Q^*(s',a')\right] \tag{2.56}$$

⊖　式(2.55)假设在 Q 下存在一个具有最大价值的贪婪动作。如果在给定状态下存在多个具有最大价值的动作，则可以修改定义，将概率质量 $(1-\varepsilon)$ 分配给这些动作。

Q学习(Watkins和Dayan，1992)是一种基于上述贝尔曼最优方程构造更新目标的时序差分算法，其方法同样是用经验元组(s^t, a^t, r^t, s^{t+1})中的相应元素替换对状态s'的求和以及奖励函数$\mathcal{R}(s, a, s')$：

$$\mathcal{X} = r^t + \gamma \max_{a' \in A} Q(s^{t+1}, a') \tag{2.57}$$

完整的Q学习更新规则为

$$Q(s^t, a^t) \leftarrow Q(s^t, a^t) + \alpha \left[r^t + \gamma \max_{a' \in A} Q(s^{t+1}, a') - Q(s^t, a^t) \right] \tag{2.58}$$

使用ε-贪婪策略的Q学习伪代码在算法3中给出。

算法3 马尔可夫决策过程的Q学习(使用ε-贪婪策略)

1：初始化：对于所有的$s \in S, a \in A$，令$Q(s, a) = 0$
2：每一轮重复执行以下步骤：
3：对于$t = 0, 1, 2, \cdots$执行以下步骤：
4：　观测当前状态s^t
5：　以概率ε选择随机动作$a^t \in A$
6：　否则选择动作$a^t \in \arg\max_a Q(s^t, a)$
7：　执行动作a^t，观测奖励r^t和下一个状态s^{t+1}
8：　更新$Q(s^t, a^t)$为

$$Q(s^t, a^t) + \alpha \left[r^t + \gamma \max_{a'} Q(s^{t+1}, a') - Q(s^t, a^t) \right]$$

在与Sarsa相同的条件下(即无限次尝试所有状态-动作对，以及式(2.54)中的标准随机近似条件)，Q学习可以保证收敛到最优策略π^*。不过，与Sarsa不同的是，Q学习并不要求用于与环境交互的策略π必须逐渐接近最优策略π^*。相反，只要满足收敛条件，Q学习可以使用任何策略与环境交互。因此，Q学习被称为离线策略(off-policy)的时序差分算法，而Sarsa则是一种在线策略(on-policy)的时序差分算法，这种区别会产生一系列的影响，我们将在第8章中详细讨论。在2.7节，我们将使用学习曲线来评估和比较Q学习和Sarsa在强化学习问题上的性能。

2.7 学习曲线评估

评估强化学习算法在学习问题上的性能的标准方法是学习曲线。学习曲线显示了随着训练时间的增加学习到的策略的性能，其中性能可以根据学习目标(如折扣回报)以及其他次要指标来衡量。

图2.4展示了将Sarsa算法和Q学习算法应用于2.2节火星探测车问题的各种学习曲线，折扣因子γ为0.95。在这些图中，x轴表示的是环境时间步，y轴表示的是从初始状态(即$V^\pi(s^0)$)开始获得的平均折扣评估回报[㊀]。

㊀ 回想一下，当学习目标是最大化折扣回报时，我们使用“回报”一词作为折扣回报的简写。

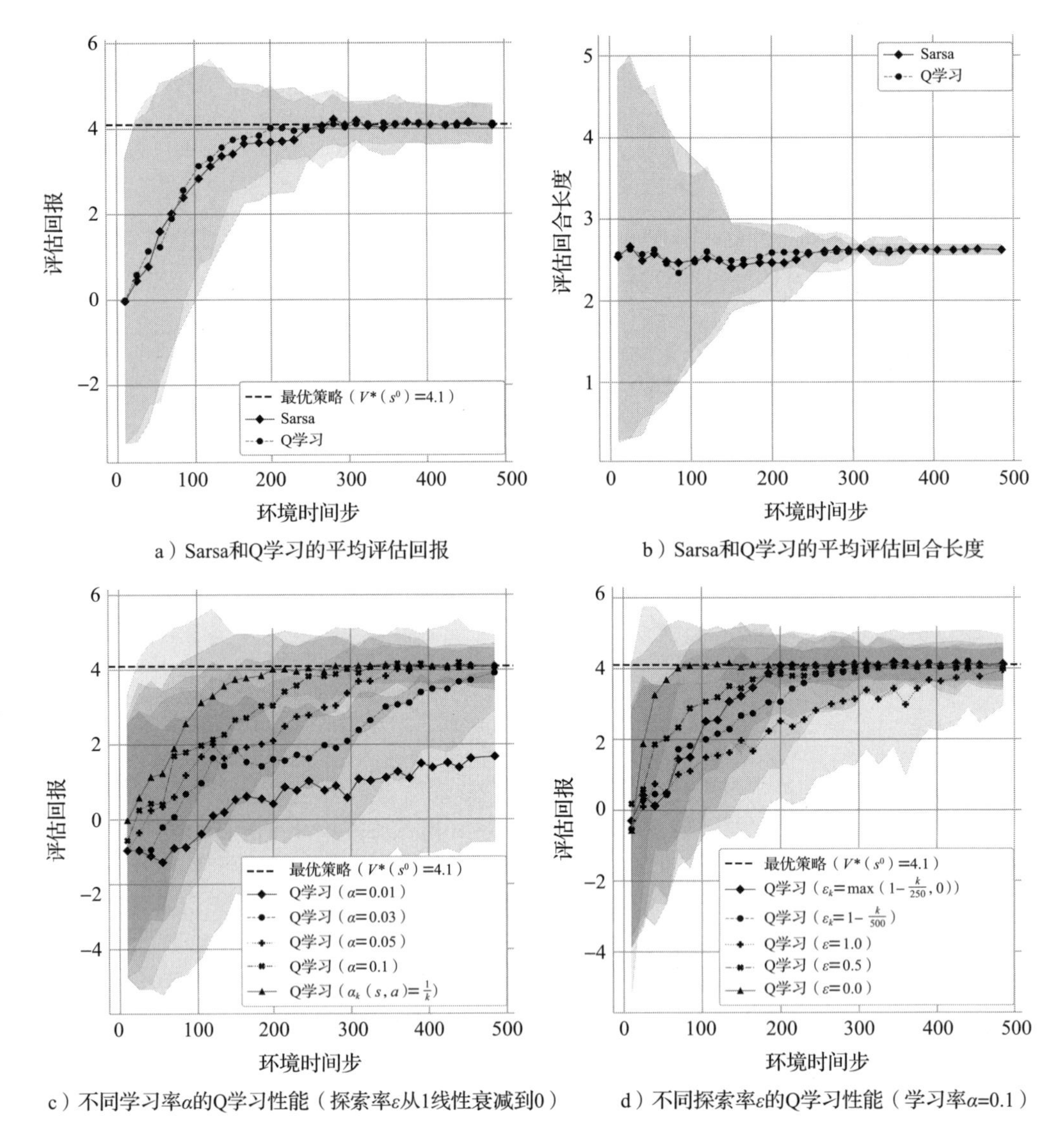

图 2.4　将 Sarsa 算法和 Q 学习算法应用于火星探测车问题(见图 2.3)，折扣因子 γ 为 0.95，平均 100 次独立训练的结果。阴影区域表示每次训练的平均折扣回报的标准差。虚线水平线标记了初始状态的最优价值($V^*(s^0)$，通过价值迭代计算得出)。在图 2.4a 和图 2.4b 中，算法使用的学习率是 $\alpha_k(s,a)=\dfrac{1}{k}$，其中 k 是状态 s 被访问的次数以及动作 a 被应用的次数。探索率在时间步 $t=0,\cdots,500$ 上线性衰减，从 $\varepsilon=1$ 减少到 $\varepsilon=0$ $\left(即 \varepsilon^t=1-\dfrac{t}{500}\right)$

“评估回报”一词表示显示的回报是贪婪策略[⊖]在 T 个学习时间步后的学到的动作-价值。

⊖ 在第 8 章讨论的策略梯度强化学习算法中，算法学习的是一种概率策略，通常不是“贪婪”的。在这种情况下，评估回报只需使用当前策略，不需要修改。

因此，这些图表回答了这样一个问题：如果我们在 T 个时间步后结束学习，并提取出贪婪策略，那么使用该策略我们可以期望获得怎样的期望回报？这里显示的是100次独立训练运行的平均结果，每次运行都使用不同的随机种子来确定随机事件的结果(如概率性的动作选择和状态转移)。具体来说，线上的每个点都是通过在每次训练中采用贪婪策略，独立运行100次并对获得的回报求平均，最后对平均回报再求平均得出的。阴影区域显示的是每次训练运行的平均回报的标准差。在图2.4b中，我们展示了贪婪策略的平均轮数，而不是平均回报。

在本例中，Sarsa和Q学习都能学习到最优策略 π^*，即在初始位置选择向左行动，在A站和B站选择向右行动。此外，这两种算法的评估回报学习曲线基本相同。图2.4c和图2.4d(Q学习)表明，学习率 α 和探索率 ϵ 的选择对学习有重要影响。在这种情况下，对于Q学习，“平均”学习率 $\alpha_k(s,a)=\frac{1}{k}$ 的表现最佳，但对于具有更大状态和动作集的更复杂的MDP来说，与适当选择的恒定学习率相比，这种学习率的选择通常会导致学习速度变慢。

请注意，图中 x 轴表示的是回合的累积训练时间步数。这不能与回合内的时间步 t 混淆。我们之所以在 x 轴上显示累计时间步数而不是已完成的回合数，是因为后者有可能使算法的比较出现偏差。例如，假设我们在 x 轴上显示了算法A和B的训练曲线，并标注了回合数。假设两种算法最终都能用所学策略达到相同的性能，但算法A的学习速度比算法B快得多(即A的曲线上升得更快)。在这种情况下，可能是在早期回合中，算法A比算法B探索了更多的动作(即时间步数)，这导致算法A收集了更多的经验(训练数据)。因此，尽管两种算法完成了相同的回合数，算法A将实现更多的学习更新(假设更新是在每个时间步之后完成的，就像本章介绍的时序差分方法一样)，这就解释了学习曲线为什么看起来增长更快。如果我们用回合的累积训练时间步数来展示两种算法的学习曲线，那么A算法的学习曲线可能不会比B算法的学习曲线增长得快。

回顾本章开头(图2.1)，我们将强化学习问题定义为一个决策过程模型(如MDP)和一个策略学习目标(如最大化每个状态下特定折扣因子的期望折扣回报)的组合。在评估学习策略时，我们希望评估其实现这一学习目标的能力。例如，火星探测车问题中设定了折扣回报目标，折扣因子 γ 为0.95。因此，图2.4a中的学习曲线正好在 y 轴上显示了这一目标。

不过，在某些情况下，即使强化学习问题规定了折扣回报目标，且折扣因子 γ 小于1，显示所学策略的无折扣回报(即折扣因子 $\gamma=1$)对于学习到的策略也可能是有用的。原因在于，无折扣回报有时比折扣回报更容易解释。例如，假设我们想学习一个电子游戏的最优策略，在这个游戏中，智能体控制一艘太空飞船，每消灭一个敌人，就能获得+1的分数(奖励)。如果在一回合中，智能体在不同的时间点消灭了10个敌人，那么无折扣回报将是10，但折扣回报将小于10，这使得理解智能体消灭了多少敌人变得更加困难。一般来说，在分析所学策略时，除了回报之外，显示其他指标也很有用，例如竞争游戏中的胜率，或者像图2.4b中的回合长度。

当展示无折扣回报和额外指标(比如回合长度)时，重要的是要记住，评估的策略实际上并不是为了最大化这些目标而训练的——它是为了最大化特定折扣因子的预期折扣回报而训练的。一般来说，两个只在折扣因子上有所不同但其他方面完全相同(即相同的MDP)的强化学习问题可能具有不同的最优策略。在我们的火星探测车示例中，一个折扣因子 γ 为0.95的折扣回报目标，会导致一个在初始状态选择向左行动的最优策略，使得 $V^*(s^0)=4.1$。而折扣因子 γ 为0.5时会导致一个在初始状态选择向右行动的最优策略，使得 $V^*(s^0)=0$。这两个策略都是最优的，但它们针对使用了不同折扣因子的两个不同的学习问题。这两个学习问题都是有效的，并且选择折扣因子 γ 是设计学习问题的一部分。

2.8 $\mathcal{R}(s,a,s')$和 $\mathcal{R}(s,a)$的等价性

我们使用一般的奖励函数 $\mathcal{R}(s^t,a^t,s^{t+1})$来定义马尔可夫决策过程，它以当前状态 s^t 和动作 a^t 以及下一状态 s^{t+1} 为条件。而强化学习中另一种常用的奖励函数只依赖于 s^t 和 a^t，即 $\mathcal{R}(s^t,a^t)$。这可能会让强化学习的初学者感到困惑。然而，这两种定义实际上是等价的，因为对于任何使用 $\mathcal{R}(s^t,a^t,s^{t+1})$的 MDP，我们都可以构造一个使用 $\mathcal{R}(s^t,a^t)$的 MDP(其他所有组成部分与原始 MDP 相同)，使得给定的策略 π 在这两个 MDP 中产生相同的期望回报。

回想一下我们目前为止一直在使用的 MDP 的状态价值函数 V^π 的贝尔曼方程，其奖励函数为 $\mathcal{R}(s,a,s')$：

$$V^\pi(s)=\sum_{a\in A}\pi(a\mid s)\sum_{s'\in S}\mathcal{T}(s'\mid s,a)[\mathcal{R}(s,a,s')+\gamma V^\pi(s')] \tag{2.59}$$

假设 $\mathcal{R}(s,a,s')$只依赖于 s，a，我们可以将上述方程重写为

$$V^\pi(s)=\sum_{a\in A}\pi(a\mid s)\sum_{s'\in S}\mathcal{T}(s'\mid s,a)[\mathcal{R}(s,a)+\gamma V^\pi(s')] \tag{2.60}$$

$$=\sum_{a\in A}\pi(a\mid s)\Big[\sum_{s'\in S}\mathcal{T}(s'\mid s,a)\mathcal{R}(s,a)+\sum_{s'\in S}\mathcal{T}(s'\mid s,a)\gamma V^\pi(s')\Big] \tag{2.61}$$

$$=\sum_{a\in A}\pi(a\mid s)\Big[\mathcal{R}(s,a)+\gamma\sum_{s'\in S}\mathcal{T}(s'\mid s,a)V^\pi(s')\Big] \tag{2.62}$$

这就是使用奖励函数 $\mathcal{R}(s,a)$的马尔可夫决策过程的简化贝尔曼方程。从 $\mathcal{R}(s,a)$到 $\mathcal{R}(s,a,s')$的反向转换，我们知道通过将 $\mathcal{R}(s,a)$定义为状态转移概率下的期望奖励，即可实现这一点。

$$\mathcal{R}(s,a)=\sum_{s'\in S}\mathcal{T}(s'\mid s,a)\mathcal{R}(s,a,s') \tag{2.63}$$

通过将这一定义代入式(2.62)，我们可以再次使用 $\mathcal{R}(s,a,s')$的原始贝尔曼方程，即式(2.59)。对于动作-价值函数 Q^π 的贝尔曼方程以及 V^* 和 Q^* 的贝尔曼最优方程，类似的转换也是成立的。因此，$\mathcal{R}(s,a,s')$和 $\mathcal{R}(s,a)$都可以使用。

在本书中，我们出于以下教学原因使用 $\mathcal{R}(s,a,s')$：

1. 在指定 MDP 的示例时，使用 $\mathcal{R}(s,a,s')$可能更加方便，因为它有助于展示动作的多种可能结果的奖励差异。在图 2.3 中展示的火星探测车 MDP 中，如果使用 $\mathcal{R}(s,a)$，那么我们必须在从初始状态 s^0 开始的向右行动的转移箭头上显示期望回报(式(2.63))，而不是显示两种可能结果的不同奖励，这样读起来就不那么直观了。
2. 当使用 $\mathcal{R}(s,a,s')$时，贝尔曼方程与时序差分算法中使用的更新目标呈现出一种有益的视觉联系。例如，Q 学习的目标 $r^t+\gamma\max_{a'}Q(s^{t+1},a')$在贝尔曼最优方程中以相应的形式出现(在[]方括号内)：

$$Q^*(s,a)=\sum_{s'\in S}\mathcal{T}(s'\mid s,a)[\mathcal{R}(s,a,s')+\gamma\max_{a'\in A}Q^*(s',a')] \tag{2.64}$$

   对于 Sarsa 的目标和 Q^π 的贝尔曼方程也是如此(见 2.6 节)。

最后，我们要提到的是，第 6 章中介绍的多智能体强化学习的大部分原始文献实际上都将奖励函数定义为 $\mathcal{R}(s,a)$。为了保持符号的一致性，在本书的其余部分我们将继续使用 $\mathcal{R}(s,a,s')$，并注意到从 $\mathcal{R}(s,a)$转换到 $\mathcal{R}(s,a,s')$的等价变换始终存在。

2.9 总结

本章简要介绍了单智能体强化学习的基本概念。最重要的概念包括以下几点：

- 马尔可夫决策过程是定义智能体在若干时间步长内选择动作的环境的标准模型。它定义了环境的可能状态、智能体可采取的动作、环境状态如何响应不同的动作变化以及智能体获得的奖励。智能体使用一种策略为每种状态下的可用动作分配概率。
- 强化学习中的学习问题是由决策过程模型（比如 MDP）和学习目标组合而成的。单智能体强化学习中最常见的学习目标是为智能体找到一个能够最大化期望折扣回报的决策策略，这个期望回报被定义为随时间获得的回报总和，并由一个折扣因子进行加权。
- MDP 中的马尔可夫特性意味着，给定当前状态和动作，未来的状态和奖励与过去的状态和动作无关。利用这一特性，我们可以定义策略的递归价值函数，即贝尔曼方程，以获得策略在环境的每种可能状态下的“价值”。这个价值是从给定状态开始并按照策略选择动作时的期望回报。价值函数也可以针对状态-动作对进行定义，在状态-动作对中，首先选择一个给定的动作，然后根据策略选择后续动作。
- 动态规划和时序差分算法是两类可以在 MDP 中学习最优策略的算法。动态规划算法需要有 MDP 的完整知识，并使用诸如价值迭代之类的过程来学习最优价值函数。时序差分算法以动态规划理论为基础，但不需要 MDP 的完整知识，而是通过反复探索环境中的动作并观测结果来学习最优策略。
- 强化学习算法通过学习曲线进行评估，这些曲线展示了在学习过程中，期望回报随着智能体与环境交互次数的增加而提高。

本书接下来的章节将以上述概念为基础，从多个方面展开论述。首先，第 3 章将通过引入多个智能体在共享环境中互动的博弈模型来扩展马尔可夫决策过程模型。第 4 章将使用折扣回报的概念来定义一系列多智能体博弈的解概念。最后，第 5 章和第 6 章将介绍几个基于本章介绍的动态规划和时序差分算法并加以扩展的多智能体强化学习算法。

CHAPTER3

第 3 章

博弈：多智能体交互模型

第 1 章介绍了智能体在环境中互动以实现特定目标的一般概念。在本章中，我们将通过多智能体交互模型来正式阐释这一理念。这些模型源于博弈论，因此被称为博弈。我们为将要介绍的博弈模型定义了一个逐渐复杂的模型层级，如图 3.1 所示。

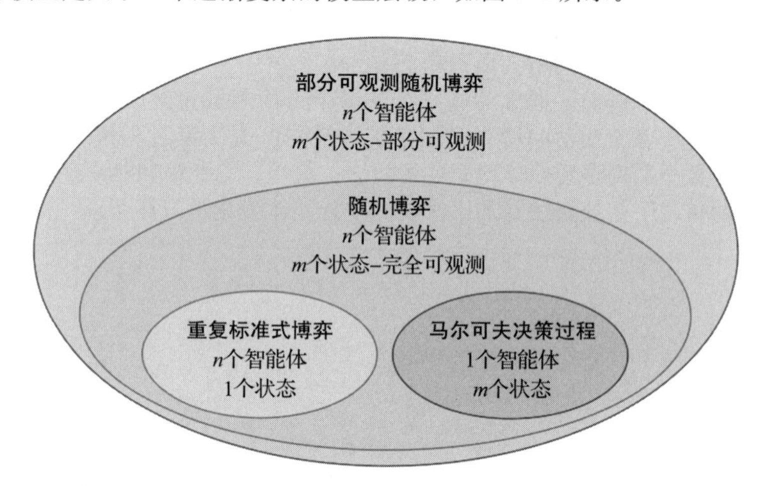

图 3.1　本书使用的博弈模型层次结构。部分可观测随机博弈(Partially Observable Stochastic Game，POSG)包括一种特殊情况的随机博弈，在这种博弈中，所有智能体都可以完全观测到状态和智能体所选择的动作。随机博弈包括重复标准式博弈，一种只有单一环境状态的特殊情况，还包括马尔可夫决策过程，一种只有单一智能体的特殊情况

最基本的模型是标准式博弈，其中有多个智能体，但没有不断变化的环境状态。再往上是随机博弈，它定义的环境状态会因智能体的动作和状态转移概率而随时间变化。处于博弈层次结构顶端的是部分可观测随机博弈，在这种博弈中，智能体无法直接观测到完整的环境，而是观测到关于环境的不完整或有噪声的信息。博弈还可能使用不同的假设来判断智能体对

博弈的了解程度。我们将依次介绍每种博弈模型并举例进行说明[一]。

请注意，本章的重点是介绍多智能体交互模型，但并未定义博弈解的含义，即智能体采取最优动作的含义。有许多可能的解概念可以定义博弈中智能体的最优策略。我们将在第 4 章中介绍一系列的博弈解概念。

3.1　标准式博弈

标准式博弈(也称为“策略式”博弈)定义了两个或多个智能体之间的单次交互。与多臂老虎机问题(见 2.2 节)可被视为 MDP 的基本内核类似，标准式博弈也可以被视为本章介绍的所有博弈模型的基本构建块。

定义 2(标准式博弈)　标准式博弈包括：

- 有限智能体的集合 $I=\{1,\cdots,n\}$
- 对于每个智能体 $i\in I$：
  - 有限动作集合 A_i
  - 奖励函数 $\mathcal{R}_i:A\rightarrow\mathbb{R}$，其中 $A=A_1\times\cdots\times A_n$

标准式博弈的过程如下：首先，每个智能体 $i\in I$ 选择一个策略 $\pi_i:A_i\rightarrow[0,1]$，它为智能体可用的动作分配概率，使得对于 $a_i\in A_i$，有 $\sum_{a_i\in A_i}\pi_i(a_i)=1$。然后，每个智能体根据其策略以概率 $\pi_i(a_i)$ 选择一个动作 $a_i\in A_i$。所有智能体的动作构成一个联合动作 $a=(a_1,\cdots,a_n)$。最后，每个智能体根据其奖励函数和联合动作获得奖励 $r_i=\mathcal{R}_i(a)$。

标准式博弈可以根据各个智能体的奖励函数之间的关系进行分类：

- 在零和博弈中，所有智能体的奖励之和始终为 0，即对于所有的 $a\in A,i\in I$，有 $\sum_{i\in I}\mathcal{R}_i(a)=0$[二]。在有两个智能体 i 和 j 的零和博弈中[三]，一个智能体的奖励函数就是另一个智能体奖励函数的负数，即 $\mathcal{R}_i=-\mathcal{R}_j$。
- 在共享奖励博弈中，所有智能体都获得相同的奖励，即对于所有的 $i,j\in I$，有 $\mathcal{R}_i=\mathcal{R}_j$。
- 在一般和博弈中，奖励函数之间的关系没有限制。

两个智能体的标准式博弈也被称为矩阵博弈，因为在这种情况下，奖励函数可以表示为一个矩阵[四]。图 3.2 展示了三个矩阵博弈的例子。智能体 1 的动作是选择行位置，智能体 2 的动作是选择列位置。矩阵单元格中的 (r_1,r_2) 表示每个智能体在每个可能的联合动作的奖励。图 3.2a 展示了石头(R)剪刀(S)布(P)游戏，每个智能体选择三种可能的动作(R,P,S)之一。这是一个零和博弈(即 $r_1=-r_2$)，因为对于每种动作组合，智能体获胜(+1 奖励)，那么另一个智能体失败(−1 奖励)，或者是平局(双方都得 0 奖励)。图 3.2b 展示了一个“协调”博弈，

[一] 存在另一种本章未涉及的博弈模型，称为“扩展式博弈”。其主要区别在于，在扩展式博弈中，智能体轮流选择动作，而在我们介绍的博弈中，智能体同时选择动作。我们将重点放在同时博弈上，因为大多数 MARL 都使用这类博弈模型，而且它们是对强化学习中使用的 MDP 模型的更自然的扩展。扩展式博弈和(序贯)同时博弈之间是可以转换的(Shoham 和 Leyton-Brown，2008)。

[二] 零和博弈是常和博弈的一种特例，在常和博弈中，智能体奖励之和是一个常数。

[三] 对于有两个智能体的博弈，我们通常使用 i 和 j 来非正式地指代这两个智能体，并在具体示例中使用 1 和 2 来指代智能体。

[四] 一些博弈文献使用“双矩阵博弈”一词来特指需要两个矩阵来定义智能体奖励函数的一般和博弈，而使用“矩阵博弈”一词来特指只需要一个矩阵来定义奖励函数的博弈。本书在这两种情况下都使用“矩阵博弈”。

每个智能体有两个动作(A,B)，并且智能体必须选择相同的动作才能获得正奖励。这个博弈是共享奖励的(即 $r_1=r_2$)，因此在矩阵单元格中只需要显示一个奖励。最后，图 3.2c 展示了一个被广泛研究的博弈，称为囚徒困境，这是一个一般和博弈。在这里，每个智能体可以选择合作(C)或者背叛(D)。虽然相互合作会给两个智能体都带来第二高的奖励，但每个智能体都有动机去背叛，因为这是占优动作(dominant action)，意味着 D 总是比 C 获得更高的奖励。这些博弈和许多其他博弈的有趣之处在于，一个智能体的回报取决于其他智能体的选择，而这些选择是事先未知的。

	R	P	S
R	0,0	−1,1	1,−1
P	1,−1	0,0	−1,1
S	−1,1	1,−1	0,0

a）石头剪刀布

	A	B
A	10	0
B	0	10

b）“协调”博弈

	C	D
C	−1,−1	−5,0
D	0,−5	−3,−3

c）囚徒困境

图 3.2　包含两个智能体的三个标准式博弈(即矩阵博弈)

很多工作都致力于发展标准式博弈的分类方法，并理解不同博弈之间的关系(Rapoport 和 Guyer，1966；Kilgour 和 Fraser，1988；Walliser，1988；Robinson 和 Goforth，2005；Bruns，2015；Marris、Gemp 和 Piliouras，2023)。例如，在 11.2 节中，我们将提供一个全面列表，列出所有结构上不同且严格按序排列的 2×2 标准式博弈(即包含两个智能体，各有两个动作的博弈)，总共有 78 种。

在本书的其余部分，当我们对 n 个智能体的标准式博弈进行一般性陈述时，我们将使用“标准式博弈”，而在讨论两个智能体的标准式博弈的具体例子时，我们有时会使用“矩阵博弈”。

3.2　重复标准式博弈

3.1 节中介绍的标准式博弈定义了两个或多个智能体之间的单次互动。将其扩展到序贯多智能体交互的最基本方法是在有限或无限次数内重复相同的标准式博弈，这就产生了重复标准式博弈。这类博弈模型是博弈论中研究最广泛的一类模型。例如，重复的囚徒困境在博弈论文献中得到了广泛的研究(如 Axelrod，1984)，至今仍是序贯社会困境(sequential social dilemma)的一个重要例子。

给定一个标准式博弈 $\Gamma=(I,\{A_i\}_{i\in I},\{\mathcal{R}_i\}_{i\in I})$，一个重复标准式博弈在 $t=0,1,2,\cdots,T-1$ 的 T 个时间步中重复相同的博弈 Γ，其中 T 可以有限也可以无限。在每个时间步 t，每个智能体 $i\in I$ 根据其策略 $\pi_i(a_i^t|h^t)$ 给出的概率采样一个动作 $a_i^t\in A_i$。现在，策略依赖于联合动作的历史 $h^t=(a^0,\cdots,a^{t-1})$，其中包含当前时间步 t 之前的所有联合动作(对于 $t=0$，历史为空集)。给定联合动作 $a^t=(a_1^t,\cdots,a_n^t)$，每个智能体 i 收到奖励 $r_i^t=\mathcal{R}_i(a^t)$。

除了时间上标 t，重复标准式博弈中的重要一点是，现在策略可以根据过去联合动作的整个历史做出决策，从而产生一个复杂的策略空间，供智能体使用。通常，策略基于内部状态进行调整，而内部状态是历史的函数 $f(h^t)$。例如，策略可能只基于最近的联合动作 a^{t-1}，或者基于历史中其他智能体的动作计数等摘要统计量。“以牙还牙”(Tit-for-Tat)是重复囚徒困境博弈中的一个著名策略，它只需以其他智能体最近的动作为条件进行判断，如果其他智能体合作，就选择合作；如果其他智能体背叛，就选择背叛(Axelrod 和 Hamilton，1981)。

需要注意的是，有限次的重复博弈通常不等价于无限次重复的相同博弈。在有限重复博弈中，可能存在“终局效应”(end-game effect)：如果智能体知道博弈将在 T 个时间步之后结束，它们可能会在博弈结束前选择与博弈开始时不同的动作(见6.3.3节囚徒困境的示例)。对于无限重复博弈，可以指定每个时间步终止游戏的概率。这个终止概率与强化学习中的折扣因子 γ 有关，其中 $1-\gamma$ 指定了每个时间步中博弈终止的概率(见2.3节中的讨论)。当 $\gamma<1$ 时，博弈仍然被视为“无限”，因为任何大于0的有限时间步数 T 都有非零的发生概率。

在本书的其余部分中，我们将使用术语非重复标准式博弈(non-repeated normal-form game)来指代 $T=1$ 的特殊情况，而重复标准式博弈(repeated normal-form game)指的是 $T>1$ 的情况。

3.3 随机博弈

尽管标准式博弈相对简单，有助于研究智能体之间的互动，但它们缺乏一个受智能体动作影响的环境状态的概念。随机博弈更接近于1.1节中描述的完整多智能体系统，它定义了一个基于状态的环境，在这个环境中，状态会根据智能体的动作和状态转移概率而随时间演化(Shapley，1953)。

定义3(随机博弈) 一个随机博弈包括：

- 有限智能体集合 $I=\{1,\cdots,n\}$
- 有限状态集合 S，其中终止状态的子集 $\overline{S}\subset S$
- 对于每个智能体 $i\in I$：
  - 有限动作集合 A_i
  - 奖励函数 $\mathcal{R}_i:S\times A\times S\rightarrow\mathbb{R}$，其中 $A=A_1\times\cdots\times A_n$
- 状态转移概率函数 $\mathcal{T}:S\times A\times S\rightarrow[0,1]$，使得

$$\forall s\in S,\quad a\in A:\sum_{s'\in S}\mathcal{T}(s,a,s')=1 \tag{3.1}$$

- 初始状态分布 $\mu:S\rightarrow[0,1]$满足

$$\sum_{s\in S}\mu(s)=1,\quad \forall s\in\overline{S}:\mu(s)=0 \tag{3.2}$$

随机博弈的过程如下：从初始状态 $s^0\in S$ 开始，按照概率分布 μ 进行采样。在时间步 t，每个智能体 $i\in I$ 观测当前状态 $s^t\in S$ 并根据其策略 $\pi_i(a_i^t\mid h^t)$给出的概率选择动作 $a_i^t\in A_i$，形成联合动作 $a^t=(a_1^t,\cdots,a_n^t)$。策略取决于状态-动作的历史 $h^t=(s^0,a^0,s^1,a^1,\cdots,s^t)$，其中包含当前状态 s^t 以及之前时间步的状态和联合动作。所有智能体都能观测到这个历史，将这个属性称为完全可观测性。给定状态 s^t 和联合动作 a^t，博弈以概率 $\mathcal{T}(s^t,a^t,s^{t+1})$转移到下一个状态 $s^{t+1}\in S$，并且每个智能体 i 收到奖励 $r_i^t=\mathcal{R}_i(s^t,a^t,s^{t+1})$。我们也可以将这个概率写成 $\mathcal{T}(s^{t+1}\mid s^t,a^t)$来强调它是在状态-动作对$(s^t,a^t)$的条件下给出的概率。上述步骤重复进行，直到达到终止状态 $s^t\in\overline{S}$ 或达到最大时间步数 T ㊀，然后博弈终止；或者如果博弈是非终止的，则可以继续进行无限个时间步。

与马尔可夫决策过程类似，随机博弈也具有马尔可夫特性，即给定当前状态和联合动作，下一个状态和奖励的概率与过去的状态和联合动作是条件独立的：

$$\Pr(s^{t+1},r^t\mid s^t,a^t,s^{t-1},a^{t-1},\cdots,s^0,a^0)=\Pr(s^{t+1},r^t\mid s^t,a^t) \tag{3.3}$$

㊀ 同时回顾一下2.2节。

其中 $r^t=(r_1^t,\cdots,r_n^t)$ 是时间 t 的联合奖励。因此，随机博弈有时也称为马尔可夫博弈(例如，Littman，1994)[⊖]。

作为随机博弈的一个具体例子，我们可以对图 1.2 所示的基于等级的搜寻任务进行建模。每个状态都是一个向量，指定了所有智能体和物品的 $x-y$ 整数位置，以及每个物品的二进制标记，以表示该物品是否已被收集。智能体的动作空间包括向上/向下/向左/向右移动、收集和无操作(noop)。联合动作的影响由转移概率函数 $\mathcal{T}$ 决定。例如，两个智能体共同收集一个物品，就会通过切换与该物品关联的二进制标志来改变状态(这意味着该物品已被收集且不再存在)。在共享奖励博弈中，只要有智能体收集到物品，每个智能体就都获得 $+1$ 的奖励。一般和的情况可以为智能体指定单独的奖励，例如，实际参与收集物品的智能体奖励 $+1$，而所有其他智能体的奖励为 0。博弈会在一定的时间步数后终止，或者在达到终点状态(所有物品都已收集完毕)后终止。

随机博弈包括重复标准式博弈，这是一种特殊情况，即 S 中只有一个状态，没有终止状态(即 $\overline{S}=\varnothing$)。更广义地说，如果我们将奖励函数定义为 $\mathcal{R}_i(s,a)$，那么随机博弈中的每个状态 $s\in S$ 都可以看作非重复标准式博弈，其奖励由 $\mathcal{R}_i(s,\cdot)$ 给出，如图 3.3 所示。对于 $\mathcal{R}_i(s,a,s')$ 和 $\mathcal{R}_i(s,a)$ 的等价性，见 2.8 节。从这个意义上来说，标准式博弈构成了随机博弈的基本组成部分。随机博弈还包括只有一个智能体的特殊情况的 MDP。并且和 MDP 一样，虽然在随机博弈定义中，状态集和动作集都是有限的[根据 Shapley(1953)的原始定义]，但随机博弈也可以对连续状态和动作进行类似的定义。最后，将标准式博弈划分为零和博弈、共享奖励博弈和一般和博弈的方法也适用于随机博弈(见 3.1 节)。也就是说，随机博弈可以指定零和奖励、共享奖励或一般和奖励。

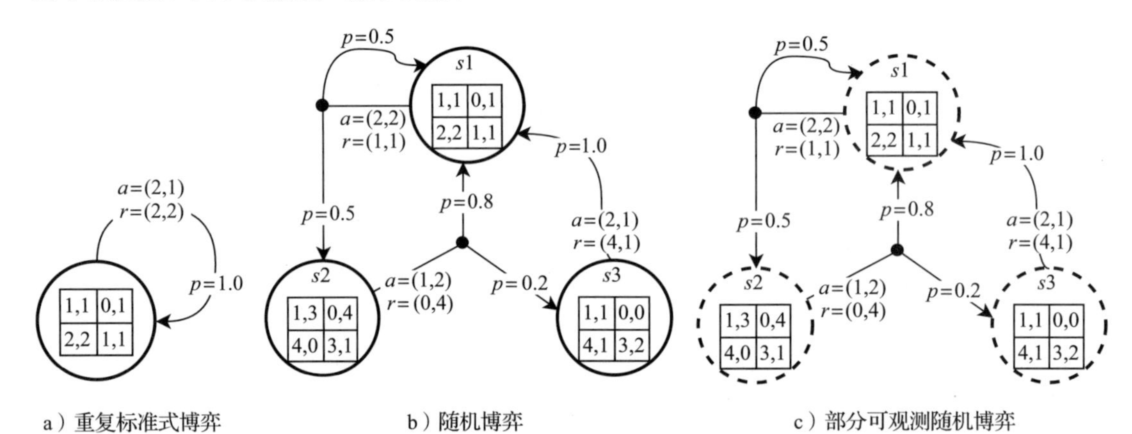

图 3.3　标准式博弈是第 3 章描述的所有博弈模型的基本构建块。本图以有向循环图的形式展示了每种博弈模型的一个博弈示例。每个博弈涉及两个智能体，每个智能体有两个动作。图中的每个节点都对应一个状态，并显示了在该状态下正在进行的标准式博弈。我们展示了每个状态下一种可能的联合动作选择，以及所获得的奖励和达到各自下一个状态的概率(在箭头上标出)。对于部分可观测随机博弈，状态用虚线表示，象征智能体并不能直接观测到当前状态；相反，智能体会接收到关于状态的部分观测或噪声观测

⊖　关于这个命名，请参见 https://agents.inf.ed.ac.uk/blog/multiagent-rl-inaccuracies。

第 11 章将提供很多基于状态的多智能体环境的示例，其中有很多可以作为随机博弈来建模。

3.4　部分可观测随机博弈

位于图 3.1 所示的博弈模型层次结构的顶端，我们在本书中使用的最一般的模型，就是部分可观测随机博弈(Hansen、Bernstein 和 Zilberstein，2004)。在随机博弈中，智能体可以直接观测到环境状态和所有智能体选择的动作，而在部分可观测随机博弈中，智能体收到的“观测结果”包含了一些关于环境状态和智能体动作的不完全信息。这使我们可以用部分可观测随机博弈来表示智能体感知环境能力有限的决策过程，如自动驾驶和其他机器人控制任务，或玩家拥有其他玩家看不到的私人信息的策略游戏(如纸牌游戏)。

在其最一般的形式中，一个部分可观测随机博弈定义了状态-观测概率(state-observation probability)$\Pr(s^t, o^t \mid s^{t-1}, a^{t-1})$，其中 $o^t=(o_1^t,\cdots,o_n^t)$是在时间 t 的联合观测，包含了智能体的个体观测 o_i^t。然而，通常情况下，观测仅取决于新的环境状态 s^t 和导致该状态的联合动作 a^{t-1}(而不是先前的状态 s^{t-1})。因此，通常为每个智能体 i 定义一个个体观测函数$\mathcal{O}_i$，它指定了在状态 s^t 和联合动作 a^{t-1} 给定的情况下，智能体可能的观测 o_i^t 的概率。我们在下面给出了部分可观测随机博弈的完整定义。

定义 4(部分可观测随机博弈)　部分可观测随机博弈由随机博弈的相同元素定义(定义 3)，并额外为每个智能体 $i \in I$ 定义了以下内容：

- 有限观测集 O_i
- 观测函数$\mathcal{O}_i: A \times S \times O_i \to [0,1]$，满足

$$\forall a \in A, \quad s \in S: \sum_{o_i \in O_i} \mathcal{O}_i(a, s, o_i) = 1 \tag{3.4}$$

部分可观测随机博弈的过程与随机博弈类似：从初始状态 $s^0 \in S$ 开始，该状态从 μ 采样。在每个时间步 t，博弈处于状态 $s^t \in S$，具有先前的联合动作 $a^{t-1} \in A$(对于 $t=0$，我们令 $a^{t-1}=\varnothing$)，每个智能体 $i \in I$ 根据其观测函数$\mathcal{O}_i(a^{t-1}, s^t, o_i^t)$给定的概率来接收观测 $o_i^t \in O_i$。我们也将其写作$\mathcal{O}_i(o_i^t \mid a^{t-1}, s^t)$来强调概率是在状态 s^t 和联合动作 a^{t-1} 的条件下给出的。然后，每个智能体根据其策略给出的动作概率 $\pi_i(a_i^t \mid h_i^t)$选择动作 $a_i^t \in A_i$，从而产生联合动作 $a^t=(a_1^t,\cdots,a_n^t)$。策略 π_i 取决于智能体 i 的观测历史 $h_i^t=(o_i^0,\cdots,o_i^t)$，这包括智能体过去的所有观测，直到最近的观测为止。请注意，智能体的观测 o_i^t 可能包含也可能不包含上一个时间步的动作 a_i^{t-1}，我们将在下面进一步讨论。给定联合动作 a^t，博弈以概率 $\mathcal{T}(s^{t+1} \mid s^t, a^t)$转移到下一个状态 $s^{t+1} \in S$，每个智能体 i 收到奖励 $r_i^t=\mathcal{R}_i(s^t, a^t, s^{t+1})$。上述步骤重复进行，直到达到终止状态 $s^t \in \overline{S}$ 或达到最大时间步数 T，此时博弈终止；如果博弈是非终止的，则可以继续进行无限个时间步。

同样，零和奖励、共享奖励和一般和奖励的分类也适用于部分可观测随机博弈模型。具有共享奖励的部分可观测随机博弈也被称为“分散式部分可观测马尔可夫决策过程”(Dec-POMDP)，在多智能体规划领域得到了广泛的研究[例如，参见(Oliehoek 和 Amato，2016)]。部分可观测随机博弈也可以类似地用连续值(或离散-连续混合)观测来定义。

部分可观测随机博弈包括观测为 $o_i^t=(s^t, a^{t-1})$的情况，这是随机博弈的一种特殊情况。还包括 I 只有一个智能体的情况，这是部分可观测马尔可夫决策过程的特殊情况。一般来说，部分可观测随机博弈中的观测函数可以用来表示各种不同的可观测条件。示例包括：

其他智能体的不可观测动作：智能体可以观测到状态和它们自己的先前动作，但不能观测到其他智能体的先前动作，即 $o_i^t=(s^t,a_i^{t-1})$。一个例子是机器人足球，其中机器人可以观测到整个比赛场地，但不会直接将它们选择的动作通知给其他球员(尤其是对手球员)。在这种情况下，智能体可能需要根据观测到的环境状态的变化推断其他智能体可能采取的动作，但存在一定的不确定性(例如，根据球的位置、方向和速度推断两名球员之间的传球动作)。另一个例子是市场环境，在该环境中，所有智能体都可以观测到资产价格，但智能体的买卖动作是私密的。

视野区域有限：智能体可能观测到状态和联合动作的子集，即 $o_i^t=(\overline{s}^t,\overline{a}^t)$，其中 $\overline{s}^t\subset s^t$，$\overline{a}^t\subset a^t$。这种情况可能会出现在智能体对其周围环境的视野有限的情况下，因此只能看到状态 s^t 和联合动作 a^{t-1} 在其视野范围内的一部分。例如，在图 3.4 展示的基于等级的搜寻任务的部分可观测版本中，智能体只能看到其视野范围内的物品、其他智能体以及它们的动作，而非所有的物品以及智能体。另一个例子是实时策略游戏，其中游戏地图中会有一部分被“战争迷雾”所遮挡而看不全(Vinyals 等人，2019)。

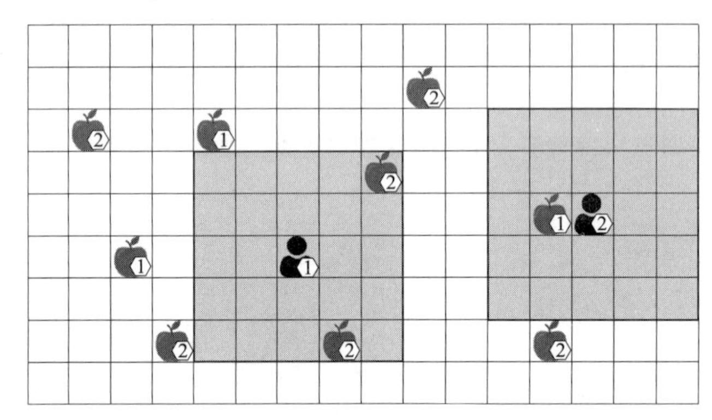

图 3.4　具有部分可观测性的基于等级的搜寻环境。智能体通过它们的局部视野观测世界(显示为智能体周围的灰色矩形)

观测函数可以通过将非零概率分配给多个可能的观测来建模不确定性(即噪声)。例如，在机器人应用中，这种不确定性可能是由传感器的不完善造成的。观测函数还可以建模智能体之间的通信，这种通信可能受到范围的限制并且可能不可靠。通信消息可以被建模为多值向量(例如位向量)，它不会修改环境状态，但可以被其他智能体在自己的观测范围内接收。不可靠的通信可以通过指定消息丢失的概率来建模(即使在发送范围内，智能体也可能无法接收到消息)，或者通过随机更改消息的部分内容来建模。甚至可以指定联合动作 $a_i=(a_{i,s},a_{i,c})$，其中 $a_{i,s}$ 影响状态 s(例如在物理世界中移动)，而 $a_{i,c}$ 是一个通信消息，其他智能体 j 可能在它们的观测 o_j 中接收到该消息。

在第 11 章(11.3 节)中，我们将列举几个在多智能体强化学习研究中使用的具有部分可观测性的多智能体环境。

信念状态和筛选

在部分可观测随机博弈中，由于智能体的观测只能提供环境当前状态的部分信息，因此通常无法仅根据当前的观测结果来选择最优动作。例如，在图 3.4 所示的基于等级的搜寻环境中，1 级智能体的最优动作可能是向其左侧的 1 级物品移动。然而，该物品并不在智能体当前的观测范围内，因此智能体无法仅从当前观测推断出最优动作。一般来说，如果环境只被部分观测到，智能体就必须根据历史观测结果保持对当前可能状态及其相对可能性的估计。继续这个例子，1级智能体可能在之前的观测中看到过它左边的1级物品，因此可能记得它在观测历史中的位置。

从智能体 i 的角度定义这种对环境状态的估计的一种方式是将其定义为一个信念状态(belief state)b_i^t，它是在时间 t 时环境可能处于的状态 $s \in S$ 的概率分布。考虑一个只有单智能体 i 的部分可观测随机博弈，即一个部分可观马尔可夫决策过程。智能体的初始信念状态由初始状态的分布给出，即 $b_i^0=\mu$。在采取动作 a_i^t 并观测到 o_i^{t+1} 后，可以通过计算贝叶斯后验分布来更新信念状态 b_i^{t+1}：

$$b_i^{t+1}(s') \propto \sum_{s \in S} b_i^t(s) \mathcal{T}(s' \mid s, a_i^t) \mathcal{O}_i(o_i^{t+1} \mid a_i^t, s') \tag{3.5}$$

由此产生的信念状态是精确的，因为它保留了历史观测中的所有相关信息。这种信念状态被称为“充分统计量”(sufficient statistic)，因为它包含了选择最优动作和预测未来所需的足够信息。根据观测结果更新信念状态的过程也称为(信念状态)筛选。

遗憾的是，存储这种精确的信念状态的空间复杂度和使用式(3.5)的贝叶斯更新法更新信念状态的时间复杂度，都与定义状态的变量数量呈指数关系，这使得复杂环境下的近似计算变得难以实现。因此，开发高效的近似筛选算法一直是许多研究的主题(Albrecht 和 Ramamoorthy，2016)。

在有多个智能体的部分可观测随机博弈中，信念状态的定义以及如何更新信念状态变得非常复杂。特别地，智能体可能无法观测到其他智能体选择的动作及其所导致的结果，因此智能体还必须能推断出其他智能体可能的观测和动作的概率，而这反过来又需要了解其他智能体的观测函数和策略(Gmytrasiewicz 和 Doshi，2005；Oliehoek 和 Amato，2016)。然而，正如我们将在3.6节中讨论的，在多智能体强化学习中，我们通常假设智能体并不拥有关于部分可观测随机博弈的完整知识，如 S、$\mathcal{T}$ 和 $\mathcal{O}_i$(包括它们自己的观测函数)，所有这些都是式(3.5)所必需的。因此，我们将不再赘述在多智能体背景下定义精确的信念状态的复杂性。

为了能够在不了解完整知识的情况下实现某种形式的优化，强化学习算法通常会使用递归神经网络(7.5.2节将讨论)来顺序处理观测结果。递归网络的输出向量学习编码环境当前状态的信息，并可用于调节智能体的其他功能，如价值和策略网络。本书第二部分将讨论多智能体算法如何整合此类深度学习模型，以便在部分可观测随机博弈中学习和运行。有关该主题的进一步讨论，请参见8.3节。

3.5　建模通信

本章介绍的博弈模型非常通用，可以表示各种多智能体环境，如1.3节讨论的应用示例。随机博弈和部分可观测随机博弈还可以通过智能体向其他智能体发送信息的通信动作来建模智能体之间的通信。本节将讨论几种通信动作的建模方式。

直观上来说，我们可以将通信视为一种可以被其他智能体观测到但不会影响环境状态的动作。对于智能体 i，我们可以将动作空间建模为两组集合的组合

$$A_i = X_i \times M_i \tag{3.6}$$

其中 X_i 包括影响环境状态的环境动作(例如，基于等级的搜寻任务中的移动和收集动作)，而 M_i 包括通信动作。因此，每个动作 $(x_i, m_i) \in A_i$ 同时指定环境动作和通信动作。在基本层面上，M_i 可以被定义为一组可能的消息 $\{m_1, m_2, m_3, \cdots\}$，这些消息可以是离散的符号或连续

值。也可以将更复杂的消息定义为多值向量，其中向量元素可以指定离散值或连续值，或者两者的组合。我们也可以在 M_i 中包括 $\varnothing$ 来表示一个空消息。

在一个随机博弈中，每个智能体观测当前状态 s^t 和先前的联合动作 a^{t-1}。因此，每个智能体 i 的通信动作(消息)$m_i^{t-1} \in M_i$ 被所有其他智能体观测(接收)到，作为联合动作 a^{t-1} 的一部分。与环境动作 X_i 不同，通信动作 M_i 不影响环境的下一个状态 s^{t+1}。形式上，设 $M = X_{i \in I} M_i$，则状态转移概率与 M_i 独立，即

$$\forall s, s' \in S \; \forall a \in A, m \in M: \mathcal{T}(s' \mid s, a) = \mathcal{T}(s' \mid s, \langle (a_1^x, m_1), \cdots, (a_n^x, m_n) \rangle) \tag{3.7}$$

在这里，a_i^x 指的是智能体 i 在联合动作 a 中的环境动作分量，而元组 $\langle (a_1^x, m_1), \cdots, (a_n^x, m_n) \rangle$ 是一个联合动作，其中智能体使用与 a 相同的环境动作，但其通信动作被 $m = (m_1, \cdots, m_n)$ 替换。注意，根据这个定义，通信是短暂的，因为它们只持续一个时间步。然而，由于智能体可以看到包括所有过去状态和联合动作的状态-动作历史 h，原则上它们可以记住过去的消息。

在一个部分可观测随机博弈中，我们也可以通过智能体的观测函数 $\mathcal{O}_i(o_i^t \mid a^{t-1}, s^t)$ 来建模噪声和不可靠的通信。例如，智能体 i 的观测可以被定义为一个向量 $\boldsymbol{o}_i^t = [\bar{s}^t, w_1^{t-1}, \cdots, w_n^{t-1}]$，其中 $\bar{s}^t$ 包含关于状态 s^t 的部分信息，而 w_j^{t-1} 是在时间 $t-1$ 由智能体 j 发送的通信消息 m_j^{t-1}。为了建模噪声通信，$\mathcal{O}_i$ 可以指定 $w_j^{t-1} = f(m_j^{t-1})$，其中函数 f 可以以某种方式修改消息。例如，如果 m_j^{t-1} 是连续值的，那么我们可以指定 $f(m_j^{t-1}) = m_j^{t-1} + \eta$，其中 η 是从高斯分布中采样的随机噪声分量。$\mathcal{O}_i$ 还可以建模消息损失，通过指定一个概率将 w_j^{t-1} 设置为 $\varnothing$ 来表示未接收到智能体 j 的消息的情况。通过 $\mathcal{O}_i$ 还可以建模额外的通信约束，比如通过将 w_j^{t-1} 设置为 $\varnothing$ 来表示智能体 i 和 j 不在通信范围内的情况，从而实现通信范围的限制。同样，由于智能体可以访问观测历史记录，它们原则上可以记住过去收到的消息。

智能体可以使用消息来传递各种信息，例如，分享关于环境状态的观测，或者传达它们的预期动作和计划。在基于等级的搜寻示例中，集合 M_i 可以包含与网格世界中每个可能位置相对应的消息，智能体可以利用这些消息与其他智能体沟通其预期的目标位置，或者告知其他智能体它们发现的物品位置。然而，在强化学习中，标准假设是智能体不知道 A_i 中动作的含义，包括通信动作(详见 3.6 节关于知识假设的进一步讨论)。因此，M_i 中的每个通信动作对于智能体 i 来说都是一个抽象动作，就像 X_i 中的任何环境动作一样，智能体必须通过反复尝试和观测来学习动作的含义。对于通信动作来说，还存在额外的困难，即智能体需要学习如何解释其他智能体发送的消息。这为智能体学习和演化共享语言或通信协议开辟了可能性(Foerster 等人，2016；Sukhbaatar、Szlam 和 Fergus，2016；Wang、He 等人，2020；Guo 等人，2022)。

在后续章节中，我们将介绍的学习算法是通用的，它们可以学习任何给定的动作集 A_i 上的策略，这些动作集可能包括通信动作，也可能不包括。虽然通信动作可以被建模为 A_i 的一部分(如前文所讨论的)，但在本书的其余部分中，我们将保持描述的一般性，不特别考虑通信动作。

3.6 博弈中的知识假设

智能体对它们所交互的环境及其运作方式了解多少？换句话说，智能体对它们正在进行的博弈了解多少？

在博弈论中，标准假设是所有智能体都对定义该博弈的所有组成部分有所了解，这被称

为“完全信息博弈”(complete knowledge game)(Owen，2013)。对于标准式博弈，这意味着智能体知道所有智能体(包括自己)的动作空间和奖励函数。对于随机博弈和部分可观测随机博弈，智能体还知道状态空间和状态转移函数，以及所有智能体的观测函数。对这些组成部分的了解可以以不同的方式利用。例如，如果智能体 i 知道另一个智能体 j 的奖励函数 $\mathcal{R}_j$，那么智能体 i 可能能够估计出智能体 j 的最佳响应动作(见 4.2 节)，进而能够影响智能体 i 的最优动作选择。如果一个智能体知道转移函数 $\mathcal{T}$，它就可以预测其动作对状态的影响，并计划未来几步的动作。

然而，在大多数的实际应用中(如第 1 章中提到的那些)，要获取这些组成部分的准确和完整的规范是不可行的。对于这样的应用，我们通常能获得的最好情况是这些组成部分的模拟器，它可以生成状态、(联合)奖励和(联合)观测样本。例如，我们可以访问一个模拟器 $\hat{\mathcal{T}}$，在给定输入状态 s 和联合动作 a 的情况下，它可以产生联合奖励和后续状态 $(r=(r_1,\cdots,r_n),s')\sim\hat{\mathcal{T}}(s,a)$ 的样本，使得

$$\Pr\{\hat{\mathcal{T}}(s,a)=(r,s')\}\approx\mathcal{T}(s'\mid s,a)\prod_{i\in I}[\mathcal{R}_i(s,a,s')=r_i]_1 \tag{3.8}$$

其中，如果 x 为真，则 $[x]_1=1$，否则 $[x]_1=0$。

在多智能体强化学习中，我们通常处于知识谱的另一端：智能体通常不知道其他智能体的奖励函数，甚至不知道自己的奖励函数；而且智能体也不知道状态转移函数和观测函数。在博弈论中，这也被称为“不完全信息博弈”(incomplete information game)(Harsanyi，1967)。智能体 i 通过自己的即时奖励 r_i^t 和(在随机博弈中)联合动作 a^t 以及导致的下一个状态 s^{t+1} 或(在部分可观测随机博弈中)一个观测 o_i^{t+1}，只体验到自己动作的直接影响。智能体可以利用这些经验来构建博弈中未知组成部分的模型(如 $\mathcal{T}$)或其他智能体的策略。

其他假设可能涉及是否所有智能体都共同掌握某些博弈知识(对称知识与非对称知识)，以及智能体是否知道其他智能体对博弈的了解。博弈中的奖励函数是所有智能体都知道，还是只有部分智能体知道？如果所有智能体都知道每个智能体的奖励函数，那么它们是否也知道所有智能体都有这些知识，而所有智能体知道奖励函数的事实也为所有智能体所知，等等(共享知识)？虽然此类问题及其对最优决策的影响一直是博弈论(Shoham 和 Leyton-Brown，2008；Perea，2012)和智能体建模(Albrecht 和 Stone，2018)中的大量研究课题，但在多智能体强化学习中，这些问题所起的作用相对较小，因为标准假设是智能体对大多数博弈知识一无所知。在针对零和博弈或共享奖励博弈的多智能体强化学习研究中，可以发现一些特例，即在算法设计中以某种方式利用了特定的奖励结构。第 6 章和第 9 章将介绍后一类的多智能体强化学习算法。

最后，通常假定博弈中的智能体数量是固定的，而且所有智能体都知道这一事实。虽然这不在本书的讨论范围之内，但值得注意的是，多智能体强化学习的最新研究已经开始应对开放的多智能体环境，在这种环境中，智能体可以动态地进入和离开环境(Jiang 等人，2020；Rahman 等人，2021；Rahman、Carlucho 等人，2023)。

3.7　词典：强化学习与博弈论

本书融合了强化学习与博弈论知识。这两个截然不同的领域共享许多概念，但使用不同的术语，本书主要使用强化学习中常用的术语。在本章的最后，我们在表 3.1 中提供了一个小型“词典”，用于显示这两个领域的一些同义术语。

表 3.1　强化学习与博弈论中的同义术语，本书使用强化学习术语

强化学习(本书)	博弈论	描述
环境	博弈	指明智能体的可能动作、观测和奖励的模型，并描述状态如何随时间和动作而演化的动态
智能体	玩家	做出决策的实体。“玩家”也可以指代博弈中由智能体扮演的特定角色，例如： ● 矩阵博弈中的“行玩家” ● 象棋中的“白方玩家”
奖励	支付、效用	智能体/玩家在采取动作后收到的标量值
策略	策略	智能体/玩家用于为动作分配概率的函数。在博弈论中，“(纯)策略”有时也用于指代动作
确定性 X	纯 X	X 将概率 1 分配给一个选项，例如： ● 确定性策略 ● 纯策略 ● 确定性/纯纳什均衡
概率性 X	混合 X	X 将概率$\leqslant 1$ 分配给多个选项，例如： ● 概率性策略 ● 混合策略 ● 概率性/混合纳什均衡
联合 X	X 配置	X 是一个元组，通常每个智能体/玩家都有一个元素，例如： ● 联合奖励 ● 确定性联合策略 ● 支付配置 ● 纯策略配置

3.8　总结

本章介绍了日益复杂的博弈模型的层次结构，其中多个智能体在共享环境中进行交互。归纳起来，主要概念如下：

- 标准式博弈是最基本的博弈模型，它描述了两个或多个智能体之间的单次交互。每个智能体都使用一种策略，这种策略为智能体可用的动作分配概率。给定一个指定每个智能体动作的联合动作，每个智能体获得奖励，交互结束。有两个智能体的标准式博弈也被称为矩阵博弈，因为智能体的奖励函数可以用矩阵来表示。
- 重复标准式博弈在多个时间步中重复相同的标准式博弈。智能体的策略可以基于智能体过去选择的联合动作历史。
- 随机博弈还定义了一种可随智能体动作而变化的环境状态。智能体可以看到整个环境状态以及所有其他智能体先前的动作。一旦博弈达到终止状态或最大时间步，博弈就会终止；或者博弈可能会无限进行下去。随机博弈包括重复标准式博弈(只有单一环境状态的一种特殊情况)和马尔可夫决策过程(只有单一智能体的一种特殊情况)。
- 在部分可观测随机博弈中，智能体根据对环境的不完整和有噪声的观测结果做出决策。部分可观测随机博弈不是观测完整的环境状态和其他智能体过去的动作，而是定义为每个智能体生成依赖于状态和联合动作的单独观测结果的观测函数。部分可观测随机

博弈模型包括本书中作为特例介绍的所有其他博弈模型。

- 博弈可以根据智能体之间的奖励关系进行分类。在零和博弈中，智能体的奖励总和为零。在共享奖励博弈中，每个智能体获得相同的奖励。一般和博弈是最一般的博弈，对奖励函数之间的关系没有任何限制。
- 在随机博弈和部分可观测随机博弈中，可以通过加入特殊的通信动作来建模通信。这些动作可以被其他智能体观测到，但不会影响环境状态。部分可观测随机博弈还可以建模范围有限的有噪声和不可靠的通信信道。
- 根据智能体对定义博弈的不同知识（如状态转移概率和奖励函数）的了解程度，可以有不同的假设。在多智能体强化学习中，标准假设是智能体不知道这些知识。

表 1.1 中列出了多智能体强化学习的许多维度，这些维度都是在制定博弈规则时确定的。与单智能体强化学习类似，多智能体强化学习中的学习问题是由博弈模型和智能体的学习目标组合而成的。在第 4 章中，我们将介绍一系列可用作博弈学习目标的解概念。

CHAPTER4

第 4 章

博弈的解概念

在多智能体系统中，智能体的最优交互意味着什么？换句话说，什么是博弈的求解？这是博弈论的一个核心问题，人们提出了许多不同的解概念，这些概念规定了智能体策略的集合何时构成稳定或理想的结果。第 3 章介绍了将多智能体环境和交互形式化的基本博弈模型，本章将介绍一系列解概念。博弈模型和解概念共同定义了多智能体强化学习中的学习问题（图 4.1）。

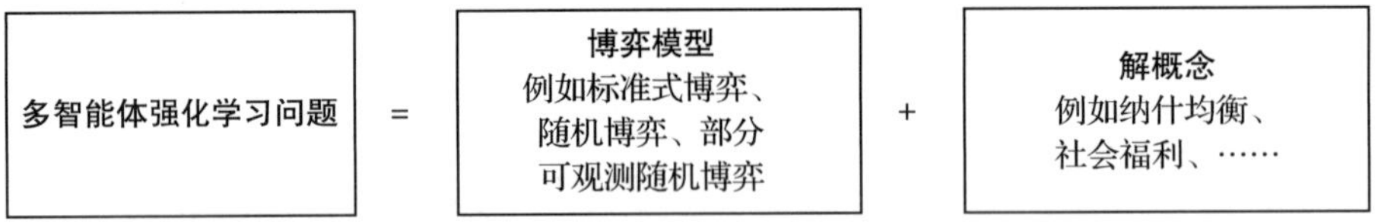

多智能体强化学习问题 = **博弈模型** 例如标准式博弈、随机博弈、部分可观测随机博弈 + **解概念** 例如纳什均衡、社会福利、……

图 4.1　一个多智能体强化学习问题是由博弈模型（定义多智能体系统和交互的机制）和解概念（定义所要学习的联合策略的所需属性）组合而成的（另请参见图 2.1）

对于所有智能体都获得相同奖励的共享奖励博弈来说，解的直接定义就是最大化所有智能体获得的期望回报（但找到这样的一个解可能并不简单，我们将在后面的章节中看到这一点）。然而，如果智能体的回报各不相同，解概念的定义就会变得更加复杂。

一般来说，博弈的解是一个联合策略，包括每个智能体的一个策略，并满足某些特定属性。这些特性用联合策略下每个智能体的期望回报以及智能体奖励之间的关系来表示。因此，本章将首先给出期望回报的通用定义，它适用于第 3 章中介绍的所有博弈模型。使用这个定义，我们将介绍一系列越来越普遍的均衡解概念，包括极大极小均衡、纳什均衡（Nash equilibrium）和相关均衡。我们还将讨论帕雷托最优、社会福利和公平等改进的解法，以及无悔（no-regret）等替代的解法。最后，我们将讨论计算纳什均衡的计算复杂性。

请注意，我们对解的定义及其声明的存在属性都假设了有限博弈模型，正如第 3 章所述。具体而言，我们假设状态、动作和观测空间有限，智能体数量有限。具有有限元素的博弈，如连续动作和观测，可以使用类似定义(如使用密度和积分)，但可能具有不同的解的存在性[一]。

博弈论为求解概念的基础问题提供了丰富的知识，这些问题包括：对于给定类型的博弈模型和解概念，博弈中是否一定存在解？解是唯一的(即只存在一个解)，还是可能有很多解，甚至无限多？给定的学习和决策规则在被所有智能体使用时，是否能保证收敛到一个解？如需更深入地了解这些问题，我们推荐阅读(Fudenberg 和 Levine，1998)、(Young，2004)、(Shoham 和 Leyton-Brown，2008)以及(Owen，2013)等著作。

4.1 联合策略与期望回报

博弈的解是一种联合策略，记作 $\pi=(\pi_1,\cdots,\pi_n)$，它满足解概念中关于每个智能体 i 在联合策略下产生的期望回报 $U_i(\pi)$ 的特定要求。我们寻求一个通用的期望回报 $U_i(\pi)$ 的定义，该定义适用于第 3 章中介绍的所有博弈模型，以便我们解概念的定义也适用于所有博弈模型。因此，我们将在部分可观测随机博弈模型的背景下(3.4 节)定义期望回报，该模型是本书中使用的最通用的博弈模型，包括随机博弈和标准式博弈。

首先，我们引入一些额外的符号。在一个部分可观测随机博弈中，让 $\hat{\boldsymbol{h}}^t=\{(\boldsymbol{s}^\tau,\boldsymbol{o}^\tau,\boldsymbol{a}^\tau)_{\tau=0}^{t-1},\boldsymbol{s}^t,\boldsymbol{o}^t\}$ 表示到时间 t 的完整历史，包括在 t 之前的每个时间步中所有智能体的状态、联合观测和联合动作，以及在时间 t 的状态 $\boldsymbol{s}^t$ 和联合观测 $\boldsymbol{o}^t$。函数 $\sigma(\hat{\boldsymbol{h}}^t)=(\boldsymbol{o}^0,\cdots,\boldsymbol{o}^t)$ 返回从完整历史 $\hat{\boldsymbol{h}}^t$ 中得到的联合观测历史，如果上下文中很清楚的话，则有时我们会将 $\sigma(\hat{\boldsymbol{h}}^t)$ 缩写为 $\boldsymbol{h}^t$。我们定义联合观测 $\mathcal{O}(\boldsymbol{o}^t\mid\boldsymbol{a}^{t-1},\boldsymbol{s}^t)$ 的概率为乘积 $\prod_{i\in I}\mathcal{O}_i(\boldsymbol{o}_i^t\mid\boldsymbol{a}^{t-1},\boldsymbol{s}^t)$。

为了使我们的定义既适用于有限时间步长，也适用于无限时间步长，我们使用折扣回报[二]并假设吸收状态的标准惯例，这在 2.3 节中有定义。也就是说，一旦达到吸收状态，博弈将始终以 1 的概率转移到同一状态，并给予所有智能体 0 的奖励。为了简化下面的定义，我们还假定一旦达到吸收状态，所有智能体的观测函数和策略都会变得确定(即对某个观测和动作赋予 1 的概率)。因此，我们的定义包括无限回合、在有限时间步后终止的回合，以及总是在一个时间步后就终止的非重复标准式博弈[三]。

接下来，我们将给出期望回报的两个等价定义。第一个定义基于在博弈中枚举所有完整历史，而第二个定义则基于贝尔曼式的价值计算递归。这些定义是等价的，但可以提供不同的视角，并以不同的方式加以使用。特别是，第一种定义类似于线性求和，可能更容易解释，而第二种定义使用递归，这种递归可以像博弈中的价值迭代那样被操作化(6.1 节)。

基于历史的期望回报：给定一个联合策略 π，我们可以通过枚举所有可能的完整历史，并将智能体 i 在每个历史中的回报相加，按照在部分可观测随机博弈和联合策略 π 下产生这些历史的概率进行加权，来定义智能体 i 在 π 下的期望回报。形式上，定义这个集合 $\hat{H}$ 包含所有时间 t 的完整历史 $\hat{\boldsymbol{h}}^t$[四]。那么，智能体 i 在联合策略 π 下的期望回报由以下公式给出：

[一] 例如，每个具有有限动作空间的两个智能体零和标准式博弈都有一个唯一的极小极大博弈值，但存在连续动作的零和博弈却没有(Sion 和 Wolfe，1957)。连续博弈中均衡存在的充分条件已在以下工作(Debreu，1952；Fan，1952；Glicksberg，1952；Dasgupta 和 Maskin，1986)中得到研究。

[二] 基于平均回报而非折扣回报的另一种定义也适用于博弈(Shoham 和 Leyton-Brown，2008)。

[三] 在非重复标准式博弈中，智能体的期望回报简单地变成了该智能体的期望奖励，因此我们在包括非重复标准式博弈在内的所有博弈模型中都使用“期望回报”一词。

[四] 回顾第 3 章，我们假设有限博弈模型，并且在时间 $t=0$ 之前 $\boldsymbol{a}^{t-1}$ 是空集。

$$U_i(\pi)=\lim_{t\to\infty}\mathbb{E}_{\hat{\boldsymbol{h}}^t\sim(\mu,\mathcal{T},\mathcal{O},\pi)}\left[u_i(\hat{\boldsymbol{h}}^t)\right] \tag{4.1}$$

$$=\sum_{\hat{\boldsymbol{h}}^t\in\hat{H}}\Pr(\hat{\boldsymbol{h}}^t\mid\pi)u_i(\hat{\boldsymbol{h}}^t) \tag{4.2}$$

其中 $\Pr(\hat{\boldsymbol{h}}^t\mid\pi)$是在 π 下完整历史 $\hat{\boldsymbol{h}}^t$ 的概率，

$$\Pr(\hat{\boldsymbol{h}}^t\mid\pi)=\mu(\boldsymbol{s}^0)\mathcal{O}(\boldsymbol{o}^0\mid\varnothing,\boldsymbol{s}^0)\prod_{\tau=0}^{t-1}\pi(\boldsymbol{a}^\tau\mid\boldsymbol{h}^\tau)\mathcal{T}(\boldsymbol{s}^{\tau+1}\mid\boldsymbol{s}^\tau,\boldsymbol{a}^\tau)\mathcal{O}(\boldsymbol{o}^{\tau+1}\mid\boldsymbol{a}^\tau,\boldsymbol{s}^{\tau+1}) \tag{4.3}$$

$$u_i(\hat{\boldsymbol{h}}^t)=\sum_{\tau=0}^{t-1}\gamma^\tau\mathcal{R}_i(\boldsymbol{s}^\tau,\boldsymbol{a}^\tau,\boldsymbol{s}^{\tau+1}) \tag{4.4}$$

并且 $u_i(\hat{\boldsymbol{h}}^t)$是智能体 i 在 $\hat{\boldsymbol{h}}^t$ 的折扣回报，其中折扣因子 γ 属于$[0,1]$。

我们使用 $\pi(\boldsymbol{a}^\tau\mid\boldsymbol{h}^\tau)$表示在联合观测历史 $\boldsymbol{h}^\tau$ 后，联合策略 π 下联合动作 $\boldsymbol{a}^\tau$ 的概率。如果我们假设智能体独立行动，则我们可以定义

$$\pi(\boldsymbol{a}^\tau\mid\boldsymbol{h}^\tau)=\prod_{j\in I}\pi_j(\boldsymbol{a}_j^\tau\mid\boldsymbol{h}_j^\tau) \tag{4.5}$$

如果智能体不独立行动，例如在相关均衡(4.6 节)和中心化学习等方法(5.3.1 节)，则可以相应地定义 $\pi(\boldsymbol{a}^\tau\mid\boldsymbol{h}^\tau)$。

递归期望回报：类似于马尔可夫决策过程理论(2.4 节)中使用的贝尔曼递归，我们可以通过两个相互关联的函数 V_i^π 和Q_i^π 来定义联合策略π 下智能体i 的期望回报，如下所述。在接下来的部分中，我们使用 $\boldsymbol{s}(\hat{\boldsymbol{h}}^t)$表示 $\hat{\boldsymbol{h}}$ 中的最后一个状态(即 $\boldsymbol{s}(\hat{\boldsymbol{h}}^t)=\boldsymbol{s}^t$)，并使用$\langle\rangle$表示连接操作。

$$V_i^\pi(\hat{\boldsymbol{h}})=\sum_{\boldsymbol{a}\in A}\pi(\boldsymbol{a}\mid\sigma(\hat{\boldsymbol{h}}))Q_i^\pi(\hat{\boldsymbol{h}},\boldsymbol{a}) \tag{4.6}$$

$$Q_i^\pi(\hat{\boldsymbol{h}},\boldsymbol{a})=\sum_{\boldsymbol{s}'\in S}\mathcal{T}(\boldsymbol{s}'\mid\boldsymbol{s}(\hat{\boldsymbol{h}}),\boldsymbol{a})\left[\mathcal{R}_i(\boldsymbol{s}(\hat{\boldsymbol{h}}),\boldsymbol{a},\boldsymbol{s}')+\gamma\sum_{\boldsymbol{o}'\in O}\mathcal{O}(\boldsymbol{o}'\mid\boldsymbol{a},\boldsymbol{s}')V_i^\pi(\langle\hat{\boldsymbol{h}},\boldsymbol{a},\boldsymbol{s}',\boldsymbol{o}'\rangle)\right] \tag{4.7}$$

我们可以将 $V_i^\pi(\hat{\boldsymbol{h}})$理解为在完整历史 $\hat{\boldsymbol{h}}$ 后，当智能体遵循联合策略π 时，智能体 i 的期望回报，也称为价值。类似地，$Q_i^\pi(\hat{\boldsymbol{h}},\boldsymbol{a})$是在 $\hat{\boldsymbol{h}}$ 后智能体执行联合动作$\boldsymbol{a}$，然后遵循 π 时智能体 i 的期望回报。根据式(4.6)和式(4.7)，我们可以定义从博弈的初始状态开始的智能体 i 的期望回报为

$$U_i(\pi)=\mathbb{E}_{\boldsymbol{s}^0\sim\mu,\boldsymbol{o}^0\sim\mathcal{O}(\cdot\mid\varnothing,\boldsymbol{s}^0)}\left[V_i^\pi(\langle\boldsymbol{s}^0,\boldsymbol{o}^0\rangle)\right] \tag{4.8}$$

直观地看，基于历史和递归定义的 U_i 的等价性可以通过将前者视为枚举所有可能的无限完整历史，而后者递归地构建了一个以初始状态 s^0 为根的无限树(或者，对于每个可能的初始状态 $\boldsymbol{s}^0\sim\mu$ 各构建一个树)，其中分支对应于不同的可能完整历史。在本章中，我们将基于 U_i 定义大部分所提出的解概念，理解 U_i 可以通过上述两个等价定义来定义。

4.2　最佳响应

许多现有的解概念，包括本章介绍的大部分解概念，都可以基于最佳响应进行简洁表达。给定除了智能体 i 之外所有其他智能体的策略集合，记为 $\pi_{-i}=(\pi_1,\cdots,\pi_{i-1},\pi_{i+1},\cdots,\pi_n)$，对于 π_{-i}，智能体 i 的最佳响应是一种策略π_i，在与 π_{-i} 对抗时使得智能体i 的期望回报最大化。形式上，智能体 i 的最佳响应策略集合定义为

$$\mathrm{BR}_i(\pi_{-i})=\arg\max_{\pi_i}U_i(\langle\pi_i,\pi_{-i}\rangle) \tag{4.9}$$

其中$\langle \pi_i, \pi_{-i} \rangle$表示由$\pi_i$和$\pi_{-i}$组成的完整联合策略。为方便起见并保持符号的简洁性，我们有时会省略角括号(例如，$U_i(\pi_i, \pi_{-i})$)。

请注意，对于给定的π_{-i}，最佳响应可能不唯一，这意味着$\mathrm{BR}_i(\pi_{-i})$可能包含多个最佳响应策略。例如，在非重复标准式博弈中，可能存在多个智能体i的动作，对于给定的π_{-i}，它们的最大期望回报相等，此时对这些动作的任何概率分配也都是最佳响应(我们将在 4.3 节的石头剪刀布游戏中看到具体示例)。

最佳响应算子除了对解概念的简洁定义很有用之外，还被用于博弈论和多智能体强化学习中的迭代计算解法。我们将看到的两个示例包括虚拟博弈(fictitious play)(6.3.1 节)和智能体建模的联合动作学习(6.3.2 节)等。

4.3　极小极大算法

极小极大算法是针对两个智能体零和博弈提出的一个解概念，其中一个智能体的收益是另一个智能体收益的负值(3.1 节)。矩阵博弈“石头剪刀布”(见图 3.2a)就是这类博弈的一个经典例子。更复杂的具有连续移动的例子包括国际象棋和围棋。von Neumann(1928)的奠基性博弈论著作首次证明了标准式博弈的极小极大解的存在(von Neumann 和 Morgenstern，1944)。

定义 5(极小极大解)　在一个具有两个智能体的零和博弈中，一个联合策略$\pi=(\pi_i, \pi_j)$是一个极小极大解，如果

$$U_i(\pi)=\max_{\pi_i'} \min_{\pi_j'} U_i(\pi_i', \pi_j') \tag{4.10}$$

$$=\min_{\pi_j'} \max_{\pi_i'} U_i(\pi_i', \pi_j') \tag{4.11}$$

$$=-U_j(\pi)$$

每个具有两个智能体的零和标准式博弈都有一个极小极大解(von Neumann 和 Morgenstern，1944)。极小极大解也存在于每个两个智能体的有限回合零和随机博弈，以及使用折扣回报的无限回合的两个智能体的零和随机博弈(Shapley，1953)。此外，尽管一个博弈中可能存在多个极小极大解，但所有极小极大解都为智能体i(智能体j也是)产生相同的唯一值$U_i(\pi)$。这个值也被称为博弈的(极小极大)值[⊖]。极小极大值也可以用于具有两个以上智能体的零和博弈中，例如式(4.17)。

在极小极大解中，每个智能体使用的策略都是针对一个最坏情况下的对手(试图最小化智能体回报)进行优化的。形式上，极小极大的定义有两个部分。式(4.10)是智能体i可以保证对抗任何对手的最小期望回报。在这里，π_i是智能体i的极大极小策略，$U_i(\pi)$是智能体i的极大极小值。相反，式(4.11)是智能体j可以强制施加给智能体i的最小期望回报。在这里，我们将j的策略π_j称为对抗智能体i的极小极大策略，$U_i(\pi)$是智能体i的极小极大值。在极小极大解中，智能体i的极大极小值等于其极小极大值。另一种解释是极小/极大运算符的顺序并不重要：智能体i首先宣布其策略，然后智能体j选择其策略，等价于智能体j首先宣布其策略，然后智能体i选择其策略。两个智能体都不会从这种策略宣布的方式中得到任何其他好处。

极小极大解可以更直观地理解为每个智能体使用最佳响应策略来应对另一个智能体的策略。也就是说，如果$\pi_i \in \mathrm{BR}_i(\pi_j)$且$\pi_j \in \mathrm{BR}_j(\pi_i)$，那么$(\pi_i, \pi_j)$是一个极小极大解。在非重复

⊖ 回顾一下我们假设的有限博弈模型。对于具有连续动作的零和博弈，存在没有极小极大博弈值的例子(Sion 和 Wolfe，1957)。

的石头剪刀布游戏中，存在一个特别的极小极大解，即两个智能体都均匀随机地选择动作(即将相同的概率分配给所有动作)。这个解给两个智能体带来期望回报都是0。事实上，在这个游戏中可以验证[⊖]，如果任何一个智能体 i 使用均匀策略 π_i，那么对于另一个智能体 j 的任何策略 π_j 都是对 π_i 的最佳响应策略，并且所有最佳响应策略 $\pi_j \in \mathrm{BR}_j(\pi_i)$ 都给智能体 j(以及智能体 i)带来了0的期望回报。这个例子表明，最佳响应不一定是唯一的，可能有许多(甚至无限多)可能的最佳响应策略。然而，在这种情况下，两个策略都是均匀策略的联合策略(π_i, π_j)，也是对彼此的最佳响应的唯一联合策略，使其成为一个极小极大解。在4.4节中，我们将看到这种最佳响应关系也可以应用于更一般的一般和博弈。

通过线性规划求极小极大解

对于非重复的零和标准式博弈，我们可以通过解两个线性规划来获得一个极小极大解，每个智能体一个。每个线性规划通过最小化另一个智能体的期望回报来计算一个智能体的策略。因此，智能体 i 最小化智能体 j 的期望回报，反之亦然。我们提供了用于计算智能体 i 的策略 π_i 的线性规划；智能体 j 的策略通过构建类似的线性规划来获得，其中下标 i 和 j 交换。这个线性规划包含每个动作 $\boldsymbol{a}_i \in A_i$ 的变量 $x_{\boldsymbol{a}_i}$，用于表示选择动作 $\boldsymbol{a}_i$ 的概率(即 $\pi_i(\boldsymbol{a}_i) = x_{\boldsymbol{a}_i}$ 定义了智能体 i 的策略)，以及一个变量 U_j^* 来表示智能体 j 的期望回报，其最小化如下：

$$\text{最小化} \quad U_j^* \tag{4.12}$$

$$\text{满足} \quad \sum_{\boldsymbol{a}_i \in A_i} \mathcal{R}_j(\boldsymbol{a}_i, \boldsymbol{a}_j) x_{\boldsymbol{a}_i} \leqslant U_j^* \quad \forall \boldsymbol{a}_j \in A_j \tag{4.13}$$

$$x_{\boldsymbol{a}_i} \geqslant 0 \quad \forall \boldsymbol{a}_i \in A_i \tag{4.14}$$

$$\sum_{\boldsymbol{a}_i \in A_i} x_{\boldsymbol{a}_i} = 1 \tag{4.15}$$

在这个线性规划中，式(4.13)中的约束意味着智能体 j 的任何单一动作都不会在策略 $\pi_i(\boldsymbol{a}_i) = x_{\boldsymbol{a}_i}$ 下获得高于 U_j^* 的期望回报。这意味着智能体 j 的动作的任何概率分布都不会获得比 U_j^* 更高的期望回报。最后，式(4.14)和式(4.15)中的约束确保 $x_{\boldsymbol{a}_i}$ 的值形成一个有效的概率分布。请注意，在极小极大解中，我们有 $U_i^* = U_j^*$(参见定义5)。

线性方程组可以使用广泛知晓的算法来求解，例如单纯形算法(simplex algorithm)，这种算法在最坏的情况下运行时间是指数级的，但在实际应用中往往非常高效；或者是内点算法(interior-point algorithm)，这种算法可以证明是多项式时间的。

4.4　纳什均衡

纳什均衡解的概念将相互最佳响应的思想应用于有两个或两个以上智能体的一般和博弈中。Nash(1950)首次证明了在任何一般和非重复标准式博弈中都存在这种解。

定义6(纳什均衡)　在一个具有 n 个智能体的一般和博弈中，一个联合策略 $\pi = (\pi_1, \cdots, \pi_n)$

[⊖] 假设智能体1的策略将概率1/3分配给每个动作R、P、S。对于任何策略 π_2，智能体2的期望回报为 $\pi_2(\mathrm{R})\left(\frac{1}{3}\mathcal{R}_2(\mathrm{R},\mathrm{R})+\frac{1}{3}\mathcal{R}_2(\mathrm{P},\mathrm{R})+\frac{1}{3}\mathcal{R}_2(\mathrm{S},\mathrm{R})\right)+\pi_2(\mathrm{P})\left(\frac{1}{3}\mathcal{R}_2(\mathrm{R},\mathrm{P})+\frac{1}{3}\mathcal{R}_2(\mathrm{P},\mathrm{P})+\frac{1}{3}\mathcal{R}_2(\mathrm{S},\mathrm{P})\right)+\pi_2(\mathrm{S})\left(\frac{1}{3}\mathcal{R}_2(\mathrm{R},\mathrm{S})+\frac{1}{3}\mathcal{R}_2(\mathrm{P},\mathrm{S})+\frac{1}{3}\mathcal{R}_2(\mathrm{S},\mathrm{S})\right)=\pi_2(\mathrm{R})\left(-\frac{1}{3}+\frac{1}{3}\right)+\pi_2(\mathrm{P})\left(+\frac{1}{3}-\frac{1}{3}\right)+\pi_2(\mathrm{S})\left(-\frac{1}{3}+\frac{1}{3}\right)=0$。当交换智能体1和智能体2时，结果相同。

是一个纳什均衡，如果

$$\forall i, \pi'_i : U_i(\pi'_i, \pi_{-i}) \leqslant U_i(\pi) \tag{4.16}$$

在一个纳什均衡中，假设其他智能体的策略保持不变，那么没有智能体 i 可以通过改变其在均衡联合策略 π 中指定的策略 π_i 来提高其期望回报。这意味着在纳什均衡中，每个智能体的策略都是对其他智能体策略的最佳响应，即对于所有的 $i \in I$，都有 $\pi_i \in \mathrm{BR}_i(\pi_{-i})$。因此，纳什均衡推广了极小极大算法，因为在两个智能体零和博弈中，极小极大解的集合与纳什均衡的集合重合(Owen，2013)。Nash(1950)首次证明了每个有限标准式博弈至少有一个纳什均衡。

回顾图 3.2 中的矩阵博弈。在非重复的囚徒困境矩阵博弈中，唯一的纳什均衡是两个智能体都选择 D。可以看出，没有一个智能体可以单方面偏离这个选择来增加自己的期望回报。在非重复协调博弈中，存在三种不同的纳什均衡：(1) 两个智能体都选择 A 动作；(2) 两个智能体都选择 B 动作；(3) 两个智能体都给每个动作分配 0.5 的概率。同样可以检验出，在每个均衡中，没有智能体可以通过偏离当前策略来增加其期望回报。最后，在非重复的石头剪刀布游戏中，唯一的纳什均衡是两个智能体均匀随机地选择动作，这也是博弈的极小极大解。

上述例子阐明了纳什均衡作为解概念的两个重要方面。首先，纳什均衡可以是确定性的，即在均衡 π 中的每个策略 π_i 都是确定性的(对于某些 $\boldsymbol{a}_i \in A_i$，有 $\pi_i(\boldsymbol{a}_i)=1$)，例如囚徒困境。然而，一般来说，纳什均衡可能是概率性的，即在均衡中的策略使用随机化(对于某些 $\boldsymbol{a}_i \in A_i$，有 $\pi_i(\boldsymbol{a}_i)<1$)，例如在协调博弈和石头剪刀布游戏中。事实上，有些博弈只有概率性的纳什均衡，没有确定性的纳什均衡，例如石头剪刀布游戏。正如我们将在第 6 章中看到的，这种区别在多智能体强化学习中很重要，因为一些算法无法表征概率性策略，因此无法学习概率性均衡。在博弈论文献中，确定性和概率性均衡也分别称为“纯策略均衡”和“混合策略均衡”，具体请参阅 3.7 节的术语解释。

其次，一个博弈可能有多个纳什均衡，而每个均衡可能会给智能体带来不同的期望回报。在协调博弈中，两个纯策略均衡给每个智能体带来的期望回报是 10；而混合策略均衡给每个智能体带来的期望回报是 5。懦夫博弈(4.6 节)和猎鹿博弈(5.4.2 节)是具有多个纳什均衡的博弈例子，每个均衡都会给智能体带来不同的期望回报。这就引出了一个重要的问题，即在学习过程中，智能体应该趋向于哪种均衡，以及如何实现这一目标。我们将在 5.4.2 节中更深入地讨论这个均衡选择问题。

纳什均衡的存在也已经被证明适用于随机博弈(Fink，1964；Filar 和 Vrieze，2012)。事实上，对于具有(无限)顺序移动的博弈，存在各种“民间定理”[一]，它们基本上表明，如果智能体足够有远见(即折扣因子 γ 接近 1)，则任何一组可行且可实施的期望回报 $\hat{U}=(\hat{U}_1,\cdots,\hat{U}_n)$ 都可以通过一个均衡解来实现。不同民间定理中的假设和细节有所不同，可能相当复杂，这里我们只提供一个初步描述以便理解(有关更具体的定义，请参见例如 Fudenberg 和 Levine，1998；Shoham 和 Leyton-Brown，2008)。总的来说，如果 $\hat{U}$ 可以在博弈中通过某个联合策略 π 实现，那么它是可行的，即存在一个 π，使得对所有的 $i \in I$，都有 $U_i(\pi)=\hat{U}_i$。而如果每个 $\hat{U}_i$ 至少等于智能体 i 的极小极大值，那么 $\hat{U}$ 是可实施的[二]。

$$v_i = \min_{\pi_{-i}^{\mathrm{mm}}} \max_{\pi_i^{\mathrm{mm}}} U_i(\pi_i^{\mathrm{mm}}, \pi_{-i}^{\mathrm{mm}}) \tag{4.17}$$

[一] “民间定理”表示在被正式提出之前已经广为人知的定理。

[二] 我们首次在 4.3 节遇到极小极大值，当时它是为两个智能体定义的，而在式(4.17)中，我们为 n 个智能体定义了极小极大值(上标 mm 代表极小极大)。

(考虑：其他智能体$-i$最小化智能体i的极大可实现回报)在这两个条件下，我们可以构建一个均衡解，使用策略π来实现$\hat{U}$。如果在任何时间t，任何智能体i偏离了其在π中的策略π_i，其他智能体将使用它们对应的式(4.17)的极小极大策略π_i^{mm}来无限期地限制i的回报到v_i。因此，由于$v_i \leqslant \hat{U}_i$，i没有动机偏离π_i，使π成为一个均衡。

给定一个联合策略π，如何检查它是否是一个纳什均衡呢？式(4.16)提出了以下程序，它将多智能体问题简化为n个单智能体问题。对于每个智能体i，保持其他策略π_{-i}固定，并计算一个最优的最佳响应策略π_i'。如果最优策略π_i'的期望回报高于智能体i在联合策略π中的策略π_i的期望回报，即$U_i(\pi_i', \pi_{-i}) > U_i(\pi_i, \pi_{-i})$，那么我们就知道$\pi$不是一个纳什均衡。对于非重复的标准式博弈，可以使用线性规划(例如 Albrecht 和 Ramamoorthy，2012)高效地计算π_i'。对于具有顺序移动的博弈，可以使用合适的单智能体强化学习算法来计算π_i'。

4.5　ε-纳什均衡

纳什均衡的严格要求，即任何智能体都不能通过单方面偏离均衡而获得任何收益，在计算系统中使用时可能会导致实际问题。众所周知，对于有两个以上智能体的博弈，均衡中的策略所指定的动作概率可能是无理数(即不能表示为两个整数的分数)。纳什本人在其最初的工作中就指出了这一点(Nash，1950)。然而，计算机系统无法使用有限精度的浮点近似值完全表示无理数。此外，在许多应用中，达到严格的均衡可能会耗费太多计算成本。相反，计算出一个足够接近严格均衡的解就足够了，这意味着智能体可以通过技术上的偏离来提高收益，但这种收益非常小。

ε-纳什均衡放宽了严格的纳什均衡，要求任何智能体在均衡中偏离其策略时，其期望回报的提高幅度都不能超过某个量$\varepsilon > 0$。形式上：

定义 7(ε-纳什均衡)　在具有n个智能体的一般和博弈中，联合策略$\pi = (\pi_1, \cdots, \pi_n)$是一个$\varepsilon$-纳什均衡，对于$\varepsilon > 0$，如果

$$\forall i, \pi_i' : U_i(\pi_i', \pi_{-i}) - \varepsilon \leqslant U_i(\pi) \tag{4.18}$$

由于π_i'指定的动作概率是连续的并且考虑期望回报U_i，我们知道每个纳什均衡都被一个ε-纳什均衡的区域所包围，其中$\varepsilon > 0$。精确的纳什均衡对应于$\varepsilon = 0$。然而，虽然将ε-纳什均衡视为纳什均衡的近似很诱人，但重要的是要注意，就均衡产生的期望回报而言，ε-纳什均衡可能与任何真实的纳什均衡都不接近。事实上，即使纳什均衡是唯一的，ε-纳什均衡下的期望回报也可能与任何纳什均衡的期望回报相去甚远。

考虑图 4.2 中所示的博弈。这个博弈在(A,C)处有一个唯一的纳什均衡[⊖]。对于$\varepsilon = 1$，它还在(B,D)处有一个ε-纳什均衡，其中智能体 2 可以偏离到动作 C 以增加其ε的奖励。首先，请注意，在ε-纳什均衡下，没有任何智能体的回报在纳什均衡下的回报的ε范围内。其次，我们可以任意增加博弈中(A,C)的奖励，而不影响ε-纳什均衡(B,D)。因此，在这个例子中，ε-纳什均衡并不能逼近博弈的唯一纳什均衡。

	C	D
A	100,100	0,0
B	1,2	1,1

图 4.2　博弈矩阵。用以说明ε-纳什均衡(B,D)($\varepsilon = 1$)可能与真实的纳什均衡(A,C)并不接近

⊖　把一个联合动作$\boldsymbol{a}$说成是一个X-均衡(比如纳什均衡)是一种简写方式，意味着一个确定性的联合策略π将概率 1 分配给这个联合动作，这就是一个X-均衡。

要检查一个给定的联合策略 π 是否构成了某个给定的ϵ的ϵ-纳什均衡，我们可以使用在 4.4 节末尾描述的检查纳什均衡的相同程序，只是我们检查 $U_i(\pi'_i,\pi_{-i})-\epsilon>U_i(\pi_i,\pi_{-i})$来确定 π 是否是一个ϵ-纳什均衡。

4.6 (粗)相关均衡

纳什均衡的一个限制是智能体策略必须是概率上独立的[如式(4.5)所示]，这可能会限制智能体可以实现的期望回报。相关均衡(Aumann，1974)通过允许策略之间的相关性来推广纳什均衡。在相关均衡的一般定义中，每个智能体 i 的策略另外还受到该智能体的私有随机变量 d_i 结果的条件约束，这些结果由所有智能体共同知道的$(d_1,\cdots,d_n)$的联合概率分布所决定。在这里，我们将介绍一个针对非重复标准式博弈的相关均衡的常见版本，在这个版本中，d_i 对应于由联合策略 π_c 给出的对智能体 i 的一个动作建议。在本节的最后，我们将提及对序贯博弈的可能扩展。

定义 8(相关均衡)　在一个具有 n 个智能体的一般和标准式博弈中，让 $\pi_c(\boldsymbol{a})$是一个联合策略，它为联合动作 $\boldsymbol{a}\in A$ 分配概率。那么，如果对于每个智能体 $i\in I$ 和每个动作修正器 ξ_i：$A_i\to A_i$，满足以下条件，则 π_c 就是一个相关均衡：

$$\sum_{\boldsymbol{a}\in A}\pi_c(\boldsymbol{a})\mathcal{R}_i(\langle\xi_i(\boldsymbol{a}_i),\boldsymbol{a}_{-i}\rangle)\leqslant\sum_{\boldsymbol{a}\in A}\pi_c(\boldsymbol{a})\mathcal{R}_i(\boldsymbol{a}) \tag{4.19}$$

式(4.19)说明，在一个相关均衡中，每个智能体都知道概率分布 $\pi_c(\boldsymbol{a})$和自己的推荐动作 $\boldsymbol{a}_i$(但不知道其他智能体的推荐动作)，没有一个智能体可以单方面地偏离其推荐动作以增加期望回报。这里，偏离推荐动作是通过动作修正器 ξ_i 表示的。一个相关联合策略的示例可以在 5.3.1 节中讨论的中心学习方法中看到，该方法直接在联合动作空间 $A_1\times\cdots\times A_n$ 上训练一个单一的策略 π_c，并使用该策略来指导每个智能体的动作。

可以证明，相关均衡的集合包含了纳什均衡的集合(Osborne 和 Rubinstein，1994)；换句话说，纳什均衡是相关均衡的一种特殊情况，其中联合策略 π_c 被分解为独立的智能体策略 $\pi_1,\cdots,\pi_n$，满足 $\pi_c(\boldsymbol{a})=\prod_{i\in I}\pi_i(\boldsymbol{a}_i)$。在这种情况下，由于纳什均衡中智能体的策略是独立的，因此智能体知道自己的动作 $\boldsymbol{a}_i$ 并不会提供关于其他智能体 $j\neq i$ 的动作概率的任何信息。类似于式(4.18)中定义的ϵ-纳什均衡，我们可以在式(4.19)的左侧添加$-\epsilon$，得到ϵ-相关均衡，其中没有一个智能体可以单方面偏离其推荐动作，以增加其期望回报超过ϵ。

为了看到相关均衡如何实现比纳什均衡更高的回报，考虑图 4.3 中显示的懦夫矩阵博弈。该博弈表示两辆车(智能体)在相撞的路线上，可以选择保持原路线(S)或离开(L)。在非重复博弈中，有以下三个纳什均衡以及与之相关的两个智能体的期望回报，显示为(U_i,U_j)对：

- 纳什均衡 1：$(U_1,U_2)=(7,2)$，对应的策略是：$\pi_i(\mathrm{S})=1,\pi_j(\mathrm{S})=0$
- 纳什均衡 2：$(U_1,U_2)=(2,7)$，对应的策略是：$\pi_i(\mathrm{S})=0,\pi_j(\mathrm{S})=1$
- 纳什均衡 3：$(U_1,U_2)\approx(4.66,4.66)$，对应的策略是：$\pi_i(\mathrm{S})=\frac{1}{3},\pi_j(\mathrm{S})=\frac{1}{3}$

现在，考虑以下使用相关动作的联合策略 π_c：

- $\pi_c(\mathrm{L,L})=\pi_c(\mathrm{S,L})=\pi_c(\mathrm{L,S})=\frac{1}{3}$
- $\pi_c(\mathrm{S,S})=0$

	S	L
S	0,0	7,2
L	2,7	6,6

图 4.3　懦夫矩阵博弈

在 π_c 下，对于两个智能体来说期望回报是：$7\times\frac{1}{3}+2\times\frac{1}{3}+6\times\frac{1}{3}=5$。可以验证，假设知道 π_c(但不知道其他智能体的推荐动作)，没有一个智能体有动机单方面偏离 π_c 推荐给它的动作。举个例子，假设智能体 i 收到了动作推荐 L。那么，根据 π_c，i 知道智能体 j 会以 0.5 的概率选择 S，以 0.5 的概率选择 L。因此，当选择 L 时，i 的期望回报为 $2\times\frac{1}{2}+6\times\frac{1}{2}=4$，这高于选择 S 的期望回报$\left(0\times\frac{1}{2}+7\times\frac{1}{2}=3.5\right)$。因此，$i$ 没有动机偏离 L。

上面的例子也说明了相关均衡可以被描述为智能体之间的相互最佳响应。在相关均衡中，由 π_c 给出的每个动作建议 $\boldsymbol{a}_i$ 都是一个最佳响应(即为 i 实现最大期望回报)。对于给定 $\boldsymbol{a}_i$ 的条件分布 $\pi_{-i}(\boldsymbol{a}_{-i}\mid\boldsymbol{a}_i)=\dfrac{\pi_c(\langle\boldsymbol{a}_i,\boldsymbol{a}_{-i}\rangle)}{\sum_{\boldsymbol{a}_i\in A_i}\pi_c(\langle\boldsymbol{a}_i,\boldsymbol{a}_{-i}\rangle)}$，$\boldsymbol{a}_{-i}$ 是由 π_c 给出的对其他智能体的动作建议。

我们可以获得一类更一般的均衡解，称为粗相关均衡(Moulin 和 Vial，1978)[⊖]，通过要求式(4.19)中的不等式只需要对无条件动作修正器成立，这些修正器对于某个动作 $\boldsymbol{a}_i$ 满足 $\forall \boldsymbol{a}'_i\in A_i:\xi_i(\boldsymbol{a}'_i)=\boldsymbol{a}_i$。换句话说，每个无条件动作修正都只是一个恒定动作，对应于每个动作 $\boldsymbol{a}_i\in A_i$ 都有一个 ξ_i。这种解概念意味着每个智能体必须在看到其推荐动作之前，预先决定是否遵循联合策略 π_c，假设其他智能体也遵循。如果没有智能体可以选择一个恒定动作(即无条件动作修正器)来获得比其在 π_c 下的期望回报更高的期望回报，如式(4.19)所示，则 π_c 是一个粗相关均衡。粗相关均衡将相关均衡作为一个特殊情况，其中式(4.19)必须对所有可能的动作修正器成立，而不仅仅是无条件动作修正器。

在序贯博弈中，存在各种相关均衡的定义(例如 Forges，1986；Solan 和 Vieille，2002；von Stengel 和 Forges，2008；Farina、Bianchi 和 Sandholm，2020)。这些定义在许多设计选择上存在差异，并且可能相对复杂。例如，私有信号 d_i 可能指定在每个决策点揭示的动作 $\boldsymbol{a}_i$，或者它们可能指定在博弈开始时一次性揭示的整个策略 π_i。关于 $d_1,\cdots,d_n$ 的联合分布以及动作/策略修正器 ξ_i 可能会根据不同类型的信息进行条件化，例如当前博弈状态，智能体观测历史记录或 d_i 的先前值(Solan 和 Vieille，2002)。d_i 的采样结果可能会向智能体告知，也可能不会，例如在粗相关均衡中，假定仅当智能体“承诺”达到均衡时，d_i 的结果才会向智能体告知(例如 Farina、Bianchi 和 Sandholm，2020)。相关均衡的定义还可以在智能体偏离均衡时如何对待智能体方面有所不同；例如，当智能体偏离均衡推荐的动作后，可能不会再向其发出进一步的动作建议(von Stengel 和 Forges，2008)。

通过线性规划计算相关均衡

对于非重复标准式博弈，我们可以通过线性规划来计算相关均衡。该线性规划计算一个联合策略 π，使得没有智能体可以通过偏离从 π 中采样的联合动作来提高其期望回报。因此，线性规划包含变量 $x_{\boldsymbol{a}}$，表示在联合策略 π 下选择动作 $\boldsymbol{a}\in A$ 的概率(即 $\pi(\boldsymbol{a})=x_{\boldsymbol{a}}$)。为了在不同可能的均衡之间进行选择，我们在这里使用一个目标函数：最大化智能体的期望回报之和(即社会福利，参见 4.9 节)，但也可以使用其他目标，例如，最大化单个智能体的期望回报。这就产生了以下线性规划：

⊖ Moulin 和 Vial(1978)提出了这个解概念，但在他们的工作中并未命名。

$$最小化 \sum_{a \in A} \sum_{i \in I} x_a \mathcal{R}_i(\boldsymbol{a}) \tag{4.20}$$

$$满足 \sum_{a' \in A: a_i = a_i'} x_a \mathcal{R}_i(\boldsymbol{a}) \geqslant \sum_{a \in A: a_i = a_i'} x_a \mathcal{R}_i(\boldsymbol{a}_i'', \boldsymbol{a}_{-i}) \; \forall i \in I, \boldsymbol{a}_i', \boldsymbol{a}_i'' \in A_i \tag{4.21}$$

$$x_a \geqslant 0 \quad \forall \boldsymbol{a} \in A \tag{4.22}$$

$$\sum_{a \in A} x_a = 1 \tag{4.23}$$

式(4.21)中的约束确保了这样一种性质：没有任何智能体可以通过从在联合策略 $\pi(\boldsymbol{a}) = x_a$ 下采样的动作 $\boldsymbol{a}_i'$ 偏离到一个不同的动作 $\boldsymbol{a}_i''$ 而获利。式(4.22)和式(4.23)中的约束确保了 x_a 的值构成一个有效的概率分布。通过替换式(4.21)中的约束，可以解决类似的线性规划以计算粗相关均衡：

$$\sum_{a \in A} x_a \mathcal{R}_i(\boldsymbol{a}) \geqslant \sum_{a \in A} x_a \mathcal{R}_i(\boldsymbol{a}_i'', \boldsymbol{a}_{-i}) \quad \forall i \in I, \boldsymbol{a}_i'' \in A_i \tag{4.24}$$

请注意，这些线性规划可能包含的变量和约束要比极小极大解的线性规划(4.3 节)多得多。现在，我们有了对应于每个联合动作 $\boldsymbol{a} \in A$ 的变量，这些变量的数量可能随着智能体数量的增加呈指数增长(另请参见 5.4.4 节的讨论)。对于每个有 k 个动作的 n 个智能体，式(4.22)规定了 k^n 个约束，式(4.21)规定了 nk^2 个约束，式(4.24)规定了 nk 个约束。

4.7　均衡解的概念局限性

虽然均衡解(特别是纳什均衡)已被多智能体强化学习采用为标准解概念，但它们并非没有缺陷。除了 4.5 节中提到的实际问题外，我们还列出了均衡解在概念上的一些最重要的局限性。

次优性

一般来说，寻找均衡解并不意味着最大化期望回报。我们知道的关于给定均衡解的唯一信息是，每个智能体的策略都是对其他智能体策略的最佳响应，但这并不意味着智能体的期望回报是最佳的。这一点可以在囚徒困境博弈(图 3.2c)中看到，在该博弈中唯一的纳什均衡是联合动作(D,D)，给每个智能体带来期望回报－3，而联合动作(C,C)给每个智能体带来更高的期望回报－1，但它不是纳什均衡(每个智能体都可以偏离以改善其回报)。同样，在懦夫博弈(4.6 节)中，所示的相关均衡 π_c 实现了每个智能体的期望回报为 5，而联合动作(L,L)为每个智能体实现了期望回报为 6，但既不是纳什均衡也不是相关均衡。

非唯一性

均衡解可能不唯一，这意味着可能存在多个，甚至无限多个均衡。这些均衡中的每一个都可能给不同的智能体带来不同的期望回报，就像在懦夫博弈中的三个纳什均衡中所看到的那样。这导致了一个困难的挑战：智能体应该采用哪个均衡，他们如何就一个特定的均衡达成一致？这个挑战被称为“均衡选择”问题，在博弈论和经济学中得到了广泛研究。在多智能体强化学习中，均衡选择可能对从局部观测中同时学习的智能体构成严峻挑战，我们将在 5.4.2 节进一步讨论。解决均衡选择的一种方法是使用额外的标准，如帕雷托最优性(4.8 节)和社会福利与公平(4.9 节)，来区分不同的均衡。

不完整性

对于序贯博弈，均衡解 π 是不完整的，因为它不指定非均衡路径的均衡行为。非均衡路

径是任何具有概率 $\Pr(\hat{h}|\pi)=0$[式(4.3)]的完整历史 $\hat{h}$ 在均衡 π 下的路径。例如，这可能是由于智能体执行的策略中出现了一些暂时的干扰，导致了策略通常不会指定的动作。在这种情况下，π 不指定动作来将交互带回到一个非均衡路径，这意味着在均衡 π 下具有 $\Pr(\hat{h}|\pi)>0$ 的完整历史 $\hat{h}$。为了解决这种不完整性，博弈论学者们发展了诸如子博弈完美均衡和颤抖手完美均衡等改进概念(Selten，1988；Owen，2013)。

4.8　帕雷托最优

正如我们在前几节中所看到的，智能体使用相互最佳响应策略的均衡解可能价值有限，因为不同的均衡解可能会给不同的智能体带来截然不同的期望回报(例如，懦夫博弈，见 4.7 节)。此外，在某些条件下，任何可行且可执行的期望回报都可以通过均衡解来实现，这就使得均衡解的空间非常大或无限(民间定理，见 4.4 节)。因此，我们希望通过解必须达到的额外标准来缩小均衡解的空间。其中一个标准就是帕雷托最优，定义如下：

定义 9(帕雷托占优和最优)　一个联合策略 π' 是另一个联合策略 π 的帕雷托占优[㊀]，如果

$$\forall i: U_i(\pi')\geqslant U_i(\pi),\quad \exists i: U_i(\pi')>U_i(\pi) \tag{4.25}$$

一个联合策略 π 如果不是任何其他联合策略的帕雷托占优，那么它是帕雷托最优[㊁]。我们也将 π 的期望回报称为帕雷托最优。

直观地说，如果没有其他联合策略能在不降低任何其他智能体的期望回报的情况下，提高至少一个智能体的期望回报，那么这个联合策略就是帕雷托最优的。换句话说，任何智能体都不可能在不使其他智能体变得更糟的情况下变得更好。每个博弈必须至少有一个联合策略是帕雷托最优的。在共享奖励博弈中，所有帕雷托最优联合策略都能获得相同的期望回报，根据定义，这就是任何联合策略在博弈中所能获得的最大期望回报。

我们使用图 4.3 中的非重复懦夫矩阵博弈来说明帕雷托最优。图 4.4 显示了该博弈中可行的期望联合回报的凸包。每个点对应于某个联合策略 (π_1,π_2) 实现的期望联合回报。在这张图中，我们通过将每个策略从 $\pi_i(\mathrm{S})=0$ 步进到 $\pi_i(\mathrm{S})=1$，步长为 $\frac{1}{30}$，对联合策略空间进行了离散化处理，从而为每个智能体产生 30 种不同的策略，总共有 $30\times30=900$ 个联合策略。凸包的角对应于四种可能的确定性联合策略(即博弈矩阵中的四个联合动作)。帕雷托最优联合策略获得的期望联合回报用方块标记。图中还显示了博弈的确定性和概率性纳什均衡对应的期望联合回报(详见 4.6 节)。

对于无限重复博弈并且在平均回报下[㊂]，存在一个民间定理，表明在这个凸包中任何大于或等于智能体的极小极大值[式(4.17)]的期望联合回报都可以通过一个均衡实现。在懦夫博弈中，可以从回报矩阵看出，两个智能体的极小极大值都是 2，因此在凸包中任何期望联合回报 (U_1,U_2)，其中 $U_1,U_2\geqslant2$，都可以通过均衡手段实现。这就是帕雷托最优的作用所在：我们可以通过要求均衡实现的期望联合回报也是帕雷托最优来缩小理想均衡的空间。帕雷托最优的联合回报是那些位于方块所示的帕雷托边界上的回报。因此，对于任何给定的联合策略 π，我们可以将其对应的期望联合回报投影到凸包中，并且如果联合回报位于帕雷托边界上，则可以检测到帕雷托最优。

㊀ 以意大利经济学家 Vilfredo Pareto(1848—1923)的名字命名。

㊁ 一些博弈论文献分别使用“帕雷托有效/无效”来表示帕雷托最优/占优。

㊂ 平均回报(或平均奖励)对应于折扣回报，其中折扣因子 γ 为 1。

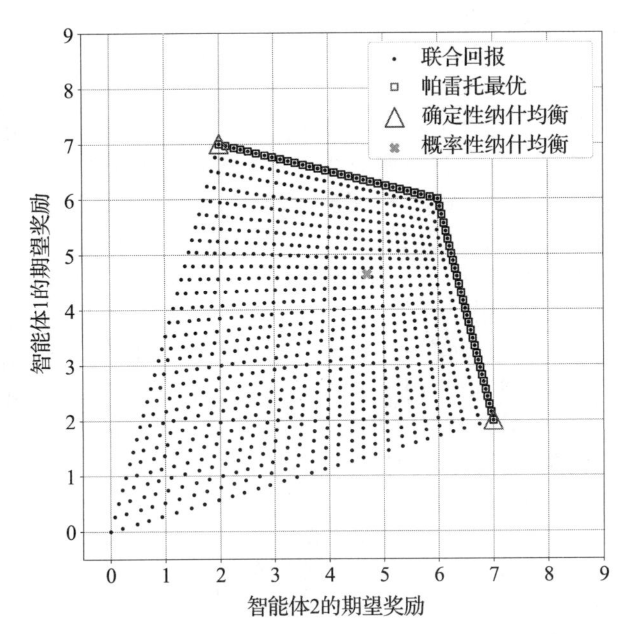

图 4.4　懦夫矩阵博弈中可行的期望联合奖励和帕雷托前沿。每个点表示一个联合策略获得的期望联合回报。方块表示帕雷托最优联合策略的联合回报。图中还显示了与非重复博弈的确定性纳什均衡点(三角)和概率性纳什均衡点(叉)相对应的联合回报

我们将帕雷托最优作为一种完善均衡解的概念进行了介绍。但是，请注意，联合策略可以是帕雷托最优的，而不是一个均衡解。然而，帕雷托最优本身可能并不是一个非常有用的解概念。特别是，根据定义，零和博弈中的所有联合策略都是帕雷托最优的。在一般和博弈中，许多联合策略可能是帕雷托最优的，但并不是理想的解，比如联合策略是帕雷托最优的，但却会导致智能体期望回报之间的巨大差异。我们将在 4.9 节中进一步讨论后一种情况。

4.9　社会福利和公平

帕雷托最优指出，不存在至少一个智能体在不使其他智能体变差的情况下变得更好的其他解。但是，帕雷托最优并不说明回报的总量及其在智能体之间的分配。例如，图 4.4 中的帕雷托前沿包含了期望联合回报从(7,2)到(6,6)再到(2,7)的解。因此，我们可以考虑社会福利和公平的概念，进一步限制理想解的空间。

对社会福利和公平的研究在经济学中由来已久，并提出了许多标准和社会福利函数(Moulin，2004；Fleurbaey 和 Maniquet，2011；Sen，2018；Amanatidis 等人，2023)。福利一词通常是指智能体回报的某种总体概念，而公平一词则涉及回报在智能体之间的分配。在本节中，我们将考虑福利和公平的两个基本定义。

定义 10(福利和福利最优)　联合策略 π 的(社会)福利定义为

$$W(\pi)=\sum_{i\in I}U_i(\pi) \tag{4.26}$$

如果 $\pi\in\arg\max_{\pi'}W(\pi')$，则联合策略 π 是福利最优的。

定义 11(公平和公平最优)　联合策略 π 的(社会)公平定义为[㊀]

$$F(\pi)=\prod_{i\in I}U_i(\pi) \tag{4.27}$$

如果 $\pi\in\arg\max_{\pi'}F(\pi')$，则联合策略 π 是公平最优的。

福利最优的联合策略最大化了智能体的期望回报之和，而公平最优的联合策略最大化了智能体的期望回报之积。公平的这种定义促进了智能体之间一种公平的性质，具体而言：如果我们考虑一组联合策略 $\pi\in\Pi$，使得它们的福利 $W(\pi)$(回报之和)相等，那么遵循 $F(\pi)$的最大公平联合策略 $\pi\in\Pi$ 将会给每个智能体相等的期望回报，即对于所有 i,j 都有 $U_i(\pi)=U_j(\pi)$。例如，在一个两个智能体的博弈中，有三个不同的联合策略，它们的期望联合回报分别是(1,5)、(2,4)、(3,3)，它们的福利都是 6，而相应的公平分别是 5、8 和 9[㊁]。当把这些福利和公平的定义应用到图 4.4 中的博弈例子中时，可以看到既是福利最优又是公平最优的唯一解是期望联合回报为(6,6)的联合策略。因此，在这个例子中，我们将理想解的空间缩小到了一个单一解。另一个公平最优的例子是性别博弈，如图 4.5 所示。

	A	B
A	10,7	2,2
B	0,0	7,10

a）性别博弈矩阵

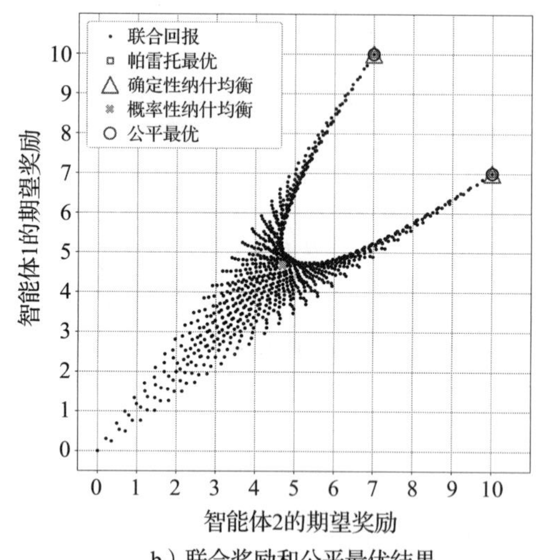

b）联合奖励和公平最优结果

图 4.5　性别博弈矩阵中可行的联合奖励和公平最优结果。这个博弈模拟了这样一种情况：两个人(通常是一男一女，博弈也因此得名)想在两个地方(A 或 B)中的一个见面，但他们对最佳地点的偏好不同。联合动作(A,B)比(B,A)更受欢迎，因为在后一种情况下，两个智能体最终都会去各自最不喜欢的地方。在非重复博弈中，与联合动作(A,A)和(B,B)相对应的两个确定性联合策略是唯一的既是帕雷托最优又是公平最优的联合策略。图中还显示了唯一的概率性纳什均衡，它既不是帕雷托最优的，也不是公平最优的

这里所定义的社会福利和公平在一般和博弈中是有用的，但在共享奖励博弈与零和博弈

㊀ 这种公平性也被称为纳什社会福利，定义为几何平均 $\left(\prod_{i\in I}U_i(\pi)\right)^{\frac{1}{n}}$ (Caragiannis 等人，2019；Fan 等人，2023)。

㊁ 细心的读者可能已经注意到定义 11 中公平性的一些局限性。例如，如果任何智能体的 $U_i(\pi)=0$，那么其他智能体在 π 下获得的回报就不重要了。如果我们允许 $U_i(\pi)<0$，那么期望的联合回报(−0.1,1,1)将比期望的联合回报(−0.1,−100,100)更不公平，这是违反直觉的。

中就不那么有用了。在共享奖励博弈中，所有智能体都得到相同的奖励，只有当每个智能体的期望回报最大化时，福利和公平才会最大化；因此，福利和公平在这类博弈中并没有增加任何有用的标准。在两个智能体的零和博弈中，一个智能体的回报是另一个智能体回报的负值，我们知道所有极小极大解 π 对于智能体 i,j 都具有相同的唯一值 $U_i(\pi)=-U_j(\pi)$。因此，所有的极小极大解都实现了相等的福利和公平(此外，这里定义的福利将始终为零)。

很容易证明福利最优意味着帕雷托最优。为了证明这一点，假设一个联合策略 π 是福利最优的但不是帕雷托最优的。由于 π 不是帕雷托最优的，因此存在一个联合策略 π'，使得对于所有的 i：$U_i(\pi')\geqslant U_i(\pi)$，且存在 i：$U_i(\pi')>U_i(\pi)$。然而，由于 $\sum_i U_i(\pi')>\sum_i U_i(\pi)$，所以 π 不能是福利最优的(矛盾)。因此，如果一个策略是福利最优的，那么它也必须是帕雷托最优的。请注意，帕雷托最优一般来说并不意味着福利最优，因此福利最优是一个更强的要求。此外，公平最优也不意味着帕雷托最优，反之亦然。

4.10 无悔

前几节讨论的均衡解概念基于智能体之间的相互最佳响应，因此是智能体策略的函数。另一类解概念是基于遗憾的概念，它衡量的是一个智能体在过去的事件中如果选择了不同的动作(或策略)，与这些事件中其他智能体的观测到的动作(或策略)相比，所得到的回报与可能得到的回报之间的差异。如果在无限多回合的极限情况下，智能体在所有回合中的平均遗憾最多为零，则称该智能体为“无悔”。因此，“无悔”考虑的是智能体在多个回合中的学习表现，这与本章介绍的其他解概念不同，后者只考虑单个联合策略(而不考虑如何学习该联合策略)。从这个意义上讲，无悔可以看作 1.5 节讨论的规定性议题的一个例子，它关注的是智能体在学习过程中的表现。

有多种方法可以定义遗憾。我们首先给出非重复标准式博弈的遗憾的标准定义，该定义基于比较不同动作在各个回合中的奖励。然后将这个定义扩展到序贯博弈中。让 $\boldsymbol{a}^e$ 表示从回合 $e=1,\cdots,z$ 中的联合动作。对于没有在这些回合中选择最佳动作的智能体 i，其遗憾定义为

$$\text{Regret}_i^z=\max_{a_i\in A_i}\sum_{e=1}^{z}\left[\mathcal{R}_i(\langle \boldsymbol{a}_i,\boldsymbol{a}_{-i}^e\rangle)-\mathcal{R}_i(\boldsymbol{a}^e)\right] \tag{4.28}$$

如果一个智能体在 z 趋于无穷大时的平均遗憾最多为零，则称该智能体是无悔的。作为一个解概念，无悔要求博弈中的所有智能体都无悔。

定义 12(无悔)　在一个有 n 个智能体的一般和博弈中，智能体是无悔的，如果

$$\forall i:\lim_{z\to\infty}\frac{1}{z}\text{Regret}_i^z\leqslant 0 \tag{4.29}$$

类似于ε-纳什均衡(见 4.5 节)，我们可以将式(4.29)中的 0 替换为ε，其中$\varepsilon>0$，以获得ε-无悔。

作为一个具体的例子，图 4.6 展示了两个智能体在非重复囚徒困境博弈中的十个回合。在这些回合之后，智能体 1 总共获得了 -21 的奖励。在观测到的智能体 2 的动作中，始终选择 C 会导致总奖励为 -30；而始终选择 D 会导致总奖励为 -15。因此，D 是针对观测到的智能体 2 的“最佳”动作，因此智能体 1 的遗憾是 $\text{Regret}_1^{10}=-15+21=6$，平均遗憾(除以 10)为 0.6。事实上，在囚徒困境中，D 是一个主导动作，因为它对 D 和 C 都是最佳响应(参见图 3.2c 中的奖励矩阵以验证这一点)。为了使智能体 1 达到无悔，这些回合需要继续进行，以使智能体 1 的平均遗憾趋于零。

回合 e	1	2	3	4	5	6	7	8	9	10
动作 $\boldsymbol{a}_1^e$	C	C	D	C	D	D	C	D	D	D
动作 $\boldsymbol{a}_2^e$	C	D	C	D	D	D	C	C	D	C
奖励 $\mathcal{R}_1(\boldsymbol{a}^e)$	−1	−5	0	−5	−3	−3	−1	0	−3	0
奖励 $\mathcal{R}_1(\langle C, \boldsymbol{a}_2^e\rangle)$	−1	−5	−1	−5	−5	−5	−1	−1	−5	−1
奖励 $\mathcal{R}_1(\langle D, \boldsymbol{a}_2^e\rangle)$	0	−3	0	−3	−3	−3	0	0	−3	0

图 4.6　两个智能体在非重复囚徒困境博弈中的十个回合。最下面两行显示的是智能体 1 针对智能体 2 在回合中观测到的动作始终选择动作 C/D 的奖励

我们可以通过重新定义在策略而不是动作上的遗憾，来推广无悔的定义到随机博弈和部分可观测随机博弈。对于每个智能体 $i\in I$，让 Π_i 是智能体 i 可以选择的有限策略空间。让 π^e 表示来自回合 $e=1,\cdots,z$ 的联合策略，其中对于所有 $i\in I$，$\pi_i^e\in\Pi_i$。然后，智能体 i 在这些回合中没有选择最优策略的遗憾被定义为

$$\text{Regret}_i^z=\max_{\pi_i\in\Pi_i}\sum_{e=1}^{z}\left[U_i(\langle\pi_i,\pi_{-i}^e\rangle)-U_i(\pi^e)\right] \tag{4.30}$$

在这种遗憾的定义下，定义 12 适用于第 3 章中介绍的所有博弈模型[对于非重复标准式博弈，如果我们将每个 π_i 定义为对应于每个动作 $\boldsymbol{a}_i\in A_i$ 的确定性策略集，则式(4.30)等同于式(4.28)]。

我们在囚徒困境的例子中说明了遗憾的一个重要概念性局限，即它假设其他智能体 $-i$ 的动作或策略在各回合中保持不变。如果其他智能体使用不变的策略，在不同回合之间不发生变化，那么这种假设是合理的。但是，如果其他智能体根据过去的回合情况来调整策略，那么这个假设当然就被违反了。因此，遗憾实际上并不能量化在反事实情境下会发生的事情。第二个限制是第一个限制的结果，即遗憾最小化并不一定等同于收益最大化(Crandall，2014)。例如，在非重复和无限重复的囚徒困境中，唯一无悔的联合策略是两个智能体都始终选择 D。这类似于我们在 4.7 节中讨论的，相互最佳响应策略并不一定意味着智能体的最大回报。

遗憾的定义有很多(如 de Farias 和 Megiddo，2003；Lehrer，2003；Chang，2007；Zinkevich 等人，2007；Arora、Dekel 和 Tewari，2012；Crandall，2014)。例如，对于智能体可以从两个以上动作中进行选择的标准式博弈，我们可以用不同的动作 $\boldsymbol{a}_i$ 替换历史中某一特定动作，而不是式(4.28)中替换智能体 i 过去的所有动作。后一种遗憾的定义也称为条件(或内部)遗憾，而式(4.28)中的定义称为无条件(或外部)遗憾。此外，无遗憾解与均衡解也有联系。特别是在两个智能体的零和标准式博弈中，没有外部遗憾的智能体所产生的联合动作的经验分布会收敛到极小极大解的集合。而在一般和标准式博弈中，如果智能体没有外部遗憾，则联合动作的经验分布会收敛到粗相关均衡的集合；如果智能体没有内部遗憾，则联合动作的经验分布会收敛到相关均衡的集合(Hart 和 Mas-Colell，2000；Young，2004)，关于收敛类型的讨论，见 5.2 节。我们将在 6.5 节重新讨论这两个遗憾定义及其与相关均衡的联系。

4.11　均衡计算的复杂性

在我们讨论第 5 章和第 6 章中的多智能体强化学习算法作为计算博弈解的一种方法之前，不妨先思考：就计算复杂性而言，计算博弈的均衡解有多难？是否存在能够高效计算均衡的算法，即计算均衡所需的时间是博弈规模的多项式？

这些及相关问题在算法博弈论中进行研究，这是计算机科学与博弈论交汇的一个研究领

域。对于各种特殊类型的博弈，存在许多复杂性结果，我们推荐 Nisan 等人(2007)和 Roughgarden(2016)的著作进行广泛讨论。在此，我们重点讨论非重复标准式博弈，它是更复杂(部分可观)的随机博弈模型的基石。因此，我们可以认为任何标准式博弈的复杂性结果都是更复杂的博弈模型复杂性的下限。

大多数计算机科学家对复杂性类别 P 和 NP 都有一定的了解。P 包括所有解(如果存在的话)可以在问题实例大小的多项式时间内高效计算的决策问题。NP 包括所有解(如果存在的话)可以通过非确定性图灵机在多项式时间内计算的决策问题，而在最坏情况下，确定性图灵机需要指数级的时间。不幸的是，这些我们熟悉的复杂性类别并不能很好地解决计算均衡问题，因为 P 和 NP 所描述的决策问题可能有解，也可能没有解，而我们知道博弈总是至少有一个均衡解。另外，计算一个满足额外属性的均衡也是一个决策问题，因为这样的解可能存在，也可能不存在。这类问题包括计算以下均衡：

- 帕雷托最优。
- 为每个智能体实现一定的最低期望回报。
- 实现一定的最小社会福利(回报之和)。
- 对某些智能体的某些动作分配零或正概率。

所有这些问题都被认为是 NP 难的(Gilboa 和 Zemel，1989；Conitzer 和 Sandholm，2008)。

某些类型的博弈和均衡确实可以采用多项式时间算法。计算两个智能体的零和非重复标准式博弈中的极小极大解，可以通过线性规划来实现(4.3 节)，而线性规划可以在多项式时间内求解。同样，计算一般和非重复标准式博弈中的相关均衡也可以通过线性规划在多项式时间内完成(4.6 节)。然而，由于纳什均衡中策略之间的独立性假设，计算一般和非重复标准式博弈中的纳什均衡无法通过线性规划来解决。

总是有解的问题，如纳什均衡，被称为全搜索问题。4.11.1 节将介绍全搜索问题的一个子类，称为 PPAD。事实证明，纳什均衡是 PPAD 中的一个完全问题，这意味着 PPAD 中的任何其他问题都可以简化为纳什均衡。我们将在 4.11.2 节讨论它对多智能体强化学习的影响。

4.11.1　PPAD 复杂性类

有向图的多项式奇偶校验(Polynomial Parity Argument for Directed graph，PPAD)描述了一类特殊的全搜索问题。我们通过给出 PPAD 中的一个完整问题来定义 PPAD，PPAD 中的所有其他问题都可以简化为这个问题[㊀]。这个 PPAD 完整问题称为 END-OF-LINE，定义如下。

定义 13(END-OF-LINE)　设 $G(k)=(V,E)$ 是一个有向图，由以下组成：

- 一个包含 2^k 个节点的有限集合 V(每个节点以长度为 k 的比特串表示)。
- 一个有向边的有限集合 $E=\{(a,b)\mid a,b\in V\}$(从节点 a 到节点 b，其中 $a,b\in V$)，满足：

$$\text{如果}(a,b)\in E\ \text{那么}\nexists a'\neq a:(a',b)\in E\ \text{和}\nexists b'\neq b:(a,b')\in E$$

假设有函数 Parent(v)和 Child(v)，分别返回节点 $v\in V$(如果有的话)的父节点和子节点。这些函数以具有 k 个输入比特和 k 个输出比特的布尔电路表示，并在多项式时间内运行。在访问函数 Parent 和 Child(但不访问 E)以及节点 $s\in V$ 且 Parent(s)$=\varnothing$的情况下，找到一个节点

㊀ 如果存在多项式时间算法，可以将问题 A 的任何实例转化为问题 B 的等效实例，并将问题 B 实例的任何解转化为问题 A 原始实例的解，那么问题 A 就可以“还原”为问题 B。

$e \neq s$，使得 Child(e)$=\varnothing$或者 Parent(e)$=\varnothing$[㊀]。

图 4.7 展示了一个 END-OF-LINE 问题实例。定义 13 中对 E 的限制意味着图中的任何节点最多只能有一个父节点和一个子节点。

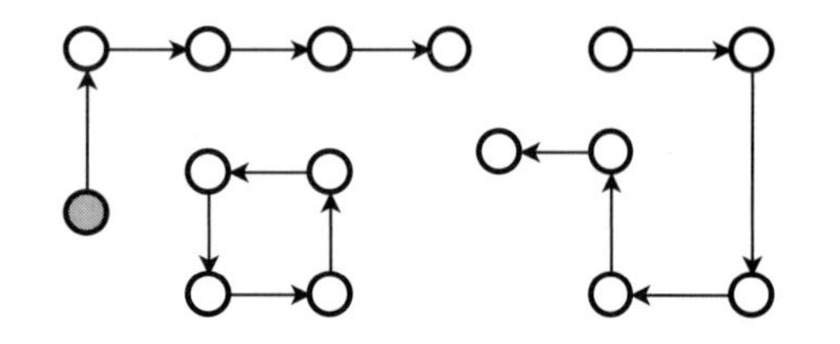

图 4.7　END-OF-LINE 的任何实例都由一组路径和循环组成。给定父节点/子节点函数和一个源节点(没有父节点的节点用灰色阴影表示)，是否存在一种高效的多项式时间算法来找到一个汇节点(没有子节点的节点)或另一个源节点

没有父节点的节点也被称为源节点，而没有子节点的节点被称为汇节点。PPAD 中的“奇偶校验”指的是该图中的任何源节点都总有对应的汇节点这一事实。因此，如果给定一个源节点 s，那么我们知道必定存在一个汇节点 e。原则上，可以通过跟踪从给定源节点开始的有向路径来找到汇节点 e。然而，由于我们只有函数 Parent 和 Child(而没有 E)，所以很明显，沿着这条路径的唯一方法是重复调用从源节点开始的函数 Child。因此，在最坏的情况下，找到一个汇节点可能需要指数时间，因为存在 2^k 个节点。

我们为什么要关注 PPAD? 正如目前尚不知道是否存在高效的多项式时间算法来解决 NP-完全问题(“P＝NP?”这个大问题)一样，人们也不知道是否存在高效的算法来解决 PPAD-完全问题(“P=PPAD?”)。事实上，数十年来，研究人员一直在努力为 PPAD-完全问题寻找高效算法，其中包括经典的布劳威尔(Brouwer)不动点问题和寻找市场中的阿罗-德布鲁(Arrow-Debreu)均衡问题[更多算法详见 Papadimitriou(1994)]。在密码学假设下，PPAD 也被证明是困难的(Bitansky、Paneth 和 Rosen，2015；Garg、Pandey 和 Srinivasan，2016；Choudhuri 等人，2019)。目前已知的算法还不能高效解决 END-OF-LINE(即在多项式时间 k 内)，因此也无法解决 PPAD 中的任何其他问题。从这个事实来说，只要确定一个问题是 PPAD-完全问题，就表明不存在高效的算法来解决这个问题。

4.11.2　计算ε-纳什均衡是 PPAD-完全问题

让我们回到最初的问题：是否存在能在博弈规模的多项式时间内实现高效计算均衡的算法？不幸的是，答案很可能是否定的。已经证明，纳什均衡是 PPAD-完全问题，起初是对于三个或更多智能体的博弈(Daskalakis、Goldberg 和 Papadimitriou，2006，2009)，之后甚至对于两个智能体的博弈(Chen 和 Deng，2006)也是如此。这意味着，在一个非重复标准式博弈中找到纳什均衡可以描述为在一个等价的 END-OF-LINE 实例中找到一个 e 节点。完全性还意味着 PPAD 中的任何其他问题，包括布劳威尔不动点问题，都可以简化为纳什均衡。

更准确地说，纳什均衡的 PPAD 完全性是针对$\varepsilon>0$ 的某些约束条件下的近似ε-纳什均衡(4.5 节)以及两个智能体博弈中的精确均衡(当$\varepsilon=0$ 时)而证明的[㊁]。使用ε-纳什均衡是为了考

㊀ 为了表示一个节点没有父节点/子节点，相应的电路函数只需输出相同的输入节点。

㊁ 如 4.5 节所讨论的，即使纳什均衡是唯一的，ε-纳什均衡也不一定接近任何实际的纳什均衡。在所需距离内逼近一个实际的纳什均衡问题(在策略空间中通过 L_1 和 L_2 等范数来衡量)，实际上比计算ε-纳什均衡难得多。对于有三个或更多智能体的一般和标准式博弈，后一个问题对于一个称为 FIXP 的复杂度类别是完全的(Etessami 和 Yannakakis，2010)。

虑到在两个以上智能体博弈中，纳什均衡可能涉及非理性值概率这一事实。因此，纳什均衡的 PPAD-完全性还包括计算纳什均衡的近似方案，例如，多智能体强化学习算法，该算法只能学习给定有限交互次数的博弈的近似解。

这给我们带来的启示是，多智能体强化学习不可能成为解决博弈问题的万能策略：既然已知 PPAD-完全问题不存在高效的算法，那么也不太会存在高效的多智能体强化学习算法来在多项式时间内计算纳什均衡。多智能体强化学习的大部分研究都集中在识别和利用某些博弈类型中的结构(或假设)，从而提高性能。然而，纳什均衡的 PPAD-完全性告诉我们，在一般情况下，如果没有这些假设的结构，那么任何的多智能体强化学习算法在最坏情况下仍可能需要指数时间。

4.12 总结

本章介绍了一系列博弈解概念，为博弈中的智能体确定最优策略。主要概念如下：

- 博弈的解是满足某些条件的联合策略(通常包括每个智能体的一个策略)，这些条件用智能体的期望回报和回报之间的关系来表示。
- 许多解的概念都可以根据最佳响应的概念进行简洁表述。最佳响应策略最大化一个智能体相对于其他智能体的一组给定策略的期望回报。
- 存在着一系列越来越普遍的均衡解概念，包括两个智能体零和博弈的极小极大均衡，以及有两个或更多智能体的一般和博弈的纳什均衡和(粗)相关均衡。这些均衡解都基于这样一个理念，即在均衡下，每个智能体对其他所有智能体都是最佳响应，因此没有任何智能体可以单方面偏离均衡来增加自己的回报。
- 博弈可能有唯一的均衡解，也可能有多个(甚至无限多)均衡解，这些均衡解可以为智能体带来不同的期望回报。因此，学习一个均衡解并不一定等同于最大化所有智能体的期望回报。
- 存在不同的精炼概念可以与均衡解相结合，从而缩小理想解的空间，例如帕雷托最优以及基于社会福利和公平的概念。比如，我们可以寻求帕雷托最优的纳什均衡。
- 无悔是一个替代的解概念，它考虑的是智能体在过去的博弈中使用不同的策略与其他智能体观测到的策略相比较，它可能获得的替代回报。如果每个智能体的平均遗憾在无限次博弈中趋于零，那么联合策略就能实现无悔。
- 计算一般和标准式博弈中的纳什均衡是 PPAD 复杂类的一个完全问题。目前还没有已知的高效(即多项式时间)算法来解决 PPAD 完全问题。这意味着很可能不存在有效的多智能体强化学习算法来学习一般博弈的纳什均衡。

既然我们已经掌握了第 3 章中介绍的博弈模型的不同解概念，本部分接下来的两章将介绍不同类型的多智能体强化学习算法，这些算法的目的是在特定条件下学习这些解。第 5 章将首先概述多智能体强化学习算法可以学习或近似求解的一般学习过程和不同收敛类型，以及尝试使用多智能体强化学习方法来学习博弈的解时所面临的主要挑战。

CHAPTER5

第 5 章

博弈中的多智能体强化学习：第一步与挑战

前面几章介绍了作为多智能体交互形式的博弈模型，以及定义智能体在博弈中最优动作的解概念。在本章中，我们将开始探索计算博弈解的方法。主要方法是强化学习，即智能体反复尝试动作、进行观测并获得奖励。与第 2 章中介绍的标准强化学习术语类似，我们使用“回合”(episode)一词来指博弈从某个初始状态开始的每次独立运行。智能体根据从博弈的多个回合中获得的数据(即观测结果、动作和奖励)来学习策略。

为了给本书介绍的算法设定背景，本章将首先概述多智能体强化学习的一般学习框架，以及用于分析和评估多智能体强化学习算法的不同类型的收敛定义。然后，我们将介绍在博弈中应用强化学习的两种基本方法，即中心学习和独立学习，这两种方法都将多智能体问题简化为单智能体问题。中心学习将单智能体强化学习直接应用于联合动作空间，以学习为每个智能体选择动作的中心策略；而独立学习则将单智能体强化学习独立应用于每个智能体来学习智能体策略，基本上忽略了其他智能体的存在。

中心学习和独立学习是讨论多智能体强化学习算法所面临的几个重要挑战的有用起点。多智能体强化学习的一个特殊挑战是多个学习智能体导致的环境非平稳性，这可能导致学习不稳定。均衡选择是指智能体应该就何种均衡解达成一致以及如何达成一致的问题。另一个挑战是多智能体信用分配问题，在这一过程中，智能体必须推断出哪些动作对获得奖励做出了贡献。最后，随着智能体数量的增加，多智能体强化学习算法通常会面临联合动作空间的指数级增长，从而导致可扩展性问题。我们将逐一讨论这些挑战并举例说明。

智能体可以使用自己的算法来学习策略，比如在独立学习中，这种想法导致了智能体可能使用相同的学习算法，也可能使用不同的算法。本章最后将讨论多智能体强化学习中的这种自我博弈和混合博弈设置。

5.1 一般学习过程

我们首先对博弈中的学习[㊀]和预期的学习结果进行定义。在机器学习中，学习是一个基于数据优化模型或函数的过程。在我们的设置中，模型是一个联合策略，通常由每个智能体的

㊀ 另一个常用术语是“训练”。我们交替使用学习和训练这两个词语，如“学习/训练一个策略”。

策略组成，而数据(或"经验")则由博弈中的一段或多段历史组成。学习目标是博弈的解，由选定的解概念确定。因此，这一学习过程涉及多个要素，如图5.1所示，详情如下。

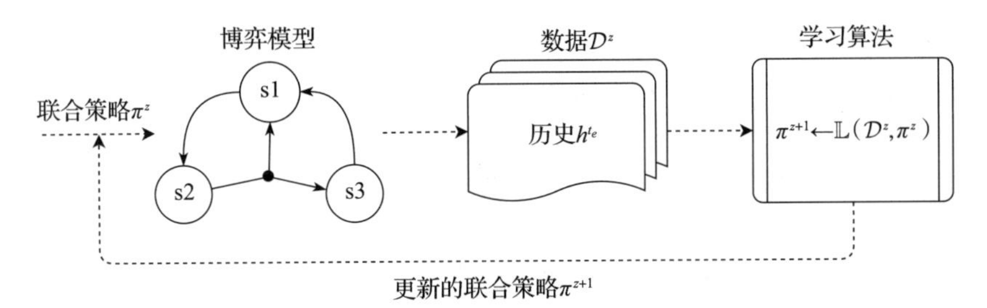

图5.1 多智能体强化学习中一般学习过程的要素

博弈模型：博弈模型定义了多智能体环境以及智能体如何交互。第3章介绍的博弈模型包括非重复标准式博弈、重复标准式博弈、随机博弈和部分可观测随机博弈。

数据：用于学习的数据，包含一组z历史记录，即

$$\mathcal{D}^z=\{\boldsymbol{h}^{t_e} \mid e=1,\cdots,z\},z\geqslant 0 \tag{5.1}$$

每个历史$\boldsymbol{h}^{t_e}$是由回合e期间使用的一个联合策略π^e产生的。这些历史可能“完整”也可能不“完整”，即是否以博弈的终止状态结束，不同的历史可能有不同的长度t_e。通常情况下，$\mathcal{D}^z$包含当前正在进行的回合z到目前为止的历史，以及之前的回合$e<z$的历史。

学习算法：学习算法$\mathbb{L}$使用收集到的数据$\mathcal{D}^z$和当前的联合策略π^z，即

$$\pi^{z+1}=\mathbb{L}(\mathcal{D}^z,\pi^z) \tag{5.2}$$

并生成新的联合策略，初始的联合策略π^0通常是随机的。

学习目标：学习目标是一个联合策略π^*，它满足所选的解概念的属性。第4章介绍了一系列可能的解概念，如纳什均衡。

我们注意到上述要素中存在几个细微差别：

选定的博弈模型决定了学习联合策略的条件。在非重复标准式博弈中(回合在一个时间步后终止)，策略π_i不依赖于历史，即它们是关于动作的简单概率分布。在重复标准式博弈中，策略取决于动作历史$\boldsymbol{h}^t=(\boldsymbol{a}^0,\cdots,\boldsymbol{a}^{t-1})$。在随机博弈中，策略取决于状态-动作历史$\boldsymbol{h}^t=(\boldsymbol{s}^0,\boldsymbol{a}^0,\boldsymbol{s}^1,\boldsymbol{a}^1,\cdots,\boldsymbol{s}^t)$。在部分可观测随机博弈中，策略取决于观测历史$\boldsymbol{h}_i^t=(\boldsymbol{o}_i^0,\cdots,\boldsymbol{o}_i^t)$。这些条件是一般性的，可能会根据策略的期望形式而受到约束。例如，在随机博弈中，我们可以只根据博弈的当前状态来条件化策略；在部分可观测随机博弈中，我们可以仅使用最近的k个观测来条件化策略。

一般来说，$\mathcal{D}^z$中的历史可能是完整历史(即包含所有状态和联合观测/动作，见4.1节)，也可能是上述其他类型的历史之一。因此，$\mathcal{D}^z$中的历史可能包含比用于条件化智能体策略的历史更多的信息。例如，在采用分散式执行机制的集中式训练中可能会出现这种情况(9.1节将讨论)，在这种情况下，学习算法在学习过程中可以访问所有智能体的观测数据，而智能体的策略只能访问智能体的局部观测数据。

学习算法$\mathbb{L}$本身可能由多个学习算法组成，这些算法学习单个智能体的策略，例如每个智能体i有一个算法$\mathbb{L}_i$。每个算法可能使用$\mathcal{D}^z$中不同部分的数据，也可能使用自己的数据$\mathcal{D}_i^z$，例如在独立学习中(5.3.2节)。此外，强化学习的一个重要特征是，学习算法通过探索动

作来主动参与数据的生成，而不仅仅是被动地使用数据。因此，学习算法产生的策略可能会主动对动作进行随机化，为学习生成有用的数据。

5.2 收敛类型

多智能体强化学习算法的学习性能可以采用多种不同的评价标准。我们在本书中使用的主要的理论评估标准是，在数据有限的情况下，联合策略 π^z 向博弈解 π^*(例如纳什均衡)的收敛情况，即

$$\lim_{z\to\infty}\pi^z=\pi^* \tag{5.3}$$

正如第 4 章所讨论的，博弈可能有不止一个解 π^*，这取决于具体的解概念。当我们说“收敛到一个解 π^*”时，强调的是“一个”，即 π^* 是相关解概念下的某个有效解。

当我们讨论多智能体强化学习算法的理论收敛性时，除非另有说明，否则我们指的是式(5.3)所示的收敛性[㊀]。当然，在实践中，我们无法收集到无限的数据，通常在达到预先设定的底线(例如允许的总回合或时间步数)或策略变化低于某个预定阈值后，学习就会停止。至于学习到的联合策略 π^z 是否是一个解，可以使用 4.4 节和 4.5 节中描述的程序进行检验。

文献中还研究了其他几种理论评估标准，包括较弱和较强的收敛类型。较弱的收敛类型包括：

- 期望回报的收敛：

$$\lim_{z\to\infty}U_i(\pi^z)=U_i(\pi^*),\quad \forall i\in I \tag{5.4}$$

这种收敛类型意味着，在数据量无限大时(z 趋于无穷)，学习到的联合策略 π^z 的期望联合回报将收敛到解 π^* 的期望联合回报。

- 经验分布的收敛：

$$\lim_{z\to\infty}\overline{\pi}^z=\pi^* \tag{5.5}$$

其中，$\overline{\pi}^z(\boldsymbol{a}\mid\boldsymbol{h})=\frac{1}{z}\sum_{e=1}^{z}\pi^e(\boldsymbol{a}\mid\boldsymbol{h})$是各个回合的平均联合策略。

我们可以等价地将 $\overline{\pi}^z$ 定义为经验分布，具体方法如下：在一个回合 e 中，设 $(\boldsymbol{a}^\tau,\boldsymbol{h}^\tau)_{\tau=0}^t$ 是从依赖于历史 $\boldsymbol{h}^\tau$ 的联合策略 π^e 中抽样的联合动作序列，即 $\boldsymbol{a}^\tau\sim\pi^e(\cdot\mid\boldsymbol{h}^\tau)$[㊁](注意，$e$ 代表了回合编号，τ 代表一个回合内的时间步)。令 H^z 是包含所有来自回合 $e=1,\cdots,z$ 的$(\boldsymbol{a}^\tau,\boldsymbol{h}^\tau)$对的集合。那么，经验分布可表示为

$$\overline{\pi}^z(\boldsymbol{a}\mid\boldsymbol{h})=\frac{1}{|H^z(\boldsymbol{h})|}\sum_{(\boldsymbol{a}^\tau,\boldsymbol{h}^\tau)\in H^z(\boldsymbol{h})}[\boldsymbol{a}=\boldsymbol{a}^\tau]_1 \tag{5.6}$$

其中 $H^z(\boldsymbol{h})=\{(\boldsymbol{a}^\tau,\boldsymbol{h}^\tau)\in H^z\mid\boldsymbol{h}^\tau=\boldsymbol{h}\}$，且$[x]_1=1$，如果 x 为真，否则$[x]_1=0$ $\left(\text{如果 } H^z(\boldsymbol{h})\text{为空，则 }\overline{\pi}^z(\boldsymbol{a}\mid\boldsymbol{h})=\frac{1}{|A|}\right)$。这两个定义是等价的，因为平均联合策略是经验分

㊀ 为了完全准确，文献中的一些收敛声明添加了额外的限定词，即收敛将“以概率 1”或“几乎肯定”发生。这一限定意味着，理论上可能存在收敛不会发生的条件(即(π^z)的轨迹)，但在相关概率度量下，这些条件发生的概率为 0。为简单起见，我们省略了这一技术性问题。

㊁ 例如，在非重复标准式博弈中，$\boldsymbol{a}^\tau$ 是由智能体选择的联合动作，$\boldsymbol{h}^\tau=\varnothing$；因为策略不依赖于历史。在本书中，我们主要将经验分布的概念应用于非重复标准式博弈的背景下。

布的期望。因此，它们在 z 增加时会越来越接近，并且在 $z\to\infty$ 时它们是相同的。这意味着式(5.5)中的收敛只有当平均联合策略和经验分布都收敛时才成立。

- 经验分布对解集的收敛：

$$\forall \epsilon>0\ \exists z_0\ \forall z>z_0\ \exists \pi^*: d(\bar{\pi}^z,\pi^*)<\epsilon \tag{5.7}$$

换句话说，对于任意小(但固定的)$\epsilon>0$，在学习过程中存在一个依赖于ϵ的点 z_0，使得对于所有的 $z>z_0$，存在一个和经验分布 $\bar{\pi}^z$ 的距离小于ϵ的解 π^*。这里的距离 $d(\bar{\pi}^z,\pi^*)$可以基于某种 L 范数，或者基于解概念的ϵ-版本(例如ϵ-纳什均衡)。与式(5.3)的逐点收敛不同的是，在式(5.7)中，经验分布最终将会到达(在ϵ内)解空间，但随后可能会在这个空间内“游荡”，而不一定收敛到任何一个点 π^*。

- 平均回报的收敛：

$$\lim_{z\to\infty}\bar{U}_i^z=U_i(\pi^*),\quad \forall i\in I \tag{5.8}$$

其中，$\bar{U}_i^z=\frac{1}{z}\sum_{e=1}^{z}U_i(\pi^e)$是各个回合的平均期望回报。直观地说，这种收敛类型可以解释为，如果我们为每个更新的联合策略 π^e 生成一个新的回合，那么这些回合的联合回报的平均值将收敛到解 π^* 的期望联合回报。

当某种学习算法在技术上无法实现式(5.3)中的收敛时，通常会使用这些较弱的收敛类型。例如，6.3.1 节中介绍的虚拟博弈算法学习的是确定性策略，这意味着它不能表示概率纳什均衡，例如“石头剪刀布”中的均匀随机纳什均衡。然而，在某些情况下，我们可以证明虚拟博弈的经验动作分布会收敛到纳什均衡，如式(5.5)所示(Fudenberg 和 Levine，1998)。6.4.2 节中介绍的无穷小梯度上升算法可以学习概率性策略，但可能仍然无法收敛到概率纳什均衡，而在非重复标准式博弈中，可以证明该算法产生的平均奖励确实能收敛到纳什均衡的平均奖励，如式(5.8)所示(Singh、Kearns 和 Mansour，2000)。最后，6.5 节中介绍的遗憾匹配算法会使联合策略 π^z 发生突然变化，理论上这可能导致算法无法收敛到任何一个 π^* 解。然而，对于标准式博弈，可以证明遗憾匹配算法产生的经验分布确实会收敛到(粗)相关均衡的集合，如式(5.7)所示(Hart 和 Mas-Colell，2000)。

请注意，式(5.3)暗指上述所有较弱的收敛类型。然而，它并没有对任何单个联合策略 π^z 在有限的 z 下的性能提出任何声明。换句话说，上述收敛类型并不清楚智能体在学习过程中的表现。为了解决这个问题，一个更强的评估标准可能需要额外的约束，例如，对于有限 z，π^z 和 π^* 之间的差值(参见 5.5.2 节中的讨论和参考文献)。

在复杂博弈中，检查这些收敛特性在计算上可能并不现实。相反，一种常见的方法是监控联合策略随着 z 的增加而实现的期望回报 $U_i(\pi^z)$，通常通过可视化学习曲线来显示学习过程中期望回报的进展，如图 2.4 所示。本书将为介绍的多种多智能体强化学习算法展示多条这样的学习曲线。不过，这种评估方法可能无法建立与博弈解 π^* 的任何关系。例如，即使所有 $i\in I$ 的期望回报 $U_i(\pi^z)$在某个特定的 z 之后收敛，联合策略 π^z 也可能不满足式(5.3)至式(5.8)的任何收敛性质。

为了简化本章(和本书)剩余部分的符号，我们将省略明确的 z 上标(例如 $\pi^z,\mathcal{D}^z$)，并且通常完全省略 $\mathcal{D}^z$。

5.3 单智能体强化学习的简化

在多智能体系统中使用强化学习来学习智能体策略的最基本方法，本质上是将多智能体学习问题简化为单智能体学习问题。在本节中，我们将介绍两种这样的方法：中心学习将单智能体强化学习直接应用于联合动作空间，以学习为每个智能体选择动作的中心策略；独立学习将单智能体强化学习独立应用于每个智能体，以学习独立策略，本质上忽略其他智能体的存在。

5.3.1 中心学习

中心学习训练一个单一的中心策略 π_c，它接收所有智能体的局部观测数据并为每个智能体选择一个动作，通过从 $A=A_1\times\cdots\times A_n$ 中选择联合动作。本质上讲，这是将多智能体问题简化为单智能体问题，我们可以应用现有的单智能体强化学习算法来训练 π_c。算法 4 展示了一个基于 Q 学习的中心学习示例，称为中心 Q 学习(Central Q-Learning，CQL)。该算法维护联合动作 $\boldsymbol{a}\in A$ 的联合动作-价值 $Q(s,\boldsymbol{a})$，这是本书介绍的多智能体强化学习算法所使用的基本概念。中心学习可以规避多智能体方面的非平稳性问题和信用分配问题(分别在 5.4.1 节和 5.4.3 节中讨论)，因此非常有用。然而，在实践中，这种方法有很多局限性。

算法 4 随机博弈的中心 Q 学习算法

1：初始化，即 $Q(s,\boldsymbol{a})=0$，对于所有的 $s\in S$ 且 $\boldsymbol{a}\in A=A_1\times\cdots\times A_n$
2：每一回合重复执行以下步骤：
3：**for** $t=0,1,2,\cdots$ **do**
4： 观测当前状态 s_t
5： 以概率 ϵ 选择随机的联合动作 $\boldsymbol{a}^t\in A$
6： 否则：选择联合动作 $\boldsymbol{a}^t\in\arg\max_{\boldsymbol{a}} Q(s^t,\boldsymbol{a})$
7： 应用联合动作 $\boldsymbol{a}^t$，观测奖励 $r_1^t,\cdots,r_n^t$ 和下一状态 s^{t+1}
8： 将 $r_1^t,\cdots,r_n^t$ 转换为标量奖励 r^t
9： 更新：$Q(s^t,\boldsymbol{a}^t)\leftarrow Q(s^t,\boldsymbol{a}^t)+\alpha[r^t+\gamma\max_{\boldsymbol{a}'} Q(s^{t+1},\boldsymbol{a}')-Q(s^t,\boldsymbol{a}^t)]$

需要注意的第一个限制是，为了应用单智能体强化学习，中心学习需要将联合奖励 $(r_1,\cdots,r_n)$转换为单一标量奖励 r。对于共享奖励博弈的情况，即所有智能体获得相同奖励，我们可以对任意 i 使用 $r=r_i$。在这种情况下，如果我们使用一种能保证在 MDP 中学习最优策略的单智能体强化学习算法(如 2.6 节中讨论的时序差分算法)，那么它就能保证为共享奖励随机博弈学习一个中心策略 π_c，从而使 π_c 成为帕雷托最优相关均衡。单智能体强化学习算法的最优性意味着 π_c 在每个状态 $s\in S$ 中都能获得最大期望回报(如 2.4 节所述)。因此，由于所有 i 的奖励都定义为 $r=r_i$，我们知道 π_c 是帕雷托最优的，因为不可能有其他策略能为任何智能体实现更高的期望回报。这也意味着，没有任何智能体可以单方面偏离 π_c 给定的动作来提高回报，从而使 π_c 成为一个相关均衡。

遗憾的是，对于零和博弈和一般和随机博弈，奖励标量化的方式不太清楚。如果对最大化一般和博弈中的社会福利(4.9 节)感兴趣，一种选择是使用 $r=\sum_{i=1}^{n} r_i$。

然而，如果期望的解是一个均衡类型的解，那么可能不存在导致均衡策略的标量转换。

第二个限制是，通过在联合动作空间训练一个策略，我们现在必须解决一个动作空间随着智能体数量而指数级增长的决策问题[⊖]。在图 1.2 所示的基于等级的搜寻示例中，有三个智能体从六个动作(上、下、左、右、收集、无操作)中选择，从而产生了一个包含 $6^3=216$ 个动作的联合动作空间。即使在这个示例中，大多数标准的单智能体强化学习算法也无法轻松扩展到如此大的动作空间。

最后，中心学习的一个根本限制是多智能体系统的固有结构。智能体通常是物理或虚拟分布的本地化实体。在这种情况下，出于各种原因，从中心策略 π_c 到智能体之间的通信以及反向通信可能是不可能或不可取的。因此，这样的多智能体系统需要每个智能体 i 的本地智能体策略 π_i，这些策略根据智能体 i 的本地观测结果行动，独立于其他智能体。

在随机博弈中，我们假设智能体可以观测到全部状态，因此有可能学习到一个最优的中心策略 π_c，该策略可以分解为各个智能体的策略 $\pi_1,\cdots,\pi_n$。这是因为，通过中心学习来解决随机博弈相当于解决一个 MDP，而 MDP 总是允许确定性最优策略，即在每个状态下为某个动作分配概率 1，见 2.4 节式(2.26)。因此，我们可以将确定性联合策略 π_c 分解为

$$\pi_c(\boldsymbol{s})=(\pi_1(\boldsymbol{s})=\boldsymbol{a}_1,\cdots,\pi_n(\boldsymbol{s})=\boldsymbol{a}_n) \tag{5.9}$$

其中，$\pi(\boldsymbol{s})=\boldsymbol{a}$ 是指 $\pi(\boldsymbol{a}|\boldsymbol{s})=1$，类似地，$\pi_i(\boldsymbol{s})=\boldsymbol{a}_i$ 也成立。实现这种分解的一种基本方法是每个智能体使用 π_c 的一个副本：在任何给定状态 s 下，每个智能体 $i\in I$ 计算联合动作 $(\boldsymbol{a}_1,\cdots,\boldsymbol{a}_n)=\pi_c(\boldsymbol{s})$，然后执行自己的动作 $\boldsymbol{a}_i$。然而，如果环境只能部分被智能体观测到(如在部分可观测随机博弈中)，那么可能无法将 π_c 分解成各个智能体策略 π_i，因为每个策略 π_i 现在只能访问智能体自己的观测 $\boldsymbol{o}_i$。

5.3.2 节将介绍独立学习方法，该方法消除了这些限制，但代价是引入了其他挑战。

5.3.2　独立学习

在独立学习(Independent Learning，IL)中，每个智能体 i 只使用自己的观测、动作和奖励的本地历史来学习自己的策略 π_i，而忽略其他智能体的存在(Tan，1993；Claus 和 Boutilier，1998)。智能体不会观测或使用其他智能体的信息，从每个学习智能体的角度来看，其他智能体动作的影响只是环境动态的一部分。因此，与中心学习类似，独立学习从每个智能体的角度将多智能体问题简化为单智能体问题，现有的单智能体强化学习算法可用于学习智能体策略。算法 5 展示了一个基于 Q 学习的独立学习实例，称为独立 Q 学习(Independent Q-Learning，IQL)。在这里，每个智能体都使用同一算法的本地副本。

算法 5　用于随机博弈的独立 Q 学习算法

//算法控制智能体 i

1：初始化，即对于所有状态 $\boldsymbol{s}\in S$，所有动作 $\boldsymbol{a}_i\in A_i$，令 $Q_i(\boldsymbol{s},\boldsymbol{a}_i)=0$

2：每一回合重复执行以下步骤：

⊖ 这种指数增长假定每个额外的智能体都带来额外的决策变量。例如，在基于等级的搜寻(1.1 节)中，每个智能体都有自己的动作集。与之相反的情况是，我们有一组固定的动作集，这些动作集被划分并分配给智能体。在后一种情况下，无论智能体的数量有多少，动作的总数保持不变。我们将在 5.4.4 节进一步讨论这个问题。

3：**for** $t=0,1,2,\cdots$ **do**
4：　观测当前状态 $\boldsymbol{s}^t$
5：　以概率ε选择随机的动作 $\boldsymbol{a}_i^t \in A_i$
6：　否则：选择动作 $\boldsymbol{a}_i^t \in \arg\max_{\boldsymbol{a}_i} Q_i(\boldsymbol{s}^t, \boldsymbol{a}_i)$
7：　（同时，其他智能体 $j \neq i$ 选择它们的动作 $\boldsymbol{a}_j^t$）
8：　观测自己的奖励 r_i^t 和下一状态 $\boldsymbol{s}^{t+1}$
9：　更新：$Q_i(\boldsymbol{s}^t, \boldsymbol{a}_i^t) \leftarrow Q_i(\boldsymbol{s}^t, \boldsymbol{a}_i^t) + \alpha[r_i^t + \gamma \max_{\boldsymbol{a}_i'} Q_i(\boldsymbol{s}^{t+1}, \boldsymbol{a}_i') - Q_i(\boldsymbol{s}^t, \boldsymbol{a}_i^t)]$

独立学习自然避免了困扰中心学习的动作空间指数增长的问题，并且当多智能体系统的结构需要本地智能体策略时，就可以使用独立学习。它也不需要像中心学习那样对联合奖励进行标量转换。独立学习的缺点是，它可能会受到所有智能体同时学习所引起的非平稳性的显著影响。在独立学习算法（如独立 Q 学习）中，从每个智能体 i 的角度来看，其他智能体 $j \neq i$ 的策略 π_j 通过以下方式成为环境状态转移函数的一部分[⊖]：

$$\mathcal{T}_i(\boldsymbol{s}^{t+1} \mid \boldsymbol{s}^t, \boldsymbol{a}_i^t) \propto \sum_{\boldsymbol{a}_{-i} \in A_{-i}} \mathcal{T}(\boldsymbol{s}^{t+1} \mid \boldsymbol{s}^t, \langle \boldsymbol{a}_i^t, \boldsymbol{a}_{-i} \rangle) \prod_{j \neq i} \pi_j(\boldsymbol{a}_j \mid \boldsymbol{s}^t) \tag{5.10}$$

其中 $\mathcal{T}$是博弈最初的状态转移函数，定义在联合动作空间上（见 3.3 节）。

随着每个智能体 j 不断学习和更新其策略 π_j，π_j 在每个状态 s 中的动作概率都可能发生变化。因此，从智能体 i 的角度来看，转移函数 $\mathcal{T}_i$ 似乎是非平稳的，而实际上随时间唯一变化的部分是其他智能体的策略 π_j。因此，独立学习方法可能会产生不稳定的学习，可能无法收敛到博弈的任何解。5.4.1 节将进一步详细讨论多智能体强化学习中的非平稳性。

独立学习的学习动态已在各种理想化模型中得到研究（Rodrigues Gomes 和 Kowalczyk，2009；Wunder、Littman 和 Babes，2010；Kianercy 和 Galstyan，2012；Barfuss、Donges 和 Kurths，2019；Hu 和 Leung，2019；Leonardos 和 Piliouras，2022）。例如，Wunder、Littman 和 Babes（2010）研究了一种理想化的ε-贪婪探索独立 Q 学习模型（如算法 5 所示），该模型使用无限小的学习步长，这使得可以应用线性动态系统理论的方法来分析模型的动态。基于这个理想化模型，我们可以对具有两个智能体和两个动作的不同类别的一般和标准式博弈的学习结果做出预测，如图 5.2 所示。这些类别主要由博弈拥有的确定性和概率性纳什均衡的数量来定义。可以看出，这个理想化版本的独立 Q 学习预计在某些博弈类别中会收敛到纳什均衡，而在另一些博弈类别中，它可能根本不会收敛，或者只在特定条件下收敛。这项分析的一个有趣发现是，在诸如囚徒困境（3b 类）这样的博弈中，独立 Q 学习可能会出现混乱的非收敛行为，从而导致平均回报高于该博弈唯一纳什均衡下的期望回报。

尽管相对简单，独立学习算法仍是多智能体强化学习研究的重要基准。事实上，正如 Papoudakis 等人（2021）的研究所展示的，这些算法通常可以产生与最先进的多智能体强化学习算法相媲美的结果。在第 9 章中，我们将看到当前多智能体强化学习研究中使用的一些独立学习算法。

⊖ 回顾我们用 $-i$ 这个下标表示“除了智能体 i 以外的所有智能体”（例如，$A_{-i} = \times_{j \neq i} A_j$）。

分类	1a	1b	2a	2b	3a	3b
#确定性纳什均衡	0	0	2	2	1	1
#概率性纳什均衡	1	1	1	1	0	0
是否占优动作	否	否	否	否	是	是
确定性联合动作>纳什均衡吗	否	是	否	是	否	是
独立 Q 学习收敛吗	是	否	是	是/否	是	是/否

图 5.2　在有两个智能体和两个动作的一般和标准式博弈中，“无穷小”独立 Q 学习的收敛性(Wunder、Littman 和 Babes，2010)。博弈的特征包括：1)确定性纳什均衡的数量；2)概率性纳什均衡的数量；3)博弈中是否至少有一个智能体有占优动作；4)是否存在一个联合动作能使两个智能体获得比博弈的纳什均衡更高的回报(对于 2a/b 类，这指的是能使智能体获得最低回报的纳什均衡)。在这里，奖励是实值的，因此每个博弈类别都包含数量无限的博弈。例如，2a 类包括性别博弈(图 4.5a)，2b 类包括懦夫博弈(图 4.3)，3b 类包括囚徒困境(图 3.2c)。在最下面一行，“是”表示独立 Q 学习会收敛到纳什均衡，“否”表示不会收敛，“是/否”表示在某些条件下会收敛

5.3.3　示例：基于等级的搜寻

在图 5.3 所示的基于等级的搜寻环境实例中，我们比较了算法 4 中给出的中心 Q 学习和算法 5 中给出的独立 Q 学习的性能。在这个基于等级的搜寻任务中，两个智能体必须相互协作，才能在一个 11×11 的网格世界中收集到两件物品。在每个时间步中，每个智能体都可以向四个方向之一移动，尝试收集物品，或者什么也不做。每个智能体和物品都有一个技能等级，如果一个或多个智能体位于物品旁边尝试收集物品，并且它们的等级之和等于或高于物品的等级，那么它们就可以收集到物品。每一回合都以图 5.3 所示的相同初始状态开始，其中两个智能体的等级都是 1 级，最初都位于网格的顶角，有两个物品位于中央，等级分别是 1 级和 2 级。因此，1 级物品可以由任何一个单独的智能体收集，而 2 级物品则需要两个智能体协作才能收集。

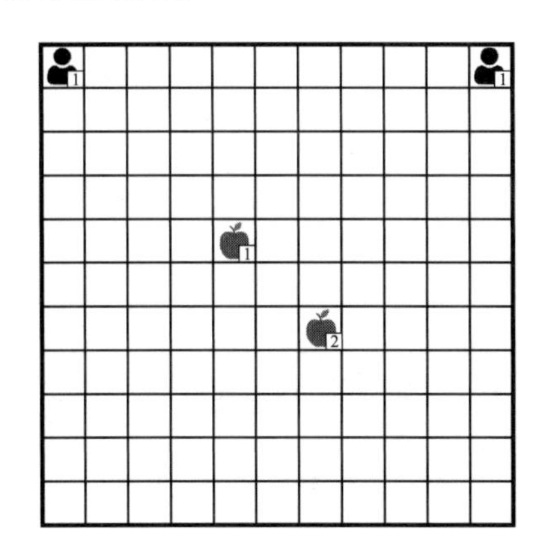

图 5.3　用于比较中心 Q 学习和独立 Q 学习的基于等级的搜寻任务。这个示例任务由一个 11×11 的网格世界组成，其中有两个智能体和两个物品。两个智能体的等级都是 1 级，而一个物品的等级是 1 级，另一个物品的等级是 2 级。每个回合都从当所示的状态开始，位置和等级如图所示

我们将这个学习问题建模为一个随机博弈，在这个博弈中，智能体观测完整的环境状态，使用折扣回报目标，折扣因子 γ 为 0.99。一个智能体在收集一级物品时会获得 $\frac{1}{3}$ 的奖励，而

两个智能体在收集二级物品时都会获得$\frac{1}{3}$的奖励；因此，在收集完所有物品后，智能体之间的总奖励(未折扣)为1[㊀]。由于奖励是折扣的，智能体需要尽快收集物品，以获得最大回报。当所有物品收集完毕或最多50个时间步后回合终止。在本例中，两种算法都使用了恒定的学习率$\alpha=0.01$，以及探索率在前80 000个训练时间步中从$\epsilon=1$线性衰减到$\epsilon=0.05$(回顾2.7节，训练时间步是跨回合的)。对于中心Q学习，我们通过求和个体奖励获得标量奖励(算法4中的第8行)，即$r^t=r_1^t+r_2^t$。

图5.4显示了CQL和IQL在基于等级的搜寻任务中取得的评估回报[㊁]。请注意，图5.4显示的是折扣回报，折扣因子γ为0.99，因此可实现的最大回报也小于1。IQL比CQL更快地学会解决这个任务，这是由于IQL智能体在每个状态下只探索6个动作，而CQL智能体在每个状态下要探索$6^2=36$个动作。这使得IQL智能体能更快地学会收集1级物品，这可以从IQL早期的评估回报跃升中看出。最终，IQL和CQL在这项任务中都收敛到了最优联合策略，即右上角的智能体直接前往2级物品处，等待另一个智能体的到来；同时，左上角的智能体先前往1级物品处收集，然后前往2级物品处与另一个智能体一起收集。这种最优联合策略需要13个时间步来解决任务。

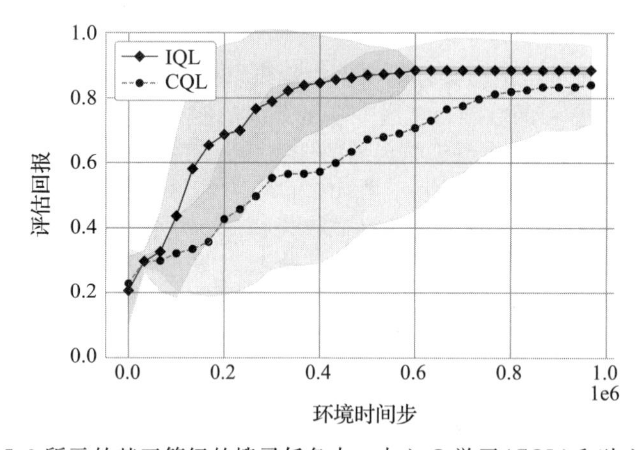

图5.4　在图5.3所示的基于等级的搜寻任务中，中心Q学习(CQL)和独立Q学习(IQL)的平均折扣评估回报，折扣因子γ为0.99。结果是基于50次独立训练的平均值。阴影区域显示的是每次训练的平均回报的标准差

5.4　多智能体强化学习的挑战

多智能体强化学习算法(包括本章介绍的中心Q学习和独立Q学习)继承了单智能体强化学习的某些挑战，如未知的环境动态、探索-利用困境、枚举产生的非平稳性以及时间信用分配。此外，由于要在由多个学习智能体组成的动态多智能体系统中学习，多智能体强化学习算法还面临更多概念和算法上的挑战。本节将介绍几个共同构成多智能体强化学习的核心挑战。

㊀ 有关基于等级的搜寻任务中奖励函数的更一般的定义，请参见11.3.1节。
㊁ 关于“评估回报”这一术语的提醒以及这些学习曲线怎样生成的，参见2.7节。

5.4.1 非平稳性

多智能体强化学习的一个核心问题是多个智能体在相互交互过程中不断地共同适应所产生的非平稳性。这种非平稳性可能导致循环动态，即一个学习智能体适应了其他智能体不断变化的策略，而其他智能体又根据学习智能体的策略调整自己的策略，如此循环往复。图5.5展示了这种学习动态的一个示例，其中两个智能体在石头剪刀布博弈中使用WoLF-PHC算法(将在6.4.4节中介绍)更新策略。这些曲线显示了智能体的策略如何随着时间而共同适应，直至收敛到博弈的纳什均衡，即两个智能体都以相同的概率选择每个动作。

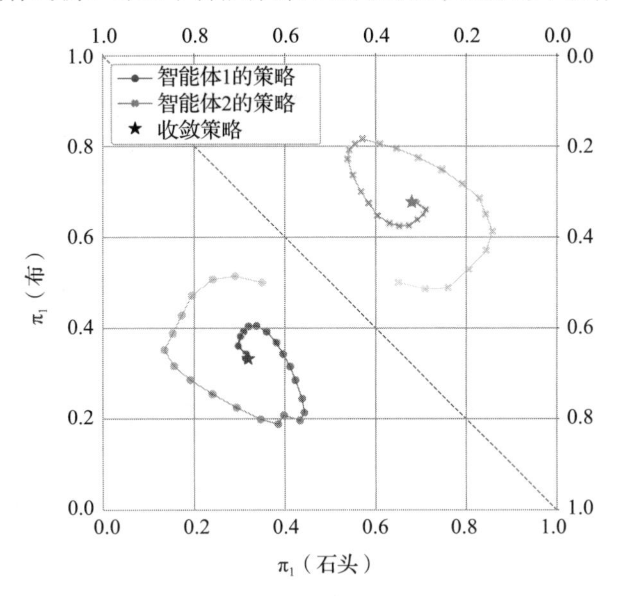

图5.5　两个智能体使用WoLF-PHC算法在非重复石头剪刀布博弈中更新策略的策略演化过程。对角虚线将图分成两个概率单纯形(二维中是三角形)，两个智能体各占一个。每个智能体在单纯形中的每个点都对应着该智能体三个可用动作的概率分布。每条线都显示了智能体在第0,5,10,15,…,145回合时的当前策略(用点标出)，以及在第100 000回合时的收敛策略(用星号标出)

虽然多智能体学习所导致的非平稳性是多智能体强化学习的一个决定性特征，但必须注意的是，非平稳性在单智能体强化学习中已经存在。为了使问题更加清晰，我们有必要先定义平稳性的概念，并了解平稳性和非平稳性是如何出现在单智能体强化学习中的，然后再讨论多智能体强化学习的问题。

如果$X^{t+\tau}$的概率分布不依赖于$\tau \in \mathbb{N}^0$，那么一个随机过程$\{X^t\}_{t\in\mathbb{N}^0}$被称为平稳的，其中$t$和$t+\tau$是时间指数。直观地说，这意味着过程的动态不随时间变化。

现在，考虑一个随机过程X^t，它在每个时间步t采样状态$\boldsymbol{s}^t$。在一个马尔可夫决策过程中，X^t完全由状态转移函数$\mathcal{T}(\boldsymbol{s}^t \mid \boldsymbol{s}^{t-1}, \boldsymbol{a}^{t-1})$和智能体策略$\pi$定义，后者选择动作$\boldsymbol{a} \sim \pi(\cdot \mid \boldsymbol{s})$。如果这个策略不随时间改变(即没有进行学习)，那么过程X^t确实是平稳的，因为s^t仅依赖于前一个时间步的状态$\boldsymbol{s}^{t-1}$和动作$\boldsymbol{a}^{t-1}$(称为马尔可夫性质)，而$\boldsymbol{a}^{t-1}$仅通过$\pi(\cdot \mid \boldsymbol{s}^{t-1})$依赖于$\boldsymbol{s}^{t-1}$。因此，过程的动态与时间$t$无关。

然而，在强化学习中，由于学习过程，策略 π 会随时间改变。根据 5.1 节中的学习过程的定义，时间 t 时刻的策略 π^z 通过 $\pi^{z+1}=\mathbb{L}(\mathcal{D}^z,\pi^z)$ 更新，其中 $\mathcal{D}^z$ 包含了当前回合 z 中直到时间 t 收集的所有数据以及先前回合的数据。因此，在单智能体强化学习中，由于策略取决于 t，随机过程 X^t 是非平稳的。

这种非平稳性在学习状态或动作-价值时会带来问题，因为价值取决于后续动作，而后续动作跟着策略 π 随时间的改变而改变。例如，在使用时序差分方法学习动作-价值函数时，如 2.6 节中所述，状态的价值估计 $Q(s^t,a^t)$ 根据一个更新目标进行更新，该更新目标取决于不同状态的价值估计，例如，Sarsa 算法中使用的目标 $r^t+\gamma Q(s^{t+1},a^{t+1})$。随着策略 π 在学习过程中的变化，更新目标变得非平稳，因为目标中使用的价值估计也在变化。因此，这种非平稳性问题也被称为移动目标问题。

在多智能体强化学习中，非平稳性由于所有智能体随时间改变其策略而加剧：在这里，$\pi^{z+1}=\mathbb{L}(\mathcal{D}^z,\pi^z)$ 更新了整个联合策略 $\pi^z=(\pi_1^z,\cdots,\pi_n^z)$。这为学习智能体增加了另一个难题，即不仅价值估计面临着非平稳性(如单智能体强化学习)，而且整个环境从每个智能体的角度看来似乎也是非平稳的。正如我们在 5.3.2 节中讨论的，这在诸如 IQL 这样的独立学习算法中会遇到：从智能体 i 的角度看，其他智能体 $j\neq i$ 的策略成为环境状态转移动态的一部分，如式(5.10)所示。由于其他智能体的策略随着学习的进行而随时间变化，因此从智能体 i 的角度看环境的状态转移动态也在变化，使之成为非马尔可夫的，因为它们现在也依赖于交互历史(Laurent、Matignon 和 Le Fort-Piat，2011)。

由于这些非平稳性问题，单智能体强化学习中的时序差分方法所需的通常的随机近似条件[式(2.54)]在多智能体强化学习中通常不足以确保收敛。事实上，多智能体强化学习中所有关于收敛学习的已知理论结果都仅限于受限博弈，而且大多只适用于特定算法。例如，IGA (6.4.2 节)可以证明按照式(5.8)收敛到纳什均衡的平均奖励；而 WoLF-IGA(6.4.3 节)可以证明按照式(5.3)收敛到纳什均衡。然而，这两个结果都仅限于只有两个智能体和两个动作的标准式博弈。设计具有有用的学习保证的通用、高效的多智能体强化学习算法是一个棘手的问题，也是目前正在研究的课题(例如，Zhang、Yang 和 Basar，2019；Daskalakis、Foster 和 Golowich，2020；Wei 等人，2021；Ding 等人，2022；Leonardos 等人，2022)。

5.4.2 均衡选择

正如 4.7 节所强调的，博弈可能有多个均衡解，这些均衡解可能会给博弈中的智能体带来不同的期望回报。图 5.6a 再次展示了 4.6 节中讨论的(非重复)懦夫博弈，它有三个不同的均衡点，分别为两个智能体带来期望回报(7,2)，(2,7)和(4.66,4.66)。均衡选择是指智能体应就哪种均衡达成一致以及如何达成一致的问题(Harsanyi 和 Selten，1988)。

对于博弈中的强化学习来说，均衡选择可能是一个重要的复杂因素，因为博弈中的智能体通常没有关于博弈的先验知识。事实上，即使博弈有一个能为所有智能体带来最大回报的纳什均衡，也可能存在使智能体倾向次优均衡收敛的因素。

考虑图 5.6b 所示的猎鹿博弈矩阵。这个博弈模拟了这样一种情况：两个猎人可以狩猎一只雄鹿(S)或一只野兔(H)。狩猎雄鹿需要合作，奖励较高，而狩猎野兔可以单独进行，但奖励较低。可以看出，联合动作(S,S)和(H,H)是博弈中的两个纳什均衡(还有第三个概率均

	S	L
S	0,0	7,2
L	2,7	6,6

a）懦夫博弈

	S	H
S	4,4	0,3
H	3,0	2,2

b）猎鹿博弈

图 5.6 具有多个均衡的博弈矩阵

衡，为清楚起见我们省略)。虽然(S,S)能给两个智能体带来最大奖励，并且是帕雷托最优的，但(H,H)的风险相对较低，因为每个智能体都能通过选择H保证获得至少2的奖励。因此，(S,S)是奖励占优的均衡，这意味着它比其他均衡获得更高的回报，而(H,H)是风险占优的均衡，因为它比其他均衡具有更低的风险(智能体能保证获得更高的最低奖励)。独立Q学习等算法如果对其他智能体的动作不确定，就容易收敛到风险占优均衡。在猎鹿博弈的例子中，智能体在学习的早期阶段比较随机地选择动作时，每个智能体都会很快了解到，动作S可以得到0的奖励，而动作H则可以得到2或更高的奖励。这会引导智能体赋予动作H更大的概率，从而在反馈循环中强化风险占优均衡，因为如果其他智能体选择了H，那么智能体偏离H的行为就会受到惩罚。

解决均衡选择问题的方法有很多。一种方法是通过要求额外的标准(如帕雷托最优和福利/公平最优)来精炼解空间。正如我们在4.9节所讨论的例子中看到的，在某些情况下，这可能会将无限的解空间缩小为唯一解。在某些博弈类型中，可以利用博弈结构进行均衡选择。例如，极小极大Q学习(6.2.1节)就受益于零和博弈中均衡值的唯一性，这意味着所有极小极大解都会给智能体带来相同的期望联合回报。在诸如猎鹿博弈等无冲突的博弈中，总是存在一个帕雷托最优奖励占优均衡，帕雷托演员-评论家算法(第9章)利用了所有智能体都知道奖励占优均衡也是所有其他智能体的首选这一事实。智能体建模(6.3节)也可以通过预测其他智能体的动作来帮助进行均衡选择。在猎鹿博弈中，如果智能体1期望这样一种情形，即如果智能体1在过去的时间步中选择S，并且智能体2就可能选择S，并且智能体1可能会更频繁地选择动作S，这个过程会收敛到(S,S)。然而，这种结果是否发生取决于多个因素，如智能体的探索策略和学习率的细节，以及智能体如何使用智能体模型。

如果智能体之间能够相互通信，那么它们就可以相互发送有关其偏好的结果或者未来动作的信息，从而就某一特定均衡达成一致。然而，如果智能体不受其所传递信息的约束(如偏离其声明的动作)，而其他智能体又无法验证所收到的信息，那么通信也会带来自身的挑战。此外，如果不同的均衡能为智能体带来不同的回报，那么关于哪种均衡最受偏好，可能仍然存在固有的冲突。

5.4.3　多智能体信用分配

强化学习中的信用分配是一个确定哪些过去的动作对获得的奖励有贡献的问题。在多智能体强化学习中，还有一个额外的问题，即多个智能体中谁的动作促成了奖励。为了区分这两个问题，第一类问题通常被称为时间信用分配，而第二类问题则被称为多智能体信用分配。

为了说明多智能体信用分配及其如何使学习复杂化，请考虑第1章中介绍的基于等级的搜寻任务，为方便起见，图5.7再次展示了这个例子。在这种情况下，假设三个智能体都尝试了“收集”动作，结果它们都获得了+1的奖励。是谁的动作带来了这个奖励？对我们来说，很明显，左边的智能体的动作对这个奖励没有贡献，因为它没能收集到物品(该智能体的等级不够大)。此外，我们知道是右边两个智能体的联合动作导致了奖励的产生，而不是任何一个智能体的单独动作。然而，对于一个只观测环境状态(动作之前和之后)、智能体选择的动作以及获得+1的集体奖励的学习智能体来说，要想详细地分析出动作的贡献是非常困难的。这需要详细了解世界的动态，特别是智能体/物品的位置和等级之间的关系，以及收集动作如何依赖于这些关系。

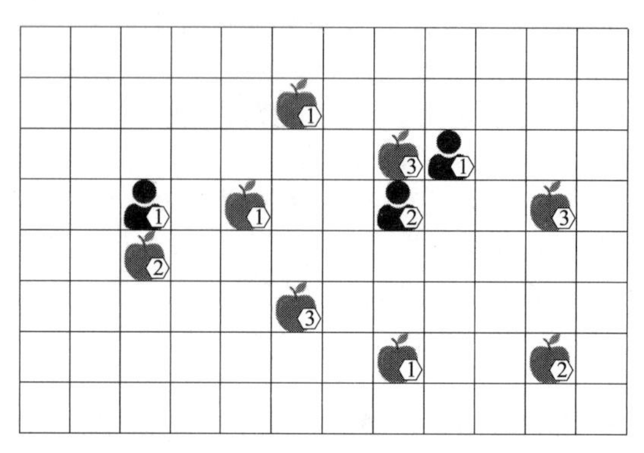

图 5.7　一个基于等级的搜寻任务，其中一组三个机器人或智能体必须收集所有物品(用苹果代表)。每个智能体和物品都有一个相关的技能等级，如图所示。一个或多个智能体组成的小组可以收集物品，前提是它们位于物品旁边并且智能体的等级总和大于或等于物品的等级

多智能体信用分配的问题在常见的奖励设置中尤为突出(如我们上面的例子)，因为每个奖励都不加选择地应用于每个智能体，有效地让智能体来区分每个智能体的行为对奖励的影响。这可能会导致这样的情况，即当收到一个积极的奖励时，智能体的行为会被反复强化，而智能体的行为对此没有贡献——就像我们例子中左边的智能体一样。然而，值得注意的是，多智能体信用分配问题更普遍地存在，并不依赖于共同的奖励。如果改变我们的例子，只有右边的两个智能体在收集物品时获得+1 的奖励，而左边的智能体获得 0 的奖励，那么从每个智能体的角度来看，同样的问题仍然存在：谁的行为促成了智能体的奖励？例如，右边的两个智能体仍然必须明白，左边的智能体没有为它们的+1 奖励做出贡献。

请注意，上述示例考虑的是一个具体时间实例中的多智能体信用分配。随着时间的推移，这种情况会进一步复杂化，因为还涉及时间信用分配。智能体还必须学会对自己和其他智能体过去的动作给予适当的信用。例如，左侧智能体的收集动作不仅没有为+1 奖励做出贡献，它之前的移动动作(移动到当前位置)也没有做出贡献。

为了解决多智能体的信用分配问题，一个智能体需要理解自己的动作对获得的奖励的影响，与其他智能体的动作的影响相比较。为联合动作赋值，正如中心学习中所做的那样，是一种有用的方法，可以将每个智能体对所获奖励的贡献区分开来。举个简单的例子，考虑 3.1 节中的石头剪刀布博弈。在训练期间，假设两个智能体选择动作$(\boldsymbol{a}_1,\boldsymbol{a}_2)=(\mathrm{R},\mathrm{S})$，智能体 1 获得奖励+1(因为石头赢了剪刀)；智能体选择动作$(\boldsymbol{a}_1,\boldsymbol{a}_2)=(\mathrm{R},\mathrm{P})$，智能体 1 获得奖励−1(因为布赢了石头)。如果智能体 1 使用动作-价值模型 $Q(\boldsymbol{s},\boldsymbol{a}_1)$来给自己的动作赋值(如独立 Q 学习，参见算法 5)，那么采取动作 R 的平均价值可能会显示为 0，因为 Q 没有明确地模拟智能体 2 动作的影响。相比之下，联合动作-价值模型 $Q_1(\boldsymbol{s},\boldsymbol{a}_1,\boldsymbol{a}_2)$(如中心 Q 学习，参见算法 4)可以通过为联合动作(R,S)和(R,P)赋予不同的价值来正确表示智能体 2 动作带来的影响。除了中心学习算法，联合动作学习算法(在第 6 章介绍)使用这些联合动作-价值来学习博弈的解。

联合动作-价值模型还能让智能体考虑反事实问题，例如“如果智能体 j 采取动作 X 而不是 Y，我会得到什么奖励?”差异奖励(Wolpert 和 Tumer，2002；Tumer 和 Agogino，2007)提出了这种方法，其中 X 相当于什么也不做或“默认动作”。遗憾的是，人们通常不清楚在特定

环境下是否存在这种默认动作，也不清楚默认动作应该是什么。其他方法试图学习与智能体对集体奖励的个人贡献相对应的价值函数分解(如 Rashid 等人，2018；Sunehag 等人，2018；Son 等人，2019；Zhou、Liu 等人，2020)。第 9 章将介绍其中一些方法。

5.4.4 扩展到多个智能体

有效地扩展到多个智能体是多智能体强化学习研究中的一个重要目标。这个目标因为联合动作的数量可能随着智能体数量的增加而呈指数增长而变得复杂，因为我们有

$$|\boldsymbol{A}| = |\boldsymbol{A}_1| \cdot \cdots \cdot |\boldsymbol{A}_n| \tag{5.11}$$

在 5.4.3 节讨论的基于等级的搜寻示例中，如果我们将智能体的数量从 3 个变为 5 个，那么联合动作的数量也会从 216 个增加到 7776 个。此外，如果智能体在状态 $\boldsymbol{s}$ 中有自己的相关特征，就像在基于等级的搜寻中那样(智能体位置)，那么状态数量 $|S|$ 也会随着智能体数量的增加而呈指数增长。

多智能体强化学习算法会受到指数增长带来的各种影响。例如，使用联合动作-价值 $Q(\boldsymbol{s},\boldsymbol{a}),\boldsymbol{a}\in A$ 的算法，如中心 Q 学习和联合动作学习(6.2 节)，会面临表征 Q 所需的空间以及填充 Q 所需的观测数量的指数增长。不使用联合动作-价值的算法，如独立学习(5.3.2 节)，也可能因为额外智能体而受到显著影响。特别地，更多的智能体会增加多个学习智能体造成的非平稳性程度，因为每个额外的智能体都增加了其他智能体必须适应的另一个移动部分。多智能体信用分配也会随着智能体的增加而变得更加困难，因为每个额外的智能体都会增加一个观测奖励的潜在原因。

我们在开头提到联合动作的数量可能呈指数增长。事实上，重要的是要注意，这种指数增长并不总是存在，特别是当使用 1.2 节讨论的多智能体系统的分解方法时。举个例子，假设我们想要控制一个具有 1000 个控制变量的发电厂，每个变量可以取 k 个可能的值之一。因此，一个动作是一个长度为 1000 的向量，有 k^{1000} 个可能的动作(价值分配)。为了使这个问题更易于处理，我们可以将动作向量分解为 n 个较小的向量，并使用 n 个智能体，每个智能体负责其中一个较小的动作向量。每个智能体现在处理一个较小的动作空间，例如，如果分解后的动作向量长度相同，则 $|\boldsymbol{A}_i| = k^{1000/n}$。然而，注意到智能体之间的联合动作总数，$|\boldsymbol{A}| = |\boldsymbol{A}_1| \cdot \cdots \cdot |\boldsymbol{A}_n| = k^{1000}$，与智能体数量 n 无关。

事实上，虽然由智能体数量引起的指数增长是多智能体强化学习面临的一个重要挑战，但这并不是多智能体强化学习所独有的。该问题的单智能体简化方法，如中心学习，仍然面临着动作数量的指数增长。此外，多智能体系统中的其他最优决策方法，如基于模型的多智能体规划(如 Oliehoek 和 Amato，2016)，也必须处理指数增长问题。尽管如此，随着智能体数量的增加而实现有效扩展仍然是多智能体强化学习研究的一个重要目标。本书第二部分将介绍深度学习技术，作为提高多智能体强化学习算法可扩展性的一种方法。

5.5 智能体使用哪些算法

独立学习等多智能体强化学习方法为智能体使用不同的学习算法提供了可能。多智能体强化学习中有两种基本模式，即自博弈(self-play)和混合博弈(mixed-play)。在自博弈中，所有智能体使用相同的学习算法，甚至相同的策略。在混合博弈中，智能体使用不同的学习算法。我们将在本节中依次讨论这些方法。

5.5.1　自博弈

自博弈这一术语被用来描述多智能体强化学习中两种相关但又截然不同的行动模式。自博弈的第一个定义是指假设所有智能体使用相同的学习算法(Bowling 和 Veloso，2002；Banerjee 和 Peng，2004；Powers 和 Shoham，2005；Conitzer 和 Sandholm，2007；Shoham、Powers 和 Grenager，2007；Wunder、Littman 和 Babes，2010；Chakraborty 和 Stone，2014)。开发在自博弈中收敛到某种均衡解的算法是多智能体强化学习文献的核心。本书介绍的所有多智能体强化学习算法基本上都是以这种方式运行的。对于独立学习而言，自博弈通常是隐含假设(例如在独立 Q 学习中)，但请注意，这并不是严格的要求，因为智能体可能会在独立学习方法中使用不同的算法。

自博弈的定义源于博弈论，特别是关于“互动学习”的文献(Fudenberg 和 Levine 1998；Young，2004)。该文献研究玩家(即智能体)的基本学习规则及其在博弈模型中收敛到均衡解的能力。它主要关注的是在所有玩家都使用相同学习规则的标准假设下，对极限学习结果进行理论分析。这一假设是一个重要的简化，因为如果多个智能体使用不同的学习方法，那么由多个学习智能体引起的非平稳性(5.4.1 节讨论)就会进一步加剧。从实际的角度来看，拥有一个可以被所有智能体使用的算法，而不论它们在动作和观测空间上的差异，是非常吸引人的。

自博弈的另一种定义主要是在零和序贯博弈的背景下提出的，它使用了更直白的解释，即直接针对智能体自身训练其策略。在这个过程中，智能体学会了如何利用自己博弈中的弱点，以及如何消除这些弱点。这种自博弈方法与时序差分学习相结合的最早应用之一是 TD-Gammon(Tesauro，1994)，它能够在双陆棋中取得冠军级的成绩。最近，有几种算法将自博弈与深度强化学习技术相结合，在各种复杂的多智能体博弈中达到了冠军级的表现(Silver 等人，2017；Silver 等人，2018；Berner 等人，2019)。基于种群的训练通过针对其他策略(包括过去版本的自己)的分布训练策略来扩展自博弈(Lanctot 等人，2017；Jaderberg 等人，2019；Vinyals 等人，2019)。我们将在 9.8 节和 9.9 节分别介绍这类自博弈和基于种群的训练。

为了区分上述两种自博弈的定义，我们分别使用算法自博弈(algorithm self-play)和策略自博弈(policy self-play)这两个术语。请注意，策略自博弈意味着算法自博弈。策略自博弈的一个重要好处是，它的学习速度可能比算法自博弈快得多，因为所有智能体(每个智能体使用相同的策略)的经验都可以合并起来训练出单一策略。不过，策略自博弈也受到了更多限制，因为它要求博弈中的智能体具有对称的角色和以自我为中心的观测，这样每个智能体都可以从自己的角度使用相同的策略。我们将在 9.8 节中介绍策略自博弈的这些方面。相比之下，算法自博弈则没有这样的限制。在这里，同一个算法可以用来为不同的智能体学习策略，而这些智能体在博弈中可能扮演不同的角色(如不同的动作、观测和奖励)。这适用于独立学习算法，如独立 Q 学习，以及第 6 章和后续章节介绍的许多算法。

5.5.2　混合博弈

混合博弈描述的是智能体使用不同学习算法的情况。一个例子是在交易市场中，智能体可能会使用由控制智能体的不同用户或组织开发的不同学习算法。即时团队协作(Ad hoc teamwork)(Stone 等人，2010；Mirsky 等人，2022)是另一个例子，在这种情况下，智能体必须与之前未知的其他智能体合作，而这些智能体的行为最初可能是未知的。

Albrecht 和 Ramamoorthy(2012)的研究考虑了这种混合博弈环境，在许多不同的标准式博弈中使用一系列指标(包括第 4 章中讨论的几个解概念)对各种学习算法进行了经验上的比较，包括 Nash-Q(6.2 节)、JAL-AM(6.3.2 节)、WoLF-PHC(6.4.4 节)和遗憾匹配的变体(6.5 节)。研究得出的结论是，在混合博弈环境中，所测试的算法没有明显的赢家，每种算法都有相对的优势和局限性。虽然 Papoudakis 等人(2021)为共享奖励博弈中的自博弈提供了当代基于深度学习的多智能体强化学习算法(如第 9 章中讨论的那些算法)的基准和比较，但目前还没有针对混合博弈的基于深度学习的多智能体强化学习算法的此类研究。

多智能体强化学习研究还开发了旨在弥合自博弈和混合博弈的算法。例如，在自博弈中收敛到均衡解的议题被扩展为附加议题，即如果其他智能体使用静态策略，则收敛到最佳响应策略(Bowling 和 Veloso，2002；Banerjee 和 Peng，2004；Conitzer 和 Sandholm，2007)。基于目标最优性和安全性的算法(Powers 和 Shoham，2004)假定其他智能体来自某一类智能体，如果其他智能体确实来自该类智能体，则以实现最佳响应回报为目标，否则至少实现极大极小(“安全性”)回报，这可以保证不受到任何其他智能体的影响。例如，我们可以假定其他智能体使用特定的策略表示，如有限状态自动机或决策树，或者假定它们的策略以历史上的前 x 个观测为条件(Powers 和 Shoham，2005；Vu、Powers 和 Shoham，2006；Chakraborty 和 Stone，2014)。在自博弈中，这些算法旨在产生帕雷托最优结果(Shoham 和 Leyton-Brown，2008)。

5.6 总结

在本章中，我们首次尝试使用强化学习来学习博弈的解，并讨论了学习过程中的一些关键挑战。本章的主要概念如下：

- 多智能体强化学习算法旨在学习满足特定解概念(如纳什均衡)属性的联合策略。用于学习的数据包括博弈中多个回合的一组历史记录(包含一个或多个智能体的观测结果、动作和奖励)。
- 存在不同类型的收敛准则来分析和评估多智能体强化学习算法的学习性能。标准的理论准则是学习到的联合策略收敛到博弈的解。较弱的准则包括各回合联合动作的经验分布收敛到联合策略的解，以及各回合的平均回报收敛到联合策略解下的期望回报。
- 在博弈中应用强化学习的两种基本方法将多智能体学习问题简化为单智能体学习问题。中心学习将单个智能体的强化学习应用于联合动作空间，以学习为每个智能体选择动作的中心策略。独立学习对每个智能体独立使用单智能体强化学习来学习独立策略，而不明确表示其他智能体的存在。
- 多智能体强化学习的一个关键挑战是多个智能体同时学习所导致的环境非平稳性。从每个智能体的角度来看，环境似乎是非平稳的，因为其他智能体的策略会随着时间的推移而变化，这打破了博弈模型中的马尔可夫假设。这可能导致循环动态，即每个智能体都要不停适应其他智能体不断变化的策略，这也被称为移动目标问题。
- 均衡选择是另一个关键挑战，只要博弈有多个均衡，而且不同的均衡会给智能体带来不同的期望回报，均衡选择就会出现。因此，智能体面临的问题是，它们应该同意收敛到哪种均衡，以及如何在学习过程中达成这种一致。

- 其他挑战还包括多智能体信用分配问题，在这个问题中，智能体必须在学习过程中确定多个智能体中谁的动作对所获奖励有贡献，以及扩展到多个智能体，并处理联合动作空间的指数级增长。
- 自博弈和混合博弈是多智能体强化学习的两种基本模式。我们描述了两种类型的自博弈：在算法自博弈中，每个智能体使用相同的学习算法；而在策略自博弈中，一个智能体的策略直接针对自身进行训练。混合博弈描述的是智能体使用不同学习算法的场景。

在第 6 章中，我们将超越本章介绍的基本中心学习和独立学习方法，介绍几类更加专业化的多智能体强化学习算法，这些算法明确地模拟和使用了多智能体交互的某些方面。这些算法采用不同的方法来应对上述一个或多个挑战，从而能够在特定条件下成功学习到不同类型的博弈解。

CHAPTER6

第 6 章

多智能体强化学习：基础算法

在第 5 章中，我们朝着应用强化学习计算博弈解的方向迈出了第一步：我们定义了博弈中的一般学习过程和多智能体强化学习算法的不同收敛类型，并介绍了在博弈中应用单智能体强化学习的中心学习和独立学习的基本概念。然后，我们讨论了多智能体强化学习面临的几个核心挑战，包括非平稳性、多智能体信用分配和均衡选择。

本章将继续探讨计算博弈解的强化学习方法，介绍多智能体强化学习中的几类基础算法。这些算法通过明确模拟和使用多智能体交互的各个方面，超越了基本的中心/独立学习方法。我们之所以称它们为基础算法，一是因为它们的基本性质，二是因为每种算法类型都可以以不同的方式实例化。我们将看到，根据所使用的具体实例化方式，这些多智能体强化学习算法可以成功学习或逼近(根据 5.2 节中给出的不同收敛类型)博弈中不同类型的解。

具体来说，我们将介绍四类多智能体强化学习算法。联合动作学习是多智能体强化学习算法中的一类，它使用时序差分方法来学习联合动作-价值的估计值。这些算法可以利用博弈论的解概念来计算策略和更新学习目标。接下来，我们将讨论智能体建模，即学习其他智能体的显式模型，根据它们过去选择的动作来预测现在的动作。我们将展示联合动作学习如何利用此类智能体模型结合最佳响应动作来学习最优联合策略。本章涉及的第三类多智能体强化学习算法是基于策略的学习方法，这种方法利用梯度上升技术直接学习策略参数。最后，我们将介绍基本的遗憾匹配算法，这种算法旨在最小化不同的遗憾概念，并能实现无悔结果。

为了简化本章的描述，我们将重点讨论标准式博弈和随机博弈，在这些博弈中，我们假设环境状态和动作具有完全可观性。本书第二部分将介绍使用深度学习技术并可应用于更一般的部分可观测随机博弈模型的多智能体强化学习算法。本章中讨论的许多基本概念和算法类别仍然存在于这些基于深度学习的多智能体强化学习算法中。

6.1 博弈的动态规划：价值迭代

Shapley(1953)在其关于随机博弈的开创性工作中描述了一个迭代过程，用于计算在两个智能体的零和随机博弈中，每个智能体 i 和状态 s 的最优期望回报(或“价值”)$V_i^*(s)$。这些值是随机博弈中智能体的唯一极小极大值，即当智能体使用随机博弈的极小极大联合策略时的预期回报。这种方法类似于 MDP 的经典价值迭代算法(2.5 节)，是 6.2 节和 6.3 节讨论的一系列时序差分学习算法的基础。

算法 6 展示了随机博弈价值迭代算法的伪代码。与 MDP 价值迭代算法一样，该算法需要访问博弈的奖励函数 $\mathcal{R}_i$ 和状态转移函数 $\mathcal{T}$。算法首先初始化每个智能体 i 的函数 $V_i(s)$，它为博弈的每个可能状态关联一个价值。在伪代码中，我们将 V_i 初始化为 0，但也可以使用任意初始值。然后，算法对整个状态空间 S 进行两次扫描：

1. 第一次扫描为每个智能体 $i \in I$ 和状态 $\boldsymbol{s} \in S$ 计算一个矩阵 $\boldsymbol{M}_{s,i}$，该矩阵包含每个联合动作 $\boldsymbol{a} \in A$ 的条目。该矩阵可视为智能体 i 在与状态 s 相关的标准式博弈中的奖励函数，即 $\mathcal{R}_i(\boldsymbol{a}) = \boldsymbol{M}_{s,i}(\boldsymbol{a})$。

2. 第二次扫描更新每个智能体在每个状态 $\boldsymbol{s}$ 下的价值函数 $V_i(\boldsymbol{s})$，通过使用智能体 i 在 $M_{s,1}, \cdots, M_{s,n}$ 所给出的非重复标准式博弈的极小极大解[见式(4.10)]下的期望回报。我们用 $\mathrm{Value}_i(M_{s,1}, \cdots, M_{s,n})$表示智能体 i 的极小极大值。正如 4.3 节所示，这个极小极大值是唯一的，可以通过线性规划方便地计算出来。

因此，值迭代算法构建了一组不重复的正态博弈，每个状态 $\boldsymbol{s}$ 对应一个，并计算它们的极小极大值，以更新随机博弈的状态值 $V_i(\boldsymbol{s})$。

这些扫描重复进行，过程收敛到每个智能体 i 的最优价值函数 V_i^*，满足

$$V_i^*(\boldsymbol{s}) = \mathrm{Value}_i(\boldsymbol{M}_{s,1}^*, \cdots, \boldsymbol{M}_{s,n}^*) \tag{6.1}$$

$$\boldsymbol{M}_{s,i}^*(\boldsymbol{a}) = \sum_{s' \in S} \mathcal{T}(\boldsymbol{s}' \mid \boldsymbol{s}, \boldsymbol{a}) [\mathcal{R}_i(\boldsymbol{s}, \boldsymbol{a}, \boldsymbol{s}') + \gamma V_i^*(\boldsymbol{s}')] \tag{6.2}$$

算法 6 随机博弈的价值迭代

1：初始化，即对于所有的状态 $\boldsymbol{s} \in S$ 和所有的智能体 $i \in I$，$V_i(\boldsymbol{s}) = 0$

2：重复以下步骤，直到所有的 V_i 都收敛：

3：**for all** 智能体 $i \in I$，状态 $\boldsymbol{s} \in S$ 和联合动作 $\boldsymbol{a} \in A$ **do**

$$\boldsymbol{M}_{s,i}(\boldsymbol{a}) \leftarrow \sum_{s' \in S} \mathcal{T}(\boldsymbol{s}' \mid \boldsymbol{s}, \boldsymbol{a}) [\mathcal{R}_i(\boldsymbol{s}, \boldsymbol{a}, \boldsymbol{s}') + \gamma V_i(\boldsymbol{s}')] \tag{6.3}$$

4：**for all** 智能体 $i \in I$，状态 $\boldsymbol{s} \in S$ **do**

$$V_i(\boldsymbol{s}) \leftarrow \mathrm{Value}_i(\boldsymbol{M}_{s,1}, \cdots, \boldsymbol{M}_{s,n}) \tag{6.4}$$

给定每个智能体 $i \in I$ 的价值函数 V_i^*，对应的随机博弈的极小极大策略 $\pi_i(\boldsymbol{a}_i \mid \boldsymbol{s})$是通过对每个状态 $\boldsymbol{s} \in S$ 计算由 $M_{s,1}^*, \cdots, M_{s,n}^*$ 构成的非重复标准式博弈中的极小极大解来获得的。需要注意的是，和 MDP 中的最优策略类似，随机博弈中的极小极大策略仅取决于状态，而不是状态-动作历史。

注意式(6.4)与 MDP 价值迭代中的价值更新相似，这在式(2.47)中定义，并在下面重复给出：

$$V(\boldsymbol{s}) \leftarrow \max_{a \in A} \sum_{s' \in S} \mathcal{T}(\boldsymbol{s}' \mid \boldsymbol{s}, \boldsymbol{a}) [\mathcal{R}(\boldsymbol{s}, \boldsymbol{a}, \boldsymbol{s}') + \gamma V(\boldsymbol{s}')] \tag{6.5}$$

但是将 $\max_a$ 运算符替换为 Value_i 运算符。实际上，在只有一个智能体的随机博弈中(即 MDP)，这里讨论的价值迭代算法简化为 MDP 价值迭代[⊖]。其推理如下：首先，在只有一个智能体 i

---

⊖ 因此，尽管 Shapley(1953)关注的是随机博弈，但他也可以被视为 MDP 价值迭代的早期奠基者。

的随机博弈中，价值更新变为 $V_i(\boldsymbol{s})=\text{Value}_i(\boldsymbol{M}_{s,i})$，其中 $\boldsymbol{M}_{s,i}$ 是智能体 i 在状态 $\boldsymbol{s}$ 下的动作-价值向量。接下来，回顾式(4.10)中的极大极小价值的定义，在单智能体情况下简化为 $\max\limits_{\pi_i} U_i(\pi_i)$。在单智能体情况下(即 MDP)，我们知道总是存在一个确定性最优策略，该策略在每个状态下以概率 1 选择最优动作。综上所述，Value_i 的定义变为

$$\text{Value}_i(\boldsymbol{M}_{s,i})=\max_{\boldsymbol{a}_i\in A_i}\boldsymbol{M}_{s,i}(\boldsymbol{a}_i) \tag{6.6}$$

$$=\max_{\boldsymbol{a}_i\in A_i}\sum_{s'\in S}\mathcal{T}(\boldsymbol{s}'\mid\boldsymbol{s},\boldsymbol{a}_i)[\mathcal{R}(\boldsymbol{s},\boldsymbol{a}_i,\boldsymbol{s}')+\gamma V(\boldsymbol{s}')] \tag{6.7}$$

因此，式(6.4)简化为 MDP 价值迭代。

为了理解为什么零和随机博弈中的价值迭代过程会收敛到最优价值 V_i^*，可以证明在式(6.4)中定义的更新算子是一个收缩映射。我们在 2.5 节描述了 MDP 价值迭代的证明，而随后的随机博弈价值迭代的证明遵循了类似的论证，我们在这里进行总结。映射 $f:\mathcal{X}\to\mathcal{X}$ 在一个带有 $\|\cdot\|$ 范数的完备向量空间 $\mathcal{X}$ 上是一个收缩映射，如果对于所有的 $\boldsymbol{x},\boldsymbol{y}\in\mathcal{X}$，存在 $\gamma\in[0,1)$，使得

$$\|f(\boldsymbol{x})-f(\boldsymbol{y})\|\leqslant\gamma\|\boldsymbol{x}-\boldsymbol{y}\| \tag{6.8}$$

根据巴拿赫不动点定理，如果 f 是一个收缩映射，那么对于任意初始向量 $\boldsymbol{x}\in\mathcal{X}$，序列 $f(\boldsymbol{x}),f(f(\boldsymbol{x})),f(f(f(\boldsymbol{x}))),\cdots$ 收敛到一个唯一的不动点 $\boldsymbol{x}^*\in\mathcal{X}$，使得 $f(\boldsymbol{x}^*)=\boldsymbol{x}^*$。使用最大范数 $\|\boldsymbol{x}\|_1=\max\limits_i|\boldsymbol{x}_i|$，可以证明式(6.4)满足式(6.8)(Shapley，1953)。因此，重复应用式(6.4)中的更新算子将收敛到一个唯一的不动点，根据定义，对于所有的智能体 $i\in I$，这个不动点为 V_i^*。

虽然我们对价值迭代的描述主要集中在零和随机博弈上，使用的是 Value_i 的极小极大值[基于 Shapley(1953)的原始方法]，但算法 6 中显示的一般形式表明，通过在 Value_i 中使用不同的解概念，类似的方法也可以应用于其他类别的随机博弈。在 6.2 节中，我们将介绍一系列多智能体强化学习算法，这些算法基于这一理念，结合时序差分方法，学习零和与一般和随机博弈的均衡联合策略。

6.2　博弈中的时序差分：联合动作学习

6.1 节介绍的价值迭代算法具有有用的收敛性保证，但它需要访问博弈模型(尤其是奖励函数 $\mathcal{R}_i$ 和状态转移函数 $\mathcal{T}$)，而这可能无法获得。因此，问题来了，是否有可能利用基于强化学习中时序差分的思想(2.6 节)，通过智能体之间的重复交互过程来学习博弈解?

独立学习算法(如独立 Q 学习)可以使用时序差分方法，但由于它们忽略了博弈的特殊结构，特别是状态会受到多个智能体动作的影响，因此存在非平稳性和多智能体信用分配问题。另外，中心学习算法(如中心 Q 学习)通过学习联合动作的价值来解决这些问题，但也存在其他限制，如需要将奖励标量化。

联合动作学习(Joint-Action Learning，JAL)是指基于时序差分学习的多智能体强化学习算法，旨在解决上述问题。顾名思义，联合动作学习方法学习联合动作-价值函数，来估计任何给定状态下联合动作的期望回报。类似于 MDP 的贝尔曼方程(2.4 节)，在一个随机博弈中，当智能体 i 在状态 $\boldsymbol{s}$ 中选择联合动作 $\boldsymbol{a}=(\boldsymbol{a}_1,\cdots,\boldsymbol{a}_n)$ 并遵循联合策略 π 时，其期望回报为

$$Q_i^\pi(\boldsymbol{s},\boldsymbol{a})=\sum_{s'\in S}\mathcal{T}(\boldsymbol{s}'\mid\boldsymbol{s},\boldsymbol{a})\left[\mathcal{R}_i(\boldsymbol{s},\boldsymbol{a},\boldsymbol{s}')+\gamma\sum_{\boldsymbol{a}'\in A}\pi(\boldsymbol{a}'\mid\boldsymbol{s}')Q_i^\pi(\boldsymbol{s}',\boldsymbol{a}')\right] \tag{6.9}$$

具体地说，本节中介绍的联合动作学习算法都是离线策略算法，旨在学习均衡 Q 值 $Q_i^{\pi^*}$，其

中 π^* 是随机博弈的均衡联合策略。为简化符号，除非需要，我们将从 Q_i^{π} 中省略 π。

与使用单智能体 Q 值 $Q(s,a)$ 不同，仅使用联合动作-价值 $Q_i(s,a_1,\cdots,a_n)$ 不足以在给定状态下选择智能体 i 的最佳动作，即寻找 $\max\limits_{a_i} Q_i(s,a_1,\cdots,a_n)$，因为它取决于该状态下其他智能体的动作。此外，由于一个博弈可能具有多个均衡，这些均衡可能会为智能体带来不同的期望回报，学习 $Q_i^{\pi^*}$ 需要一种方式来就某个特定均衡达成一致(我们在 5.4.2 节中讨论了这个均衡选择问题)。因此，使用联合动作价值需要额外的信息或关于其他智能体动作的假设，以选择最佳动作并计算时序差分学习的目标值。在本节中，我们将讨论一类联合动作学习算法，它们使用博弈论中的解概念来获取这些额外信息。因此，我们将其称为联合动作学习博弈论(JAL-GT)。

JAL-GT 算法的基本思想是，联合动作价值 $Q_1(s,\cdot),\cdots,Q_n(s,\cdot)$ 可以被看作状态 s 的一个非重复标准式博弈 Γ_s，在该博弈中，智能体 i 的奖励函数为

$$\mathcal{R}_i(a_1,\cdots,a_n)=Q_i(s,a_1,\cdots,a_n) \tag{6.10}$$

为了方便表示，我们也可以将其写作 $\boldsymbol{\Gamma}_{s,i}(\boldsymbol{a})$，表示联合动作 $\boldsymbol{a}$。对于一个有两个智能体(i 和 j)以及每个智能体三种可能动作的随机博弈，状态 s 下的标准式博弈 $\boldsymbol{\Gamma}_s=\{\boldsymbol{\Gamma}_{s,i}, \boldsymbol{\Gamma}_{s,j}\}$ 可以写为

$$\boldsymbol{\Gamma}_{s,i}=\begin{array}{|ccc|}
Q_i(s,a_{i,1},a_{j,1}) & Q_i(s,a_{i,1},a_{j,2}) & Q_i(s,a_{i,1},a_{j,3}) \\
Q_i(s,a_{i,2},a_{j,1}) & Q_i(s,a_{i,2},a_{j,2}) & Q_i(s,a_{i,2},a_{j,3}) \\
Q_i(s,a_{i,3},a_{j,1}) & Q_i(s,a_{i,3},a_{j,2}) & Q_i(s,a_{i,3},a_{j,3})
\end{array}$$

对于智能体 j，使用 Q_j 得到类似的矩阵 $\boldsymbol{\Gamma}_{s,j}$。符号 $a_{i,k}$ 表示智能体 i 使用第 k 个动作，$a_{j,k}$ 和智能体 j 同理。

我们可以使用现有的博弈理论解概念，如极小极大值或纳什均衡，来解决标准式博弈 $\boldsymbol{\Gamma}_s$，以获得一个均衡的联合策略 π_s^*。需要注意的是 π_s^* 是一个非重复标准式博弈($\boldsymbol{\Gamma}_s$)的联合策略，而 π^* 是我们试图学习的随机博弈的均衡联合策略。给定 π_s^*，在状态 s 下的动作选择简单地通过对 π_s^* 进行采样来完成，同时也加入了一些随机探索(例如ε-贪婪)。根据智能体 i 对下一个状态 s' 的博弈 $\boldsymbol{\Gamma}_{s'}$ 的解的期望回报(或价值)来确定用于更新 Q 值($Q_i^{\pi^*}$)的时序差分学习的目标，由以下方程给出：

$$\text{Value}_i(\boldsymbol{\Gamma}_{s'})=\sum_{a\in A}\boldsymbol{\Gamma}_{s',i}(\boldsymbol{a})\pi_{s'}^*(\boldsymbol{a}) \tag{6.11}$$

其中 $\pi_{s'}^*$ 是标准式博弈 $\boldsymbol{\Gamma}_{s'}$ 的均衡联合策略。

一个用于随机博弈的一般 JAL-GT 算法的伪代码如算法 7 所示。该算法在每个时间步观测所有智能体的动作和奖励，并维护每个智能体 j 的联合动作价值模型 Q_j，以便产生博弈 $\boldsymbol{\Gamma}_s$。从算法 7 可以实例化几种知名的多智能体强化学习算法，这些算法在解决 $\boldsymbol{\Gamma}_s$ 时使用的具体解概念不同。在某些条件下，这些算法可以学习随机博弈的均衡值，我们将在 6.2.1 节中看到。

算法 7　联合动作学习博弈论

//算法控制智能体 i

1：初始化，即对于所有 $j\in I$，$s\in S$，$a\in A$，有 $Q_j(s,a)=0$

2：每一回合重复执行：

3：**for** $t=0,1,2,\cdots$ **do**

4：　观测当前状态 s^t

5：　以概率 ε 选择随即动作 $\boldsymbol{a}_i^t$
6：　否则，解 $\boldsymbol{\Gamma}_{s^t}$ 来获取策略 $(\pi_1,\cdots,\pi_n)$，然后采样动作 $\boldsymbol{a}_i^t \sim \pi_i$
7：　观测联合动作 $\boldsymbol{a}^t=(\boldsymbol{a}_1^t,\cdots,\boldsymbol{a}_n^t)$，奖励 $r_1^t,\cdots,r_n^t$ 以及下一状态 $\boldsymbol{s}^{t+1}$
8：　**for all** $j \in I$ **do**
9：　　$Q_j(\boldsymbol{s}^t,\boldsymbol{a}^t) \leftarrow Q_j(\boldsymbol{s}^t,\boldsymbol{a}^t)+\alpha[r_j^t+\gamma \text{Value}_j(\boldsymbol{\Gamma}_{s^{t+1}})-Q_j(\boldsymbol{s}^t,\boldsymbol{a}^t)]$

6.2.1　极小极大 Q 学习

极小极大 Q 学习(Littman，1994)以算法 7 为基础，通过计算极小极大解来求解 $\boldsymbol{\Gamma}_s$，例如通过线性规划(4.3 节)。该算法可应用于两个智能体的零和随机博弈。极小极大 Q 学习保证了在无限次尝试所有状态和联合动作的组合的假设条件下，以及单智能体强化学习中常用的学习率条件下，学习随机博弈的唯一极小极大值(Littman 和 Szepesvári，1996)。该算法本质上是 6.1 节讨论的价值迭代算法的时序差分版本。

为了了解极小极大 Q 学习与独立 Q 学习(算法 5)学习到的策略之间的差异，我们不妨看看最初提出极小极大 Q 学习的论文(Littman，1994)中的实验。这两种算法都是在一个简化的足球博弈中进行评估的，该博弈是由两个智能体组成的零和随机博弈。博弈在一个 4×5 的网格上进行，每一回合(即比赛)都从图 6.1 所示的初始状态开始，把球随机分配给一个智能体。每个智能体可以向上、向下、向左、向右或静止不动，智能体选择的动作按随机顺序执行。如果带球的智能体试图移动到另一个智能体的位置，它就会失去球权。如果一个智能体将球移动到对方球门内，则获得+1 的奖励(对方获得−1 的奖励)，之后新的一回合开始。每一回合以 0.1 的概率在每个时间步以平局(双方智能体各得 0 分)结束，因此折扣因子被设定为 $\gamma=0.9$($1-\gamma$ 是每个时间步结束的概率)。两种算法都经过超过一百万个训练时间步的学习，使用探索率 $\varepsilon=0.2$ 和初始学习率 $\alpha=1.0$，并在每个时间步中乘以 0.999 995 4 来降低初始学习率。训练结束后，每种算法学到的一个策略都要经过 100 000 个时间步的测试，对手分别是：(1) 随机均匀地选择动作的随机对手；(2) 使用启发式规则进行进攻和防守的确定性对手；(3) 一个最佳(即最坏情况)对手，它使用 Q 学习训练出针对对方智能体固定策略的最佳策略。

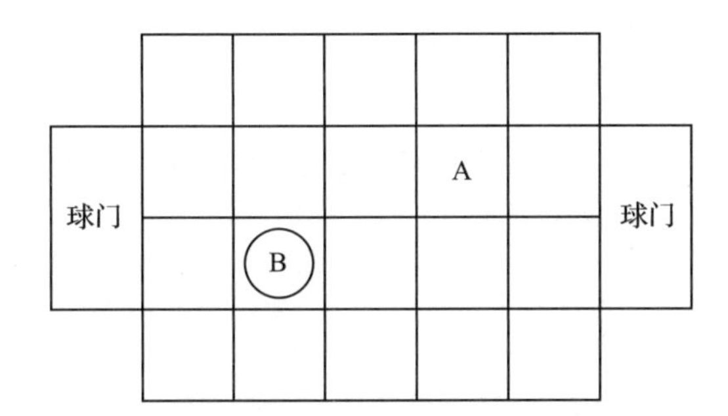

图 6.1　有两个智能体(A 和 B)的简化网格世界足球博弈。圆圈表示球权。基于 Littman(1994)

图 6.2 展示了极小极大 Q 学习算法和独立 Q 学习算法所学策略在随机对手、人工构建对手和最佳对手测试中的获胜回合百分比和平均回合长度[㊀]。在随机对手面前，两种算法的策略

㊀ 最初的工作(Littman，1994)展示了测试中 100 000 个时间步内完成的博弈回合数。我们认为平均回合长度(100 000 除以完成的博弈数)更能直观地解释问题。

几乎在所有博弈中都取得了胜利，并且取得了相似的回合长度。在与人工构建对手的对决中，极小极大Q学习的胜率为53.7%，接近精确极小极大解的理论胜率50%。独立Q学习的胜率更高，达到了76.3%，这是因为它学习的策略能够利用对手的某些弱点。另外，面对最佳对手，极小极大Q学习的胜率为37.5%。这个胜率离理论上的50%还有点距离，这说明算法在学习过程中没有完全收敛，导致策略中的弱点在某些情况下被最佳对手所利用。通过独立Q学习学习的策略在所有情况下都输给了最佳对手。这是因为任何完全确定的策略都可能被最佳对手利用。这些结果表明，当对手存在弱点时，通过极小极大Q学习学习到的策略并不一定会利用对手的弱点，但同时这些策略在训练过程中假设了最坏情况的对手，因此对利用对手的弱点具有很强的鲁棒性。

	极小极大Q学习		独立Q学习	
	胜率(%)	平均回合长度	胜率(%)	平均回合长度
针对随机对手	99.3	13.89	99.5	11.63
针对人工构建对手	53.7	18.87	76.3	30.30
针对最佳对手	37.5	22.73	0	83.33

图6.2　在简化的足球博弈中，用极小极大Q学习和独立Q学习学到的策略与随机对手、人工构建对手和最佳对手进行测试时，获胜回合的百分比和平均回合长度(时间步数)。基于Littman(1994)

6.2.2　纳什Q学习

纳什Q学习算法(Hu和Wellman，2003)基于算法7，通过计算纳什均衡解来求解$\boldsymbol{\Gamma}_s$。该算法可应用于具有任意有限数量智能体的一般和随机博弈。纳什Q学习可以保证学习到随机博弈的纳什均衡，尽管是在高度受限的假设条件下。除了要无限次地尝试所有状态和联合动作组合外，该算法还要求所有遇到的标准式博弈$\boldsymbol{\Gamma}_s$要么都有全局最优点，要么都有鞍点。如果每个智能体都单独实现了其可能的最大期望回报，那么联合策略π是$\boldsymbol{\Gamma}_s$中的全局最优点，即$\forall_{i,\pi'}:U_i(\pi)\geqslant U_i(\pi')$。因此，全局最优也是均衡，因为没有智能体可以偏离以获得更高的回报。如果一个联合策略π是一个均衡点，那么它就是一个鞍点，如果任何智能体偏离π，那么其他所有智能体都会获得更高的期望回报。

这两个条件中的任何一个都不可能存在于任何遇到的标准式博弈中，更不用说所有遇到的博弈了。例如，全局最优性比帕雷托最优性(4.8节)要强得多，帕雷托最优性只要求没有其他联合策略能增加至少一个智能体的期望回报，而不使其他智能体的情况更糟。举例来说，在囚徒困境博弈(图3.2c)中，智能体1的背叛和智能体2的合作是帕雷托最优的，因为任何其他联合策略都会降低智能体1的期望回报。然而，不存在全局最优，因为没有任何一种联合策略能同时为两个智能体带来最大可能的回报。

要想知道为什么需要这些假设，请注意所有的全局最优对每个智能体都是等价的，也就是说，它们给每个智能体带来的期望回报是相同的。因此，选择一个全局最优来计算Value_i可以规避前面提到的均衡选择问题。同样，可以证明博弈的所有鞍点给智能体带来的期望回报都是相等的，因此选择任何一个鞍点来计算Value_i都可以规避均衡选择问题。不过，这里还有一个隐含的额外要求，那就是所有智能体在计算目标价值时都要始终如一地选择全局最优点或鞍点。

6.2.3 相关 Q 学习

相关 Q 学习算法(Greenwald 和 Hall，2003)基于算法 7，通过计算相关均衡来求解 $\boldsymbol{\Gamma}_s$。与纳什 Q 学习一样，相关 Q 学习也适用于具有有限数量智能体的一般和随机博弈。

这个算法有两个重要优点：

1. 与纳什均衡相比，相关均衡跨越了更广阔的解空间，包括对智能体而言可能具有更高的期望回报的解(见 4.6 节的讨论)。

2. 通过线性规划(4.6 节)可以方便地计算标准式博弈的相关均衡，而计算纳什均衡则需要二次规划。

在相关 Q 学习中通过相关均衡来解决 $\boldsymbol{\Gamma}_s$，因此我们需要对算法 7 做一个小改动：在算法的第 6 行中，可能无法将相关均衡 π 分解为单个智能体策略 $\pi_1,\cdots,\pi_n$，因此也就没有了用于从中采样动作 $\boldsymbol{a}_i^t$ 的策略 π_i。相反，智能体 i 可以从相关均衡中抽取一个联合动作 $\boldsymbol{a}^t \sim \pi$，然后简单地从这个联合动作中选择自己的动作 $\boldsymbol{a}_i^t$。为了维护智能体之间动作的相关性，进一步的改动是引入一个中心机制，从均衡中抽取一个联合动作，并将其来自联合动作的动作发送给每个智能体。

由于相关均衡空间可能大于博弈中的纳什均衡空间，因此均衡选择问题(即智能体应如何选择 $\boldsymbol{\Gamma}_s$ 中的共同均衡)就变得更加突出。Greenwald 和 Hall(2003)定义了不同的均衡选择机制，以确保存在唯一的均衡价值 $\text{Value}_j(\boldsymbol{\Gamma}_s)$。其中一种机制是选择一个能使智能体期望回报之和最大化的均衡，这也是我们在 4.6 节中介绍的线性规划中所使用的机制。其他机制还包括选择一个能使智能体期望回报的极小或极大值最大化的均衡。不过，一般来说，目前还不知道在什么条件下相关 Q 学习会收敛到随机博弈的相关均衡。

6.2.4 联合动作学习的局限性

我们看到，纳什 Q 学习需要一些非常严格的假设才能确保收敛到一般和随机博弈中的纳什均衡，而相关 Q 学习则没有已知的收敛保证。这就引出了一个问题：是否有可能在算法 7 的基础上构建一种联合动作学习算法，在任何一般和随机博弈中都能收敛到均衡解？事实证明，在一些随机博弈中，联合动作价值模型 $Q_j(\boldsymbol{s},\boldsymbol{a})$ 所包含的信息不足以重建均衡策略。

考虑以下两个特性：

- 由于 Q_j 以状态 $\boldsymbol{s}$ 为条件(而不是以状态和联合动作的历史为条件)，因此由 Q_j 推导出的随机博弈的任何均衡联合策略 π 也只以 $\boldsymbol{s}$ 为条件来选择动作。这样的均衡称为静态均衡。
- 如果在给定的状态 $\boldsymbol{s}$ 中，只有一个智能体可以做出选择，即对某些智能体 i 来说 $|A_{i,s}|>1$，而对所有其他智能体 $j\neq i$ 来说 $|A_{i,s}|=1$，其中 $A_{i,s}$ 是智能体 i 在状态 $\boldsymbol{s}$ 中的可用动作集，那么任何均衡概念(如纳什均衡和相关均衡)在应用于 $\boldsymbol{s}$ 中的 Q_j 时，都将简化为最大操作符，即 $\max\limits_{a} Q_i(\boldsymbol{s},\boldsymbol{a})$。这是由于其他智能体 $j\neq i$ 的最佳响应自然是它们唯一可用的动作，因此智能体 i 的最佳响应就是确定性地选择对智能体 i 回报最高的动作(为简单起见，假设动作之间的任何平局都通过选择概率为 1 的一个动作来解决)。

在“轮流”随机博弈中，每个状态下只有一个智能体有选择权，上述两个特性意味着任何 JAL-GT 算法都会试图学习一个静态的确定性均衡(联合策略)。不幸的是，存在这样的轮流随机博弈，它们有唯一的静态概率均衡，却没有静态确定均衡。

Zinkevich、Greenwald 和 Littman(2005)提供了这样一个博弈实例，如图 6.3 所示。在这

个博弈中，有两个智能体、两个状态和两个可供选择的动作。博弈中的所有状态转移都是确定的。可以看出，智能体之间确定性策略的四种可能组合都不构成均衡，因为每个智能体都有偏离策略以增加回报的动机。例如，给定确定性联合策略 $\pi_1(\text{send}|\text{s1})=1, \pi_2(\text{send}|\text{s2})=1$，智能体 1 在状态 s1 时最好选择“keep”动作。类似地，给定联合策略 $\pi_1(\text{keep}|\text{s1})=1$，$\pi_2(\text{send}|\text{s2})=1$，智能体 2 最好选择“keep”动作。事实上，这个博弈有一个唯一的概率静态均衡点，即 $\pi_1^*(\text{send}|\text{s1})=\frac{2}{3}, \pi_2^*(\text{send}|\text{s2})=\frac{5}{12}$。Zinkevich、Greenwald 和 Littman(2005)将这类博弈称为 NoSDE 博弈(即“没有静态确定性均衡”)，并证明了以下定理。

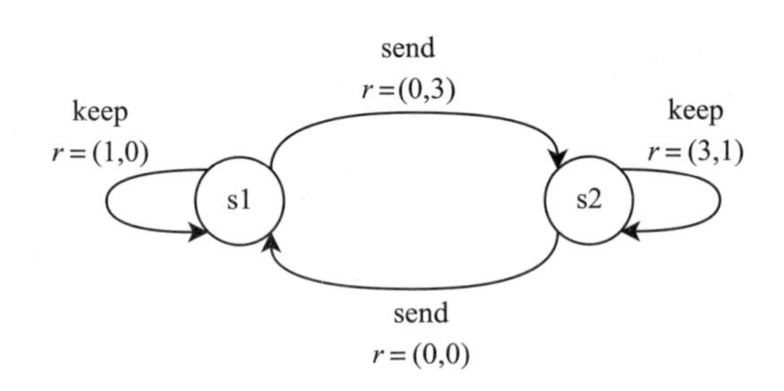

图 6.3　NoSDE(“没有静态确定性均衡”)博弈，有两个智能体，两个状态{s1,s2}，两个动作{send,keep}。智能体 1 在状态 s1 中选择一个动作，智能体 2 在状态 s2 中选择一个动作。状态转移是确定的，并通过箭头显示，同时显示智能体的联合奖励。折扣因子为$\frac{3}{4}$

定理： 设 $Q_i^{\pi,\Gamma}/V_i^{\pi,\Gamma}$ 分别表示博弈 $\boldsymbol{\Gamma}$ 中的 Q_i^{π}/V_i^{π} 函数。对于具有唯一均衡联合策略 π 的任何 NoSDE 博弈 $\boldsymbol{\Gamma}$，存在另一个与 $\boldsymbol{\Gamma}$ 仅在奖励函数上有所不同的 NoSDE 博弈 $\widetilde{\boldsymbol{\Gamma}}$，且具有自己的唯一均衡联合策略 $\widetilde{\pi}^* \neq \pi^*$，满足

$$\forall i: Q_i^{\pi^*,\Gamma}=Q_i^{\widetilde{\pi}^*,\widetilde{\Gamma}} \quad \text{和} \quad \exists i: V_i^{\pi^*,\Gamma} \neq V_i^{\widetilde{\pi}^*,\widetilde{\Gamma}} \tag{6.12}$$

这个结果表明，由 JAL-GT 算法学习的联合动作价值模型可能不足以推导出博弈中的正确均衡联合策略。直观地说，式(6.12)中的左侧表示，对于两个随机博弈 $\boldsymbol{\Gamma}$ 和 $\widetilde{\boldsymbol{\Gamma}}$ 中的每个状态 $s \in S$，使用 $Q_i^{\pi^*,\Gamma}$ 得到的智能体 i 的动作与使用 $Q_i^{\widetilde{\pi}^*,\widetilde{\Gamma}}$ 得到的动作相同。然而，式(6.12)中的右侧表明，对于某些状态，在这两个随机博弈中，联合策略 π^* 和 $\widetilde{\pi}^*$ 实际上会给某些智能体 i 带来不同的期望回报。本质上，这种差异是因为 $\widetilde{\boldsymbol{\Gamma}}$ 的唯一均衡 $\widetilde{\pi}^*$ 需要在某些状态下特定的动作概率，例如上述给出的例子，这不能仅仅通过 Q 函数来计算。

虽然 JAL-GT 无法学习 NoSDE 博弈中唯一的概率静态均衡，但基于博弈价值迭代的算法(如 JAL-GT)可以收敛到构成 NoSDE 博弈中“循环均衡”的循环动作序列，正如 Zinkevich、Greenwald 和 Littman(2005)所解释的。

6.3　智能体建模

JAL-GT 算法中使用的博弈论求解概念是规范性的，因为它们规定了智能体在均衡状态下的行为方式。但如果某些智能体偏离了这一规范呢？例如，通过依赖极小极大解概念，极小极大 Q 学习(6.2.1 节)假定另一个智能体是最佳的最坏情况对手，因此它学会了与这样的对手对弈——与对手实际选择的动作无关。我们在图 6.2 中的足球示例中看到，这一硬性假设可能会限制算法的可实现性能：极小极大 Q 学习学到了一个总体上稳健的极小极大策略，但如果针对人工构建对手进行训练，它将无法利用其弱点，而独立 Q 学习在面对人工构建对手时的表现能够优于极小极大 Q 学习。

除了对其他智能体的行为做出隐含的规范性假设之外，另一种方法是根据观测到的其他

智能体的行为直接建模其动作。智能体建模（也称对手建模[一]）的目的是构建其他智能体的模型，从而对其行为做出有用的预测。一般的智能体模型如图 6.4 所示。例如，智能体模型可以预测被建模智能体的动作，或预测长期目标，如希望达到某个目标位置。在部分可观的环境中，智能体模型可以尝试推断被建模的智能体对环境状态的信念。为了做出这样的预测，智能体模型可以使用各种信息源作为输入，如状态和联合动作的历史，或其任何子集。智能体建模在人工智能研究领域有着悠久的历史，因此也发展出了许多不同的方法论（Albrecht 和 Stone，2018）[二]。

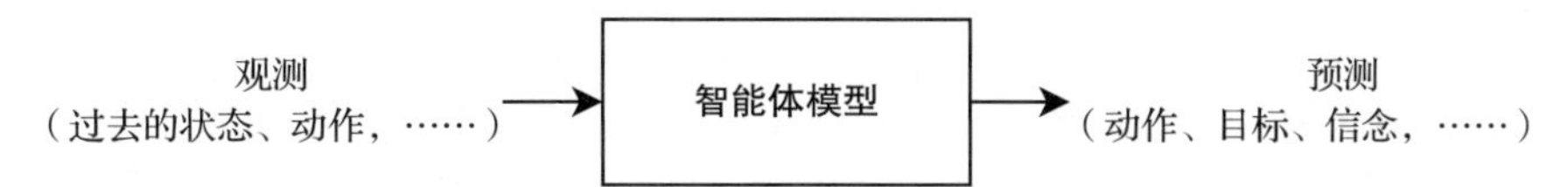

图 6.4　智能体模型基于对另一个智能体的过往观测结果对该智能体做出预测（如该智能体的动作、目标和信念）

在多智能体强化学习中最常见的智能体建模类型是策略重构。策略重构旨在基于其他智能体观测到的过去动作，学习出对其策略 π_j 的模型 $\hat{\pi}_j$。一般来说，学习 $\hat{\pi}_j$ 的参数可以被构建为一个监督学习问题，利用被建模智能体的过去观测到的状态-动作对 $\{(s^\tau, \boldsymbol{a}_j^\tau)\}_{\tau=1}^{t-1}$。因此，我们可以为 $\hat{\pi}_j$ 选择一个参数化的表示并使用 $(\boldsymbol{s}^\tau, \boldsymbol{a}_j^\tau)$ 数据来拟合其参数。可以使用各种可能的 $\hat{\pi}_j$ 表示形式，例如查找表、有限状态自动机和神经网络。所选择的模型表示应理想地允许进行迭代更新，以使其与强化学习算法的迭代性质相兼容。

给定其他智能体策略的一组模型，$\hat{\pi}_{-i}=\{\hat{\pi}_j\}_{j\neq i}$，建模智能体 i 可以针对这些模型选择最佳响应策略（参见 4.2 节），

$$\pi_i \in \mathrm{BR}_i(\hat{\pi}_{-i}) \tag{6.13}$$

因此，虽然在第 4 章中我们使用了最佳响应策略的概念作为解概念的紧凑表征，而在本节中，我们将看到最佳响应概念在强化学习中是如何操作的。在下面的小节中，我们将看到使用策略重构和最佳响应来学习最优策略的不同方法。

6.3.1　虚拟博弈

针对非重复标准式博弈的一种最早也是最基本的学习算法被称为“虚拟博弈”（Brown，1951；Robinson，1951）。在智能体博弈中，每个智能体 i 都会将其他智能体 j 的策略建模为一个静态概率分布 $\hat{\pi}_j$。这个分布是通过获取智能体 j 过去动作的经验分布来估计的。让 $C(\boldsymbol{a}_j)$ 表示智能体 j 在当前回合之前选择动作 $\boldsymbol{a}_j$ 的次数。那么，$\hat{\pi}_j$ 被定义为

$$\hat{\pi}_j(\boldsymbol{a}_j)=\frac{C(\boldsymbol{a}_j)}{\sum\limits_{a_j'\in A_j} C(\boldsymbol{a}_j')} \tag{6.14}$$

在第一个回合开始时，智能体 j 还没有观测到任何动作（即所有 $\boldsymbol{a}_j\in A_j$ 的 $C(\boldsymbol{a}_j)=0$），初始模型 $\hat{\pi}_j$ 可以是均匀分布 $\hat{\pi}_j(\boldsymbol{a}_j)=\dfrac{1}{|\mathbf{A}_j|}$。

[一] 最初使用“对手建模”这一术语，是因为这一领域的早期研究大多集中于国际象棋等竞技博弈。我们更倾向于使用更中性的术语“智能体建模”，因为其他智能体不一定是对手。

[二] Albrecht 和 Stone(2018)的调查之后，专门出版了一期关于智能体建模的特刊，其中包含关于该主题的更多文章（Albrecht、Stone 和 Wellman，2020）。

在每一回合，每个智能体 i 选择一个针对于模型 $\hat{\pi}_{-i}=\{\hat{\pi}_j\}_{j\neq i}$ 的最佳响应动作，由下式给出，

$$\mathrm{BR}_i(\hat{\pi}_{-i})=\arg\max_{\boldsymbol{a}_i\in A_i}\sum_{\boldsymbol{a}_{-i}\in A_{-i}}\mathcal{R}_i(\langle \boldsymbol{a}_i,\boldsymbol{a}_{-i}\rangle)\prod_{j\neq i}\hat{\pi}_j(\boldsymbol{a}_j) \tag{6.15}$$

其中 $A_{-i}=\times_{j\neq i}A_j$，并且 $\boldsymbol{a}_j$ 指智能体 j 在 $\boldsymbol{a}_{-i}$ 中的动作。

值得注意的是，最佳响应的定义给出了一个最优动作，这与给出最佳响应策略的更一般定义[见式(4.9)]不同。因此，虚拟博弈无法学习需要随机化的均衡解，例如我们在 4.3 节中看到的石头剪刀布的均匀随机均衡。然而，虚拟博弈中动作的经验分布[在式(5.5)中定义]可以收敛到这种随机均衡。事实上，随机博弈有几个有趣的收敛特性(Fudenberg 和 Levine，1998)：

- 如果智能体的动作收敛，那么收敛后的动作就构成博弈的纳什均衡。
- 如果在任何回合中，智能体的动作都形成了纳什均衡，那么在随后的所有回合中，它们的动作都将保持在均衡状态。
- 如果每个智能体的动作的经验分布收敛，那么分布将收敛到博弈的纳什均衡。
- 经验分布在几类博弈中收敛，包含在有限动作集的两个智能体零和博弈中(Robinson，1951)。

图 6.5 展示了在非重复的石头剪刀布博弈(详细描述见 3.1 节)中，智能体经验动作分布[在式(6.14)中定义]的演化，其中两个智能体都使用虚拟博弈来选择动作。图 6.6 展示了前 10 个回合。两个智能体都从动作 R 开始，然后遵循相同的轨迹[⊖]。在下一步中，两个智能体都选择了动作 P，经验动作分布给 R 和 P 各分配了 0.5，给 S 分配了 0。智能体继续选择动作 P，直到第 3 回合，之后两个智能体相对于当前智能体模型的最优动作变成了 S。智能体继续选择 S，直到轨迹的下一个“拐角”，两个智能体都转而选择 R，以此类推。随着历史长度的增加，经验动作分布的变化也越来越小。图 6.5 中的线条展示了随着时间的推移，经验动作分布是如何变化和共同适应的，并收敛到博弈中唯一的纳什均衡，即两个智能体均匀随机选择动作。

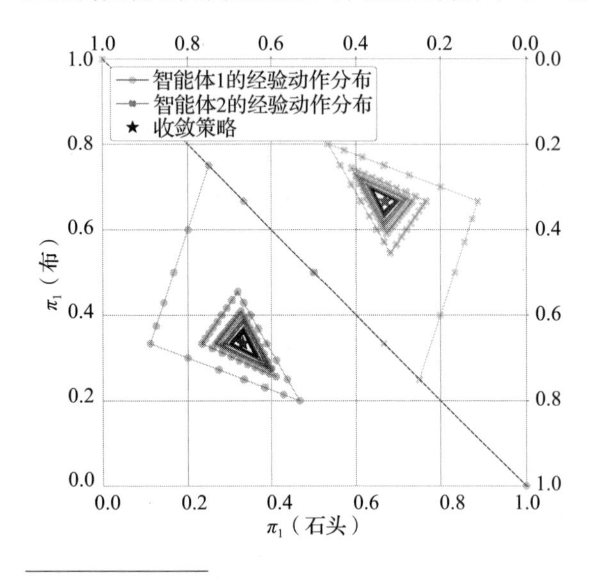

图 6.5 在非重复的石头剪刀布博弈中，各自使用虚拟博弈的两个智能体的经验动作分布的演变。对角虚线将该图分为两个概率单纯形，两个智能体各占一个。一个智能体的单纯形中的每个点都对应于该智能体三个可用动作的概率分布。图中展示的是智能体在最初 500 个博弈回合中的经验动作分布。经验动作分布收敛于博弈的唯一纳什均衡，在该均衡中，两个智能体均以均匀随机的方式选择动作

⊖ 智能体也可以从不同的初始动作开始，然后遵循非相似的轨迹，但它们仍将遵循类似的螺旋模式，并收敛到纳什均衡。

回合 e	联合动作(a_1^e,a_2^e)	智能体模型$\hat{\pi}_2$	智能体 1 动作价值
1	R,R	(0.33,0.33,0.33)	(0.00,0.00,0.00)
2	P,P	(1.00,0.00,0.00)	(0.00,1.00,−1.00)
3	P,P	(0.50,0.50,0.00)	(−0.50,0.50,0.00)
4	P,P	(0.33,0.67,0.00)	(−0.67,0.33,0.33)
5	S,S	(0.25,0.75,0.00)	(−0.75,0.25,0.50)
6	S,S	(0.20,0.60,0.20)	(−0.40,0.00,0.40)
7	S,S	(0.17,0.50,0.33)	(−0.17,−0.17,0.33)
8	S,S	(0.14,0.43,0.43)	(0.00,−0.29,0.29)
9	S,S	(0.13,0.38,0.50)	(0.12,−0.38,0.25)
10	R,R	(0.11,0.33,0.56)	(0.22,−0.44,0.22)

图 6.6　当两个智能体都使用虚拟博弈时，非重复石头剪刀布博弈的前 10 个回合。每列分别表示回合编号 e、回合 e 中的联合动作 $\boldsymbol{a}^e$、智能体 1 对智能体 2 的模型 $\hat{\pi}_2$（分配给 R/P/S 的概率）以及智能体 1 对 R/P/S 的动作价值（相对于智能体 2 的当前模型，每个动作的期望奖励）。如果有多个动作的最大价值相等，则确定性地选择第一个动作

文献中提出了许多对虚拟博弈的修正，以获得更好的收敛性并推广该方法（Fudenberg 和 Levine，1995；Hofbauer 和 Sandholm，2002；Young，2004；Leslie 和 Collins，2006；Heinrich、Lanctot 和 Silver，2015）。请注意，在重复标准式博弈中，式（6.15）所定义的最佳响应是短视的，因为这种最佳响应只考虑了单一交互（回顾一下，虚拟博弈是对非重复标准式博弈定义的）。然而，在重复标准式博弈中，智能体的未来动作可能取决于其他智能体过去动作的历史。式（4.9）对顺序博弈模型中最佳响应的定义更为复杂，它还考虑到了动作的长期影响。在接下来的章节中，我们将看到多智能体强化学习如何将最佳响应算子与时序差分学习结合起来，从而学习非短视的最佳响应策略。

6.3.2　智能体建模的联合动作学习

虚拟博弈将策略重构和最佳响应动作结合起来，以学习非重复标准式博弈的最优策略。我们可以利用 6.2 节中介绍的联合动作学习框架，将这一想法扩展到更一般的随机博弈情况。这一类联合动作学习算法被称为 JAL-AM，它将联合动作价值与智能体模型和最佳响应结合起来使用，为学习智能体选择动作，并推导出联合动作价值的更新目标。

与虚拟博弈类似，智能体模型根据被建模的智能体过去的动作来学习经验分布，不过这次基于动作发生的状态。让 $C(\boldsymbol{s},\boldsymbol{a}_j)$ 表示智能体 j 在状态 $\boldsymbol{s}$ 下选择动作 $\boldsymbol{a}_j$ 的次数，那么智能体模型 $\hat{\pi}_j$ 可以定义为

$$\hat{\pi}_j(\boldsymbol{a}_j \mid \boldsymbol{s})=\frac{C(\boldsymbol{s},\boldsymbol{a}_j)}{\sum_{\boldsymbol{a}'_j\in A_j} C(\boldsymbol{s},\boldsymbol{a}'_j)} \tag{6.16}$$

请注意，动作计数 $C(\boldsymbol{s},\boldsymbol{a}_j)$ 包括在当前回合和先前回合中观测到的动作。如果状态 $\boldsymbol{s}$ 是第一次被访问，则 $\hat{\pi}_j$ 可以为动作分配均匀概率。将模型 $\hat{\pi}_j$ 条件化于状态 $\boldsymbol{s}$ 是一个明智的选择，因为我们知道随机博弈中最优均衡联合策略只需要当前状态，而不是状态和动作的历史。

如果真实策略 π_j 是固定的或收敛的，并且确实只基于状态 $\boldsymbol{s}$，则在无限次观测每个

(s^{τ}, a_j^{τ})对的极限下，模型 $\hat{\pi}_j$ 将收敛到 π_j。当然，在学习过程中，π_j 不会是固定的。为了更快地跟踪 π_j 的变化，一种选择是修改式(6.16)，使得在状态 s 中更近地观测到的动作获得更大的权重。例如，经验概率 $\hat{\pi}_j(a_j|s)$可能只使用智能体 j 在状态s 中最近 10 次观测到的动作。另一种选择是维护一个可能的智能体 j 的模型空间上的概率分布，并通过贝叶斯学习基于新的观测来更新这个分布(我们将在 6.3.3 节中讨论这种方法)。一般来说，可以考虑许多不同的方法来根据观测构建智能体模型 $\hat{\pi}_j$(Albrecht 和 Stone，2018)。

JAL-AM 算法使用学习到的智能体模型为学习智能体选择动作并推导联合动作价值的更新目标。给定智能体模型$\{\hat{\pi}_j\}_{j\neq i}$，智能体 i 在状态 s 下采取动作 a_i 的价值(期望回报)由下式给出：

$$AV_i(s, a_i) = \sum_{a_{-i}\in A_{-i}} Q_i(s, \langle a_i, a_{-i}\rangle) \prod_{j\neq i} \hat{\pi}_j(a_j|s) \tag{6.17}$$

这里，Q_i 是由算法学习的智能体i 的联合动作价值模型。利用动作价值 AV_i，在状态 s 中智能体i 的最佳响应动作由 $\arg\max_{a_i} AV_i(s, a_i)$给出；而在下一个状态 s'中，更新目标使用 $\max_{a_i} AV_i(s', a_i)$。

算法 8 提供了随机博弈的一般 JAL-AM 算法的伪代码。与虚拟博弈类似，该算法学习的是最佳响应动作，而不是最佳响应策略。JAL-AM 和 JAL-GT 都是离线策略时序差分学习算法。但是两者存在区别，JAL-GT 需要观测其他智能体的回报并为每个智能体维护联合动作-价值模型 Q_j，而 JAL-AM 则不需要观测其他智能体的回报，只为学习智能体维护一个联合动作-价值模型 Q_i。

算法 8 智能体建模的联合动作学习

//算法控制智能体 i
1：初始化：
2：　对于所有 $s\in S$，$a\in A$，令 $Q_i(s, a)=0$
3：　对于所有 $j\neq i$，$s\in S$，$a_j\in A_j$，智能体模型 $\hat{\pi}_j(a_j|s)=\frac{1}{|A_j|}$
4：每回合重复执行：
5：**for** $t=0,1,2,\cdots$ **do**
6：　观测当前状态 s^t
7：　以概率ϵ选择随机动作 a_i^t，
8：　否则：选择最佳响应动作 $a_i^t\in\arg\max_{a_i} AV_i(s^t, a_i)$
9：　观测联合动作 $a^t=(a_1^t, \cdots, a_n^t)$，奖励 r_i^t 和下一状态 s^{t+1}
10：　**for all** $j\neq i$，**do**：
11：　　用新的观测(即(s^t, a_j^t))更新智能体模型 $\hat{\pi}_j$
12：　$Q_i(s^t, a^t)\leftarrow Q_i(s^t, a^t)+\alpha[r_i^t+\gamma \max_{a_i'} AV_i(s^{t+1}, a_i')-Q_i(s^t, a^t)]$

图 6.7 展示了在图 5.3 所示的基于等级的搜寻任务中，使用式(6.16)所定义的智能体模型的 JAL-AM 与 CQL 和 IQL 的评估回报。CQL 和 IQL 的学习曲线从图 5.4 复制而来。在这个

特定任务中，JAL-AM 比 IQL 和 CQL 更快收敛到最优联合策略。与 IQL 和 CQL 相比，JAL-AM 智能体学习到的智能体模型降低了更新目标的方差，这体现在评估回报的标准差更小。这使得 JAL-AM 能够(平均)在大约 500 000 个训练时间步后收敛到最优联合策略，而 IQL 则需要大约 600 000 个训练时间步才能收敛到最优联合策略。

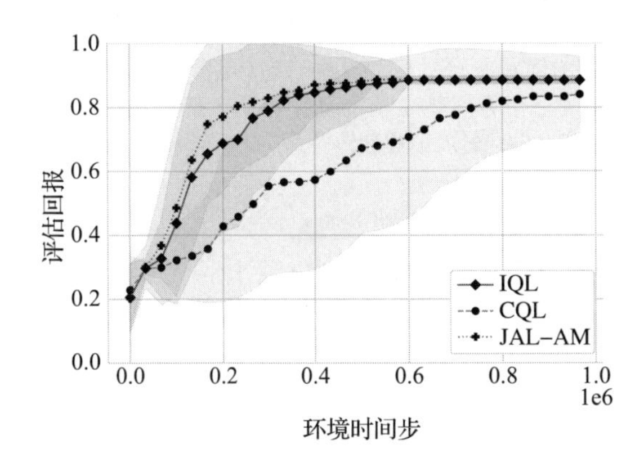

图 6.7　在图 5.3 中的基于等级的搜寻任务中，智能体建模的联合动作学习(JAL-AM)与中央 Q 学习(CQL)和独立 Q 学习(IQL)的比较。结果为 50 次独立训练的平均值。阴影区域显示的是每次训练运行的平均回报的标准差。所有算法都使用恒定学习率 $\alpha=0.01$ 和一个在最初的 80 000 个时间步中从 $\epsilon=1$ 线性衰减到 $\epsilon=0.05$ 的探索率

6.3.3　贝叶斯学习与信息价值

使用式(6.14)的虚拟博弈和式(6.16)的 JAL-AM 为每个其他智能体学习一个单独的模型，并计算与模型相关的最佳响应动作。这些方法所缺乏的是对模型不确定性的明确表示，也就是说，其他智能体可能有不同的可能模型，而建模智能体可能会根据被建模智能体过去的动作，从而对每种模型的相关可能性有自己的信念。维护这种信念使学习智能体能够根据不同的模型及其相关可能性计算出最佳响应动作。此外，正如我们将在本节中展示的那样，有可能计算出使信息价值(Value of Information，VI)最大化的最佳响应动作(Chalkiadakis 和 Boutilier，2003；Albrecht、Crandall 和 Ramamoorthy，2016)[⊖]。信息价值评估显示了动作的结果可能会影响学习智能体对其他智能体的信念，以及信念的改变将如何反过来影响学习智能体的未来行动。信息价值还会考虑动作如何影响智能体的未来行为。因此，基于信息价值的最佳响应可以在探索动作以获得关于智能体模型的更准确信念与探索中涉及的潜在收益和成本之间进行最佳权衡。在更详细地定义信念和信息价值概念之前，我们先举例说明。

假设两个智能体进行重复的囚徒困境博弈，该博弈在 3.1 节中首次讨论过，图 6.8a 中再次展示了该博弈，其中每回合持续 10 个时间步。在每个时间步中，每个智能体都可以选择合作或背叛，相互合作会给每个智能体带来－1 的奖励，但每个智能体都有背叛的动机以获得更高的奖励。假设智能体 1 认为智能体 2 可以有两种可能的模型，如图 6.8b 和 6.8c 所示。模型 Coop 始终合作，而模型 Grim 最初合作，直到另一个智能体背叛，之后 Grim 无限期地背叛。假定智能体 1 有一个均匀的先验信念，对每个模型都赋予 0.5 的概率。考虑到智能体 2 策略的不确定性，智能体 1 应该如何选择它的第一个动作呢？请考虑以下情况(如图 6.9 所示)。

⊖ 本节讨论的贝叶斯学习方法也被称为基于类型的推理(Albrecht、Crandall 和 Ramamoorthy，2016；Albrecht 和 Stone，2018)。

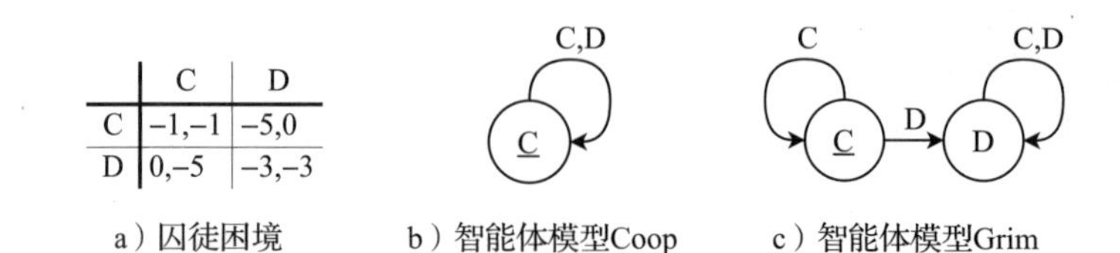

图 6.8　囚徒困境的两个智能体模型。模型显示为简单的有限状态自动机，其中状态(圆圈)表示模型的动作(C代表合作，D代表背叛)，状态转移箭头由另一个智能体之前的动作标示。初始状态以下划线表示。模型 Coop 始终合作。模型 Grim 最初合作，直到另一个智能体背叛，之后 Grim 无限背叛

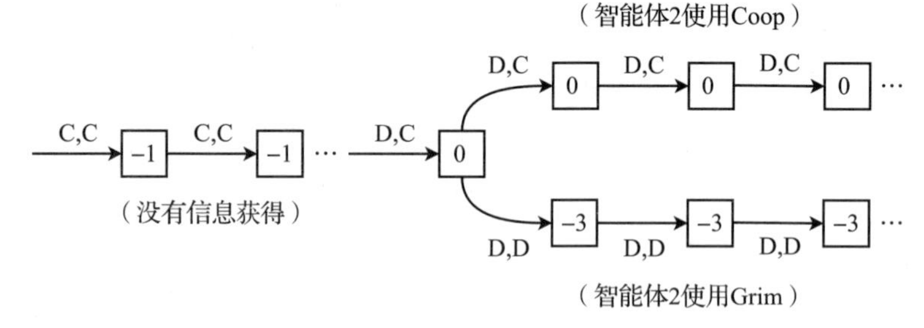

图 6.9　囚徒困境示例中的信息价值。箭头表示智能体 1 和 2 的联合动作，方框表示智能体 1 的奖励。动作 C 不会给智能体 1 带来信息收益，因为 Coop 和 Grim 都会在智能体 1 合作时响应合作。动作 D 会导致智能体 2 响应合作(Coop)或背叛(Grim)，之后智能体 1 就会知道智能体 2 使用哪种模型，从而可以选择适当的最佳响应动作

- 如果智能体 1 最初选择合作，而智能体 2 使用 Coop 模型，那么智能体 1 对智能体 2 的模型并没有新的了解(这意味着智能体 1 的信念分配给模型的概率不会改变)，因为 Coop 和 Grim 在响应智能体 1 的合作时都会选择合作。如果智能体 1 在整个回合中都合作，它将获得 10×(−1)=−10 的回报。因此，智能体 1 获得的回报将低于它对 Coop 采取背叛动作所能获得的回报。
- 另外，如果智能体 1 一开始就背叛，而智能体 2 使用 Coop 模型，那么智能体 2 将继续合作，智能体 1 将得知智能体 2 使用 Coop(这意味着智能体 1 的信念将把概率 1 分配给 Coop)，因为在这种情况下 Grim 不会合作。有了这个关于智能体 2 的新知识，智能体 1 可以通过在整个回合中背叛来实现最大回报，从而获得 10×0=0 的回报。
- 然而，如果智能体 1 最初选择背叛，但智能体 2 使用 Grim 模型，那么智能体 2 随后会背叛，而智能体 1 会得知智能体 2 使用了 Grim，这将导致智能体 1 继续背叛，作为其最佳响应。因此，这种关于智能体 2 的新知识以较低的回报为代价的，即 0+9×(−3)=−27(一次回报为 0，之后是每次−3 的回报，直到本回合结束)。

这个例子说明，某些动作可能会揭示其他智能体的策略信息，由此产生的更准确的信念可以用来最大化回报。但是，同样的动作也可能存在风险，因为它们可能会无意中改变其他智能体的行为，导致可实现的回报降低。

在上例中，如果智能体 1 使用随机探索方法(如ε-贪婪探索)，那么最终它将会背叛，这会导致智能体 2 进入“背叛模式”(如果它使用 Grim 的话)。相反，信息价值则会评估智能体 1 的模型和动作的不同组合，以及在不同组合下对智能体 1 未来信念和动作的影响，基本上就像我们在上面的例子中所做的那样。根据信息价值在评估某个动作时对未来的展望程度，它

可能会决定，如果智能体 2 使用 Grim，考虑到潜在的成本(即较低的可实现回报)，探索背叛动作是不值得的。在这种情况下，如果两个智能体都保持对 Coop/Grim 的信念并使用信息价值，它们可能会学习到一个双方都合作的联合策略，这一点我们将在本节后面的内容中展示。

现在，我们更正式地描述这些想法，从对智能体模型的信念开始。假设我们控制智能体 i。让 $\hat{\Pi}_j$ 表示智能体 j 可能的智能体模型空间，其中每个模型 $\hat{\pi}_j \in \hat{\Pi}_j$ 都可以根据交互历史 $\boldsymbol{h}^t$ 选择动作(回想一下，我们假设了随机博弈，其中智能体完全观测到状态和动作)。在我们上面的例子中，$\hat{\Pi}_j$ 包含两个模型 $\hat{\pi}_j^{\text{Coop}}$ 和 $\hat{\pi}_j^{\text{Grim}}$。智能体 i 从先验信念 $\Pr(\hat{\pi}_j \mid \boldsymbol{h}^0)$ 开始，这个先验信念为每个模型 $\hat{\pi}_j \in \hat{\Pi}_j$ 在观测到智能体 j 的任何动作之前分配概率。如果没有可用的先验信息使得一个智能体模型比其他模型更有可能，那么先验信念可以简单地是一个均匀概率分布，就像我们在示例中使用的那样。在观测到智能体 j 在状态 $\boldsymbol{s}^t$ 中的动作 $\boldsymbol{a}_j^t$ 之后，智能体 i 通过计算贝叶斯后验分布来更新其信念：

$$\Pr(\hat{\pi}_j \mid \boldsymbol{h}^{t+1}) = \frac{\hat{\pi}_j(\boldsymbol{a}_j^t \mid \boldsymbol{h}^t)\Pr(\hat{\pi}_j \mid \boldsymbol{h}^t)}{\sum_{\hat{\pi}_j' \in \hat{\Pi}_j} \hat{\pi}_j'(\boldsymbol{a}_j^t \mid \boldsymbol{h}^t)\Pr(\hat{\pi}_j' \mid \boldsymbol{h}^t)} \tag{6.18}$$

需要注意的是，这种贝叶斯信念更新是跨回合计算的，也就是说，在回合 e 结束时的后验概率 $\Pr(\hat{\pi}_j \mid \boldsymbol{h}^T)$ 被用作回合 $e+1$ 开始时的先验概率 $\Pr(\hat{\pi}_j \mid \boldsymbol{h}^0)$。

上述对信念的定义假设 $\hat{\Pi}_j$ 包含有限数量的模型。我们也可以将 $\hat{\Pi}_j$ 定义为智能体模型的连续空间，在这种情况下，信念被定义为 $\hat{\Pi}_j$ 上的概率密度而不是离散概率分布。例如，我们可以定义 $\hat{\Pi}_j$ 包含所有可能的策略 $\hat{\pi}_j(\boldsymbol{a}_j \mid \boldsymbol{s})$，这些策略是基于状态的，就像我们在式(6.16)的 JAL-AM 中所做的那样。然后，我们可以基于一组狄利克雷分布[㊀]来定义 $\hat{\Pi}_j$ 上的信念，其中每个状态 $\boldsymbol{s} \in S$ 对应一个狄利克雷分布 δ_s，用于表示状态 s 中可能策略 $\hat{\pi}_j(\cdot \mid \boldsymbol{s})$ 的信念，其中 δ_s 由伪计数$(\beta_1, \cdots, \beta_{|A_j|}$，每个动作一个)参数化。将所有 k 的 β_k 初始设置为 1 会产生一个均匀的先验信念。在观测到状态 $\boldsymbol{s}^t$ 中的动作 $\boldsymbol{a}_j^t$ 后，信念更新只是通过增加(1 个)与 $\boldsymbol{a}_j^t$ 相关联的 δ_{s^t} 中的伪计数 β_k 来完成。结果后验分布仍然是一个狄利克雷分布。需要注意的是，狄利克雷分布 δ_s 的均值由概率分布 $\hat{\pi}_j(\boldsymbol{a}_{j,k} \mid \boldsymbol{s}) = \frac{\beta_k}{\sum_i \beta_i}$ 给出，其中 β_k 是与动作 $\boldsymbol{a}_{j,k}$ 相关联的伪计数。因此，狄利克雷的均值对应于式(6.14)的虚拟博弈和式(6.16)的 JAL-AM 中使用的经验分布的定义[㊁]。石头剪刀布非重复博弈(具有单个状态的随机博弈)示例(图 6.6)的不同回合后的狄利克雷分布变化可以在图 6.10 中看到。

㊀ 一个参数为 $\beta = (\beta_1, \cdots, \beta_K)$ 的 K 阶 $(K \geqslant 2)$ 狄利克雷分布，其概率密度函数为 $f(x_1, \cdots, x_K; \beta) = B(\beta)^{-1} \prod_{k=1}^{K} x_k^{\beta_k - 1}$，其中 $\{x_k\}_{k=1,\cdots,K}$ 属于标准 $K-1$ 单纯形(即 x_k 定义了一个概率分布)，而 $B(\beta)$ 是多元贝塔函数。狄利克雷分布可以解释为对 $\{x_k\}$ 的不同概率值指定了一个似然度。它是分类和多项式分布的共轭先验。

㊁ 然而，需要注意的区别是，狄利克雷先验对所有动作(在观测到任何动作之前)都是以伪计数 $\beta_k = 1$ 来初始化的，而虚拟博弈和 JAL-AM 中使用的经验分布是根据观测到的历史动作来确定的。因此，在观测到一次动作后，经验分布将概率 1 分配给该动作，而狄利克雷均值分配的概率小于 1。然而，在实践中，随着观测到的动作数量的增加，这种差异会被“淡化”，在观测到无限多动作(或状态-动作对)的极限情况下，狄利克雷均值和虚拟博弈以及 JAL-AM 使用的经验分布会收敛到相同的概率分布。此外，通过对所有动作使用 $C(\boldsymbol{a}_j) = 1$(或 $C(\boldsymbol{s}, \boldsymbol{a}_j) = 1$)的初始动作计数，经验分布与狄利克雷均值相同。

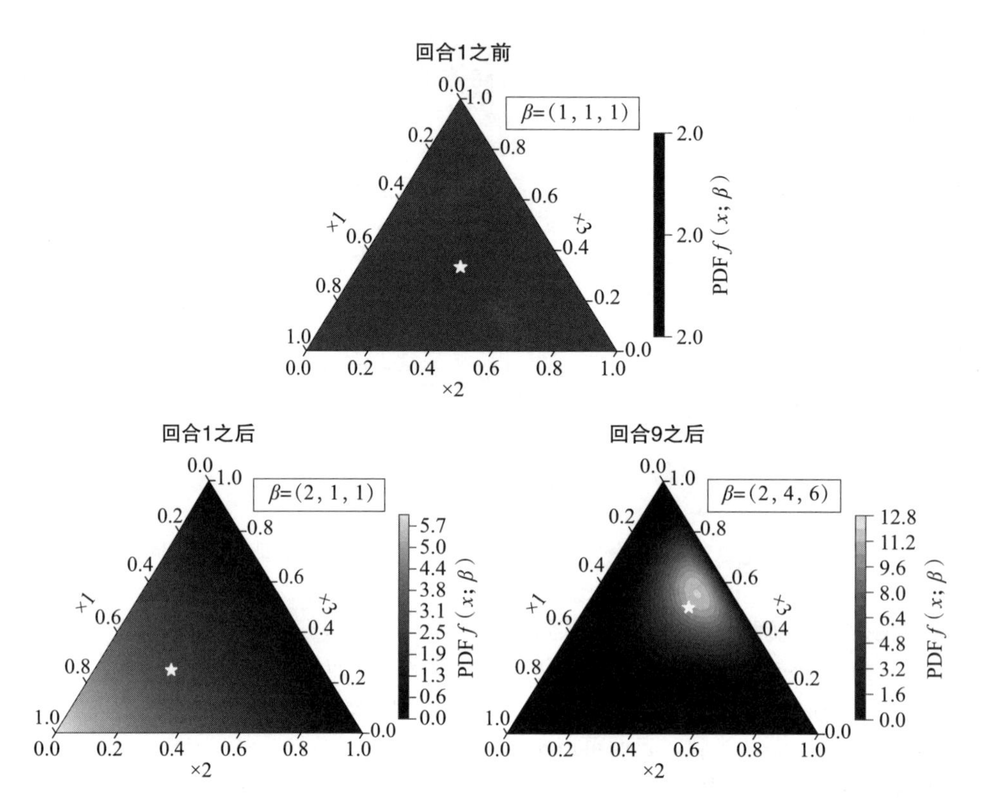

图 6.10　图 6.6 中石头剪刀布的非重复博弈示例中的不同回合后，智能体 1 对智能体 2 的模型(策略)的信念变化：回合 1 之前(上)、回合 1 之后(左下)和回合 9 之后(右下)。信念以概率分布 $x=(x_1, x_2, x_3)$上的狄利克雷分布表示，分别表示动作 R、P、S。单纯形三角形中的每个点都显示了通过重心坐标映射到单纯形坐标空间的分布 x 的狄利克雷概率密度[⊖]。伪计数参数(β_k)显示在每个单纯形旁边。均值以白色星星显示

给定有限的模型空间 $\hat{\Pi}_j$ 和对每个其他智能体 $j \neq i$ 的信念 $\Pr(\hat{\pi}_j \mid \boldsymbol{h}^t)$，定义 $\hat{\Pi}_{-i} = \times_{j \neq i} \hat{\Pi}_j$ 和 $\Pr(\hat{\pi}_{-i} \mid \boldsymbol{h}) = \Pi_{j \neq i} \Pr(\hat{\pi}_j \mid \boldsymbol{h})$对于 $\hat{\pi}_{-i} \in \hat{\Pi}_{-i}$。记 $\boldsymbol{s}(\boldsymbol{h})$为历史 $\boldsymbol{h}$ 中的最后状态(即 $\boldsymbol{s}(\boldsymbol{h}^t) = \boldsymbol{s}^t$)，并且$\langle\rangle$表示连接操作。在历史 $\boldsymbol{h}$ 之后的动作 $\boldsymbol{a}_i \in A_i$ 的信息价值通过两个函数的递归组合来定义：

$$\mathrm{VI}_i(\boldsymbol{a}_i \mid \boldsymbol{h}) = \sum_{\hat{\pi}_{-i} \in \hat{\Pi}_{-i}} \Pr(\hat{\pi}_{-i} \mid \boldsymbol{h}) \sum_{\boldsymbol{a}_{-i} \in A_{-i}} Q_i(\boldsymbol{h}, \langle \boldsymbol{a}_i, \boldsymbol{a}_{-i} \rangle) \prod_{j \neq i} \hat{\pi}_j(\boldsymbol{a}_j \mid \boldsymbol{h}) \tag{6.19}$$

$$Q_i(\boldsymbol{h}, \boldsymbol{a}) = \sum_{\boldsymbol{s}' \in S} \mathcal{T}(\boldsymbol{s}' \mid \boldsymbol{s}(\boldsymbol{h}), \boldsymbol{a}) [\mathcal{R}_i(\boldsymbol{s}(\boldsymbol{h}), \boldsymbol{a}, \boldsymbol{s}') + \gamma \max_{\boldsymbol{a}_i' \in A_i} \mathrm{VI}_i(\boldsymbol{a}_i' \mid \langle \boldsymbol{h}, \boldsymbol{a}, \boldsymbol{s}' \rangle)] \tag{6.20}$$

对于连续的 $\hat{\Pi}_j$ 的情况，可以类似地定义，使用积分和密度代替求和和概率。$\mathrm{VI}_i(\boldsymbol{a}_i \mid \boldsymbol{h})$通

⊖ 一个参数为 $\beta=(\beta_1, \cdots, \beta_K)$的 K 阶($K \geqslant 2$)狄利克雷分布，其概率密度函数为 $f(x_1, \cdots, x_K; \beta) = B(\beta)^{-1} \prod_{k=1}^{K} x_k^{\beta_k - 1}$，其中$\{x_k\}_{k=1,\cdots,K}$ 属于标准$K-1$ 单纯形(即 x_k 定义了一个概率分布)，而 $B(\beta)$是多元贝塔函数。狄利克雷分布可以解释为对$\{x_k\}$的不同概率值指定了一个似然度。它是分类和多项式分布的共轭先验。

过对其他智能体的所有可能动作组合 $\boldsymbol{a}_{-i}$ 的动作-价值 $Q_i(\boldsymbol{h},\langle \boldsymbol{a}_i,\boldsymbol{a}_{-i}\rangle)$进行加权求和，权重是智能体 i 对模型 $\hat{\pi}_{-i}$ 赋予的概率以及 $\hat{\pi}_{-i}$ 采取动作 $\boldsymbol{a}_{-i}$ 的概率来计算动作 $\boldsymbol{a}_i$ 的 VI。动作-价值 $Q_i(\boldsymbol{h},\boldsymbol{a})$的定义与式(2.25)的贝尔曼最优方程类似，不同之处在于最大操作符使用 VI_i 而不是 Q_i。重要的是，Q_i 将历史 $\boldsymbol{h}$ 扩展到$\langle \boldsymbol{h},\boldsymbol{a},\boldsymbol{s}'\rangle$并回溯到具有扩展历史的 VI_i。由于 VI_i 使用后验信念 $\Pr(\hat{\pi}_{-i}\mid\boldsymbol{h})$，这意味着 VI_i 的计算考虑了信念将如何随着不同可能的历史 $\boldsymbol{h}$ 在未来改变。Q_i 和 VI_i 之间的递归深度[⊖]决定了 VI 评估一个动作对交互未来影响的程度。使用这种 VI 的定义，在历史 $\boldsymbol{h}^t$ 之后的时间 t，智能体 i 选择具有最大 VI 的动作 $\boldsymbol{a}_i^t$，即 $\boldsymbol{a}_i^t\in\arg\max\limits_{\boldsymbol{a}_i}\mathrm{VI}_i(\boldsymbol{a}_i\mid\boldsymbol{h}^t)$。

在上面的囚徒困境例子中，假设对两个模型的先验信念是均匀的，即 $\Pr(\hat{\pi}_j^{\mathrm{Coop}}\mid\boldsymbol{h}^0)=\Pr(\hat{\pi}_j^{\mathrm{Grim}}\mid\boldsymbol{h}^0)=0.5$，没有折扣(即折扣因子 γ 为1)，递归深度等于回合长度(即10)，我们可以得到智能体1在初始时间步 $t=0$ 中的动作的 VI 值如下：

$$\mathrm{VI}_1(\mathrm{C})=-9\quad \mathrm{VI}_1(\mathrm{D})=-13.5 \tag{6.21}$$

因此，在这个示例中，当使用均匀先验信念时，合作的信息价值高于背叛。从本质上讲，虽然 VI 意识到背叛动作可以绝对确定对方智能体所使用的模型，但如果该智能体使用的是 Grim 模型，那么导致该智能体背叛直至回合结束的代价就不值得绝对的信念确定性。如果两个智能体都使用这种 VI 方法来选择动作，那么它们一开始都会合作，并且会一直合作到最后一个时间步。在最后一个时间步 $t=9$ 中，智能体获得以下 VI 值(对于 $i\in\{1,2\}$)：

$$\mathrm{VI}_i(\mathrm{C})=-1\quad \mathrm{VI}_i(\mathrm{D})=0 \tag{6.22}$$

因此，两个智能体都会在最后一个时间步中选择背叛。在这种情况下，由于这是最后一个时间步，背叛不再有风险，因为预期 Coop 和 Grim 都会合作(因此，在任何一种情况下，背叛都会带来0的奖励)，这一回合也就结束了。这就是3.2节中首次提到的博弈终局效应的一个例子。

博弈论以“理性学习”(Rational Learning)为名研究了在智能体模型空间上维持贝叶斯信念并计算与信念相关的最佳响应的思想(Jordan，1991；Kalai 和 Lehrer，1993；Nachbar，1997；Foster 和 Young，2001；Nachbar，2005)。理性学习的一个核心结果是，在某些严格的假设条件下，智能体对未来博弈的预测将收敛于智能体实际策略所导致的真实博弈分布，而智能体的策略将收敛于纳什均衡(Kalai 和 Lehrer，1993)。收敛结果的一个重要条件是，在智能体的实际策略下具有正概率的任何历史，在智能体的信念下也必须具有正概率(也称为“绝对连续性”)。如果智能体 j 的最佳响应不由 $\hat{\Pi}_j$ 中的任何模型预测，则可能违反此假设。在我们的囚徒困境示例中，如果智能体最初的信念是将0.8的概率赋予 Coop，0.2的概率赋予 Grim，则智能体将获得 VI 值 $\mathrm{VI}_i(\mathrm{C})=-5.8$，$\mathrm{VI}_i(\mathrm{D})=-5.4$，并且两个智能体最初都会选择背叛，这不是由 Coop 模型或 Grim 模型所预测的[⊜]。另外，当使用之前讨论过的狄利克雷信念时，任何有限历史都将在智能体的信念下始终具有非零概率。请注意，此处介绍的贝叶斯

⊖ 为了在 VI 的定义中明确递归锚点，我们可以为递归深度 $d\geqslant 0$ 定义 VI_i^d 和 Q_i^d，其中 VI_i^d 调用 Q_i^d，而 Q_i^d 调用 VI_i^{d-1}，并且当 $d=0$ 或者 $\boldsymbol{s}(\boldsymbol{h})$是终止状态(即回合结束)时，我们定义 $\mathrm{VI}_i^d(\boldsymbol{a}_i\mid\boldsymbol{h})=0$。对于 $d=0$ 的情况，Chalkiadakis 和 Boutilier(2003)提出了一种替代的“短视”方法，而不是赋值 $\mathrm{VI}_i^d(\boldsymbol{a}_i\mid\boldsymbol{h})=0$，他们通过在递归结束时固定信念 $\Pr(\hat{\pi}_{-i}\mid\boldsymbol{h})$，从固定信念中采样智能体模型 $\hat{\pi}_{-i}$，解决相应的 MDP，在这些 MDP 中智能体 $-i$ 使用那些抽样的模型，并对 MDP 产生的 Q 值进行平均。

⊜ 事实上，先验信念的选择会对可实现回报和均衡收敛产生重大影响(Nyarko，1998；Dekel、Fudenberg 和 Levine，2004；Albrecht、Crandall 和 Ramamoorthy，2015)。

学习与理性学习之间的一个重要区别在于，后者不使用此处定义的信息价值。相反，理性学习假设智能体根据对模型的当前信念计算最佳响应，而不考虑不同动作可能如何影响它们的未来信念。

6.4　基于策略的学习

本章迄今为止介绍的算法都有一个共同点，即它们都能估计或学习动作或联合动作的价值。然后利用价值函数推导出智能体的策略。我们可以看到，这种方法有一些局限性。特别是，JAL-GT 算法学习到的联合动作-价值可能无法提供足够的信息来推导出正确的均衡联合策略(6.2.4 节)。而诸如虚拟博弈和 JAL-AM 等算法由于使用了最佳响应动作而无法表示概率策略，这意味着它们无法学习概率均衡策略。

多智能体强化学习的另一大类算法，则是基于梯度上升技术、利用学习数据直接优化参数化的联合策略。这些基于策略的学习算法有一个重要优势，即它们可以直接学习策略中的动作概率，这意味着它们可以表示概率均衡。我们将看到，通过逐渐改变所学策略中的动作概率，这些算法实现了一些有趣的收敛特性。因此，与单智能体强化学习中的情况一样，多智能体强化学习中有基于价值的方法，也有基于策略的方法。本节将介绍后一类方法中的几种原始方法。

6.4.1　期望奖励中的梯度上升

首先，我们将研究有两个智能体和两个动作的一般和非重复标准式博弈中的梯度上升学习。我们有必要引入一些额外的符号。首先，我们将两个智能体的奖励矩阵写作如下：

$$\mathcal{R}_i=\begin{bmatrix} r_{1,1} & r_{1,2} \\ r_{2,1} & r_{2,2} \end{bmatrix} \quad \mathcal{R}_j=\begin{bmatrix} c_{1,1} & c_{1,2} \\ c_{2,1} & c_{2,2} \end{bmatrix} \tag{6.23}$$

$\mathcal{R}_i$ 是智能体 i 的奖励矩阵，$\mathcal{R}_j$ 是智能体 j 的奖励矩阵。因此，如果智能体 i 选择动作 x 并且智能体 j 选择动作 y，那么它们将分别获得奖励 $r_{x,y}$ 和 $c_{x,y}$。

由于智能体学习的是非重复标准式博弈的策略(每回合由一个时间步组成)，我们可以用简单的概率分布来表示它们的策略：

$$\pi_i=(\alpha,1-\alpha) \quad \pi_j=(\beta,1-\beta), \quad \alpha,\beta\in[0,1] \tag{6.24}$$

其中，α 和 β 分别是智能体 1 和智能体 2 选择动作 1 的概率。请注意，这意味着联合策略 $\pi=(\pi_i,\pi_j)$ 是单位正方形 $[0,1]^2$ 中的一个点。我们将用 (α,β) 作为联合策略的简写。

给定一个联合策略 (α,β)，我们可以按如下方式写出每个智能体的期望奖励：

$$\begin{aligned} U_i(\alpha,\beta)&=\alpha\beta r_{1,1}+\alpha(1-\beta)r_{1,2}+(1-\alpha)\beta r_{2,1}+(1-\alpha)(1-\beta)r_{2,2} \\ &=\alpha\beta u+\alpha(r_{1,2}-r_{2,2})+\beta(r_{2,1}-r_{2,2})+r_{2,2} \end{aligned} \tag{6.25}$$

$$\begin{aligned} U_j(\alpha,\beta)&=\alpha\beta c_{1,1}+\alpha(1-\beta)c_{1,2}+(1-\alpha)\beta c_{2,1}+(1-\alpha)(1-\beta)c_{2,2} \\ &=\alpha\beta u'+\alpha(c_{1,2}-c_{2,2})+\beta(c_{2,1}-c_{2,2})+c_{2,2} \end{aligned} \tag{6.26}$$

其中

$$u=r_{1,1}-r_{1,2}-r_{2,1}+r_{2,2} \tag{6.27}$$

$$u'=c_{1,1}-c_{1,2}-c_{2,1}+c_{2,2} \tag{6.28}$$

我们在本节中考虑的梯度上升学习方法会更新智能体的策略，以最大化上文定义的期望奖励。让 (α^k,β^k) 成为第 k 回合的联合策略。每个智能体都会使用某个大于 0 的步长，沿着期望奖励的梯度方向更新策略：

$$\alpha^{k+1}=\alpha^{k}+\kappa\frac{\partial U_{i}(\alpha^{k},\beta^{k})}{\partial\alpha^{k}} \tag{6.29}$$

$$\beta^{k+1}=\beta^{k}+\kappa\frac{\partial U_{j}(\alpha^{k},\beta^{k})}{\partial\beta^{k}} \tag{6.30}$$

其中智能体的期望奖励关于其策略的偏导数采取简单形式：

$$\frac{\partial U_{i}(\alpha,\beta)}{\partial\alpha}=\beta u+(r_{1,2}-r_{2,2}) \tag{6.31}$$

$$\frac{\partial U_{j}(\alpha,\beta)}{\partial\beta}=\alpha u'+(c_{2,1}-c_{2,2}) \tag{6.32}$$

这一过程中的一个重要特例是，当更新的联合策略移动到有效概率空间(即单位正方形)之外时。这种情况可能发生在(α^{k},β^{k})位于单位正方形的边界上，即 α^{k} 和β^{k} 中至少有一个值为 0 或 1，而梯度指向单位正方形之外。在这种情况下，梯度会被重新定义以投影回单位正方形的边界上，确保$(\alpha^{k+1},\beta^{k+1})$仍是有效的概率。

从式(6.29)和式(6.30)中的更新规则我们可以看出，这种学习方法意味着一些强有力的知识假设。特别是，每个智能体必须知道自己的奖励矩阵和当前回合 k 中另一个智能体的策略。在 6.4.5 节中，我们将看到这种学习方法的推广，它不需要这些知识。

6.4.2　无穷小梯度上升的学习动态

如果两个智能体遵循式(6.29)和式(6.30)中给出的学习规则，那么它们会学到什么样的联合策略？联合策略会收敛吗？如果会，会收敛到哪种解呢？

我们可以使用动力系统理论来研究这些问题(Singh、Kearns 和 Mansour，2000)。如果我们考虑“无限小”的步长，则联合策略将在连续时间 t 中遵循一个连续轨迹$(\alpha(t),\beta(t))$，其演化遵循以下微分方程(在本节的其余部分我们将用(α,β)来表示$(\alpha(t),\beta(t))$)：

$$\begin{bmatrix}\frac{\partial\alpha}{\partial t}\\ \frac{\partial\beta}{\partial t}\end{bmatrix}=\underbrace{\begin{bmatrix}0 & u\\ u' & 0\end{bmatrix}}_{\boldsymbol{F}}\begin{bmatrix}\alpha\\ \beta\end{bmatrix}+\begin{bmatrix}(r_{1,2}-r_{2,2})\\ (c_{2,1}-c_{2,2})\end{bmatrix} \tag{6.33}$$

其中 $\boldsymbol{F}$ 表示包含 u 和 u'项的非对角矩阵。这种使用无穷小步长的学习算法被称为无穷小梯度上升(Infinitesimal Gradient Ascent，IGA)算法。

将式(6.33)的左侧设为零并求解，可以找到梯度为零的中心点$({}^{*},\beta^{*})$：

$$(\alpha^{*},\beta^{*})=\left(\frac{c_{2,2}-c_{2,1}}{u'},\frac{r_{2,2}-r_{1,2}}{u}\right) \tag{6.34}$$

可以证明，式(6.33)描述的动态系统是一个仿射动态系统，这意味着(α,β)将遵循三种可能类型的轨迹之一。轨迹的类型取决于 u 和 u'的具体值。首先，回顾一下为了计算矩阵 $\boldsymbol{F}$ 的特征值λ，我们必须找到 λ 和一个非零向量 $\boldsymbol{x}$，使得 $\boldsymbol{F}\boldsymbol{x}=\lambda\boldsymbol{x}$。解出 λ 得到 $\lambda^{2}=uu'$。然后，三种可能的轨迹类型如下：

1. 如果 $\boldsymbol{F}$ 不可逆，那么(α,β)将沿着发散的轨迹前进，如图 6.11a 所示。这发生在 u 或 u'(或两者都)为零时，这可能发生在共享奖励、零和以及一般和博弈中。

2. 如果 $\boldsymbol{F}$ 是可逆的，并且具有纯实特征值，那么(α,β)将沿着一种发散轨迹，向中心点靠近又远离，如图 6.11b 所示。如果 $uu'>0$，这种情况就会发生，这可能发生在共享奖励和一般和博弈中，但不会发生在零和博弈中(因为此时 $u=-u'$，则 $uu'\leqslant 0$)。

3. 如果 $\boldsymbol{F}$ 是可逆的，并且具有纯虚特征值，那么(α,β)将沿着中心点周围的椭圆轨迹前进，如图 6.11c 所示。如果 $uu'<0$，这种情况就会发生，这可能发生在零和与一般和博弈中，但不会发生在共享奖励博弈中(因为此时 $u=-u'$，因此 $uu'\geqslant 0$)。

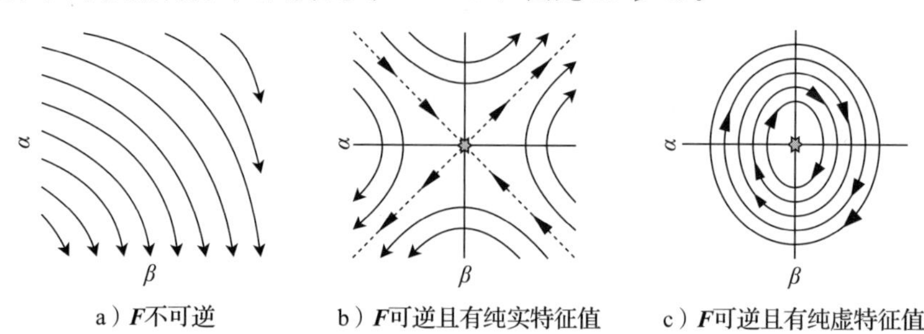

a）$\boldsymbol{F}$不可逆　　b）$\boldsymbol{F}$可逆且有纯实特征值　　c）$\boldsymbol{F}$可逆且有纯虚特征值

图 6.11　在无约束空间(即(α,β)可能在单位正方形之外)中，通过无穷小梯度上升学习到的联合策略(α,β)将遵循三种可能的轨迹类型之一，具体取决于式(6.33)中矩阵 $\boldsymbol{F}$ 的属性。这里显示的是轨迹类型的一般示意形式，确切的轨迹取决于 u 和 u'的值。图中坐标轴与 α、β 的值相对应，箭头表示(α,β)轨迹的方向。中心点上的星形标记为零梯度中心点(如果存在的话)。对于不可逆的 $\boldsymbol{F}$，图 6.11a 显示了一组可能的轨迹，但根据 u 和 u'的不同，还可能有其他轨迹

请注意，这个动态系统没有考虑到(α,β)必须位于单位正方形内的约束条件。因此，中心点一般情况下可能不在单位正方形内。在无约束系统中，最多存在一个梯度为零的点(如果 $\boldsymbol{F}$ 不可逆，则不存在这样的点)。受约束系统将单位正方形边界上的梯度投影回单位正方形，可能包括单位正方形边界上梯度为零的其他点。无论如何，当且仅当无穷小梯度上升到达投影梯度为零的点时才会收敛。

根据上述动态系统，可以确定梯度上升学习的几个特征：

- (α,β)并非在所有情况下都会收敛。
- 如果(α,β)不收敛，则在学习过程中获得的平均奖励会收敛于某个纳什均衡的期望奖励。
- 如果(α,β)收敛，则收敛的联合策略是一个纳什均衡。

然而，如果 $\boldsymbol{F}$ 是不可逆的或者具有实特征值，可以证明(α,β)在受约束系统中收敛到一个纳什均衡，但如果 $\boldsymbol{F}$ 具有虚特征值，椭圆可能完全包含在单位正方形内，在这种情况下，(α,β)如果沿着这样的椭圆前进，将会无限循环。然而值得注意的是，Singh、Kearns 和 Mansour (2000)表明，遵循这样的椭圆轨迹获得的平均奖励会收敛到博弈的纳什均衡的期望奖励。因此，这是 5.2 节式(5.8)中定义的收敛类型的一个例子。这个结果的一个含义是，当(α,β)收敛时，(α,β)必须是纳什均衡。这也可以通过以下事实来看出，即(α,β)仅当达到(投影)梯度为零的点时才收敛，并且可以证明这些点在受约束系统中是纳什均衡(否则梯度不能为零)。最后，Singh、Kearns 和 Mansour(2000)表明，如果在学习过程中适当地减小步长，则这些结果对于有限步长也是成立的。

6.4.3　赢或快速学习

前面几节介绍的 IGA 学习方法保证了智能体获得的平均奖励在极限情况下会收敛到纳什均衡的期望奖励。在实践中，这种收敛性相对较弱，因为任何时候获得的奖励都可能是任意低的，只要过去或未来的奖励任意高就可以弥补这一点。我们更希望智能体的实际策略收敛

到纳什均衡，如式(5.3)所示。

事实证明，在 IGA 中，阻碍策略在所有情况下收敛的问题出现在使用恒定步长(或学习率)时。然而，如果我们允许步长随时间变化，我们就可以构建一个步长序列，从而保证(α^k,β^k)总是收敛于博弈的纳什均衡。具体来说，我们将学习规则修改为

$$\alpha^{k+1}=\alpha^k+l_i^k\kappa\frac{\partial U_i(\alpha^k,\beta^k)}{\partial\alpha^k} \tag{6.35}$$

$$\beta^{k+1}=\beta^k+l_j^k\kappa\frac{\partial U_j(\alpha^k,\beta^k)}{\partial\beta^k} \tag{6.36}$$

其中，$l_i^k,l_j^k\in[l_{\min},l_{\max}]>0$，而我们仍然使用$l\neq 0$。因此，$l_i^k,l_j^k$可能在每次更新中变化，而总体步长$l_{i/j}^k$受到限制。

我们改变学习率l_i^k,l_j^k的原则是当“失败”时快速学习(使用$l_{\max}$)，而当“成功”时缓慢学习(使用$l_{\min}$)。这个原则被称为赢或快速学习(Win or Learn Fast，WoLF)(Bowling 和 Veloso，2002)。这里的想法是，如果一个智能体正在输，则它应该尽快适应以赶上其他智能体。而如果智能体正在赢，则它应该慢慢适应，因为其他智能体可能会改变其策略。输赢的确定是基于将实际期望奖励与通过纳什均衡策略实现的期望奖励进行比较。形式上，让α^e是智能体i选择的均衡策略，β^e是智能体j选择的均衡策略。然后，智能体将使用以下可变的学习率：

$$l_i^k=\begin{cases}l_{\min} & \text{如果 } U_i(\alpha^k,\beta^k)>U_i(\alpha^e,\beta^k) \quad (\text{正在赢})\\ l_{\max} & \text{其他} \quad (\text{正在输})\end{cases} \tag{6.37}$$

$$l_j^k=\begin{cases}l_{\min} & \text{如果 } U_j(\alpha^k,\beta^k)>U_j(\alpha^k,\beta^e) \quad (\text{正在赢})\\ l_{\max} & \text{其他} \quad (\text{正在输})\end{cases} \tag{6.38}$$

这种使用可变学习率的改进型 IGA 学习规则被称为 WoLF-IGA。请注意，α^e和β^e不一定来自同一均衡，也就是说(α^e,β^e)不一定构成纳什均衡。

利用这种可变学习率，可以证明 WoLF-IGA 在有两个智能体和两个动作的一般和博弈中一定会收敛到纳什均衡。WoLF-IGA 的分析方法与 IGA 几乎相同：使用无穷小步长，联合策略将在连续时间t内遵循连续轨迹$(\alpha(t),\beta(t))$，该轨迹根据以下微分方程演变：

$$\begin{bmatrix}\frac{\partial\alpha}{\partial t}\\ \frac{\partial\beta}{\partial t}\end{bmatrix}=\underbrace{\begin{bmatrix}0 & l_i(t)u\\ l_j(t)u' & 0\end{bmatrix}}_{\boldsymbol{F}(t)}\begin{bmatrix}\alpha\\ \beta\end{bmatrix}+\begin{bmatrix}l_i(t)(r_{1,2}-r_{2,2})\\ l_j(t)(c_{2,1}-c_{2,2})\end{bmatrix} \tag{6.39}$$

与 IGA 的情况类似，我们再次根据矩阵$\boldsymbol{F}(t)$的性质检查三种特性不同的轨迹类型，由于可变的学习率，这些类型现在依赖于t。这些情况是当：(1) $\boldsymbol{F}(t)$不可逆时；(2) $\boldsymbol{F}(t)$是可逆的并且具有纯实特征值时；(3) $\boldsymbol{F}(t)$是可逆的并且具有纯虚特征值时。分析中的关键部分是情况(3)，特别是中心点包含在单位正方形内的子情况。这是 IGA 不会收敛到纳什均衡的问题情况。在这个子情况中，WoLF 可变学习率在分析中起着重要作用：Bowling 和 Veloso(2002)表明，在 WoLF-IGA 中，(α,β)的轨迹实际上是分段椭圆的，由中心点周围的四个象限给出(如图 6.12 所示)，使得轨迹螺旋式地向中心点前进。请注意，在这种情况下，只存在一个中心点，根据定义这是一个纳什均衡。在每个象限中，椭圆将通过因子$\sqrt{\frac{l_{\min}}{l_{\max}}}<1$“收缩”，因此轨迹将收敛到中心点。

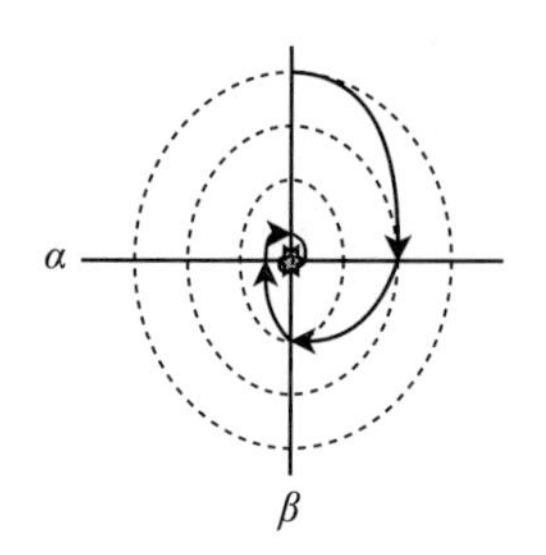

图 6.12　使用 WoLF-IGA 时，联合策略(α,β)轨迹的一般形式，适用于$\boldsymbol{F}(t)$具有纯虚特征值且唯一中心点包含在单位正方形内的情况。轨迹(实线)在每个象限都在收紧，并收敛到中心点(灰色星星)，这是一个纳什均衡点。图中坐标轴分别对应于α、β的值

6.4.4　用策略爬山算法实现赢或快速学习

迄今为止，IGA 和 WoLF-IGA 都只针对有两个智能体和两个动作的标准式博弈。此外，这些方法还要求完全了解学习智能体的奖励函数和另一个智能体的策略，而这在强化学习环境中可能是相当有限制性的假设。利用策略爬山实现赢或快速学习(WoLF-PHC)(Bowling 和 Veloso，2002)是一种多智能体强化学习算法，可用于具有任意有限数量的智能体和动作的一般和随机博弈，而且它不需要知道智能体的奖励函数或其他智能体的策略。

算法 9 展示了 WoLF-PHC 的伪代码。该算法像标准 Q 学习一样学习动作-价值$Q(\boldsymbol{s},\boldsymbol{a}_i)$(第 12 行，此处$\alpha$表示 Q 更新的学习率)，并利用 WoLF 学习原理更新策略π_i。在确定输赢以计算学习率时，WoLF-PHC 不会像 WoLF-IGA 那样将期望奖励与纳什均衡策略进行比较，而是将π_i的期望奖励与“平均”策略$\overline{\pi}_i$的期望奖励进行比较(第 13 行)。其思想是这个平均策略代替了智能体i的(未知的)纳什均衡策略。类似的想法也用在了虚拟博弈中(6.3.1 节)，它表明平均策略实际上在许多类型的博弈中都收敛到了纳什均衡策略。

算法 9　策略爬山算法实现赢或快速学习

//算法控制智能体i
1：初始化：
2：　学习率$\alpha\in(0,1]$且$l_l,l_w\in(0,1]$，$l_l>l_w$
3：　价值函数$Q(\boldsymbol{s},\boldsymbol{a}_i)\leftarrow 0$和策略$\pi_i(\boldsymbol{a}_i\mid\boldsymbol{s})\dfrac{1}{|A_i|}$，对于所有$\boldsymbol{s}\in S,\boldsymbol{a}_i\in A_i$
4：　状态计数$C(\boldsymbol{s})\leftarrow 0$，对于所有$\boldsymbol{s}\in S$
5：　平均策略$\overline{\pi}_i\leftarrow\pi_i$
6：每回合重复执行：
7：**for** $t=0,1,2,\cdots$ **do**
8：　观测当前状态$\boldsymbol{s}^t$
9：　以概率ε选择随机动作$\boldsymbol{a}_i^t\in A_i$
10：　否则：从策略采样动作$\boldsymbol{a}_i^t\sim\pi_i(\cdot\mid\boldsymbol{s}^t)$
11：　观测奖励r_i^t和下一状态$\boldsymbol{s}^{t+1}$
12：　更新 Q 值：

$$Q(\boldsymbol{s}^t,\boldsymbol{a}_i^t)\leftarrow Q(\boldsymbol{s}^t,\boldsymbol{a}_i^t)+\alpha\left[r_i^t+\gamma\max_{\boldsymbol{a}_i'}Q_i(\boldsymbol{s}^{t+1},\boldsymbol{a}_i')-Q_i(\boldsymbol{s}^t,\boldsymbol{a}_i^t)\right]\tag{6.40}$$

13：　更新平均策略$\overline{\pi}_i$：

$$C(\boldsymbol{s}^t)\leftarrow C(\boldsymbol{s}^t)+1\tag{6.41}$$

$$\forall a_i \in A_i : \bar{\pi}_i(a_i \mid s^t) \leftarrow \bar{\pi}_i(a_i \mid s^t) + \frac{1}{C(s^t)}(\pi_i(a_i \mid s^t) - \bar{\pi}_i(a_i \mid s^t)) \tag{6.42}$$

14：　更新策略 π_i：

$$\forall a_i \in A_i : \pi_i(a_i \mid s^t) \leftarrow \pi_i(a_i \mid s^t) + \Delta(s^t, a_i) \tag{6.43}$$

其中 $\Delta(s^t, a_i)$ 在式(6.44)中定义。

WoLF-PHC 使用两个参数，l_l 和 l_w(取值范围为(0,1]，其中 $l_l > l_w$)，分别对应于输和赢的学习率。动作概率 $\pi_i(a_i \mid s^t)$ 的更新如算法 9 的式(6.43)所示，通过添加一个项 $\Delta(s^t, a_i)$，定义为

$$\Delta(s, a_i) = \begin{cases} -\delta_{s,a_i} & \text{如果 } a_i \notin \arg\max_{a_i'} Q(s, a_i') \\ \sum_{a_i' \neq a_i} \delta_{s,a_i'} & \text{其他} \end{cases} \tag{6.44}$$

其中

$$\delta_{s,a_i} = \min\left(\pi_i(a_i \mid s), \frac{\delta}{|A_i| - 1}\right) \tag{6.45}$$

$$\delta = \begin{cases} l_w & \text{如果 } \sum_{a_i'} \pi_i(a_i' \mid s) Q(s, a_i') > \sum_{a_i'} \bar{\pi}_i(a_i' \mid s) Q(s, a_i') \\ l_l & \text{其他} \end{cases} \tag{6.46}$$

$\Delta(s, a_i)$ 的作用是将策略 π_i 靠近当前关于 Q 的贪婪策略，方法是从所有非贪婪动作中移除概率质量 δ_{s,a_i}，并将这些质量的总和添加到贪婪动作中[⊖]。这确保了 $\pi_i(\cdot \mid s)$ 仍然是对动作集合 A_i 的有效概率分布。术语 δ_{s,a_i} 定义了从动作 a_i 移动多少概率质量，通常由 $\frac{\delta}{|A_i| - 1}$ 给出，而最小运算符确保不会移动超过当前分配给 a_i 的概率质量。根据 WoLF 方法，如果 π_i 的期望奖励大于 $\bar{\pi}_i$ 的期望奖励(获胜)，则术语 δ 假定较低的学习率 l_w；如果 π_i 的期望奖励低于或等于 $\bar{\pi}_i$ 的期望奖励(失败)，则采用较大的学习率 l_l。

图 6.13 展示了 WoLF-PHC 在非重复石头剪刀布博弈中的应用，可以看到智能体的策略逐

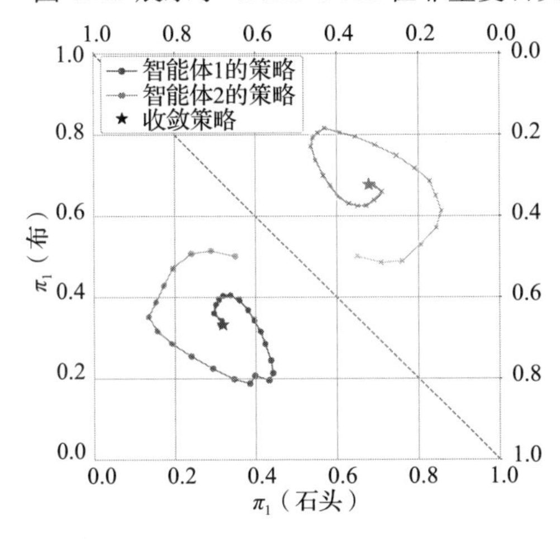

图 6.13　在非重复石头剪刀布博弈中，两个智能体各自使用 WoLF-PHC 算法更新策略。对角虚线将该图分为两个概率单纯形，两个智能体各占一个。一个智能体的单纯形中的每个点都对应着该智能体三个可用动作的概率分布。每条线都显示了智能体在第 0，5,10,15,…,145 回合时的当前策略(用点标出)，以及在第 100 000 回合时的收敛策略(用星号标出)

⊖ 式(6.44)假设状态 s 中只有一个贪婪动作。如果有多个贪婪动作在 $Q(s,\cdot)$ 中具有最大价值，那么 $\Delta(s, a_i)$ 可以定义为将概率质量均匀分布在这些贪婪动作上。

渐协同适应并收敛到博弈的唯一纳什均衡，即双方都均匀随机地选择动作。WoLF-PHC 所产生的学习轨迹与图 6.5 中所示的虚拟博弈所产生的轨迹相似，但更加“平滑”，是圆形而非三角形。这是因为虚拟博弈使用的是确定性的最佳响应动作，而 WoLF-PHC 学习的是随时间逐渐变化的动作概率。

6.4.5 广义无穷小梯度上升

到目前为止，我们已经对 IGA 的学习纳什均衡或纳什均衡奖励的能力方面进行了研究。4.10 节中介绍了另一个主要的求解概念——无悔。在本节中，我们将介绍一种基于梯度的学习算法，它将 IGA 推广到具有两个以上智能体和动作的标准式博弈中。我们将看到，这种广义无穷小梯度上升算法(GIGA)实现了无悔(Zinkevich，2003)，这意味着 IGA 也实现了无悔。

GIGA 不需要了解其他智能体的策略，但假设它能观测到其他智能体过去的动作。与 IGA 类似，GIGA 也使用无约束梯度更新策略，并将其投射回有效概率分布空间。不过，IGA 使用的是相对于智能体策略的期望奖励梯度，而 GIGA 使用的是观测其他智能体过去的动作后的实际奖励梯度。下面，我们将介绍有两个智能体 i 和 j 的博弈中的 GIGA，稍后我们将回到 $n>2$ 个智能体的情况。

给定智能体 i 的策略 π_i 和智能体 j 的动作 $\boldsymbol{a}_j$，智能体 i 针对动作 $\boldsymbol{a}_j$ 的期望奖励是

$$U_i(\pi_i,\boldsymbol{a}_j)=\sum_{\boldsymbol{a}_i\in A_i}\pi_i(\boldsymbol{a}_i)\mathcal{R}_i(\boldsymbol{a}_i,\boldsymbol{a}_j) \tag{6.47}$$

因此，这个期望奖励关于策略 π_i 的梯度简单来说就是智能体 i 的每个可用动作 1,2,3,… 的奖励向量：

$$\nabla_{\pi_i}U_i(\pi_i,a_j)=\left[\frac{\partial U_i(\pi_i,a_j)}{\partial\pi_i(1)},\quad \frac{\partial U_i(\pi_i,a_j)}{\partial\pi_i(2)},\quad \frac{\partial U_i(\pi_i,a_j)}{\partial\pi_i(3)},\quad \cdots\right] \tag{6.48}$$

$$=[\mathcal{R}_i(1,a_j),\quad \mathcal{R}_i(2,a_j),\quad \mathcal{R}_i(3,a_j),\quad \cdots] \tag{6.49}$$

给定策略 π_i^k 和在第 k 回合中观测到的动作 $\boldsymbol{a}_j^k$，GIGA 通过以下两个步骤更新 π_i^k：

$$\begin{aligned}&(1)\ \tilde{\pi}_i^{k+1}\leftarrow\pi_i^k+\kappa^k\nabla_{\pi_i^k}U_i(\pi_i^k,\boldsymbol{a}_j^k)\\&(2)\ \pi_i^{k+1}\leftarrow P(\tilde{\pi}_i^{k+1})\end{aligned} \tag{6.50}$$

其中 k 为步长。步骤(1)沿无约束梯度 $\nabla_{\pi_i^k}U_i(\pi_i^k,\boldsymbol{a}_j^k)$ 的方向更新策略，而步骤(2)通过式(6.51)的投影算子将结果投射回有效的概率空间

$$P(\boldsymbol{x})=\arg\min_{\boldsymbol{x}'\in\Delta(A_i)}\|\boldsymbol{x}-\boldsymbol{x}'\| \tag{6.51}$$

其中 $\|\cdot\|$ 是标准 L_2 范数[⊖]。$P(\boldsymbol{x})$ 将向量 $\boldsymbol{x}$ 投影回在动作集 A_i 上定义的概率分布空间 $\Delta(A_i)$ 中。

Zinkevich(2003)指出，如果所有智能体使用 GIGA 来学习策略，并且步长设置为 $k=\frac{1}{\sqrt{k}}$，那么在 $k\rightarrow\infty$ 的极限下，这些策略将实现无悔。具体来说，回顾式(4.28)中对遗憾的定义，那么可以显示，智能体 i 的遗憾被限定在

$$\text{Regret}_i^k\leqslant\sqrt{k}+\left(\sqrt{k}-\frac{1}{2}\right)|A_i|r_{\max}^2 \tag{6.52}$$

其中，$r_{\max}$ 表示智能体 i 的最大可能奖励。因此，平均遗憾 $\frac{1}{k}\text{Regret}_i^k$ 将会在 $k\rightarrow\infty$ 时趋于零

⊖ L_2 范数定义为 $\|\boldsymbol{x}\|=\sqrt{\boldsymbol{x}\cdot\boldsymbol{x}}$，其中 · 是点积。

(因为 k 的增长速度比$\sqrt{k}$快)，满足了定义 12 中给出的无悔准则。

请注意，如 4.10 节所述，GIGA 的无悔特性意味着使用 GIGA 的智能体的经验动作分布会收敛到粗相关均衡。最后，上述定义也适用于有两个以上智能体的博弈，因为我们可以用 $-i$ 代替 j 来表示其他智能体的集合，它们会相应地选择联合动作 $\boldsymbol{a}_{-i}$。上述所有定义和结果在这种情况下仍然成立。

6.5　无悔学习

前面几节介绍了如何将第 4 章中定义的多个概念运用到多智能体强化学习博弈求解中。具体来说，6.2 节中介绍的 JAL-GT 算法应用了标准式博弈中的均衡解(如最小均衡和纳什均衡)，以更新价值估计和选择随机博弈中的动作。同样，6.3.2 节中介绍的 JAL-AM 算法使用针对已学智能体模型的最佳响应动作来更新价值估计和选择动作。

现在，我们将考虑如何运用 4.10 节中定义的遗憾在多智能体强化学习算法中学习博弈的解。以最小化遗憾概念为具体目标的博弈学习算法被称为无悔学习，存在着一系列这样的算法(例如 Hart 和 Mas-Colell，2001；Cesa-Bianchi 和 Lugosi，2003；Greenwald 和 Jafari，2003；Zinkevich 等人，2007)。这些算法会因为在过去的事件中没有选择某些动作而产生遗憾，并更新策略，为遗憾度高的动作分配更高的概率。我们将考虑一种特别简单的方法，即遗憾匹配(regret matching)(Hart 和 Mas-Colell，2000)的两个变体，它们具有这样的特性：它们的经验动作分布收敛于标准式博弈中的(粗)相关均衡集。

6.5.1　无条件与有条件的遗憾匹配

我们考虑了遗憾匹配的两种变体，分别称为无条件遗憾匹配和有条件遗憾匹配。这些算法分别根据我们在 4.10 节中定义的无条件遗憾和有条件遗憾来计算动作概率。下面，我们将在非重复标准式博弈的背景下定义这些算法。然而，原则上，同样的算法也可以应用于随机博弈，甚至是部分可观测随机博弈，通过将遗憾重新定义为关于策略而不是动作的遗憾，例如 4.10 节中的式(4.30)。我们将从无条件遗憾匹配开始，这是两种算法中较为简单的一种。

无条件遗憾匹配计算的动作概率与动作的(正)平均无条件遗憾成正比。在式(4.28)中，我们最初针对最佳单一动作定义了 Regret_i^z。我们稍微修改这个定义，以便为单个动作 $\boldsymbol{a}_i \in A_i$ 定义遗憾。在具有奖励函数 $\mathcal{R}_i$ 的一般和标准式博弈中，对于智能体 $i \in I$，让 $\boldsymbol{a}^e$ 表示从回合 $e=1,\cdots,z$ 中的联合动作。智能体 i 在所有这些回合中未选择动作 $\boldsymbol{a}_i \in A_i$ 的无条件遗憾被定义为

$$\text{Regret}_i^z(\boldsymbol{a}_i)=\sum_{e=1}^{z}\left[\mathcal{R}_i(\langle \boldsymbol{a}_i,\boldsymbol{a}_{-i}^e\rangle)-\mathcal{R}_i(\boldsymbol{a}^e)\right] \tag{6.53}$$

智能体 i 和动作 $\boldsymbol{a}_i$ 的平均无条件遗憾由下式给出：

$$\overline{R}_i^z(\boldsymbol{a}_i)=\frac{1}{z}\text{Regret}_i^z(\boldsymbol{a}_i) \tag{6.54}$$

每个智能体 i 都从一个初始策略 π_i^1 开始，它可以使用任何关于动作 $\boldsymbol{a}_i \in A_i$ 的概率分布(例如均匀概率)。然后，根据上述平均无条件遗憾的定义，更新策略 π_i^z：

$$\pi_i^{z+1}(\boldsymbol{a}_i)=\frac{[\overline{R}_i^z(\boldsymbol{a}_i)]_+}{\sum_{\boldsymbol{a}_i' \in A_i}[\overline{R}_i^z(\boldsymbol{a}_i')]_+} \tag{6.55}$$

其中$[\boldsymbol{x}]_+=\max[\boldsymbol{x},0]$。如果式(6.55)中的分母为零，那么$\pi_i^{z+1}$可以使用任何关于动作的概率分布。

条件遗憾匹配计算的动作概率与最近一次选择的动作的(正)平均条件遗憾成正比。让$\boldsymbol{a}^e$表示$e=1,\cdots,z$回合中的联合动作。智能体i在选择动作$\boldsymbol{a}_i'$的每个回合中没有选择动作$\boldsymbol{a}_i$的条件遗憾定义为

$$\mathrm{Regret}_i^z(\boldsymbol{a}_i',\boldsymbol{a}_i)=\sum_{e:\boldsymbol{a}_i^e=\boldsymbol{a}_i'}[\mathcal{R}_i(\langle\boldsymbol{a}_i,\boldsymbol{a}_{-i}^e\rangle)-\mathcal{R}_i(\boldsymbol{a}^e)] \tag{6.56}$$

智能体i和动作$\boldsymbol{a}_i'$，$\boldsymbol{a}_i$的平均条件遗憾由下式给出：

$$\overline{R}_i^z(\boldsymbol{a}_i',\boldsymbol{a}_i)=\frac{1}{z}\mathrm{Regrer}_i^z(\boldsymbol{a}_i',\boldsymbol{a}_i) \tag{6.57}$$

同样，每个智能体i都从一个初始策略π_i^1开始，它可以使用任何关于动作的概率分布。然后，根据上述平均条件遗憾的定义，更新策略π_i^z

$$\pi_i^{z+1}(\boldsymbol{a}_i)=\begin{cases}\dfrac{1}{\eta}[\overline{R}_i^z(\boldsymbol{a}_i^z,\boldsymbol{a}_i)]_+ & \text{如果 } \boldsymbol{a}_i\neq\boldsymbol{a}_i^z\\ 1-\sum\limits_{a_i'\neq a_i^z}\pi_i^{z+1}(\boldsymbol{a}_i') & \text{其他}\end{cases} \tag{6.58}$$

其中，$\boldsymbol{a}_i^z$是智能体i在最后一回合z中选择的动作，$\eta>2\cdot\max\limits_{\boldsymbol{a}\in A}|\mathcal{R}_i(\boldsymbol{a})|\cdot(|A_i|-1)$是一个参数，用于控制动作概率会在多大程度上偏向于条件遗憾高的动作(η越高，偏向度越低)。η的下限确保了分配给动作$\boldsymbol{a}_i\neq\boldsymbol{a}_i^z$的概率$\pi_i^{z+1}(\boldsymbol{a}_i)$之和最多为1。

在讨论这些遗憾匹配算法的渐近行为之前，我们可以先看看图4.6中囚徒困境博弈的例子。在囚徒困境中，D是一个占优动作，因为它是对另一个智能体的D和C的最佳响应。因此，动作C的无条件遗憾$\mathrm{Regret}_i^z(\mathrm{C})$永远不可能是正值，这意味着在所有回合中$[\overline{R}_i^z(\mathrm{C})]_+=0$。在我们的示例中，这导致无条件遗憾匹配在第一回合之后的所有回合中总是将概率0分配给动作C，将概率1分配给动作D(第一回合中的策略π_i^1可以使用任何概率分布)。此外，需要注意的是，由于囚徒困境是一个标准式博弈，每个智能体只有两个动作，因此条件遗憾的定义等同于无条件遗憾的定义。因此，在囚徒困境中，条件遗憾匹配与无条件遗憾匹配具有相同的行为。

6.5.2　遗憾匹配的收敛性

如果所有智能体都使用遗憾匹配来更新其策略，它们的遗憾在长期内会如何演变呢？对于两种类型的遗憾匹配，可以证明每个智能体的平均遗憾都受到某个正常数$c>0$的$\frac{1}{\sqrt{z}}$的界限，这对于无条件遗憾和条件遗憾都成立(Hart和Mas-Colell，2000)。因此，在无限多个回合的极限情况下，每个智能体$i\in I$的平均遗憾$\overline{R}_i^z$最多为0。这满足了在定义12中定义的无悔解概念的条件。有趣的是，这种遗憾界限不需要对博弈中其他智能体$j\neq i$的行为做出任何假设——它们可以采取任何它们喜欢的动作。这种遗憾最小化仍然是可能的，这是Blackwell(1956)的开创性的可达性定理的结果。

对于智能体学到的策略来说，无悔属性意味着什么？根据上述遗憾界限，对于条件遗憾匹配，我们可以得到

对于所有的 $i \in I$ 和所有的 $\boldsymbol{a}_i', \boldsymbol{a}_i \in A_i$：

$$\overline{R}_i^z(\boldsymbol{a}_i', \boldsymbol{a}_i) = \frac{1}{z} \sum_{e: \boldsymbol{a}_i^e = \boldsymbol{a}_i'} [\mathcal{R}_i(\langle \boldsymbol{a}_i, \boldsymbol{a}_{-i}^e \rangle) - \mathcal{R}_i(\boldsymbol{a}^e)] \tag{6.59}$$

$$= \frac{1}{z} \sum_{e=1}^{z} R_i(\hat{\boldsymbol{a}}^e) - \frac{1}{z} \sum_{e=1}^{z} \mathcal{R}_i(\boldsymbol{a}^e) \leqslant \kappa \frac{1}{\sqrt{z}} \tag{6.60}$$

其中，我们定义

$$\hat{\boldsymbol{a}}^e = \begin{cases} \langle \boldsymbol{a}_i, \boldsymbol{a}_{-i}^e \rangle & \text{如果 } \boldsymbol{a}_i^e = \boldsymbol{a}_i' \\ \boldsymbol{a}^e & \text{其他} \end{cases} \tag{6.61}$$

对于 $z \to \infty$，我们有 $\kappa \frac{1}{\sqrt{z}} = 0$，因此可以写成

$$\frac{1}{z} \sum_{e=1}^{z} \mathcal{R}_i(\hat{\boldsymbol{a}}^e) \leqslant \frac{1}{z} \sum_{e=1}^{z} \mathcal{R}_i(\boldsymbol{a}^e) \tag{6.62}$$

现在，考虑由下式给定的联合动作 $\{\boldsymbol{a}^e\}_{e=1}^z$ 的经验分布：

$$\overline{\pi}^z(\boldsymbol{a}) = \frac{1}{z} \sum_{e=1}^{z} [\boldsymbol{a} = \boldsymbol{a}^e]_1 \tag{6.63}$$

如果 $\boldsymbol{x}$ 为真，则 $[\boldsymbol{x}]_1 = 1$，否则 $[\boldsymbol{x}]_1 = 0$。式(6.62)左侧和右侧的两个平均奖励可以等价地写成经验分布 $\overline{\pi}^z$ 下的期望奖励，即

$$\sum_{\boldsymbol{a} \in A: \boldsymbol{a}_i = \boldsymbol{a}_i'} \overline{\pi}^z(\boldsymbol{a}) \mathcal{R}_i(\langle \boldsymbol{a}_i'', \boldsymbol{a}_{-i} \rangle) \leqslant \sum_{\boldsymbol{a} \in A: \boldsymbol{a}_i = \boldsymbol{a}_i'} \overline{\pi}^z(\boldsymbol{a}) \mathcal{R}_i(\boldsymbol{a}) \tag{6.64}$$

对于所有 $i \in I$ 和所有 $\boldsymbol{a}_i', \boldsymbol{a}_i'' \in A_i$

请注意，式(6.64)中的不等式对应于式(4.19)中对相关均衡的定义中指定的不等式，其中我们有 $\xi(\boldsymbol{a}_i') = \boldsymbol{a}_i''$[当比较式(6.64)和 4.6 节中给出的相关均衡的线性规划定义时，这种等价性可能更明显]。这个结果表明，如果所有智能体使用条件遗憾匹配，则根据式(5.7)，联合动作的经验分布 $\overline{\pi}^z$ 将在 $z \to \infty$ 的情况下收敛到相关均衡集合。然而，请注意，根据式(5.3)，该结果并未建立 $\overline{\pi}^z$ 对相关均衡的逐点收敛。对于无条件遗憾匹配，我们得到了一个类似的结果，但收敛到的是粗相关均衡。

图 6.14 展示了两个智能体在非重复石头剪刀布博弈中使用无条件遗憾匹配时的学习过程。在这个博弈中，(粗)相关均衡集与纳什均衡集重合。从图 6.14a 中可以看出，智能体的实际策略 π_i^z 在概率单纯形上到处移动，没有表现出收敛行为。

然而，尽管出现了这种明显的混乱行为(或者说，正是由于这种混乱行为)，图 6.14b 显示，智能体的经验分布 $\overline{\pi}_i^z$ 稳定地收敛于博弈的唯一纳什均衡，即两个智能体都以均匀随机的方式选择动作[1]。图 6.15 展示了双方智能体的平均无条件遗憾，我们可以看到它们在最初的 1000 个回合中稳步减少，然后开始围绕零线进行振荡性摆动。这种振荡是由智能体之间的相互适应引起的：智能体 1 反复选择具有高平均遗憾的动作，随着时间的推移，这将导致智能体 2 针对智能体 1 动作的相应最佳响应动作的平均遗憾增加，反过来，这又会增加智能体 1 针对其相应最佳响应动作的遗憾，以此类推。这些振荡性动作变化的经验分布收敛于纳什均衡。

[1] 每个智能体 i 的经验分布 $\overline{\pi}_i^z$ 由联合经验分布 $\overline{\pi}^z$ 的各自边际分布给出，即 $\overline{\pi}_i^z(\boldsymbol{a}_i) = \sum_{\boldsymbol{a}_{-i}} \overline{\pi}^z(\langle \boldsymbol{a}_i, \boldsymbol{a}_{-i} \rangle)$。

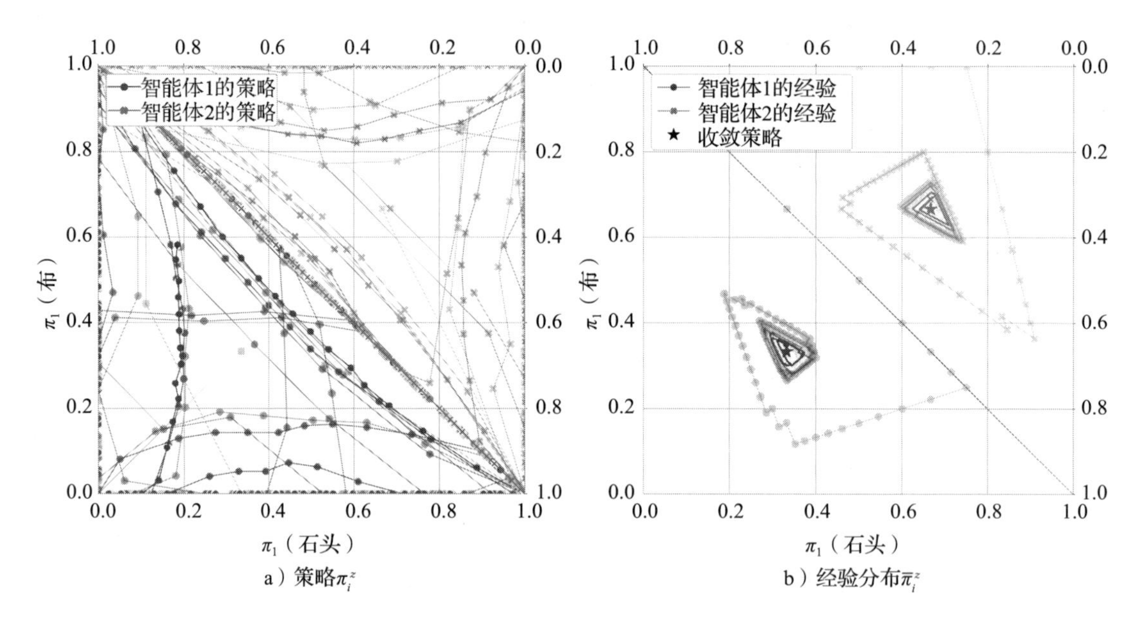

a）策略π_i^z　　b）经验分布$\bar{\pi}_i^z$

图 6.14　在非重复石头剪刀布博弈中，两个智能体各自使用无条件遗憾匹配来更新策略。对角虚线将图分为两个概率单纯形，两个智能体各一个。一个智能体的单纯形中的每个点都对应于该智能体三个可用动作的概率分布。a) 10 000 个回合中智能体实际策略 π_i^z 的轨迹，每 10 个回合的策略用圆点标记；b) 最初 500 个回合中智能体经验动作分布 $\bar{\pi}_i^z$ 的轨迹，收敛分布用星号标记

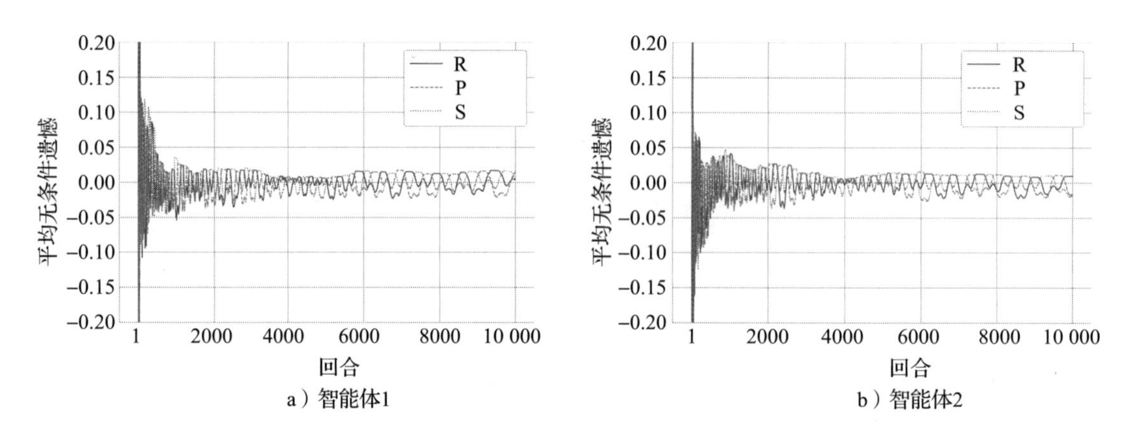

a）智能体1　　b）智能体2

图 6.15　在非重复石头剪刀布博弈中，两个智能体在 10 000 个回合中对动作石头(R)、布(P)和剪刀(S)的平均无条件遗憾。y 轴的范围为[−0.2,0.2](最初几回合的平均遗憾大于这个范围)

将这些学习曲线与图 6.13 中所示的 WoLF-PHC 中相应的曲线进行比较时，请注意一个重要区别，即 WoLF-PHC 比遗憾匹配的收敛性要强得多。在 WoLF-PHC 中，策略 π_i^z 收敛到了纳什均衡，但在遗憾匹配中，只有经验分布 $\bar{\pi}^z$ 收敛到了纳什均衡，而图 6.14a 中所示的策略 π_i^z 没有收敛。

6.6 总结

本章介绍了几种基础的多智能体强化学习算法，这些算法旨在学习特定条件下不同类型的博弈解。我们将主要思想总结如下：

- 与 MDP 的价值迭代算法类似，零和随机博弈也有一种价值迭代算法，用于学习每个智能体的最优状态价值。该算法的主要思想是计算每个智能体和状态的矩阵，从而估计一个智能体在状态下选择特定联合动作并遵循最优联合策略时的期望回报(即价值)。对于给定的状态，可以利用智能体的相应矩阵构建一个标准式博弈。然后通过极小极大方法来求解这个标准式博弈，以获得一个目标值，从而更新智能体对状态的价值估计。这种价值迭代算法可证明收敛于随机博弈的极小极大联合策略。
- 价值迭代算法为一系列被称为联合动作学习的多智能体强化学习算法奠定了基础。这些算法将时序差分学习与博弈论的解概念相结合，来估计联合动作的价值并学习博弈的解。这些算法的多个实例可以用不同的解概念来定义。极小极大 Q 学习是价值迭代算法的时序差分版本，在零和随机博弈的特定条件下收敛到极小极大解。纳什 Q 学习基于纳什均衡概念，可用于有两个或更多智能体的一般和随机博弈，但收敛到纳什均衡需要非常严格的假设，部分原因是均衡选择问题。
- 智能体建模是指构建其他智能体的模型，以便对其行为做出有用的预测。例如，根据对另一个智能体过去所选动作的观测，可以学习一个模型来预测该智能体下一步动作的概率。有了这样一个模型，智能体就可以根据模型计算出最佳响应动作。虚拟博弈是最早以这种方式运行的标准式博弈学习算法之一，能够在几种类型的标准式博弈中收敛到纳什均衡。联合动作学习算法也可以学习这类智能体模型，并将其与时序差分学习相结合，为智能体学习最佳响应策略。
- 用于智能体建模的贝叶斯学习方法根据过去的观测结果计算多个可能模型的概率。利用信息价值的概念，这类方法可以计算出最佳响应动作，从而在最大化智能体的期望回报和发现智能体的真实模型之间进行权衡。
- 基于策略的学习方法可直接优化某些概率策略函数的参数。与估计联合动作-价值的方法不同，基于策略的方法可以利用基于梯度上升的技术直接调整策略中的概率。通过考虑无限小的更新步，这些方法的学习行为可以用动力系统理论进行分析。例如，基本的无限小梯度上升法可以收敛到标准式博弈中的纳什均衡，或者收敛到纳什均衡下的期望回报。
- 无悔学习算法学习策略的目的是最大限度地减少在过去的回合中没有采取某些动作的遗憾概念。无条件遗憾匹配是一种无悔学习算法，它能在长期内实现无条件遗憾为零，且联合动作的经验分布收敛到标准式博弈中的粗相关均衡集。同样，条件遗憾匹配也能在长期内实现零条件遗憾，而且经验分布会收敛到相关均衡集。

本章是本书第一部分的结尾。本书第一部分的各章通过定义博弈模型和博弈解概念，以及使用强化学习技术学习博弈解的基本思想和挑战，奠定了多智能体强化学习的基础。在这些基础上，本书第二部分将介绍利用深度学习技术学习复杂博弈解的新型多智能体强化学习算法。

P A R T 2

第二部分

多智能体深度强化学习：算法与实践

本书的第二部分将在第一部分介绍的基础上，展示使用深度学习来表示价值函数和智能体策略的 MARL 算法。我们将看到，深度学习是一个强大的工具，它使 MARL 能够处理比表格方法更复杂的问题。这部分将介绍深度学习的基本概念，并展示如何将深度学习技术整合到强化学习和多智能体强化学习中，以产生强大的学习算法。

第 7 章将提供对深度学习的介绍，包括神经网络的构建块、基础架构，以及用于训练神经网络的基于梯度的优化组件。这一章主要为不熟悉该领域的读者提供一个简明的深度学习介绍，并解释理解后续章节所需的所有基础概念。第 8 章将介绍深度强化学习，解释如何使用神经网络学习 RL 算法的价值函数和策略。

第 9 章将在前几章内容的基础上介绍多智能体深度 RL 算法。该章首先讨论不同的训练和执行模式，这些模式决定了智能体在学习期间和之后可获得的信息；然后回顾结合深度学习的独立学习算法类别；接着介绍包括多智能体策略梯度算法、价值分解和智能体建模等高级主题；之后展示智能体如何在多智能体深度 RL 算法中共享参数和经验，以进一步提高学习效率；最后介绍 MARL 中的自博弈和基于种群的训练，这些训练在处理非常复杂的多智能体博弈方面取得了突破。第 10 章和第 11 章将通过讨论实施 MARL 算法的实际考虑因素，以及介绍可以作为基准和研究这些算法的实验场所的环境，来结束本书的这一部分。

CHAPTER7

第 7 章

深度学习

在本章中，我们将简要介绍深度学习，这是一种用于函数逼近的学习框架。本章首先阐述为什么在强化学习和多智能体强化学习中需要用函数逼近来处理复杂环境。我们将介绍作为神经网络基础架构的前馈神经网络。接着，本章将介绍基于梯度的优化技术，把它作为训练神经网络的主要方法，然后介绍专为高维和序贯输入设计的架构。本章仅涵盖深度学习的基本概念，并不是这一广阔领域的全面或完整总结。我们推荐对深度学习更全面概述感兴趣的读者阅读 Goodfellow、Bengio 和 Courville(2016)、Fleuret(2023)和 Prince(2023)等教材。第 8 章和第 9 章将基于本章内容，展示如何在强化学习和多智能体强化学习中使用深度学习。

7.1 强化学习的函数逼近

在讨论深度学习是什么以及如何工作之前，我们有必要思考为什么深度学习如今在强化学习研究中无处不在。相比于其他技术，深度学习在学习价值函数、策略以及 RL 中的其他模型方面有何优势?

第一部分介绍了使用表格法来表示智能体的价值函数和策略的经典多智能体强化学习算法形式。这些方法之所以称为“表格”方法，是因为它们的价值函数可以被看作一个大表格，每个表格元素对应一个状态-动作对价值函数的值估计。这种表格型多智能体强化学习有两个大的局限性。首先，表格规模随着可能输入的价值函数的数量线性增长，这使得表格型多智能体强化学习难以应用于像围棋、视频游戏和大多数现实应用这样的复杂问题。例如，围棋游戏的状态空间估计包含大约 10^{170} 个可能的状态。存储、管理和更新具有这么多元素的表格对于现代计算机来说不现实。其次，表格型价值函数独立更新每个价值估算。对于表格型 MARL，智能体将在访问此状态后更新其对状态 s 的价值估计，并保证其他状态的价值函数保持不变。这些对访问状态和动作的独立更新为表格型 MARL 算法提供了理论上的保证，但这意味着智能体必须访问状态后才能学习其价值。这可能使表格型 MARL 算法在具有巨大状态或动作空间的任务中变得低效。因此，对于复杂任务的学习来说，智能体具有泛化到新状态的能力是至关重要的。理想情况下，遇到一个特定状态时应该允许智能体不仅更新对这个特定状态的价值估计，还更新对在某种意义上与所遇状态相似的不同状态的估计。

为了说明泛化的好处，考虑图 7.1 中描述的例子。在这个单智能体环境中，智能体需要穿越迷宫并到达目标位置(G)以获得正奖励。鉴于这个奖励函数，最优策略对一个状态的预期折现回报取决于该状态到目标的路径长度。因此，两个在路径长度上相似的状态应该具有相似的价值估计。考虑图 7.1 中圈出的状态，我们期望状态 s_2 的价值估计与 s_1 相似。同样，s_4 的价值估计应该与 s_3 相似。表格型价值函数是在这些状态上独立训练的，但函数拟合提供了可以泛化的价值函数。这种泛化能够使近似价值函数捕捉到状态及其各自价值之间的关系，并在遇到这些状态之前为 s_2 和 s_4 提供合理的价值估计。

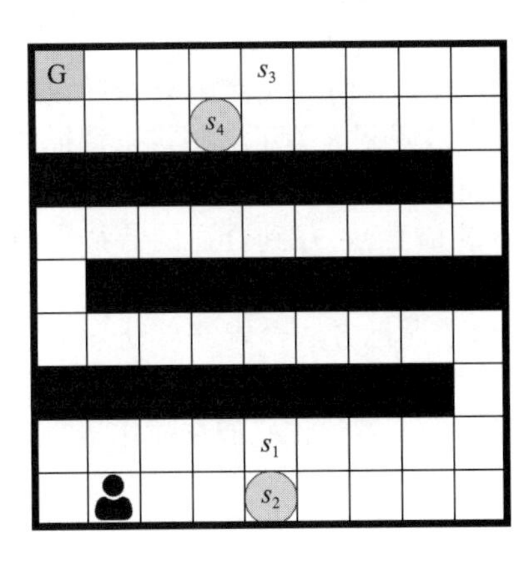

图 7.1　一个迷宫环境，其中单智能体任务是到达目标位置(G)。智能体在其轨迹中已经见过多个状态，包括 s_1 和 s_3，并尝试估计被圈出的状态 s_2 和 s_4 的价值。表格型价值函数的智能体无法以这种方式进行泛化，需要明确体验包含 s_2 和 s_4 的轨迹，才能学习到准确的价值估算。相比之下，使用函数逼近技术(如线性值函数或深度学习)的价值函数可能能够泛化并估计 s_2 和 s_4 的价值分别类似于 s_1 和 s_3

7.2　线性函数逼近

鉴于表格型多智能体强化学习的这些局限性，显然需要能够跨状态泛化的价值函数。函数逼近通过学习一个函数 $f(\boldsymbol{x};\boldsymbol{\theta})$ 逼近目标函数 $f^*(\boldsymbol{x})$，从而解决了这两个限制，其中 $\boldsymbol{x}\in\mathbb{R}^{d_x}$($d_x$ 表示 $\boldsymbol{x}$ 的维度)。我们用 $\boldsymbol{\theta}\in\mathbb{R}^d$ 表示参数化函数的参数，其中 d 对应于可学习参数的总数。训练函数逼近器是一个寻找一组能使 f 准确地逼近目标函数 f^* 参数值 $\boldsymbol{\theta}$ 的优化过程：

$$\forall\,\boldsymbol{x}: f(\boldsymbol{x};\boldsymbol{\theta})\approx f^*(\boldsymbol{x}) \tag{7.1}$$

例如在强化学习中，f^* 可能是一个价值函数，表示输入给定状态 s 的期望回报。

函数逼近的一种方法是将 $f(\boldsymbol{x};\boldsymbol{\theta})$ 表示为在预定义状态特征上的线性函数。例如，线性状态价值函数可以表示为

$$\hat{V}(s;\boldsymbol{\theta})=\boldsymbol{\theta}^{\mathsf{T}}\quad\boldsymbol{x}(s)=\sum_{k=1}^{d}\boldsymbol{\theta}_k\boldsymbol{x}_k(s) \tag{7.2}$$

其中 $\boldsymbol{\theta}\in\mathbb{R}^d$ 和 $\boldsymbol{x}(s)\in\mathbb{R}^d$ 分别表示参数向量和状态特征向量。请注意，状态-价值函数不局限于关于状态本身是线性的，而是关于状态特征向量是线性的。状态特征向量表示状态预编码的 d 维向量。这种状态的编码可以表示非线性函数，例如 $\boldsymbol{x}(s)$ 可能表示一个多项式向量，其中每个元素表示构成完整状态的价值组合，直到固定的次数。在训练过程中，价值函数通过优化其参数 $\boldsymbol{\theta}$ 来持续更新，通常使用基于梯度的优化技术。7.4 节将提供基于梯度优化的更详细描述(针对更一般的深度学习情况，包括线性函数逼近)，但简而言之，我们寻找能够最小化目标函数的参数 $\boldsymbol{\theta}$。假设我们旨在学习一个线性状态-价值函数，并且已经知道几个状态的真实值 $V^\pi(s)$。我们可以最小化近似价值函数 $\hat{V}(s;\boldsymbol{\theta})$ 和真实值 $V^\pi(s)$ 之间的均

方误差：

$$\boldsymbol{\theta}^* = \arg\min_{\boldsymbol{\theta}} \mathbb{E}_{s\in S}[(V^\pi(s) - \hat{V}(s;\boldsymbol{\theta}))^2] \tag{7.3}$$

为了学习最小化均方误差的最优参数 $\boldsymbol{\theta}^*$，我们可以计算关于 $\boldsymbol{\theta}$ 的误差的梯度，并沿此梯度"向下"进行。遵循这个优化过程，近似价值函数 $\hat{V}(\cdot;\boldsymbol{\theta})$将更接近真实价值函数 $V^\pi(s)$。因为使用相同的参数 $\boldsymbol{\theta}$ 来计算所有状态的值，所以获得的近似价值函数还可以泛化到我们尚未见过真实值的状态。在我们的迷宫示例(图 7.1)中，给定足够的训练数据，最优参数 $\boldsymbol{\theta}$ 可能能够编码到达目标的路径长度与状态-价值之间的关系。在学习了参数之后，尽管没有在这些状态上进行过训练，但价值函数能为状态 s_2 和 s_4 提供合理的价值估计。

线性价值函数的主要优势在于它们的简单性和泛化能力。然而，线性函数逼近在很大程度上依赖于在 $\boldsymbol{x}(s)$中表示的状态特征的选择，因为 $\hat{V}(s;\boldsymbol{\theta})$被限制为关于这些状态特征的线性函数。根据我们想要解决的任务，找到这样的状态特征可能并非易事，因此这需要领域知识。特别地，对于具有高维状态表示的环境(例如，包括图像或语言)，找到合适的特征，使得所需的价值函数可以表示为这些特征上的线性函数，可能非常困难。

与线性函数逼近相比，深度学习提供了一种通用的函数逼近方法，能够自动学习状态的特征表示，并能够表示可以泛化到新状态的非线性复杂函数。在接下来的章节中，我们将介绍深度学习的基本构件及其优化过程，然后分别在第 8 章和第 9 章讨论它们在强化学习和多智能体强化学习中的具体应用。

7.3　前馈神经网络

深度学习涵盖了一系列将神经网络作为函数逼近器应用的机器学习技术。这些网络由许多单元组成，这些单元按顺序排列成层，每个单元执行相对简单但非线性的计算(如图 7.2 所示)。这一系列的非线性变换允许神经网络逼近复杂的函数，而这是用线性函数逼近无法表示的。神经网络非常灵活，并已成为机器学习中最突出的函数逼近器类型。在本章接下来的几小节，我们将解释神经网络的工作原理，以及我们如何优化这些复杂的函数逼近器。

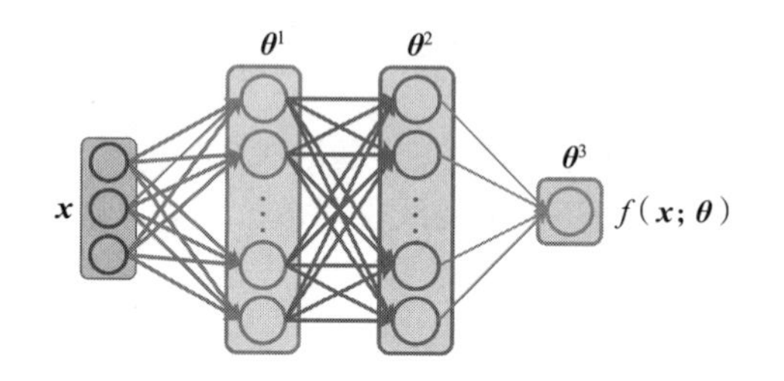

图 7.2　三层前馈神经网络的示意图。输入 $\boldsymbol{x}\in\mathbb{R}^3$，分别由带有参数 $\boldsymbol{\theta}^1$ 和 $\boldsymbol{\theta}^2$ 的两个隐藏层处理，最终输出层使用参数 $\boldsymbol{\theta}^3$ 计算出一个标量输出

前馈神经网络——也称为深度前馈网络、全连接神经网络或多层感知器(MLP)——是神经网络的最主要架构，被视为大多数神经网络的基石。前馈神经网络被构建为多个顺序层，第一层处理给定的输入 $\boldsymbol{x}$，任何后续层处理前一层的输出。每一层被定义为一个参数化函数，并由许多单元组成。整个层的输出由所有单元输出串联而成。我们通常将第一层称为输入层，最后一层称为输出层。中间的所有层称为隐藏层，因为它们计算的内部表示通常对用户隐藏。整个前馈神经网络通过将前一层的输出顺序传递到下一层的函数组合来定义。例如，一个具有图 7.2 所示的三层(或两个隐藏层)的前馈神经网络可以写为

$$f(\boldsymbol{x};\boldsymbol{\theta}) = f_3(f_2(f_1(\boldsymbol{x};\boldsymbol{\theta}^1);\boldsymbol{\theta}^2);\boldsymbol{\theta}^3) \tag{7.4}$$

其中，$\boldsymbol{\theta}^k$ 对应于第 k 层的参数，而 $\boldsymbol{\theta}=\bigcup_k \boldsymbol{\theta}^k$ 表示整个网络的参数。我们用 d_k 表示第 k 层中的单元数量。网络的层数称为神经网络的深度，而层中的单元数称为该层的宽度或隐藏维度。神经网络的泛化性和表征能力(即神经网络能表示的函数的复杂性)主要取决于网络的深度和每一层的维度。全局逼近定理(universal approximation theorem)指出，具有单个隐藏层的前馈神经网络足以逼近任何在封闭且有界的实数向量子集上的连续函数，前提是有足够的隐藏单元(Cybenko，1989；Hornik、Stinchcombe 和 White，1989；Hornik，1991；Leshno 等人，1993)。然而，训练具有多个层的深度神经网络可以在相同数量的总参数下获得更好的性能和泛化(Goodfellow、Bengio 和 Courville，2016)。为了理解这些网络如何逼近整体函数 $f(\boldsymbol{x};\boldsymbol{\theta})$，我们将首先解释层内的神经元，然后解释如何将这些部件组合在一起构建整个网络。

7.3.1 神经元

神经网络第 k 层中的一个神经元代表一个参数化函数 $f_{k,u}:\mathbb{R}^{d_{k-1}}\to\mathbb{R}$，它处理前一层 d_{k-1} 个单元的输出。注意，对于第一层中的神经元，输入使用 $\boldsymbol{x}\in\mathbb{R}^{d_x}$ 代替。首先，使用权重向量 $\boldsymbol{w}\in\mathbb{R}^3$ 与输入特征 $\boldsymbol{x}$ 进行向量乘法并与标量偏置 $b\in\mathbb{R}$ 进行加法计算得到输入特征的加权和。这步计算是一个线性变换，随后是一个非线性激活函数 g_k。神经单元整个计算过程的示意图如图 7.3 所示，并可以形式化为

$$f_{k,u}(\boldsymbol{x};\boldsymbol{\theta}_u^k)=g_k(\boldsymbol{w}^\top\boldsymbol{x}+b) \tag{7.5}$$

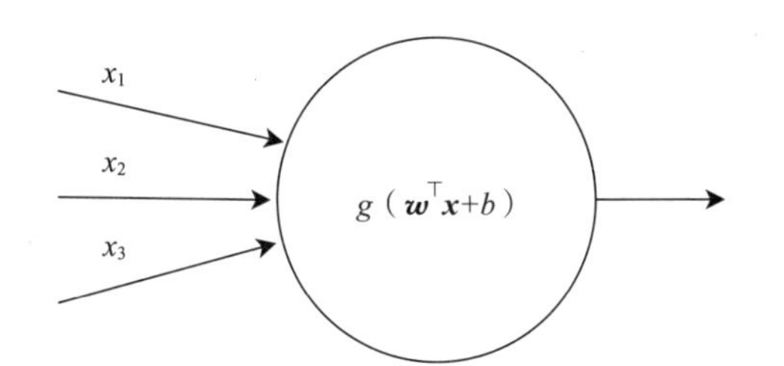

图 7.3 单个神经单元计算给定输入 $\boldsymbol{x}\in\mathbb{R}^3$ 的标量输出的示意图。首先，使用权重向量 $\boldsymbol{w}\in\mathbb{R}^3$ 与输入特征 $\boldsymbol{x}$ 进行向量乘法并与标量偏置 $b\in\mathbb{R}$ 进行加法计算得到输入特征的加权和。最后，应用一个非线性激活函数 $g:\mathbb{R}\to\mathbb{R}$ 来获得标量输出

其中参数 $\boldsymbol{\theta}_u^k\in\mathbb{R}^{d_{k-1}+1}$ 包含权重向量 $\boldsymbol{w}$ 和标量偏置 b。对每个单元的输出应用非线性激活函数是必要的，因为两个线性函数 f 和 g 的组合仍然是一个线性函数。因此，在没有非线性激活函数的情况下，组合任意数量的神经单元只能表示一个线性函数。在前馈神经网络的优化过程中，网络中每个单元的参数 $\boldsymbol{\theta}$ 都被优化。

7.3.2 激活函数

在神经单元中有许多可能的激活函数 g 可供选择。一些常见的选择列在图 7.4 中。修正线性单元(Rectified Linear Unit，ReLU)(Jarrett 等人，2009；Nair 和 Hinton，2010)应用了非线性变换，但仍"接近线性"。这对于基于梯度的优化(用于更新神经网络参数)具有重要意义。此外，ReLU 能够输出零值而不是接近零的值，这对于网络学习具有许多零元素的表示(也称为表示稀疏性)和计算效率是可取的。在神经网络中常用的其他激活函数包括 tanh、sigmoid 以及几种 ReLU 函数的变体，如弱 ReLU(leaky ReLU)和指数线性单元(Exponential Linear Unit，ELU)。关于这些激活函数的可视化，请参见图 7.5。tanh 和 sigmoid 激活函数最常用于限制神经网络的输出范围分别为(−1,1)或(0,1)。如果不需要这样的限制，则通常将 ReLU 及其变体作为默认的激活函数。

名称	方程	超参数
ReLU	$\max(0,x)$	无
弱 ReLU	$\max(cx,x)$	$0<c<1$
ELU	$\begin{cases} x & 如果\ x>0 \\ \alpha(e^x-1) & 其他 \end{cases}$	$\alpha>0$
双曲正切	$\tanh(x)=\frac{e^{2x}-1}{e^{2x}+1}$	无
sigmoid	$\frac{1}{1+e^{-x}}$	无

图 7.4　$x\in\mathbb{R}$ 的常用激活函数总结

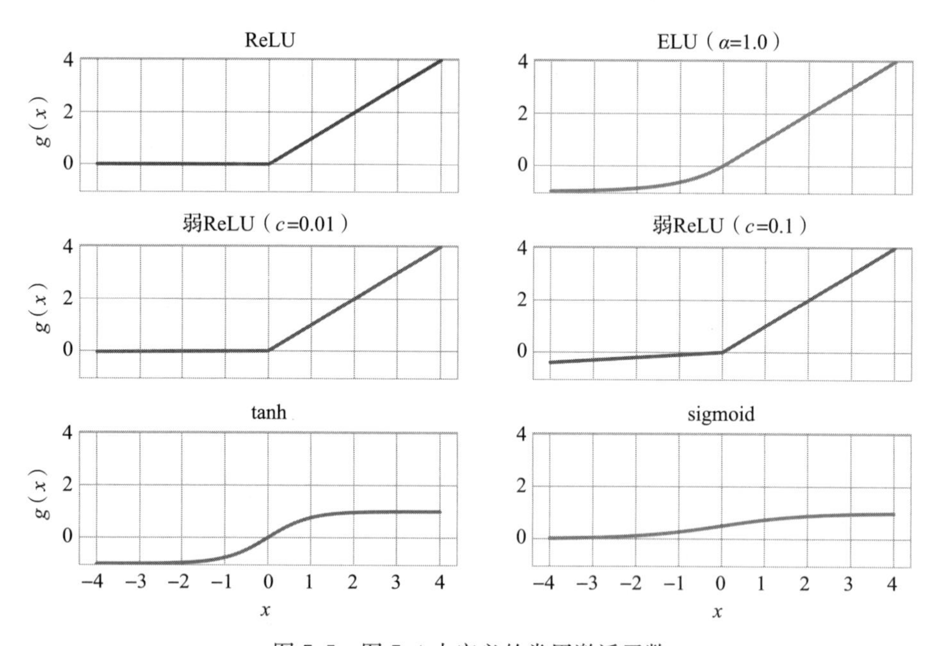

图 7.5　图 7.4 中定义的常用激活函数

7.3.3　由层和单元构成网络

一个前馈神经网络由多层组成，如图 7.2 所示，每一层由许多神经单元组成，每个神经单元表示一个参数化函数(7.3.1 节)。前馈神经网络的第 k 层接收前一层的输出 $\boldsymbol{x}_{k-1}\in\mathbb{R}^{d_{k-1}}$ 作为输入，并计算出输出 $\boldsymbol{x}_k\in\mathbb{R}^{d_k}$。通过汇总第 k 层的所有神经单元，我们可以将其计算表示为

$$f_k(\boldsymbol{x}_{k-1};\boldsymbol{\theta}^k)=g_k(\boldsymbol{W}_k^{\top}\boldsymbol{x}_{k-1}+\boldsymbol{b}_k) \tag{7.6}$$

其中包含激活函数 g_k、权重矩阵 $\boldsymbol{W}_k\in\mathbb{R}^{d_{k-1}\times d_k}$ 和偏置向量 $\boldsymbol{b}_k\in\mathbb{R}^{d_k}$。第 k 层的参数包括权重矩阵和偏置向量，$\boldsymbol{\theta}^k=\boldsymbol{W}_k\cup\boldsymbol{b}_k$。注意，该层的计算可以看作其 d_k 个神经单元的并行计算，并将它们的输出聚合成一个向量 $\boldsymbol{x}_k$。权重矩阵和偏置向量的列元素分别为层内每个神经单元的

权重向量和偏置。以这种向量化方式考虑单层的计算自然地引出了对单个层操作的高效计算和替代解释：单层的高维线性变换可以描述为与权重矩阵的单次矩阵乘法，然后与偏置向量进行向量加法，最后对结果向量逐元素应用激活函数。

7.4　基于梯度的优化

神经网络的参数 $\boldsymbol{\theta}$，有时被称为网络的权重[⊖]，必须进行优化才能获得准确表示目标函数 f^* 的函数 f。一个神经网络可能有很多参数。例如，最新的大型语言模型[如 GPT 系列模型(Brown 等人，2020)]训练了具有数十亿参数的神经网络。为了训练具有如此大量参数的网络，需要一个高效且自动化的网络参数优化过程。神经网络是复杂的非线性函数，不存在通用的闭式解来找到它们关于优化目标的最优参数。相反，可以使用基于非凸梯度的优化方法。这些方法随机初始化并顺序更新神经网络的参数，以寻找在优化目标下改善神经网络的参数。接下来我们将介绍基于梯度优化的三个关键组件：

1. 损失函数：一个定义在网络参数 $\boldsymbol{\theta}$ 上需要最小化的优化目标。
2. 基于梯度的优化器：选择基于梯度的优化技术。
3. 反向传播：一种有效计算损失函数关于网络参数 $\boldsymbol{\theta}$ 的梯度的技术。

神经网络的训练循环如图 7.6 所示，接下来我们将详细解释这三个组件。

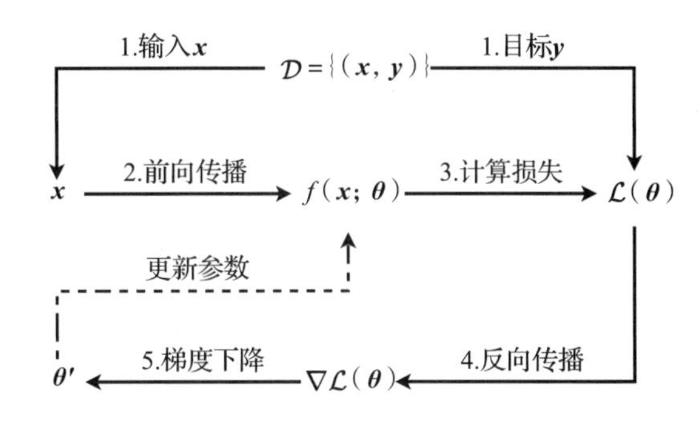

图 7.6　基于梯度优化神经网络参数 $\boldsymbol{\theta}$ 的训练循环：1. 从输入-输出对$(\boldsymbol{x},\boldsymbol{y})$的数据集 $\mathcal{D}$ 中抽取一部分数据作为一批。2. 计算该批中每个输入 $\boldsymbol{x}$ 对应的预测值 $f(\boldsymbol{x};\boldsymbol{\theta})$。3. 计算该批中预测值 $f(\boldsymbol{x};\boldsymbol{\theta})$与相应目标值 $\boldsymbol{y}$ 之间的损失函数 $\mathcal{L}$。4. 使用反向传播计算损失函数关于网络参数 $\boldsymbol{\theta}$ 的梯度。5. 使用基于梯度的优化器更新参数 $\boldsymbol{\theta}$。然后，以更新后的参数 $\boldsymbol{\theta}$ 重新开始循环

7.4.1　损失函数

我们的优化目标是获得使得损失函数 $\mathcal{L}$ 达到最小的参数 $\boldsymbol{\theta}^*$：

$$\boldsymbol{\theta}^* \in \arg\min_{\boldsymbol{\theta}} \mathcal{L}(\boldsymbol{\theta}) \tag{7.7}$$

这个损失函数必须是可微分的，因为我们需要计算损失函数的梯度，以实现基于参数 $\boldsymbol{\theta}$ 梯度的优化。损失函数的选择取决于神经网络近似的函数类型和用于优化的可用数据。

回顾 7.2 节中线性函数逼近的例子，神经网络可以被优化以近似强化学习中的状态-价值函数 $\hat{V}(s;\boldsymbol{\theta})$。这个价值函数可以准确地近似当前策略 π 下任何状态 s 的真实状态-价值函数 $V^\pi(s)$。对于这个优化目标，我们可以将损失定义为一批 B 状态中近似状态-价值函数和真实状态-价值函数的均方误差(MSE)：

$$\mathcal{L}(\boldsymbol{\theta}) = \frac{1}{B}\sum_{k=1}^{B}(V^\pi(s_k) - \hat{V}(s_k;\boldsymbol{\theta}))^2 \tag{7.8}$$

⊖　注意，前馈神经网络的参数包括所有层的所有权重矩阵和偏置向量。

使用的数据集包含状态及其对应的真实状态-价值，$\mathcal{D}=\{(s_k,V^{\pi}(s_k))\}_{k=1}^{|\mathcal{D}|}$。优化时从 $\mathcal{D}$ 中抽取 B 对样本来计算损失。最小化这个损失将逐步更新神经网络(表示为 $\hat{V}$)的参数 $\boldsymbol{\theta}$，使其更加接近近似该批中所有状态的真实状态-价值函数。均方误差是一种常用的损失函数，适用于具有输入对和连续真实输出(例如可以获得状态的真实状态价值)的训练场景。

这种使得模型从包含真实输出标签的数据中训练出来的机器学习设置称为监督学习。在强化学习中，值得注意的是，我们通常不会事先知道真实的状态-价值函数。幸运的是，时序差分学习为我们提供了一个框架，我们可以用它来制定一个损失函数，使价值函数通过使用自举的价值估计来逼近折扣状态-价值估计(2.6 节)：

$$\mathcal{L}(\boldsymbol{\theta})=\frac{1}{B}\sum_{i=1}^{B}(r_i+\gamma\hat{V}(s_i';\boldsymbol{\theta})-\hat{V}(s_i;\boldsymbol{\theta}))^2 \tag{7.9}$$

在这个损失函数中，我们使用了该智能体的一批经验数据，包括状态 s、奖励 r 和下一个状态 s'。最小化这个损失将优化我们的网络参数 $\boldsymbol{\theta}$，使得 $\hat{V}$ 逐渐提供准确的状态-价值估计。在第 8 章中，我们将讨论使用神经网络的强化学习的细节，包括具体算法、示例和性能比较。

7.4.2　梯度下降

在神经网络中更新参数的常见优化技术是梯度下降。梯度下降通过沿着损失函数关于给定数据参数的负梯度(因此称为“下降”)来顺序更新参数 $\boldsymbol{\theta}$。这种技术类似于我们在 6.4 节中已经看到的策略学习期望回报的梯度上升，不同之处在于我们是最小化损失函数，而不是最大化期望回报。梯度 $\nabla_{\boldsymbol{\theta}}\mathcal{L}(\boldsymbol{\theta})$ 被定义为每个参数 $\boldsymbol{\theta}_i\in\boldsymbol{\theta}$ 的偏导数向量：

$$\nabla_{\boldsymbol{\theta}}\mathcal{L}(\boldsymbol{\theta})=\left(\frac{\partial\mathcal{L}(\boldsymbol{\theta})}{\partial\boldsymbol{\theta}_1},\cdots,\frac{\partial\mathcal{L}(\boldsymbol{\theta})}{\partial\boldsymbol{\theta}_i}\right) \tag{7.10}$$

该梯度可以被解释为参数空间中的一个向量，该向量指向损失函数增长最快的方向。由于我们想要最小化损失函数，因此我们可以沿着负梯度方向来更新参数，朝着最陡峭的下降方向前进。最简单的普通梯度下降网络参数更新公式为

$$\boldsymbol{\theta}\leftarrow\boldsymbol{\theta}-\alpha\nabla_{\boldsymbol{\theta}}\mathcal{L}(\boldsymbol{\theta}\mid\mathcal{D}) \tag{7.11}$$

其中学习率 $\alpha>0$ 通常在 10^{-5} 和 10^{-2} 之间取值。普通梯度下降[㊀]计算整个训练数据集 $\mathcal{D}$ 的梯度来更新参数。这种梯度下降的应用有两个主要的缺点。首先，训练数据 $\mathcal{D}$ 通常无法全部放入内存中。这使得计算整个训练数据集上的梯度变得困难。其次，为更新参数而计算整个数据集的梯度是昂贵的，因此，普通梯度下降收敛到局部最优解的速度较慢。

为了解决这些问题，随机梯度下降(Stochastic Gradient Descent，SGD)沿着从训练数据中随机抽取的单个样本的梯度来更新参数：

$$\boldsymbol{\theta}\leftarrow\boldsymbol{\theta}-\alpha\nabla_{\boldsymbol{\theta}}\mathcal{L}(\boldsymbol{\theta}\mid d)\mid_{d\sim\mathcal{U}(\mathcal{D})} \tag{7.12}$$

样本通常是从训练数据集 $\mathcal{D}$ 中随机均匀抽取的(即 $d\sim\mathcal{U}(\mathcal{D})$)，但也可以使用其他采样策略。SGD 的计算速度明显更快，因为它只需要计算训练数据中一个样本的梯度，但由于依赖抽取的样本，其更新值表现出较高的方差。

小批量梯度下降位于普通梯度下降和随机梯度下降这两个极端方法之间。小批量梯度下降并不使用整个数据集或单个样本来计算梯度，而是如其名称所示，使用来自训练数据的批样本来计算梯度：

㊀ 普通梯度下降有时也被称为批量梯度下降，因为它使用整个训练数据作为一批来计算单个梯度。

$$\boldsymbol{\theta} \leftarrow \boldsymbol{\theta} - \alpha \nabla_{\boldsymbol{\theta}} \mathcal{L}(\boldsymbol{\theta} \mid \mathcal{B}) \Big|_{\mathcal{B}=\{d_i \sim \mathcal{U}(\mathcal{D})\}_{i=1}^{B}} \tag{7.13}$$

与 SGD 类似，该批中的样本通常是随机均匀抽取的。每次梯度计算中使用的批 $\mathcal{B}$ 中的样本数量称为批尺寸 B，它被选为超参数，能够提供梯度的方差和计算成本之间的权衡。对于小批尺寸，小批量梯度下降接近 SGD，梯度计算速度快，但方差大。对于较大的批尺寸，小批量梯度下降接近传统梯度下降，梯度计算较慢但梯度的方差小，因此具有稳定的收敛性。神经网络优化的常见批尺寸在 32～1028 之间，但应始终根据可用数据、计算资源、神经网络架构和损失函数仔细选择批尺寸。

图 7.7a 提供了普通梯度下降、SGD 和不同批尺寸的小批量梯度下降在多项式函数优化方面的比较。在这个示例中，我们训练一个函数逼近器 $f(x;a,b)=ax+bx^2$ 来逼近目标函数 $f^*(x;a^*=2,b^*=0.5)$。为了训练，我们从$[-5,5]$均匀随机抽取 10 000 个输入值来生成数据集 $\mathcal{D}=\{(x,f^*(x))\}$。对于所有优化，我们使用 $\alpha=5\times10^{-4}$，初始参数 $a=b=0$，并进行 500 次梯度更新训练。结果表明，使用传统梯度下降的优化非常稳定，但重要的是要注意，每次使用普通梯度下降进行更新的计算成本较高，在我们的实验中平均每次梯度计算需要 1.07ms。相比之下，随机梯度下降计算成本低廉，平均每次梯度计算仅需 0.30ms，但由于梯度的方差大，其优化效果较不稳定。小批量梯度下降为这两种方法提供了一种有吸引力的折中方案。即使在相当小的批尺寸 $B=32$ 的情况下，我们也看到小批量梯度下降接近传统梯度下降的稳定性，而计算成本与随机梯度下降相当，每次梯度计算仅需 0.32ms。在深度学习文献中，由于小批量梯度下降方法是使用从数据中抽取的样本来近似整个训练数据的预期梯度，因此有时也被称为 SGD。

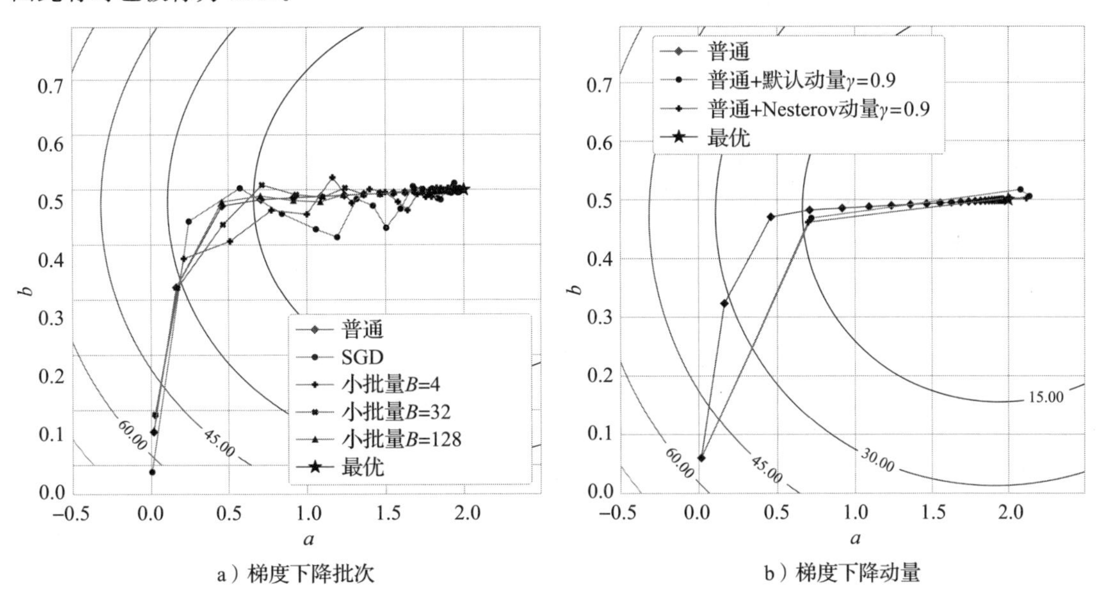

图 7.7 等高线图展示了使用基于梯度的优化方法对具有两个参数 a 和 b 的简单函数逼近器拟合多项式函数的优化过程。同心圆代表由均方误差给出的损失值。每个绘制的点代表经过 20 次梯度更新后，使用相应优化器得到的参数 a 和 b 的平均损失估计。a) 比较了普通、SGD 和不同批尺寸的小批量梯度下降，而 b)比较了有无动量的普通梯度下降

许多基于梯度的优化技术已经被提出来扩展小批量梯度下降。一个常见的概念是动量

(Polyak，1964；Nesterov，1983)，它计算过去梯度的移动平均，并将其添加到梯度中以“加速”优化。图 7.7b 通过可视化方式展示了对之前讨论过的多项式函数进行优化的过程，比较了使用纯梯度下降法以及分别结合两种不同类型的动量方法的效果。我们可以看到，在使用动量时，梯度下降的效率有显著提升，获得接近真实参数需要的更新次数大大减少。如默认动量所示，只要梯度朝相似的方向继续，动量加速的效果是有效的，但同时也增加了“超调”损失函数最小值的风险。Nesterov 动量(Nesterov，1983)在此基础上进一步改进，展示出比传统动量更高的稳定性。一些较新的方法遵循在优化过程中动态调整学习率的思想，这可以被认为与动量类似。学习率调整的主要好处是简化了选择初始学习率这一超参数的过程，使优化对(初始)学习率的选择不那么敏感，并加速优化过程。所有基于梯度的神经网络的参数优化器通常都应用了不同的学习率调整方案(Duchi、Hazan 和 Singer，2011；Hinton、Srivastava 和 Swersky，2012；Zeiler，2012；Kingma 和 Ba，2015)。这些优化器中没有一个被一致观测到始终比其他优化器表现得更好，但 Adam 优化器(Kingma 和 Ba，2015)已成为一种常见选择，并经常作为深度学习中的默认优化器[⊖]。

7.4.3　反向传播

基于梯度的优化器需要计算损失函数关于网络的所有参数的梯度 $\nabla_{\boldsymbol{\theta}}\mathcal{L}(\boldsymbol{\theta})$。这些梯度是用来理解我们应该如何改变每个参数以最小化损失的。为了计算损失函数关于网络中所有参数的梯度，即包括网络中每一层的参数，使用了反向传播算法(Rumelhart、Hinton 和 Williams，1986)。该算法考虑到神经网络计算一个可以应用导数链式法则的组合函数的事实。作为提醒，对于 $y=g(x)$ 和 $z=f(y)=f(g(x))$，链式法则表示为

$$\nabla_x z=\left(\frac{\partial y}{\partial x}\right)^{\top}\nabla_y z \tag{7.14}$$

$\frac{\partial y}{\partial x}$是函数 g 的雅可比矩阵。用语言来描述，链式法则允许我们通过将内层函数 g 的雅可比矩阵与外层函数关于其输入的梯度相乘，来计算复合函数关于内层函数输入的梯度。

如 7.3 节所讨论的，前馈神经网络是组合函数，每层定义了自己的参数化函数，包括非线性激活函数、矩阵乘法和向量加法，如式(7.6)所定义。通过计算整个网络中每个内部操作的内部梯度 $\nabla_y z$，从网络的输出层遍历到输入层可以有效地计算出参数关于某些给定输入的梯度。在整个网络中，应用链式法则来反向传播梯度，直到达到输入。从最后一层到第一层反向计算网络中每个参数的梯度的过程称为反向传播。这与前向传播相反，前向传播顺序地向前传递层的输出以计算神经网络对某些给定输入的输出。所有主要的深度学习框架都有基于自动微分的计算技术实现的反向传播算法。多亏了这些技术，反向传播算法的细节被隐藏起来，计算神经网络的梯度就像在相应框架中调用一个函数一样简单。

7.5　卷积神经网络与递归神经网络

前馈神经网络可以被视为深度学习的基础，并且适用于任何类型的数据。还存在许多更专门的架构，这些架构建立在前馈神经网络的理念之上。在强化学习和多智能体强化学习算法中最常见的专门架构是卷积神经网络和循环神经网络。这两种架构都是为特定类型的输入

⊖　对于想要了解基于梯度的优化技术更详细概述的读者，我们推荐参考 Ruder(2016)的文章。

而设计的，因此适用于特定类型的问题。卷积神经网络专门用于处理空间结构化数据，特别是图像。循环神经网络旨在处理序列，在强化学习中最常见的是部分可观测环境中的观测历史。

7.5.1 从图像中学习——利用数据中的空间关系

前馈神经网络可以用来处理任何输入，但并不适合处理空间数据(如图像)，主要有两个原因。首先，要用前馈神经网络处理图像，需要将图像表示从张量 $\boldsymbol{x} \in \mathbb{R}^{c \times h \times w}$ 展平，其中 c、h 和 w 分别对应于颜色通道数(许多图像用三个颜色通道表示，对应于红、蓝、绿)、高度和宽度。然后这个展平的向量 $\widetilde{\boldsymbol{x}} \in \mathbb{R}^{c \cdot h \cdot w}$ 的维度对应于图像中的像素数乘以颜色通道数。用前馈神经网络处理这么大的输入向量将需要第一层包含许多参数，这使得优化变得困难，因此是不可取的。例如，考虑一个处理 128×128 像素 RGB 颜色三通道图像的前馈神经网络。代表这种大小的图像，其远小于任何现代智能手机拍摄的照片，对应于维度为 128×128×3=49 152 的向量。即使第一层的神经单元数量少，例如 128 个，网络也需要学习总共 6 291 584 个参数[㊀]。虽然与大语言模型相比 600 万参数的神经网络并不算大，但即使处理小图像也要求这么多参数显得太夸张并且计算成本过高[㊁]。

其次，图像包含空间关系，彼此靠近的像素通常对应于图像中显示的相似物体。前馈神经网络不考虑这种空间关系，而是独立处理每个输入值。

卷积神经网络(Convolutional Neural Network，CNN)(Fukushima 和 Miyake，1982；LeCun 等人，1989)通过同时处理相邻的像素块直接利用输入数据(如图像)中的空间关系。在卷积操作中，我们将称为滤波器或核的小型参数组“滑动”过图像。在卷积中，每个滤波器逐行遍历图像的像素，并同时编码它覆盖的所有像素值。对于滤波器移过的每个像素块，其参数与相同大小的相应像素块进行矩阵乘法，以获得单个输出值。单个卷积操作所涉及的输入值片段被称为与其对应的输出值或神经元的感受野(receptive field)。形式上，对于输出 $\boldsymbol{y}_{i,j} \in \mathbb{R}$，一个参数为 $\boldsymbol{W} \in \mathbb{R}^{d_w \times d_w}$ 的滤波器与输入 $\boldsymbol{x} \in \mathbb{R}^{d_x \times d_x}$ 的卷积定义如下：

$$\boldsymbol{y}_{i,j} = \sum_{a=1}^{d_w} \sum_{b=1}^{d_w} \boldsymbol{W}_{a,b} \boldsymbol{x}_{i+a-1,j+b-1} \tag{7.15}$$

此操作重复进行，直到滤波器移动过整个图像。请注意，每个滤波器对每个单元格都有一个参数，这些参数在每次卷积操作中都被重复使用。与全连接网络层相比，这种在多个计算之间共享参数的方式可以显著减少需要优化的参数数量，并且利用了图像的空间关系，即相邻像素块之间具有高度相关性。滤波器根据步长和填充在该输入上移动。步长决定了滤波器在每次滑动时移动的像素数，而填充指的是扩大图像尺寸，通常是在其边界周围添加零值。这些超参数会影响卷积输出的维度。卷积之后，非线性激活函数逐元素地应用于输出矩阵的每个单元。

为了突出 CNN 的效率，考虑我们之前处理 128×128 RGB 图像的例子。一个拥有 16 个 5×5 维滤波器的 CNN，总共用 1216 个参数[㊂]来处理一个具有 3 个输入通道的图像。相比之

㊀ 权重矩阵将是一个 49 152×128 维的矩阵，总共有 6 291 456 个参数，而偏置向量将包含 128 个参数。

㊁ 为了处理分辨率为 3840×2160 而不是 128×128 像素的 4K RGB 图像，前馈神经网络第一层的权重矩阵将包含 30 多亿个参数。

㊂ 每个核有 5×5×3=75 个参数。在所有 16 个滤波器中，总共有 1200 个参数，外加 16 个偏置参数。

下，一个拥有128个隐藏维度的单层前馈神经网络需要超过600万个参数来处理相同的输入。这是因为不同于前馈神经网络，CNN的参数数量不依赖于输入图像的宽度和高度，在整个图像中应用了相同的过滤器。与之相反，CNN的输出维度取决于输入的维度以及步长和填充。例如，一个应用了16个5×5维滤波器的CNN，用于处理步长为2和填充为0的128×128×3图像，会产生一个63×63×16的输出。

CNN通常会使用不同尺寸的滤波器，按顺序执行多个这样的卷积操作。在每次卷积之间，通常会额外应用池化操作。在这些操作中，通过取像素块内的最大值(称为最大池化)或取平均值等操作，将像素块聚合在一起。这些在卷积之间的池化操作进一步降低了整个卷积神经网络中的输出维度，并使网络的输出对图像中微小的局部变化不敏感。这种效果是可取的，因为学习到的对局部不敏感的特征可能比与图像中特定位置相关的特征具有更好的泛化能力。

图7.8展示了一个具有单个核的卷积神经网络处理输入并应用池化进行聚合的过程。在使用几层CNN处理空间输入(如图像)之后，通常会使用前馈神经网络进一步处理所获得的紧凑表示。

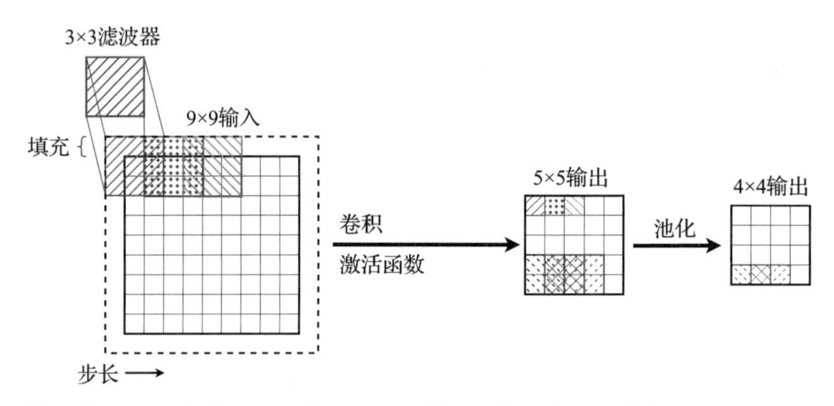

图7.8　使用单个3×3核处理9×9输入的卷积神经网络示意图。首先，核应用于图像，填充为1，步长为2(核一次移动两个像素)，得到5×5的输出。然后，对2×2像素组进行池化操作，无填充且步长为1，得到最终的4×4输出。请注意，该图像仅通过10个学习到的参数(9个权重和一个标量偏置)进行处理

7.5.2　利用记忆从序列中学习

前馈神经网络不适合处理序列输入。例如，在部分可观测任务中，强化学习智能体需要根据其观测历史进行决策(见3.4节)。要让前馈神经网络根据这样的历史进行条件化，需要将整个序列作为输入。类似于图像输入，使用前馈神经网络处理长序列的观测可能需要许多参数。此外，历史中的观测很可能是相关的，因此共享参数来处理每次观测似乎是合理的，类似于在卷积神经网络中多次使用过滤器。

递归神经网络(RNN)(Rumelhart、Hinton和Williams，1986)是专门设计用于处理序列数据的神经网络。与使用长串联输入序列不同，递归神经网络顺序处理输入，并额外地对每个步骤的计算进行条件处理，条件是之前输入的历史的紧凑表示。这种紧凑表示作为一种记忆形式，也称为递归神经网络的隐藏状态，会随着序列的处理不断更新以编码更多信息。通过

这种方式，相同的神经网络和计算可以应用于每个时间步，但其功能会随着序列的处理和隐藏状态的变化而不断调整。形式上，隐藏状态由网络的输出给出：

$$\boldsymbol{h}^t = f(\boldsymbol{x}^t, \boldsymbol{h}^{t-1}; \boldsymbol{\theta}) \tag{7.16}$$

其中，初始隐藏状态 $\boldsymbol{h}^0$ 通常初始化为零值向量。与深度学习中的常用标记一致，我们用 $\boldsymbol{h}$ 表示递归神经网络的隐藏状态，但需要强调的是，在本书的其他地方 $\boldsymbol{h}$ 指的是观测历史。图 7.9 展示了处理输入序列的递归神经网络的计算图。一些递归神经网络架构为更新的隐藏状态和网络的主输出提供了单独的输出。

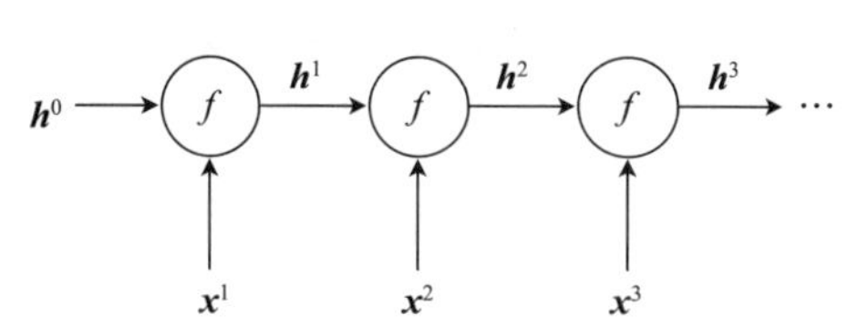

图 7.9　递归神经网络的示意图，这个网络表示了一个用于处理输入序列 $\boldsymbol{x}^1, \boldsymbol{x}^2, \cdots$ 的函数 f。在时间步 t，网络同时取当前输入 $\boldsymbol{x}^t$ 和之前的隐藏状态 $\boldsymbol{h}^{t-1}$ 作为输入来计算新的隐藏状态 $\boldsymbol{h}^t$。初始隐藏状态 $\boldsymbol{h}^0$ 在第一步时给到模型，然后隐藏状态由递归神经网络持续更新以处理输入序列

在长序列上优化递归神经网络是困难的，由于反向传播在整个序列中反复乘以梯度和网络参数的雅可比，梯度往往会消失(接近零)或爆炸(变得非常大)。为了应对这一挑战，提出了多种方法，包括跳跃连接(Lin 等人，1996)，它在多个时间步的计算之间添加连接，以及弱 ReLU(Mozer，1991；El Hihi 和 Bengio，1995)，它允许通过线性自连接来调整先前时间步的累积。然而，最常用且有效的循环神经网络架构是长短期记忆(Long Short-Term Memory，LSTM)单元(Hochreiter 和 Schmidhuber，1997)和门控循环单元(Gated Recurrent Unit，GRU)(Cho 等人，2014)。这两种方法都基于同一个理念：允许循环神经网络决定何时记住或丢弃隐藏状态中累积的信息。

7.6　总结

在本章中，我们介绍了深度学习和神经网络作为一种学习近似函数的通用方法。本章的主要概念如下：

- 对于表格型价值函数和策略，只有访问过的状态和动作才会被更新。然而，在具有大量状态或动作空间的复杂环境中，多次访问所有状态和动作来学习准确估计是不现实的。这就需要函数逼近来学习能够概括不同状态和动作的价值函数与策略。线性函数逼近通过特征的线性组合来近似函数。这种方法很简单，但它所能表示的函数也有限制，并且需要仔细选择特征。然而，深度学习可以在容量足够的前提下用神经网络近似任何函数。
- 前馈神经网络——也被称为全连接神经网络或多层感知器(MLP)——是大多数神经网络的基础构建块。它们按层组织，每一层代表一个参数化的线性变换，后面跟着一个非线性激活函数。输入依次通过网络中的各层，每层的输入是前一层的输出。最后一层的输出是网络的输出。
- 神经网络通常随机初始化参数。为了近似期望的函数，它们的参数通过基于梯度的优化迭代更新。这种优化的目标是最小化一个可微分的损失函数。每次优化先计算一批输入的损失。然后，使用反向传播计算神经网络参数关于损失的梯度。反向传播算法通过迭代应用导数链式法则高效地计算所需的梯度。最后，神经网络的参数使用基于梯度下降思想的梯度优化器进行更新。

- 卷积神经网络是一种神经网络架构，设计用于处理具有空间结构的高维输入，如图像。在卷积操作中，参数化的核在输入上“滑动”同时处理邻近的输入。学习到的相同核可以处理输入的不同部分，从而共享参数来减少网络中的参数数量。此外，卷积神经网络通常使用池化操作来降低输入的维度，并使网络对输入的小幅度变化更加鲁棒。这些操作是一种归纳偏差，它允许卷积神经网络有效地学习高维输入的表示。
- 循环神经网络是一类用于处理输入序列的神经网络。一个序列由同一个神经网络迭代处理，该网络维持一个隐藏状态作为对之前输入历史的紧凑表示。在处理每个序列之前，隐藏状态被初始化。在每一步中，当前的隐藏状态和序列输入被送入网络，以获取当前步骤的输出和一个新的隐藏状态。这个过程被重复执行以计算序列每一步的输出。最常见的循环神经网络架构是长短期记忆单元(LSTM)和门控循环单元(GRU)，它们允许网络决定何时记住或丢弃隐藏状态中累积的信息。

在第 8 章中，我们将在第 2 章介绍的强化学习基础上，以及新引入的深度学习概念上进行构建。我们将介绍使用神经网络来近似价值函数和策略的深度强化学习算法，以及在将深度学习应用于强化学习时需要考虑的关键挑战。第 9 章将把这些想法扩展到多智能体强化学习。

CHAPTER 8

第 8 章 深度强化学习

在第一部分中，我们用表格表示价值函数。遇到特定状态后，只有其对应的价值估计(由表格中的元素给出)会被更新，而所有其他价值估计保持不变。表格型价值函数无法泛化，即无法更新其对于与已遇到的状态类似但不完全相同的状态的价值估计，使得表格型多智能体强化学习算法效率低下，且除了在小状态和动作空间的简单任务上几乎不可行。在具有大型或连续状态空间的问题中，多次遇到任何状态是不太可能的，因此，泛化对于有效地学习价值函数和策略至关重要。第 7 章介绍了深度学习和神经网络，以及优化神经网络参数的技术。强化学习和多智能体强化学习可以利用这些强大的函数逼近器来表示价值函数，这些价值函数与表格型价值函数不同，可以泛化到以前未见过的状态。

在我们讨论多智能体强化学习算法如何利用神经网络(第 9 章)之前，本章将介绍单智能体强化学习背景下的基础技术。它自然地建立在第 2 章和第 7 章的内容上，旨在回答如何有效使用神经网络来近似价值函数和策略的问题。我们首先描述如何使用神经网络来近似价值函数。正如我们将看到的，将深度学习融入强化学习的价值函数面临着几个挑战。特别是，之前遇到的目标值变动问题(5.4.1 节)在引入神经网络后会进一步恶化，并且神经网络倾向于关注最近的经验。我们将讨论这些困难以及如何缓解它们。之后，我们将讨论第二类强化学习算法——策略梯度算法——它们直接学习参数化函数的策略。我们将介绍这些算法的基础定理，介绍基本的策略梯度算法，并讨论如何有效训练这些算法。

8.1 深度价值函数逼近

价值函数是大多数 RL 算法至关重要的组成部分。本节将介绍如何利用神经网络来近似价值函数的基本思想。令人惊讶的是，引入神经网络来表示强化学习中的价值函数带来了一些以前在表格型价值函数中未出现的挑战。特别是，将常见的离线策略强化学习算法[如 Q 学习(2.6 节)]与神经网络结合起来需要仔细考虑。在本节中，我们逐步将 Q 学习扩展为常用的深度强化学习算法，即深度 Q 网络(DQN)(Mnih 等人，2015)。DQN 是第一个也是应用最广泛的深度强化学习算法之一。此外，DQN 是许多单智能体和多智能体强化学习算法的常见模块，因此我们将详细介绍其所有组成部分。我们从已经熟悉的 Q 学习算法开始，逐步介绍每个扩展的形式化和伪代码，并在单智能体基于等级的搜寻环境中比较这些扩展的结果，以研究这些扩展的影响。为了公式化本章的算法，我们假设环境由一个完全可观测的 MDP 表示(2.2 节)。我们将在 8.3 节简要讨论对部分可观测游戏的扩展。

8.1.1　深度 Q 学习——可能出现什么问题

在表格型 Q 学习中，智能体以表格形式维护一个动作-价值函数 Q。在时间步 t 状态 $\boldsymbol{s}^t$ 下执行动作 $\boldsymbol{a}^t$ 后，智能体接收到奖励 r^t 并观测到新状态 $\boldsymbol{s}^{t+1}$。利用这种经验，智能体可以使用如下 Q 学习更新规则来更新其动作-价值函数：

$$Q(\boldsymbol{s}^t,\boldsymbol{a}^t)\leftarrow Q(\boldsymbol{s}^t,\boldsymbol{a}^t)+\alpha(r^t+\gamma\max_{\boldsymbol{a}'}Q(\boldsymbol{s}^{t+1},\boldsymbol{a}')-Q(\boldsymbol{s}^t,\boldsymbol{a}^t)) \tag{8.1}$$

其中 $\alpha>0$ 表示学习率。

Q 学习的表格型价值函数如何用神经网络替代呢？在第 7 章中，我们看到要训练一个神经网络，需要定义网络架构和损失函数，并选择基于梯度的优化器。优化器的选择很重要，正如我们在 7.4 节中讨论的，优化器可能会显著影响学习过程，但神经网络可以使用任何基于梯度的优化器进行优化。因此，我们专注于定义架构和损失函数。为此，我们定义了一个神经网络 Q 来表示深度学习版本 Q 学习的动作-价值函数，如图 8.1 所示。该网络接收状态作为输入，并输出每个可能动作的估计动作-价值。

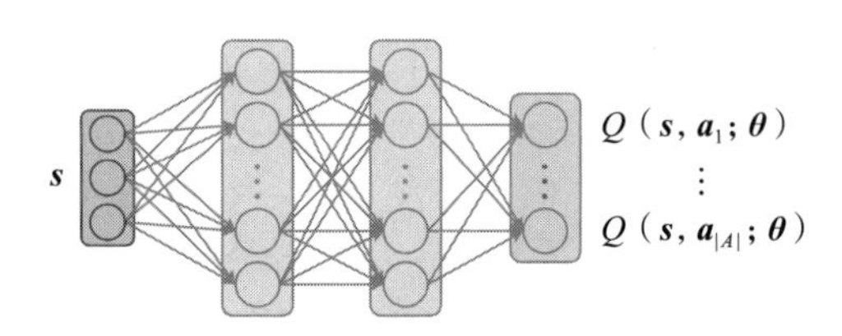

图 8.1　动作-价值函数的神经网络架构：网络将状态作为输入，并为每个可能的(离散)动作输出动作-价值的估计

这种架构通过网络的一次前向传播计算所有动作的动作-价值估计，具有计算效率高的特点。然而，就像表格型 Q 学习一样，它将深度 Q 学习限制在具有有限(离散)动作空间的环境中。对于需要通过更新参数 $\boldsymbol{\theta}$ 来最小化的损失函数，我们定义了在第 t 步时价值函数估计与目标值 y^t 之间的平方误差，使用与表格型 Q 学习中相同的单次转换经验：

$$\mathcal{L}(\boldsymbol{\theta})=(\boldsymbol{y}^t-Q(\boldsymbol{s}^t,\boldsymbol{a}^t;\boldsymbol{\theta}))^2 \tag{8.2}$$

请注意，对于终止状态(即一个回合结束后的状态)，状态值始终为零是很重要的。这是因为在终止状态下，智能体无法采取任何进一步的行动，因此无法累积更多的奖励。在表格算法中，我们已经通过将所有状态的值函数初始化为零来考虑了这一属性，因为这些值对于终止状态永远不会更新。然而，即使从未明确地为这些状态更新，神经网络可能也会为终止状态输出非零值。为了确保目标值不包含终止状态的非零值，目标值的计算方式取决于 $\boldsymbol{s}^{t+1}$ 是否为终止状态[⊖]：

$$y^t=\begin{cases}r^t & \text{如果 } \boldsymbol{s}^{t+1} \text{ 是终止状态}\\ r^t+\gamma\max_{\boldsymbol{a}'}Q(\boldsymbol{s}^{t+1},\boldsymbol{a}';\boldsymbol{\theta}) & \text{其他}\end{cases} \tag{8.3}$$

此外，一定要注意式(8.2)中定义的损失函数包含了两次近似价值函数：一次是当前所见状态和动作的估计值 $Q(\boldsymbol{s}^t,\boldsymbol{a}^t;\boldsymbol{\theta})$；另一次是在自举目标值(对于非终止下一状态)中，$\max_{\boldsymbol{a}'}Q(\boldsymbol{s}^{t+1},\boldsymbol{a}';\boldsymbol{\theta})$。

⊖ 在实践中，这通常通过在下一个状态中将最大动作-价值掩盖为一个值来实现，如果 $\boldsymbol{s}^{t+1}$ 是终止状态则该值为 0，否则为 1。

这一点很重要，使用反向传播计算损失关于网络参数 $\boldsymbol{\theta}$ 的梯度时，将通过价值函数的两个实例进行反向传播。然而，在这种情况下，我们希望更新当前状态-动作对$(\boldsymbol{s}^t, \boldsymbol{a}^t)$的价值估计，而自举价值估计仅作为一个目标值来优化价值估计 $Q(\boldsymbol{s}^t, \boldsymbol{a}^t; \boldsymbol{\theta})$。为了避免通过自举目标值计算梯度，我们可以阻止任何通过目标值的梯度反向传播[⊖]。在使用自举来估计目标值的所有深度强化学习算法中，必须考虑这个细节。本算法的伪代码采用ε-贪婪探索策略，我们将其称为深度Q学习，如算法10所示。在接下来的章节中，我们将用 $\boldsymbol{\theta}$ 来表示代表值函数的神经网络的参数。

算法 10　深度 Q 学习

1：使用随机参数 $\boldsymbol{\theta}$ 初始化价值网络 Q
2：每回合重复：
3：**for** 时间步 $t=0,1,2,\cdots$ **do**
4：　观测当前状态 $\boldsymbol{s}^t$
5：　概率ε下：随机选择动作 $\boldsymbol{a}^t \in A$
6：　否则：选择 $\boldsymbol{a}^t \in \arg\max_{\boldsymbol{a}} Q(\boldsymbol{s}^t, \boldsymbol{a}; \boldsymbol{\theta})$
7：　执行动作 $\boldsymbol{a}^t$；观测回报 r^t 和下一个状态 $\boldsymbol{s}^{t+1}$
8：　**if** $\boldsymbol{s}^{t+1}$ 是终止状态 **then**
9：　　目标 $y^t \leftarrow r^t$
10：　**else**
11：　　目标 $y^t \leftarrow r^t + \gamma \max_{\boldsymbol{a}'} Q(\boldsymbol{s}^{t+1}, \boldsymbol{a}'; \boldsymbol{\theta})$
12：　损失 $\mathcal{L}(\boldsymbol{\theta}) \leftarrow (y^t - Q(\boldsymbol{s}^t, \boldsymbol{a}^t; \boldsymbol{\theta}))^2$
13：　最小化损失 $\mathcal{L}(\boldsymbol{\theta})$来更新参数 $\boldsymbol{\theta}$

Q学习的这种简单扩展存在两个重要问题。首先，通过函数逼近来表示价值函数加剧了目标值变动问题，因为所有状态和动作的价值估计会随着价值函数的更新而不断变化。其次，用于更新价值函数的连续样本之间的强相关性导致网络对最近的经验的不期望的过拟合。接下来的两小节将聚焦于这些挑战以及如何在深度强化学习中应对它们。

8.1.2　目标值变动问题

在5.4.1节中，我们已经看到非平稳性对强化学习中价值函数的学习挑战性。这种非平稳性是由两个因素引起的。首先，智能体的策略在整个训练过程中都在变化。其次，目标估计是用下一个状态的自举价值估计计算的，随着价值函数的训练而变化。我们也称这个挑战为目标值变动问题，在深度强化学习中进一步加剧。与表格型价值函数不同，具有函数逼近(例如神经网络)的价值函数在输入上泛化它们的价值估计。这种泛化对于将价值函数应用于复杂环境至关重要，但也带来了一个问题，即更新单个状态的价值估计可能也会改变所有其他状态的价值估计。这可能导致自举目标估计的变化比表格型价值函数的变化要快得多，从而使优化变得不稳定。

⊖　深度学习库，如PyTorch、TensorFlow和Jax，都提供了将梯度计算限制在损失函数特定部分上的功能。虽然这是一个重要的实现细节，但并不是理解以下算法中核心组件的必要条件。

这个问题在结合了离线策略学习[⊖]、函数逼近和自举目标的算法中特别突出。这种所谓的强化学习致命三角(Sutton 和 Barto，2018；van Hasselt 等人，2018)可能导致不稳定和发散的价值估计。为了理解这三个概念的结合为什么会导致学习过程中的不稳定和发散，我们来深入分析 8.1.1 节中包含所有这些组件的深度 Q 学习算法。对于这个算法，我们训练了一个由神经网络表示的动作-价值函数 Q 作为函数逼近。为了更新价值函数，我们收集离线策略数据，例如使用ε-贪婪策略。对于收集的经验元组($\boldsymbol{s}^t,\boldsymbol{a}^t,r^t,\boldsymbol{s}^{t+1}$)，自举目标值使用 $\max_{\boldsymbol{a}'} Q(\boldsymbol{s}^{t+1},\boldsymbol{a}';\boldsymbol{\theta})$计算得到。价值函数的 $\boldsymbol{\theta}$ 参数随后的更新可能会增加($\boldsymbol{s}^{t+1},\boldsymbol{a}'$)的价值估计。这种目标动作-价值估计的增加可能是有问题的，因为行为策略可能永远不会在状态 $\boldsymbol{s}^{t+1}$ 中采取动作 $\boldsymbol{a}'$。因此，这组状态-动作的价值估计只能通过 $\boldsymbol{\theta}$ 的变化间接更新，这可能导致价值估计的增加而没有任何纠正这种潜在高估的机会。因此，($\boldsymbol{s}^{t+1},\boldsymbol{a}'$)的价值估计可能会发散。此外，这种发散可能会传播到其他使用发散值作为其自举目标的价值估计中。

认识到致命三角需要三个组成部分是重要的。没有函数逼近，目标价值估计将永远不会被更新和高估，除非主动访问这些状态。没有自举目标值，那么价值估计只会在从未被访问的状态-动作对之间发散(由于缺乏修正)，而这样的发散对其他价值估计没有影响。如果我们使用在线策略的经验样本而非离线策略样本，那么自举目标值将使用当前策略也会访问的状态和动作来计算，因此，一旦这些状态和动作被访问并且它们的价值估计被更新，目标值的高估就可以被纠正。

为了减少由目标值变动问题造成的训练不稳定性和价值估计发散的风险，我们可以为智能体配置一个额外的网络。这个参数为 $\overline{\boldsymbol{\theta}}$ 的网络被称为目标网络，使用与主价值函数相同的架构，并以相同的参数初始化。然后可以使用目标网络而不是主值函数来计算引导目标值：

$$y^t=\begin{cases} r^t & \text{如果 } \boldsymbol{s}^{t+1} \text{ 是终止状态} \\ r^t+\gamma \max_{\boldsymbol{a}'} \underbrace{Q(\boldsymbol{s}^{t+1},\boldsymbol{a}';\overline{\boldsymbol{\theta}})}_{\text{目标网络}} & \text{其他} \end{cases} \tag{8.4}$$

这些目标值可以用来计算和深度 Q 学习相同的损失[式(8.2)]。

目标网络的参数通过复制主价值函数网络的当前参数到目标网络来定期更新，即 $\overline{\boldsymbol{\theta}}\leftarrow\boldsymbol{\theta}$，而不是使用梯度下降优化目标网络。这个过程确保了自举目标值不会偏离主价值函数的估计太远，但在固定数量的更新中保持不变，从而增加了目标值的稳定性。此外，我们通过解耦用于计算目标的自举价值估计的网络和主价值函数来降低由致命三角导致的价值估计分歧的风险。深度 Q 学习与目标网络的伪代码在算法 11 中给出。

算法 11 使用目标网络的深度 Q 学习

1：使用随机参数 $\boldsymbol{\theta}$ 初始化价值网络 Q

2：初始化目标网络参数 $\overline{\boldsymbol{\theta}}=\boldsymbol{\theta}$

3：每回合重复：

4：**for** 时间步 $t=0,1,2,\cdots$ **do**

⊖ 作为提醒，当算法用于更新其策略的经验是通过遵循一个与正在学习的策略不同的行为策略收集的时候，算法被称为离线策略。

5:　观测当前状态 $\boldsymbol{s}^t$
6:　概率 ε 下：随机选择动作 $\boldsymbol{a}^t \in A$
7:　否则：选择动作 $\boldsymbol{a}^t \in \arg\max_{\boldsymbol{a}} Q(\boldsymbol{s}^t, \boldsymbol{a}; \boldsymbol{\theta})$
8:　执行动作 $\boldsymbol{a}^t$；观测回报 r^t 和下一个状态 $\boldsymbol{s}^{t+1}$
9:　**if** $\boldsymbol{s}^{t+1}$ 是终止状态 **then**
10:　　目标 $y^t \leftarrow r^t$
11:　**else**
12:　　目标 $y^t \leftarrow r^t + \gamma \max_{\boldsymbol{a}'} Q(\boldsymbol{s}^{t+1}, \boldsymbol{a}'; \overline{\boldsymbol{\theta}})$
13:　损失 $\mathcal{L}(\boldsymbol{\theta}) \leftarrow (y^t - Q(\boldsymbol{s}^t, \boldsymbol{a}^t; \boldsymbol{\theta}))^2$
14:　最小化损失 $\mathcal{L}(\boldsymbol{\theta})$ 来最小化参数 $\boldsymbol{\theta}$
15:　设定间隔后更新目标网络 $\overline{\boldsymbol{\theta}}$

8.1.3　打破相关性

深度 Q 学习的第二个问题是连续经验之间的相关性。在许多机器学习范式中，通常假设用于训练函数逼近的数据彼此独立且同分布，简称“i.i.d. 数据”。这个假设保证了：第一，训练数据中不存在个别样本的相关性；第二，所有数据点都是从同一训练分布中抽样的。在强化学习中，这两个 i.i.d. 假设条件通常都无法满足。对于前者，由状态、动作、奖励和下一个状态组成的经验样本显然不是独立的，而是高度相关。考虑到环境形式化为马尔可夫决策过程，这种相关性是显而易见的。时间步 t 的经验直接依赖于并因此不独立于时间步 $t-1$ 的经验，其中 $\boldsymbol{s}^{t+1}$ 和 r^t 由基于 $\boldsymbol{s}^t$ 和 $\boldsymbol{a}^t$ 的转换函数决定。关于假设数据点来自相同的训练分布，强化学习中遇到的经验分布取决于当前执行的策略。因此，策略的更改也会导致经验分布的变化。

但为什么我们要关心这些相关性呢？这些相关性对使用深度价值函数训练智能体有何影响？考虑图 8.2 中的一个示例，其中一个智能体控制着一个宇宙飞船。在几个时间步中，智能体接收到类似的经验序列，在这些序列中，它从正确的方向接近目标位置(8.1.3 节)。智能体使用这些经验逐步更新其价值函数参数，这可能导致智能体专门针对从右侧接近目标位置的这些特定的最近历史数据。

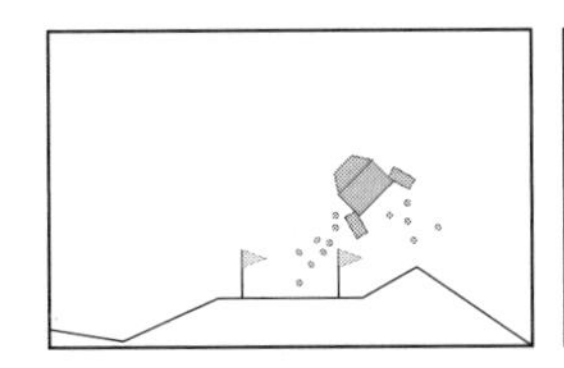
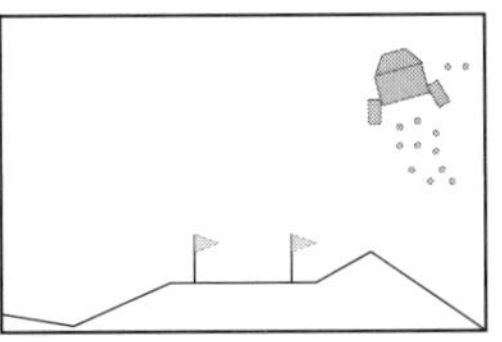
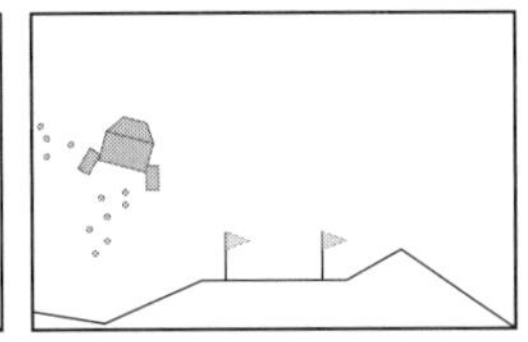

图 8.2　连续经历相关性说明插图，考虑一个智能体控制着一艘宇宙飞船着陆环境。在前两回合中，智能体从右侧接近目标位置。在第三回合中，智能体必须从左侧接近目标位置，因此经历的状态与之前的非常不同

假设在经历了几个这样的事件之后，智能体必须从左侧接近目标(8.1.3 节)，但它在之前的更新中已经学会了专门针对飞船位于目标位置右侧的状态的价值函数。这个专门的价值函数可能会为飞船位于目标位置左侧的状态提供不准确的价值估计，因此可能无法从这一侧成功着陆。此外，使用最近一次经验样本更新价值函数可能导致智能体忘记如何从右侧接近目

标。这种现象被称为灾难性遗忘，是深度学习的一个基本挑战。在强化学习中，这一挑战进一步加剧，因为策略的变化会导致智能体遇到的数据分布发生变化，而数据分布的变化可能会改变最优策略。这种依赖性可能导致策略震荡甚至发散。

为了解决这些问题，我们可以对用于训练智能体的经验样本进行随机化处理。不再使用智能体接收的顺序经验来更新价值函数，而是将经验样本收集到一个所谓的回放缓冲区 $\mathcal{D}$ 中。对于价值函数的训练，从回放缓冲区中均匀随机抽取一批经验 $\mathcal{B}\sim\mathcal{U}(\mathcal{D})$。这种抽样对价值函数的优化有两个额外的好处：(1) 经验可以多次重复使用进行训练，提高样本效率；(2) 通过计算批次经验而不是对单个经验样本的价值损失，我们可以获得低方差且更稳定的网络优化梯度。这种效果类似于在 7.4.2 节讨论的小批量梯度下降相对于随机梯度下降的好处。在训练期间，计算一个批次的均方误差损失，并将其最小化以更新价值函数参数。

$$\mathcal{L}(\boldsymbol{\theta})=\frac{1}{B}\sum_{(s_k,a_k,r_k,s_k')\in\mathcal{B}}(y_k-Q(\boldsymbol{s}^t,\boldsymbol{a}^t;\boldsymbol{\theta}))^2 \tag{8.5}$$

其中第 k 个经验样本的目标 y_k 按照式(8.3)计算。形式上，回放缓冲区可以表示为一组经验样本 $\mathcal{D}=\{(\boldsymbol{s}^t,\boldsymbol{a}^t,r^t,\boldsymbol{s}^{t+1})\}$。通常，回放缓冲区以固定容量的先进先出队列实现，即一旦缓冲区的容量被经验样本填满，最早的经验就会不断被新添加的经验样本替换。需要注意的是，缓冲区内的经验是在训练早期阶段使用智能体的策略生成的。因此，这些经验是离线策略的，因此，回放缓冲区只能用于训练基于 Q 学习的离线策略强化学习算法。

8.1.4　汇总：深度 Q 网络

这些想法带我们认识到了最初和最具影响力的深度强化学习算法之一：深度 Q 网络(Mnih 等人，2015)。DQN 通过引入神经网络来近似动作-价值函数，扩展了表格型 Q 学习，如图 8.1 所示。为了应对目标值变动和连续样本之间的相关性挑战，DQN 使用目标网络和回放缓冲区，如 8.1.2 节和 8.1.3 节所讨论的。所有这些想法共同定义了 DQN 算法，如算法 12 所示。损失函数按照式(8.5)给出，目标使用目标网络按照式(8.4)计算。

算法 12　深度 Q 网络(DQN)

1：使用随机参数 $\boldsymbol{\theta}$ 初始化价值网络 Q
2：使用参数 $\overline{\boldsymbol{\theta}}=\boldsymbol{\theta}$ 初始化目标网络
3：初始化一个空的回放缓冲区 $\mathcal{D}=\{\}$
4：对每一个回合重复以下操作：
5：**for** 时间步 $t=0,1,2,\cdots$ **do**
6：　观察当前状态 $\boldsymbol{s}^t$
7：　以概率 ε：选择随机动作 $\boldsymbol{a}^t\in A$
8：　否则：选择 $\boldsymbol{a}^t\in\arg\max_a Q(\boldsymbol{s}^t,\boldsymbol{a};\boldsymbol{\theta})$
9：　应用动作 $\boldsymbol{a}^t$；观察奖励 r^t 和下一个状态 $\boldsymbol{s}^{t+1}$
10：　将转移 $(\boldsymbol{s}^t,\boldsymbol{a}^t,r^t,\boldsymbol{s}^{t+1})$ 存储在回放缓冲区 $\mathcal{D}$ 中
11：　从 $\mathcal{D}$ 中随机采样一个小批量 B 个转移 $(\boldsymbol{s}^k,\boldsymbol{a}^k,r^k,\boldsymbol{s}^{k+1})$
12：　**if** $\boldsymbol{s}^{k+1}$ 是终端状态 **then**
13：　　目标值 $y^k\leftarrow r^k$

14：　**else**

15：　　目标值 $y^k \leftarrow r^k + \gamma \max_{a'} Q(\boldsymbol{s}^{k+1}, \boldsymbol{a}'; \overline{\boldsymbol{\theta}})$

16：　损失函数 $\mathcal{L}(\boldsymbol{\theta}) \leftarrow \frac{1}{B}\sum_{k=1}^{B}(y^k - Q(\boldsymbol{s}^k, \boldsymbol{a}^k; \boldsymbol{\theta}))^2$

17：　通过最小化损失 $\mathcal{L}(\boldsymbol{\theta})$ 来更新参数 $\boldsymbol{\theta}$

18：　在一个设定的时间间隔内，更新目标网络参数 $\overline{\boldsymbol{\theta}}$

为了观测目标网络和回放缓冲区对智能体学习的影响，我们在图 8.3 的单智能体基于等级的搜寻环境中展示了四种算法的学习曲线：深度 Q 学习(算法 10)、带目标网络的深度 Q 学习、带回放缓冲区的深度 Q 学习，以及带有回放缓冲区和目标网络的完整 DQN 算法(算法 12)。在这个环境中，如图 8.3a 所示，智能体在一个 8×8 的网格世界中移动以收集一个物品[㊀]。智能体和物品在每回合开始时随机放置。为了收集物品并获得+1 的奖励，智能体必须移动到物品旁边并选择收集动作。对于任何其他动作，智能体获得 0 的奖励。我们看到，用深度 Q 学习训练智能体会导致评估回报缓慢且不稳定地增加。添加目标网络并没有明显改善性能。用深度 Q 学习训练智能体并从回放缓冲区中抽取批次样本在某些运行中略微提高了评估回报，但性能在运行间仍然不稳定。最后，用完整的 DQN 算法训练智能体，即应用目标网络和回放缓冲区，导致性能稳定且迅速提高，并且接近最优折扣回报的收敛。

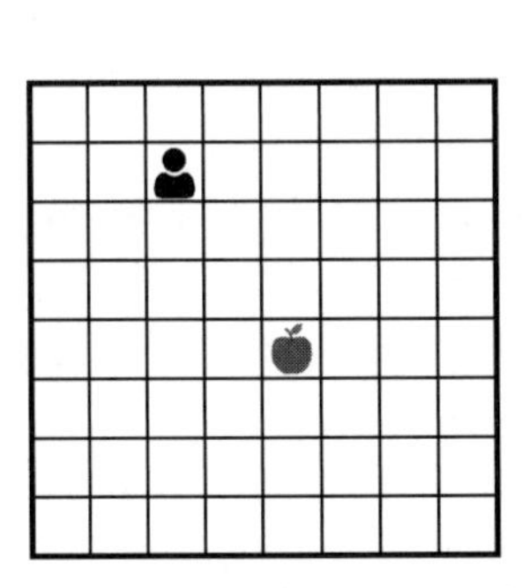

a）单智能体基于等级的搜寻环境

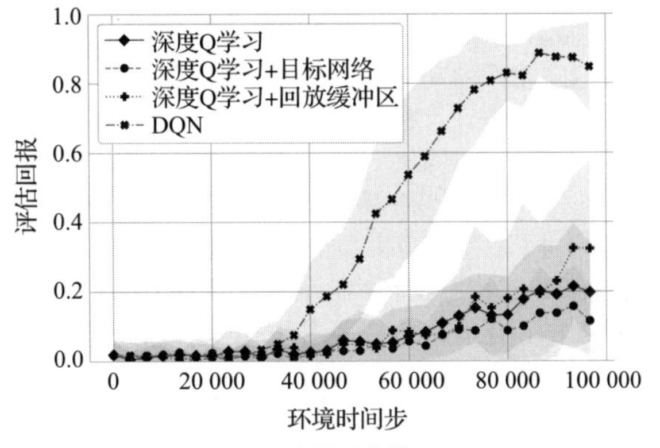

b）学习曲线

图 8.3　a) 单智能体基于等级的搜寻环境(图 1.2)。智能体在格子世界中移动，并且必须收集一个出现位置随机的物品。b) 在单智能体基于等级的搜寻环境中，深度 Q 学习、带目标网络的深度 Q 学习、带回放缓冲区的深度 Q 学习以及完整的 DQN 算法的学习曲线。我们训练所有算法 100 000 个时间步，并在间隔较长的时间内使用近似贪婪策略($\epsilon=0.05$)计算智能体在 10 回合中的平均评估回报。可视化的学习曲线和阴影对应于五次不同随机种子运行中折扣评估收益的平均值和标准差。为确保一致性，我们使用相同的超参数：折扣因子 $\gamma=0.99$，学习率 $\alpha=3\times10^{-4}$，ϵ 在训练的前一半(50 000 个时间步)从 1.0 衰减到 0.05，然后保持不变，批尺寸 $B=512$，对于带有回放缓冲区的算法，缓冲容量设置为 10 000 个经验元组，并且每 100 个时间步更新一次目标网络

㊀ 相对于图 1.2 中介绍的多智能体基于等级的搜寻环境，智能体和物品没有等级，只要智能体位于物品旁边，收集就总能成功。

这个实验表明，在这个环境中，仅靠增加目标网络或回放缓冲区并不足以训练深度 Q 学习的智能体。添加一个目标网络可以减少由目标值变动问题引起的稳定性问题，但智能体仍然接收高度相关的样本，并且无法训练其价值函数以泛化所有智能体和物品的初始位置，这些位置在每回合开始时都是随机的。用回放缓冲区训练智能体解决了经验相关性的问题，但如果没有目标网络，目标值变动问题会导致不稳定的优化。只有在 DQN 算法中结合这两个想法，才能实现稳定的学习过程。

8.1.5　超越深度 Q 网络

尽管使用目标网络和回放缓冲区提高了稳定性，DQN 算法仍然存在几个问题。与基础的表格型 Q 学习算法类似，DQN 容易高估动作-价值(Thrun 和 Schwartz，1993；van Hasselt，2010；van Hasselt、Guez 和 Silver，2016)。高估的一个关键原因是目标计算使用了下一个状态中所有动作的最大动作-价值估计，$\max_{a'} Q(\boldsymbol{s}^{t+1}, \boldsymbol{a}'; \overline{\boldsymbol{\theta}})$。这个最大值估计很可能会选择一个被高估的动作-价值估计。通过将动作的选择与其价值的估计分离，可以减少高估。对于 DQN，这可以通过用主价值函数确定下一个状态中的贪婪动作，$\arg\max_{a'} Q(\boldsymbol{s}^{t+1}, \boldsymbol{a}'; \boldsymbol{\theta})$，并使用目标网络 $Q(\boldsymbol{s}^{t+1}, \cdot; \overline{\boldsymbol{\theta}})$来评估其价值：

$$y^t = \begin{cases} r^t & \text{如果 } \boldsymbol{s}^{t+1} \text{ 是终止状态} \\ r^t + \gamma Q(\boldsymbol{s}^{t+1}, \arg\max_{a'} Q(\boldsymbol{s}^{t+1}, \boldsymbol{a}'; \boldsymbol{\theta}); \overline{\boldsymbol{\theta}}) & \text{其他} \end{cases} \tag{8.6}$$

将贪婪动作选择和值估计分离，可以降低过度估计的风险，因为主值网络和目标网络不太可能同时高估相同动作的动作-价值。例如，即使主价值网络对动作 $\boldsymbol{a}'$的价值进行了高估，将此动作识别为贪婪动作，目标价值也不会被高估，除非目标网络也对动作 $\boldsymbol{a}'$的动作-价值进行了高估。同样，如果目标网络对动作 $\boldsymbol{a}'$的价值高估，这种高估也不会影响目标价值，除非主价值网络也将动作 $\boldsymbol{a}'$识别为贪婪动作。通过用这个新目标替换算法 12 中式(8.4)的前一个目标计算，我们得到了双重 DQN(DDQN)算法(van Hasselt、Guez 和 Silver，2016)。鉴于其简单性和有效性，DDQN 目标计算在许多基于 DQN 的深度 RL 和 MARL 算法中都很常见。

除了 DDQN，还有许多提高 DQN 算法性能和稳定性的改进方法。Schaul 等人(2016)认为回放缓冲区中的所有经验并不同等重要。因此，他们建议在采样过程中优先考虑具有较大时间差异的经验，而不是从回放缓冲区中均匀随机采样。Fortunato 等人(2018)提议向神经网络的权重添加参数化和学习的噪声以鼓励探索。Wang 等人(2016)展示了将动作-价值函数分解为状态价值函数和优势函数，可以简化学习过程并提高动作-价值估计的泛化能力。Bellemare、Dabney 和 Munos(2017)提议学习每个动作可能值的分布，而不是为每个动作-价值学习单一的点估计。通过结合这些扩展，我们得到了一个 DQN 算法的高级版本，称为 Rainbow，该算法在雅达利游戏中的性能显著高于 DQN(Hessel 等人，2018)。

8.2　策略梯度算法

在本章中，我们已经讨论了基于价值的强化学习算法。这些算法学习一个神经网络参数化表示的价值函数，智能体遵循一个直接从这个价值函数派生的策略。正如我们将看到的，直接学习一个作为参数化函数的策略是可行的。这样的参数化策略可以由任何函数逼近技术表示，最常见的使用线性函数逼近(见 7.2 节)或深度学习。在强化学习文献中，这些算法被称为策略梯度算法，因为它们根据其策略的参数计算梯度以更新学习到的策略。在 6.4 节中，我们已经看到了简单的针对多智能体强化学习的参数化策略，这些策略使用基于梯度的技术进行更新。在本节中，我们将讨论更高级的针对单智能体强化学习的策略梯度算法，这些算法使用神经网络来表示策略。

8.2.1　学习策略的优势

直接表示强化学习智能体的策略有两个关键优势。首先，在具有离散动作的环境中，参数化策略可以表示任何概率性策略，与基于价值的强化学习算法相比，其动作选择具有更多的灵活性。基于价值的强化学习智能体遵循ε-贪婪策略[⊖]，在其策略表示上受到当前ε值和贪婪动作的限制。例如，假设一个动作-价值函数，其中第一个动作在给定状态下具有最大的价值估计。从这个动作-价值函数派生的ε-贪婪策略限于以概率 $1-\varepsilon+\frac{\varepsilon}{|A|}$选择贪婪动作 $\boldsymbol{a}_1$，$\frac{\varepsilon}{|A|}$选择其他所有动作。图 8.4a 展示了这些ε-贪婪策略随ε值变化的情况。相比之下，策略梯度算法学习一个可以表示任意策略的参数化策略(图 8.4b)。

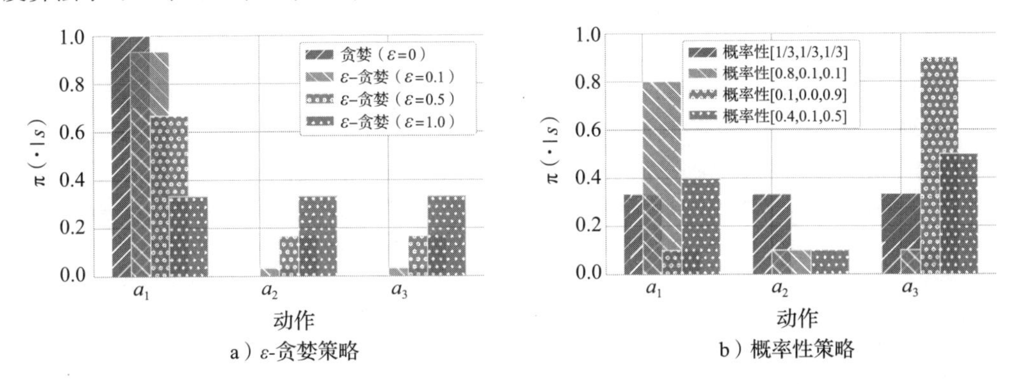

图 8.4　三个离散动作任务中ε-贪婪策略和 softmax 策略[式(8.7)]的灵活性示意图

这种表达能力在部分可观测和多智能体游戏中非常重要，其中唯一的最优策略可能是概率性的。例如，在猜拳游戏中，唯一的纳什均衡(和极小极大解)是让两个智能体等概率地选择它们的三个动作(见 4.3 节和 4.4 节以复习这些解决方案)。

ε-贪婪策略只能表示$\varepsilon=1$ 时的均衡状态，但通常我们希望在训练过程中逐渐减小ε，使其收敛于贪婪策略。这将阻止智能体在这个游戏中表示均衡策略。相比之下，一个参数化的概率性策略总是可以用来表示具有均匀动作概率的策略。

其次，通过将策略表示为一个独立的可学习函数，我们可以表示连续动作空间的策略。在具有连续动作的环境中，选择一个或几个连续值(通常在一定区间内)作为其动作。例如，智能体可能控制(真实或模拟的)机器人和车辆，连续动作对应于执行器施加的扭矩量、方向盘的旋转角度或刹车踏板施加的力量。所有这些动作最自然地由预定义间隔内可能值的连续

⊖ 我们注意到，对于基于价值的强化学习算法，除了ε-贪婪策略外，还有其他的策略表示方法。例如，智能体可以遵循波尔兹曼策略，该类策略类似于基于动作-价值估计的 softmax 策略，并包含一个衰减的温度参数，或者智能体可以采用多臂赌博机论文提出的具有上限置信区间(UCB)的确定性探索策略。然而，所有这些基于价值的算法策略都被用于探索，并最终收敛到一个确定性策略进行评估。

动作表示。8.1 节中介绍的基于价值的强化学习算法不适用于这种设置，因为它们的神经网络架构为每个可能的(离散的)动作提供一个输出值，对应于该特定动作的动作-价值估计。然而，连续动作有无穷多个，因此不能应用相同的架构。相比之下，我们可以学习连续动作的参数化策略。例如，我们可以使用高斯分布表示连续动作上的参数化策略，在这种分布中，连续动作的平均值 μ 和标准差 σ 由参数化函数计算。在本书中，我们重点研究离散动作空间的策略梯度算法，这些算法在多智能体强化学习文献中经常被用到。

为了使用神经网络表示离散动作空间的概率策略，我们可以使用与动作-价值函数相同的架构(图 8.1)。策略网络接收一个状态作为输入，并为每个动作输出一个标量输出，即 $l(\boldsymbol{s},\boldsymbol{a})$，以表示策略在状态 $\boldsymbol{s}$ 中选择动作 $\boldsymbol{a}$ 的偏好。这些偏好通过 softmax 函数转化成一个概率分布，策略定义为偏好的指数除以所有偏好的指数之和：

$$\pi(\boldsymbol{a} \mid \boldsymbol{s};\boldsymbol{\phi})=\frac{\mathrm{e}^{l(\boldsymbol{s},\boldsymbol{a};\boldsymbol{\phi})}}{\sum_{a' \in A} \mathrm{e}^{l(\boldsymbol{s},\boldsymbol{a}';\boldsymbol{\phi})}} \tag{8.7}$$

在本书的剩余部分，我们将始终用 $\boldsymbol{\theta}$ 表示参数化价值函数的参数，并用 $\boldsymbol{\phi}$ 表示参数化策略的参数。

8.2.2　策略梯度定理

为了训练策略梯度强化学习算法的参数化策略，我们希望能够使用 7.4 节介绍的相同基于梯度的优化技术。对于基于梯度的优化，我们需要策略的表示是可微分的。除了可微分函数，我们需要指定损失函数来计算梯度以更新策略的参数。通常，最小化损失函数应该对应于提高策略的“质量”。但是什么构成了一个“好”的策略？在分回合环境中，策略质量的一个合理指标是回合内期望回报(2.3 节)。在给定策略下任何给定状态的期望回报由该特定状态的策略价值 $V^{\pi}(\boldsymbol{s})$，或动作-价值 $Q^{\pi}(\boldsymbol{s},\boldsymbol{a})$表示。然而，优化策略以最大化这些值可能具有挑战性，因为策略的变化不仅影响动作选择，进而影响智能体收到的奖励，还影响智能体遇到的状态分布。动作选择和期望回报的变化可以通过经验的回报来捕捉，但状态分布直接取决于环境的转换动态，通常假设是未知的。

策略梯度定理(Sutton 和 Barto，2018)提出了应对这些挑战的解决方案，并提供了一个在参数化策略的参数方面性能梯度的理论基础表达式。针对分回合环境的策略梯度定理如下所示：

$$\nabla_{\phi} J(\boldsymbol{\phi}) \propto \sum_{s \in S} \operatorname{Pr}(\boldsymbol{s} \mid \pi) \sum_{a \in A} Q^{\pi}(\boldsymbol{s},\boldsymbol{a}) \nabla_{\phi} \pi(\boldsymbol{a} \mid \boldsymbol{s};\boldsymbol{\phi}) \tag{8.8}$$

其中 J 表示一个衡量具有参数 $\boldsymbol{\phi}$ 的策略 π 质量的函数，$\operatorname{Pr}(\cdot \mid \pi)$表示环境给定策略 π 的状态访问分布[一]，Q^{π} 代表在策略下给定动作和状态的价值。函数 J 类似于损失函数(7.4.1 节)，但关键的区别在于我们的目标是将其最大化而不是最小化。正如我们所见，策略梯度不依赖于环境的未知信息，如转移函数和奖励函数，因此我们可以在通常假设这些函数是未知的强化学习中使用它[二]。

[一] 类似于式(4.3)中 π 下完整历史的分布定义，我们可以通过省略部分可观测性所需的观测函数来定义状态访问分布。

[二] 在本节中，我们给出了分回合环境的策略梯度。对于持续环境，其中智能体的经验不被分割成有限的回合，我们需要用适合持续设置的指标替换期望收益作为衡量策略质量的指标。持续环境策略质量的一个候选指标可能是平均奖励，它捕捉智能体在任何时间步下当前策略的状态访问分布和动作选择下获得的期望奖励。

请注意，策略梯度定理假设在当前优化的策略 π 下给出状态访问分布和动作-价值。通过将策略梯度重写为当前策略下的期望值，这个假设变得更加明显。在这个推导中，我们利用策略梯度定理定义了环境状态的加权和，权重为它们在当前策略下发生的概率，即 $\Pr(s\mid\pi)$：

$$\nabla_{\phi}J(\boldsymbol{\phi})\propto\sum_{s\in S}\Pr(s\mid\pi)\sum_{a\in A}Q^{\pi}(s,a)\nabla_{\phi}\pi(a\mid s;\boldsymbol{\phi}) \tag{8.9}$$

$$=\mathbb{E}_{s\sim\Pr(\cdot\mid\pi)}\left[\sum_{a\in A}Q^{\pi}(s,a)\nabla_{\phi}\pi(a\mid s;\boldsymbol{\phi})\right] \tag{8.10}$$

$$=\mathbb{E}_{s\sim\Pr(\cdot\mid\pi)}\left[\sum_{a\in A}\pi(a\mid s;\boldsymbol{\phi})Q^{\pi}(s,a)\frac{\nabla_{\phi}\pi(a\mid s;\boldsymbol{\phi})}{\pi(a\mid s;\boldsymbol{\phi})}\right] \tag{8.11}$$

$$=\mathbb{E}_{s\sim\Pr(\cdot\mid\pi),a\sim\pi(\cdot\mid s;\boldsymbol{\phi})}\left[Q^{\pi}(s,a)\frac{\nabla_{\phi}\pi(a\mid s;\boldsymbol{\phi})}{\pi(a\mid s;\boldsymbol{\phi})}\right] \tag{8.12}$$

$$=\mathbb{E}_{s\sim\Pr(\cdot\mid\pi),a\sim\pi(\cdot\mid s;\boldsymbol{\phi})}\left[Q^{\pi}(s,a)\nabla_{\phi}\log\pi(a\mid s;\boldsymbol{\phi})\right] \tag{8.13}$$

除非另有说明，我们用 log 表示自然对数。我们可以看到状态分布和动作选择都收策略的影响，因此分别落在式(8.10)和式(8.12)的期望内。最终，我们得到一个简单的表达式[式(8.13)]，在当前策略的期望下表示策略参数优化的梯度。这个期望还清楚地说明了策略梯度定理中的限制：参数化策略仅能使用在线策略数据，即用于优化 π 的数据是由策略 π 本身生成的(2.6 节)。因此，通过使用任何不同策略 π 与环境交互所收集的数据，尤其是在训练 π 期间获得的先前策略，不能用于根据策略梯度定理更新 π。如 8.1.3 节所见，回放缓冲区的应用将违反这一假设，因为它包含由我们当前优化策略的“旧版本和过时版本”生成的经验。因此，回放缓冲区不能用于基于策略梯度定理的策略更新。此外，我们必须估计在当前策略下的期望回报，用 Q^{π} 表示。大多数训练动作-价值函数的算法并不满足这一要求，如 DQN 和其他基于经典 Q 学习算法的算法。相反，它们直接遵循贝尔曼最优方程(2.6 节)来近似最优价值函数，即在最优策略下的期望回报。

策略梯度定理中的式(8.12)进一步提供了对策略改进的直观解释：

$$\nabla_{\phi}J(\boldsymbol{\phi})=\mathbb{E}_{s\sim\Pr(\cdot\mid\pi),a\sim\pi(\cdot\mid s;\boldsymbol{\phi})}\left[Q^{\pi}(s,a)\frac{\nabla_{\phi}\pi(a\mid s;\boldsymbol{\phi})}{\pi(a\mid s;\boldsymbol{\phi})}\right] \tag{8.14}$$

表达式中分数的分子，$\nabla_{\phi}\pi(a\mid s;\boldsymbol{\phi})$，代表策略参数空间中的梯度，该梯度最大程度增加在未来访问状态 s 时重复动作 a 概率的方向。这个梯度由策略 $Q^{\pi}(s,a)$ 给出的价值或期望回报确定权重的状态 s 中动作 a 的加权得到。这种加权确保优化策略参数时，期望回报较高的动作比期望回报较低的动作概率更高。最后，分数的分母，$\pi(a\mid s;\boldsymbol{\phi})$，可以看作一个用于校正由策略引起的数据分布的归一化因子。策略 π 可能会对某些动作具有明显较高的概率，因此可能会对策略参数进行更多的更新，以增加更可能发生的动作的概率。为了考虑这个因素，策略梯度需要通过策略下动作概率的倒数进行标准化。

8.2.3 REINFORCE：蒙特卡罗策略梯度

策略梯度定理定义了更新参数化策略的梯度，以逐渐增加其期望回报。为了使用该定理来计算梯度和更新策略的参数，我们需要推导近似期望值[式(8.13)]或获得策略的样本。蒙特卡罗估计是一种可行的采样方法，它使用策略在线样本的回合内回报来近似策略的期望回报。使用蒙特卡罗采样的策略梯度定理引出了 REINFORCE(Williams，1992)，它最小化以下损失，对于历史 $\boldsymbol{h}=\{s^{0},a^{0},r^{0},\cdots,s^{T-1},a^{T-1},r^{T-1},s^{T}\}$：

$$\mathcal{L}(\boldsymbol{\phi})=-\frac{1}{T}\sum_{t=0}^{T-1}\left(\sum_{\tau=t}^{T-1}\gamma^{\tau-t}r^{\tau}\right)\log\pi(\boldsymbol{a}^{t}\mid\boldsymbol{s}^{t};\boldsymbol{\phi}) \tag{8.15}$$

$$=-\frac{1}{T}\sum_{t=0}^{T-1}\left(\sum_{\tau=t}^{T-1}\gamma^{\tau-t}\mathcal{R}(\boldsymbol{s}^{\tau},\boldsymbol{a}^{\tau},\boldsymbol{s}^{\tau+1})\right)\log\pi(\boldsymbol{a}^{t}\mid\boldsymbol{s}^{t};\boldsymbol{\phi}) \tag{8.16}$$

鉴于策略梯度定理提供了一个在期望回报较高的策略方向上的梯度，而我们希望定义一个待最小化的损失，这个损失对应于在当前策略 π 下使用蒙特卡罗估计的期望回报的负策略梯度[式(8.13)]。在训练过程中，REINFORCE 算法首先通过使用其当前策略 π 收集完整的历史轨迹 $\boldsymbol{h}$ 来收集一个完整的轨迹。在每回合结束后，计算返回估计以估算最小化式(8.15)中给出的损失的策略梯度。REINFORCE 算法的伪代码如算法 13 中所示。

算法 13 REINFORCE

1：随机参数 $\boldsymbol{\phi}$ 初始化策略网络 π
2：每回合重复：
3：**for** 时间步 $t=0,1,2,\cdots,T-1$ **do**
4：　观测状态 $\boldsymbol{s}^{t}$
5：　采样策略 $\boldsymbol{a}^{t}\sim\pi(\cdot\mid\boldsymbol{s}^{t};\boldsymbol{\phi})$
6：　执行工作 $\boldsymbol{a}^{t}$；观测回报 r^{t} 和下一个状态 $\boldsymbol{s}^{t+1}$
7：损失 $\mathcal{L}(\boldsymbol{\phi})\leftarrow-\frac{1}{T}\sum_{t=0}^{T-1}\left(\sum_{\tau=t}^{T-1}\gamma^{\tau-t}r^{\tau}\right)\log\pi(\boldsymbol{a}^{t}\mid\boldsymbol{s}^{t};\boldsymbol{\phi})$
8：最小化损失 $\mathcal{L}(\boldsymbol{\phi})$来优化参数 $\boldsymbol{\phi}$

不幸的是，蒙特卡罗回报估计具有高方差，这导致 REINFORCE 中梯度的高方差和训练不稳定。这种高方差是因为每回合的回报取决于遇到的所有状态和行动。状态和行动都是概率转移函数和策略的样本。为了降低回报估计的方差，我们可以从回报估计中减去一个基线。对于定义在任何状态 s 上的基线 $b(s)$，从式(8.13)导出的梯度在期望中保持不变。因此，即使在减去基线后，我们仍然优化策略的参数以最大化其期望回报，但我们减少了计算梯度的方差。为了看到策略梯度保持不变，我们可以将策略梯度定理重写为：

$$\nabla_{\boldsymbol{\phi}}J(\boldsymbol{\phi})\propto\sum_{s\in S}\Pr(s\mid\pi)\sum_{a\in A}(Q^{\pi}(s,a)-b(s))\nabla_{\boldsymbol{\phi}}\pi(a\mid s;\boldsymbol{\phi}) \tag{8.17}$$

$$=\mathbb{E}_{\pi}\left[\sum_{a\in A}(Q^{\pi}(s,a)-b(s))\nabla_{\boldsymbol{\phi}}\pi(a\mid s;\boldsymbol{\phi})\right] \tag{8.18}$$

$$=\mathbb{E}_{\pi}\left[\sum_{a\in A}\pi(a\mid s;\boldsymbol{\phi})(Q^{\pi}(s,a)-b(s))\frac{\nabla_{\boldsymbol{\phi}}\pi(a\mid s;\boldsymbol{\phi})}{\pi(a\mid s;\boldsymbol{\phi})}\right] \tag{8.19}$$

$$=\mathbb{E}_{\pi}\left[(Q^{\pi}(s,a)-b(s))\frac{\nabla_{\boldsymbol{\phi}}\pi(a\mid s;\boldsymbol{\phi})}{\pi(a\mid s;\boldsymbol{\phi})}\right] \tag{8.20}$$

$$=\mathbb{E}_{\pi}[(Q^{\pi}(s,a)-b(s))\nabla_{\boldsymbol{\phi}}\log\pi(a\mid s;\boldsymbol{\phi})] \tag{8.21}$$

$$=\mathbb{E}_{\pi}[Q^{\pi}(s,a)\nabla_{\boldsymbol{\phi}}\log\pi(a\mid s;\boldsymbol{\phi})]-\mathbb{E}_{\pi}[b(s)\nabla_{\boldsymbol{\phi}}\log\pi(a\mid s;\boldsymbol{\phi})] \tag{8.22}$$

$$=\mathbb{E}_{\pi}[Q^{\pi}(s,a)\nabla_{\boldsymbol{\phi}}\log\pi(a\mid s;\boldsymbol{\phi})]-\sum_{s\in S}\Pr(s\mid\pi)\sum_{a\in A}b(s)\nabla_{\boldsymbol{\phi}}\pi(a\mid s;\boldsymbol{\phi}) \tag{8.23}$$

$$=\mathbb{E}_{\pi}[Q^{\pi}(s,a)\nabla_{\boldsymbol{\phi}}\log\pi(a\mid s;\boldsymbol{\phi})]-\sum_{s\in S}\Pr(s\mid\pi)b(s)\nabla_{\boldsymbol{\phi}}\sum_{a\in A}\pi(a\mid s;\boldsymbol{\phi}) \tag{8.24}$$

$$=\mathbb{E}_{\pi}[Q^{\pi}(\boldsymbol{s},\boldsymbol{a})\nabla_{\boldsymbol{\phi}}\log\pi(\boldsymbol{a}\mid\boldsymbol{s};\boldsymbol{\phi})]-\sum_{s\in S}\Pr(\boldsymbol{s}\mid\pi)b(\boldsymbol{s})\nabla_{\boldsymbol{\phi}}1 \tag{8.25}$$

$$=\mathbb{E}_{\pi}[Q^{\pi}(\boldsymbol{s},\boldsymbol{a})\nabla_{\boldsymbol{\phi}}\log\pi(\boldsymbol{a}\mid\boldsymbol{s};\boldsymbol{\phi})]-\sum_{s\in S}\Pr(\boldsymbol{s}\mid\pi)b(\boldsymbol{s})0 \tag{8.26}$$

$$=\mathbb{E}_{\pi}[Q^{\pi}(\boldsymbol{s},\boldsymbol{a})\nabla_{\boldsymbol{\phi}}\log\pi(\boldsymbol{a}\mid\boldsymbol{s};\boldsymbol{\phi})] \tag{8.27}$$

状态值函数 $V(\boldsymbol{s})$ 是基线的常见选择，它可以被训练来最小化给定历史记录 $\boldsymbol{h}$ 的以下损失：

$$\mathcal{L}(\boldsymbol{\theta})=\frac{1}{T}\sum_{t=0}^{T-1}(u(\boldsymbol{h}^t)-V(\boldsymbol{s}^t;\boldsymbol{\theta}))^2 \tag{8.28}$$

同样地，使用状态价值函数作为基线的 REINFORCE 策略损失可以写为：

$$\mathcal{L}(\boldsymbol{\phi})=-\frac{1}{T}\sum_{t=0}^{T-1}(u(\boldsymbol{h}^t)-V(\boldsymbol{s}^t;\boldsymbol{\theta}))\log\pi(\boldsymbol{a}^t\mid\boldsymbol{s}^t;\boldsymbol{\phi}) \tag{8.29}$$

8.2.4　演员-评论家算法

演员-评论家算法是一类策略梯度算法，它们同时训练一个被称为“演员”的参数化策略和一个被称为“评论家”的价值函数。和 REINFORCE 一样，演员使用从策略梯度定理中推导出的梯度估计进行优化。然而，与 REINFORCE(无论是否有基线)相比，演员-评论家算法使用评论家来计算自举回报估计。使用自举价值估计来优化策略梯度算法有两个主要好处。

首先，如时序差分算法(2.6 节)所示，自举回报估计允许我们仅从单步经验中估计整回合回报。使用状态价值函数 V 的自举回报估计，我们可以如下估计回报：

$$\mathbb{E}_{\boldsymbol{s}^t\sim\Pr(\cdot\mid\pi)}[u(\boldsymbol{h}^t)\mid\boldsymbol{s}^t] \tag{8.30}$$

$$=\mathbb{E}_{\boldsymbol{s}^t\sim\Pr(\cdot\mid\pi),\boldsymbol{a}^t\sim\pi(\cdot\mid\boldsymbol{s}^t),\boldsymbol{s}^{t+1}\sim\mathcal{T}(\cdot\mid\boldsymbol{s}^t,\boldsymbol{a}^t)}[\mathcal{R}(\boldsymbol{s}^t,\boldsymbol{a}^t,\boldsymbol{s}^{t+1})+\gamma u(\boldsymbol{h}^{t+1:T})\mid\boldsymbol{s}^t] \tag{8.31}$$

$$=\mathbb{E}_{\boldsymbol{s}^t\sim\Pr(\cdot\mid\pi),\boldsymbol{a}^t\sim\pi(\cdot\mid\boldsymbol{s}^t),\boldsymbol{s}^{t+1}\sim\mathcal{T}(\cdot\mid\boldsymbol{s}^t,\boldsymbol{a}^t)}[\mathcal{R}(\boldsymbol{s}^t,\boldsymbol{a}^t,\boldsymbol{s}^{t+1})+\gamma V(\boldsymbol{s}^{t+1})\mid\boldsymbol{s}^t] \tag{8.32}$$

通过使用自举回报估计，演员-评论家算法能够从单个时间步的经验中更新策略(和评论家)，而不考虑该回合的后续经历。特别是在回合较长的环境中，这允许更频繁的更新，因此通常比仅在每个回合结束时进行更新的 REINFORCE 训练更有效。

其次，与 REINFORCE 中使用的蒙特卡罗回报估计相比，自举回报估计展示了更低的方差。方差降低是因为自举回报估计只依赖于当前状态、收到的奖励和下一个状态，与整回合回报不同，它不依赖于整个回合的历史。然而，这种方差的减少是以引入偏差为代价的，因为使用的价值函数可能尚未接近状态的真实期望回报。在实践中，我们发现为了降低方差而进行的偏差权衡通常会提高训练稳定性。此外，还可以使用 N 步回报估计。N 步回报估计不是直接计算下一个状态的价值估计，而是在计算以下状态的价值估计之前，聚合 N 个连续步骤收到的奖励：

$$\mathbb{E}_{\boldsymbol{s}^t\sim\Pr(\cdot\mid\pi)}[u(\boldsymbol{h}^t)\mid\boldsymbol{s}^t]$$

$$=\mathbb{E}_{\boldsymbol{s}^t\sim\Pr(\cdot\mid\pi),\boldsymbol{a}^t\sim\pi(\cdot\mid\boldsymbol{s}^t),\boldsymbol{s}^{t+\tau+1}\sim\mathcal{T}(\cdot\mid\boldsymbol{s}^{t+\tau},\boldsymbol{a}^{t+\tau})}\left[\left(\sum_{\tau=0}^{N-1}\gamma^{\tau}\mathcal{R}(\boldsymbol{s}^{t+\tau},\boldsymbol{a}^{t+\tau},\boldsymbol{s}^{t+\tau+1})\right)+\gamma^N V(\boldsymbol{s}^{t+N})\mid\boldsymbol{s}^t\right] \tag{8.33}$$

对于 $N=T$，其中 T 是回合长度，计算的回报估计对应于无自举价值估计的蒙特卡罗回报，如在 REINFORCE 中使用的。这些回报估计具有高方差但无偏差。对于 $N=1$，我们获得一步自举回报估计，如式(8.30)所示，具有低方差和高偏差。使用 N 的超参数，我们可以在回报估计的偏差和方差之间进行权衡。图 8.5 展示了 N 步回报估计的权衡，以演员-评论算法为例。我们使用 A2C 算法训练策略和状态值函数，带有在单智能体基于等级的搜寻环境中(图 8.3a)的 N 步回报(详见 8.2.5 节)。经过 $N=5$ 的训练，我们收集了 10 000 回合的训练策略，并使用训练过的评论家和数据集，计算 $N\in[1,10]$时蒙特卡罗回报估计中 N 步回报估计的偏差和方差。如预期，N 步回报估计的方差随着 N 的增加而先减小后增加，而蒙特卡罗回报显示出最高的方差。相比之下，偏差随着 N 的增加逐渐减少，接近无偏蒙特卡罗回报水平。在实践中，N 步回报通常应用于小的 N，例如 $N=5$ 或 $N=10$，以获得相对较低的偏差和方差的回报估计。

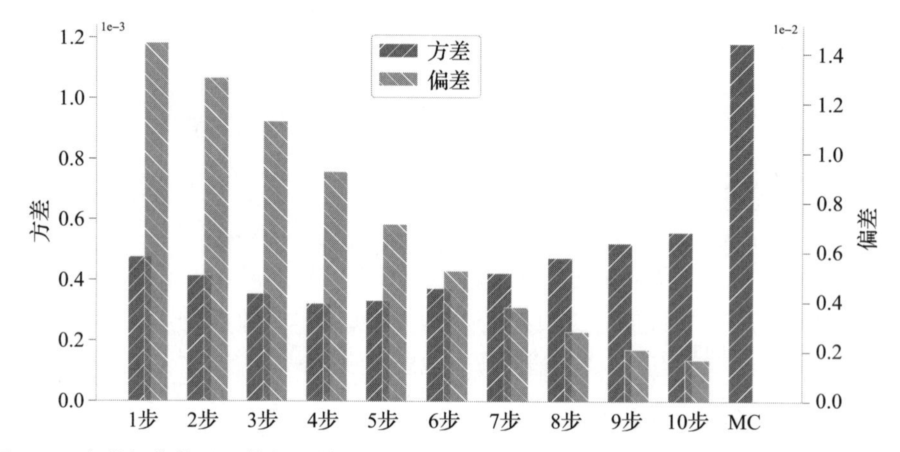

图 8.5　在单智能体基于等级的搜寻环境中，使用 A2C 训练的状态价值函数进行 100 000 个时间步的训练，将 $N\in\{1,\cdots,10\}$和蒙特卡罗 N 步回报估计的方差和偏差可视化为图 8.3a。我们在训练过程中使用了 $N=5$ 的 N 步回报估计

为简洁起见，我们将使用一步引导式回报估计来编写伪代码和方程式，但需要注意的是，N 步回报估计可以应用于替换任何这些价值估计。接下来我们将介绍两种演员-评论家算法：优势演员-评论家(A2C)和近端策略优化(PPO)。

8.2.5　A2C：优势演员-评论家

优势演员-评论家(A2C)[⊖](Mnih 等人，2016)是一个基础的演员-评论家算法，顾名思义，它计算策略的优势估计来指导策略梯度。对于状态 $\boldsymbol{s}$ 和行为 $\boldsymbol{a}$ 的优势函数由下式给出：

$$\mathrm{Adv}^{\pi}(\boldsymbol{s},\boldsymbol{a})=Q^{\pi}(\boldsymbol{s},\boldsymbol{a})-V^{\pi}(\boldsymbol{s}) \tag{8.34}$$

其中 Q^{π} 和 V^{π} 分别表示策略π 对应的动作-价值函数和状态价值函数。对于策略π，动作-价值函数 $Q^{\pi}(\boldsymbol{s},\boldsymbol{a})$表示在状态 $\boldsymbol{s}$ 中首先应用动作$\boldsymbol{a}$，然后按照策略 π 后所得到的期望回报。而状态值 $V^{\pi}(\boldsymbol{s})$表示当已处于状态 $\boldsymbol{s}$ 时按照策略π 后所得到的期望回报，而不是采取特定预先确定的动作。因此，优势可以理解为量化当应用特定动作 $\boldsymbol{a}$ 与执行策略π 在状态$\boldsymbol{s}$ 时期望回报的差异。当选择的动作 $\boldsymbol{a}$ 获得比当前策略π 更高的期望回报时，优势取正值。同样，当选择的动作 $\boldsymbol{a}$ 获得比当前策略π 更低的期望回报时，优势为负。这种对优势的解释可以用来指导策

⊖ Mnih 等(2016)最初提出了异步优势演员-评论家(A3C)算法，该算法使用异步线程从环境中收集经验。为了简化，以及因为在实践中这通常不会有太大区别，我们避免了这个算法的异步特性，转而介绍其同步实现的简化版本(A2C)。我们将在 8.2.8 节进一步讨论训练的异步和同步并行化。

略的优化。对于正优势，我们应该增加策略 π 在状态 $\boldsymbol{s}$ 选择动作 $\boldsymbol{a}$ 的概率；当优势为负时，我们应该减少策略 π 在状态 $\boldsymbol{s}$ 选择动作 $\boldsymbol{a}$ 的概率。接下来，为简洁起见，我们将省略上标 π，并假设优势和值函数是针对当前策略 π 计算的。

根据式(8.32)的定义，估算优势需要一个动作-价值函数和状态价值函数。幸运的是，我们可以利用即时奖励和下一个状态的状态价值估计来估计一个动作-价值函数，同时考虑到终止状态的价值必须为零，如 8.1.1 节所述：

$$Q(\boldsymbol{s}^t,\boldsymbol{a}^t)=\begin{cases} r^t & \text{如果 } \boldsymbol{s}^{t+1} \text{ 是终止状态} \\ r^t+\gamma V(\boldsymbol{s}^{t+1}) & \text{其他} \end{cases} \tag{8.35}$$

通过这种动作-价值函数的估计，我们只依赖状态值函数来近似优势：

$$\mathrm{Adv}(\boldsymbol{s}^t,\boldsymbol{a}^t)=Q(\boldsymbol{s}^t,\boldsymbol{a}^t)-V(\boldsymbol{s}^t)=\begin{cases} r^t-V(\boldsymbol{s}^t) & \text{如果 } \boldsymbol{s}^{t+1} \text{ 是终止状态} \\ r^t+\gamma V(\boldsymbol{s}^{t+1})-V(\boldsymbol{s}^t) & \text{其他} \end{cases} \tag{8.36}$$

类似于式(8.31)，我们可以使用 N 步回报来估计优势，以减少获得估计的方差：

$$\mathrm{Adv}(\boldsymbol{s}^t,\boldsymbol{a}^t)=\sum_{\tau=0}^{N-1}\gamma^\tau \mathcal{R}(\boldsymbol{s}^{t+\tau},\boldsymbol{a}^{t+\tau},\boldsymbol{s}^{t+\tau+1})\begin{cases} -V(\boldsymbol{s}^t) & \text{如果 } \boldsymbol{s}^{t+N} \text{ 是终止状态} \\ +\gamma^N V(\boldsymbol{s}^{t+N})-V(\boldsymbol{s}^t) & \text{其他} \end{cases} \tag{8.37}$$

在 A2C 中，我们通过最小化以下损失来优化演员的参数 $\boldsymbol{\phi}$，以最大化优势：

$$\mathcal{L}(\boldsymbol{\phi})=-\mathrm{Adv}(\boldsymbol{s}^t,\boldsymbol{a}^t)\log\pi(\boldsymbol{a}^t \mid \boldsymbol{s}^t;\boldsymbol{\phi}) \tag{8.38}$$

为了优化评论家的参数 $\boldsymbol{\theta}$，我们计算当前状态的价值估计和自举目标估计 y^t 的平方误差(这里是一步自举目标估计)

$$y^t=\begin{cases} r^t & \text{如果 } \boldsymbol{s}^{t+1} \text{ 是终止状态} \\ r^t+\gamma V(\boldsymbol{s}^{t+1};\boldsymbol{\theta}) & \text{其他} \end{cases} \tag{8.39}$$

得到以下损失：

$$\mathcal{L}(\boldsymbol{\theta})=(y^t-V(\boldsymbol{s}^t;\boldsymbol{\theta}))^2 \tag{8.40}$$

常见的做法是使用多步目标估计来减少评论家损失的方差。在这种情况下，目标可以根据式(8.33)计算。

A2C 算法的完整伪代码在算法 14 中给出。我们将这个算法称为“简化的 A2C”，因为该算法最初是根据式(8.33)和式(8.37)定义的多步估计提出的，并且包含两种进一步的技术：异步或同步并行训练和鼓励探索的熵正则化。我们将在 8.2.8 节讨论训练的并行化。熵正则化在给定当前状态下的策略的负熵所组成的附加项添加到演员损失中：

$$-\mathcal{H}(\pi(\cdot \mid \boldsymbol{s};\boldsymbol{\phi}))=\sum_{a\in A}\pi(\boldsymbol{a} \mid \boldsymbol{s};\boldsymbol{\phi})\log\pi(\boldsymbol{a} \mid \boldsymbol{s};\boldsymbol{\phi}) \tag{8.41}$$

算法 14　简化优势演员-评论家

1：使用随机参数 $\boldsymbol{\phi}$ 初始化演员网络 π
2：使用随机参数 $\boldsymbol{\theta}$ 初始化评论家网络 V
3：每回合重复：
4：**for** 时间步 $t=0,1,2,\cdots$ **do**
5：　观测当前状态 $\boldsymbol{s}^t$
6：　采样动作 $\boldsymbol{a}^t \sim \pi(\cdot \mid \boldsymbol{s}^t;\boldsymbol{\phi})$
7：　执行动作 $\boldsymbol{a}^t$；观测回报 r^t 和下一个状态 $\boldsymbol{s}^{t+1}$

8：　**if** s^{t+1} 是终止状态 **then**
9：　　优势 $\text{Adv}(s^t, a^t) \leftarrow r^t - V(s^t; \boldsymbol{\theta})$
10：　　评论家目标 $y^t \leftarrow r^t$
11：　**else**
12：　　优势 $\text{Adv}(s^t, a^t) \leftarrow r^t + \gamma V(s^{t+1}; \boldsymbol{\theta}) - V(s^t; \boldsymbol{\theta})$
13：　　评论家目标 $y^t \leftarrow r^t + \gamma V(s^{t+1}; \boldsymbol{\theta})$
14：　演员损失 $\mathcal{L}(\boldsymbol{\phi}) \leftarrow -\text{Adv}(s^t, a^t) \log \pi(a^t \mid s^t; \boldsymbol{\phi})$
15：　评论家损失 $\mathcal{L}(\boldsymbol{\theta}) \leftarrow (y^t - V(s^t; \boldsymbol{\theta}))^2$
16：　通过最小化演员损失 $\mathcal{L}(\boldsymbol{\phi})$ 来最小化参数 $\boldsymbol{\phi}$
17：　通过最小化演员损失 $\mathcal{L}(\boldsymbol{\theta})$ 来最小化参数 $\boldsymbol{\theta}$

策略 π 的熵是衡量策略不确定性的指标。当策略选择所有动作的概率相等时，熵最大化，即为均匀分布。最小化负熵，即最大化熵，作为演员损失的一部分，惩罚策略为任何动作分配非常高的概率。这个正则化项防止过早地收敛到次优的近似确定性策略，从而鼓励探索。

8.2.6　近端策略优化

在前面讨论的所有算法中，通过使用根据策略梯度定理推导出的梯度，持续更新策略参数。这些梯度旨在将策略参数朝着预期收益更高的策略移动。然而，即使对于较小的学习速率，任意单个梯度更新步骤可能导致策略的显著变化，并可能降低策略的预期性能。由于单个梯度优化步骤可能导致策略显著变化的风险，可以通过置信域来降低这种风险。直观地说，置信域定义了策略参数空间中的一个区域，在这个区域内，策略不会发生显著变化，因此，我们会“相信”具有这些参数的结果策略不会导致性能显著降低。置信域策略优化(Trust Region Policy Optimization，TRPO)(Schulman 等人，2015)将策略梯度强化学习算法中的每个优化步骤限制在一个小的置信域内。通过这种方式，TRPO 降低了策略质量下降的风险，从而逐渐而安全地提高了策略的质量。然而，使用 TRPO 进行每次更新都需要解决一个受限制的优化问题或计算一个代价项，这两者计算成本昂贵。

近端策略优化(PPO)[㊀](Schulman 等人，2017)基于置信域用于策略优化的思想，并计算出一个计算效率高的智能体目标，以避免单个优化步骤中策略的大幅跳跃。这个替代目标利用重要性采样权重 $\rho(s, a)$，它被定义为两个策略在状态 s 中选择给定动作 a 概率的比例：

$$\rho(s, a) = \frac{\pi(a \mid s; \boldsymbol{\phi})}{\pi_\beta(a \mid s)} \tag{8.42}$$

对于重要性采样权重 ρ，由 $\boldsymbol{\phi}$ 参数化的策略 π 代表我们想要优化的策略，而 π_β 表示用于在状态 s 中选择动作 a 的行为策略。重要性采样权重可以被视为从在策略 π_β 下遇到的数据分布转换到策略 π 的数据分布的因子。这个因子调整数据分布，使由 π_β 生成的数据对于 π 来说“看起来”是符合策略的。

使用这些权重，PPO 能够使用相同的数据多次更新策略。传统的策略梯度算法依赖于策略梯度定理，因此假设数据是符合策略的。然而，策略更新一次后，策略发生变化，之前收

㊀ Schulman 等人(2017)在他们的工作中提出了 PPO 算法的两个版本。在本节中，我们描述了带有剪裁智能体目标的 PPO 算法。这种算法比带有 KL 散度惩罚项的另一种 PPO 算法更简单、更常见，通常被简称为 PPO。

集的数据都不再服从策略。此外，重要性采样权重可以被视为策略差异的度量，重要性权重为 1 时对应于两种策略在状态 $\boldsymbol{s}$ 中选择动作 $\boldsymbol{a}$ 的概率相等。PPO 利用这些属性使用相同的数据多次更新策略，并通过限制重要性采样权重来限制策略的变化。这是通过使用剪辑重要性采样权重的行为损失实现的，

$$\mathcal{L}(\boldsymbol{\phi}) = -\min\begin{pmatrix}\rho(\boldsymbol{s}^t,\boldsymbol{a}^t)\mathrm{Adv}(\boldsymbol{s}^t,\boldsymbol{a}^t), \\ \mathrm{clip}(\rho(\boldsymbol{s}^t,\boldsymbol{a}^t),1-\varepsilon,1+\varepsilon)\mathrm{Adv}(\boldsymbol{s}^t,\boldsymbol{a}^t)\end{pmatrix} \tag{8.43}$$

其中 ρ 代表重要性采样权重，如式(8.42)中定义，优势 $\mathrm{Adv}(\boldsymbol{s}^t,\boldsymbol{a}^t)$是使用式(8.36)中给出的状态价值函数计算的，并且代表一个超参数，决定了策略允许偏离先前策略 π_β 的程度。

PPO 的伪代码见算法 15，其中 N_e 表示优化轮数，即给定数据的更新次数。类似于 A2C，我们将所呈现的算法称为“简化 PPO”，因为它通常与并行训练(8.2.8 节)、熵正则化(8.2.5 节)和 N 步回报(8.2.4 节)结合使用，以获得更多的数据量、更稳定的优化和算法探索的提升。

算法 15　简化近端策略优化

1：使用随机参数 $\boldsymbol{\phi}$ 初始化演员网络 π
2：使用随机参数 $\boldsymbol{\theta}$ 初始化评论家网络 V
3：每回合重复：
4：**for** 时间步 $t=0,1,2,\cdots$ **do**
5：　观测当前状态 $\boldsymbol{s}^t$
6：　采样动作 $\boldsymbol{a}^t \sim \pi(\cdot \mid \boldsymbol{s}^t; \boldsymbol{\phi})$
7：　执行动作 $\boldsymbol{a}^t$；观测 r^t 和下个状态 $\boldsymbol{s}^{t+1}$
8：　$\pi_\beta(\boldsymbol{a}^t \mid \boldsymbol{s}^t) \leftarrow \pi(\boldsymbol{a}^t \mid \boldsymbol{s}^t;\boldsymbol{\phi})$
9：　**for** 轮数 $e=1,\cdots,N_e$ **do**
10：　　$\rho(\boldsymbol{s}^t,\boldsymbol{a}^t) \leftarrow \pi(\boldsymbol{a}^t \mid \boldsymbol{s}^t;\boldsymbol{\phi}) \div \pi_\beta(\boldsymbol{a}^t \mid \boldsymbol{s}^t)$
11：　　**if** $\boldsymbol{s}^{t+1}$ 是终止状态 **then**
12：　　　优势：$\mathrm{Adv}(\boldsymbol{s}^t,\boldsymbol{a}^t) \leftarrow r^t - V(\boldsymbol{s}^t;\boldsymbol{\theta})$
13：　　　评论家目标 $y^t \leftarrow r^t$
14：　　**else**
15：　　　优势 $\mathrm{Adv}(\boldsymbol{s}^t,\boldsymbol{a}^t) \leftarrow r^t + \gamma V(\boldsymbol{s}^{t+1};\boldsymbol{\theta}) - V(\boldsymbol{s}^t;\boldsymbol{\theta})$
16：　　　评论家目标 $y^t \leftarrow r^t + \gamma V(\boldsymbol{s}^{t+1};\boldsymbol{\theta})$
17：　　演员损失函数

$$\mathcal{L}(\boldsymbol{\phi}) = -\min\begin{pmatrix}\rho(\boldsymbol{s}^t,\boldsymbol{a}^t)\mathrm{Adv}(\boldsymbol{s}^t,\boldsymbol{a}^t), \\ \mathrm{clip}(\rho(\boldsymbol{s}^t,\boldsymbol{a}^t),1-\varepsilon,1+\varepsilon)\mathrm{Adv}(\boldsymbol{s}^t,\boldsymbol{a}^t)\end{pmatrix}$$

18：　　评论家损失函数 $\mathcal{L}(\boldsymbol{\theta}) \leftarrow (y^t - V(\boldsymbol{s}^t;\boldsymbol{\theta}))^2$
19：　　通过最小化演员损失函数 $\mathcal{L}(\boldsymbol{\phi})$来更新参数 $\boldsymbol{\phi}$
20：　　通过最小化演员损失函数 $\mathcal{L}(\boldsymbol{\theta})$来更新参数 $\boldsymbol{\theta}$

8.2.7　策略梯度算法在实践中的应用

图 8.6 比较了在图 8.3a 介绍的单智能体基于等级的搜寻环境中的策略梯度算法 REINFORCE、A2C 和 PPO。我们看到，REINFORCE 在大多数训练结束时学会解决任务，但是整

个训练过程中回合回报表现出高方差。这种方差可以由蒙特卡罗回报的高方差(图 8.5)解释，因此在训练期间策略梯度变化大。相比之下，A2C 和 PPO 搭配 N 步回报在 60 000 时间步内达到了所有运行的最佳性能。这个实验展示了如 A2C 和 PPO 这样的演员-评论家算法的稳定性和样本效率的提高。特别是在 N 步回报的情况下，比 REINFORCE 训练更加稳定，这是因为回报估计的方差较小，智能体随后在所有回合中稳健地获得最优回报。最后，我们看到 PPO 比 A2C 学习稍微快一些，这可以归因于其优化能够多次使用每批经验。

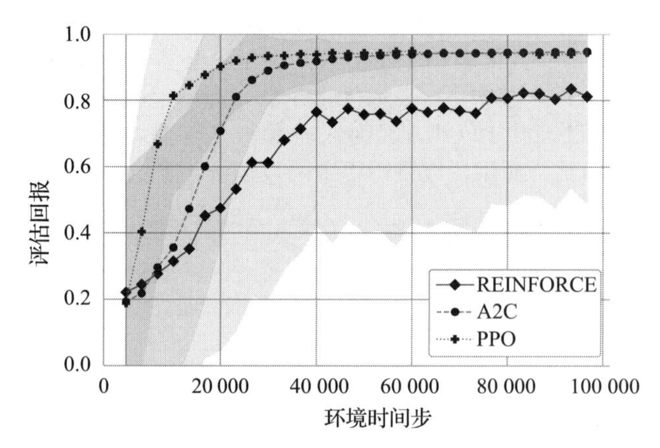

图 8.6　在图 8.3a 中所示的单智能体基于等级的搜寻环境中，REINFORCE、A2C 和 PPO 的学习曲线。我们训练所有算法 100 000 个时间步。可视化的学习曲线和阴影对应于五次运行中不同随机种子的折扣回合回报的平均值和标准差。在所有算法中，我们在训练期间使用折扣因子 $\gamma=0.99$，小型评论家和演员网络有两层 32 个隐藏单元，ReLU 激活函数，并进行小范围网格搜索以确定合适的超参数。REINFORCE 在没有基线的情况下进行训练，学习率为 $\alpha=10^{-3}$。对于 A2C 和 PPO，我们使用 $N=5$ 的 N 步回报和 3×10^{-4} 的学习率。最后，PPO 使用裁剪参数 $\varepsilon=0.2$，并使用相同的经验批尺寸优化网络 $N_e=4$ 轮

8.2.8　策略的并行训练

基于策略的在线策略梯度算法无法像基于价值的离线策略强化学习算法(如 DQN，8.1.3 节)那样使用回放缓冲区。然而，回放缓冲区是离线策略强化学习算法的关键组成部分，用于打破连续经验之间的相关性，并提供更大批量的数据来计算损失。这产生了一个问题，即如何打破相关性并获取用于策略梯度算法高效优化的数据。在本节中，我们将介绍两种方法来解决这个问题，即利用现代硬件的多线程能力来并行化智能体与环境的交互：同步数据收集和异步训练。

同步数据收集，如图 8.7 所示，为多个线程初始化单独的环境实例。在每个时间步，智能体从所有环境实例接收一批状态和奖励，并独立决定对每个环境的动作选择。然后将一批选定的动作发送到各自线程的每个环境中，以转移到新状态并接收新奖励。这种交互在整个训练过程中重复进行，并且是同步的，因为智能体必须等待所有环境实例转移到它们的新状态之后才能进行下一个动作选择。同步数据收集易于部署，对 RL 算法的训练所需的更改最小，并显著增加了每次更新可用的数据样本数量。与从回放缓冲区采样的批次类似，对这样的经验批次的梯度进行平均，可以使梯度更稳定，优化更高效。此外，通过神经网络对输入批次进行前向传播可以使用高效的向量和矩阵运算进行并行化，因此同步数据收集所需的计

算非常高效。向量化计算的好处对于现代硬件(如 GPU)尤其显著，这些硬件能够并行执行许多操作。

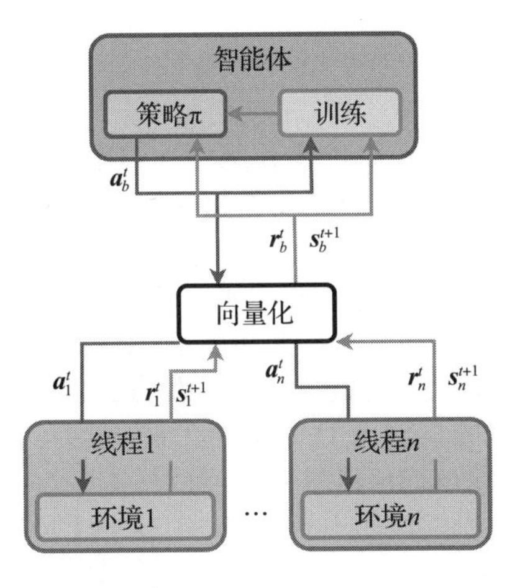

图 8.7　同步数据收集的可视化，以并行化智能体在多个并行运行的环境实例中交互。环境实例在不同的线程中执行。在每个时间步长，智能体根据最后一批状态 $\boldsymbol{s}$ 选择一个动作向量 $\boldsymbol{a}$，每个动作针对一个环境条件化。每个环境实例接收其动作并转移到一个新状态，返回奖励和新状态。所有环境实例的奖励批次 $\boldsymbol{r}$ 和新状态 $\boldsymbol{s}$ 随后作为向量传递给智能体，用于训练和其下一个动作选择。这种技术的并行化是同步的，因为智能体必须等待所有环境实例完成当前的转移后才能进行下一个动作选择

最后，连续经验的相关性部分被打破，因为不同环境的经验可能由于不同的初始状态和概率转换而有显著差异。

我们在算法 16 中展示了带有同步数据收集的简化 A2C 算法的伪代码。该算法与算法 14 相同，不同之处在于智能体从所有环境的经验批次中计算其损失，并且独立地与每个环境进行交互。

算法 16　同步环境下的简化 A2C

1：使用随机参数 $\boldsymbol{\phi}$ 初始化演员网络 π
2：使用随机参数 $\boldsymbol{\theta}$ 初始化评论家网络 V
3：初始化 K 个并行环境
4：每回合重复：
5：**for** 时间步 $t=0,1,2,\cdots$ **do**
6：　观测所有环境的批次状态 $[\boldsymbol{s}^{t,1}\cdots\boldsymbol{s}^{t,K}]^T$
7：　采样动作 $\boldsymbol{a}^{t,k}\sim\pi(\cdot\mid\boldsymbol{s}^{t,k};\boldsymbol{\phi})$ 对于 $k=1,\cdots,K$
8：　在第 k 个环境执行行动作 $\boldsymbol{a}^{t,k}$ 对于 $k=1,\cdots,K$；
　　观测回报 $[r^{t,1}\cdots r^{t,K}]^T$ 和下一个状态 $[\boldsymbol{s}^{t+1,1}\cdots\boldsymbol{s}^{t+1,K}]^T$
9：　**if** $\boldsymbol{s}^{t+1,k}$ 是终止状态 **then**
10：　　优势 $\mathrm{Adv}(\boldsymbol{s}^{t,k},\boldsymbol{a}^{t,k})\leftarrow r^{t,k}-V(\boldsymbol{s}^{t,k};\boldsymbol{\theta})$
11：　　评论家目标 $y^{t,k}\leftarrow r^{t,k}$
12：　**else**
13：　　优势 $\mathrm{Adv}(\boldsymbol{s}^{t,k},\boldsymbol{a}^{t,k})\leftarrow r^{t,k}+\gamma V(\boldsymbol{s}^{t+1,k};\boldsymbol{\theta})-V(\boldsymbol{s}^{t,k};\boldsymbol{\theta})$
14：　　评论家目标 $y^{t,k}\leftarrow r^{t,k}+\gamma V(\boldsymbol{s}^{t+1,k};\boldsymbol{\theta})$
15：　演员损失 $\mathcal{L}(\boldsymbol{\phi})\leftarrow\frac{1}{K}\sum_{k=1}^{K}\mathrm{Adv}(\boldsymbol{s}^{t,k},\boldsymbol{a}^{t,k})\log\pi(\boldsymbol{a}^{t,k}\mid\boldsymbol{s}^{t,k};\boldsymbol{\phi})$

16：　评论家损失 $\mathcal{L}(\boldsymbol{\theta}) \leftarrow \frac{1}{K}\sum_{k=1}^{K}(y^{t,k} - V(s^{t,k};\boldsymbol{\theta}))^2$

17：　最小化演员属实 $\mathcal{L}(\boldsymbol{\phi})$来优化参数 $\boldsymbol{\phi}$

18：　最小化评论家损失 $\mathcal{L}(\boldsymbol{\theta})$来优化参数 $\boldsymbol{\theta}$

请注意，简化的 A2C 在其 K 个环境中完成单个时间步仿真后优化其网络[㊀]。因此，对于较大的 K 值，在相同的挂钟时间内[㊁]，智能体收集更多的经验，但也会在每次优化其网络时使用更多的经验，因为它利用了所有 K 个环境的经验。

为了说明同步并行环境对智能体训练的影响，我们在单智能体的基于等级的搜寻环境中，使用不同数量的同步环境(算法 16)训练了简化的 A2C 算法。环境是一个更大的 12×12 网格，智能体必须收集两件物品才能获得所有可能的奖励。我们以 $K\in\{1,4,16,64\}$训练智能体 5 分钟，并在图 8.8 中显示训练的时间步数和挂钟训练时间的(折扣)评估回报。一方面，实验表明，由于频繁优化智能体网络(图 8.8a)，对较小 K 值的训练可以具有相当的样本效率。另一方面，因为每次优化都是在较小的经验批次上计算的，所以优化不太稳定，在 $K=1$ 环境中训练的智能体没有收敛到最优策略。检查图 8.8b 中的挂钟时间效率，我们可以看到使用较大 K 值可以显著提高效率(同时利用更多计算资源)。然而，这些好处随着同步环境数量的增加而减少。对于较大 K 值，各线程必须等待其他线程完成其转移后，才能从智能体接收下一操作并继续交互，因此线程的空闲时间会随着部署的并行环境数量的增加而增加。

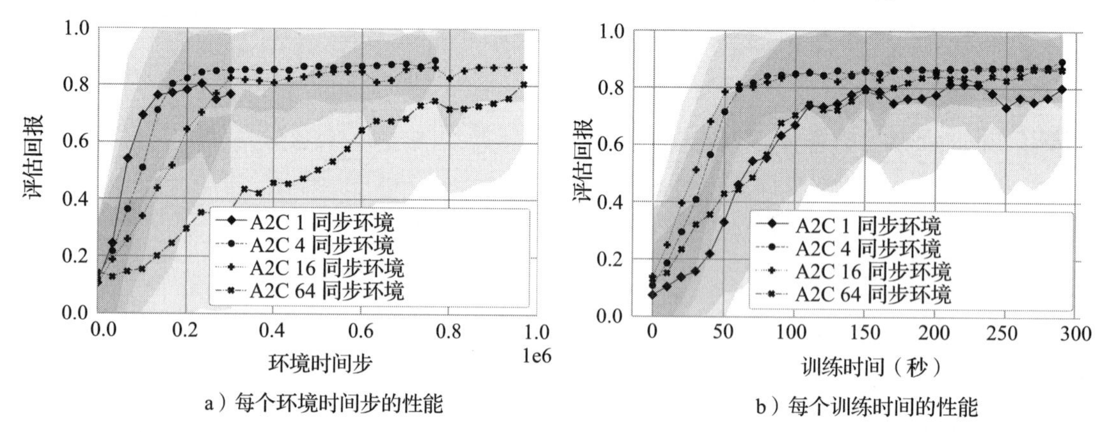

a）每个环境时间步的性能　　b）每个训练时间的性能

图 8.8　在图 8.3a 中显示 12×12 网格的单智能体基于等级的搜寻环境中的 A2C 学习曲线，智能体每回合必须收集两个物品以达到最佳性能。我们使用 $K\in\{1,4,16,64\}$的同步环境对简化的 A2C 进行了 5 分钟的训练，并比较了 a)样本效率，即每个训练时间步的回合回报；b)时间效率，即每个训练时间的回合回报。可视化学习曲线和阴影对应于通过五次具有不同随机种子的运行计算得出的折扣回合回报的平均值和标准差。对于所有算法，我们在训练期间使用折扣因子 $\gamma=0.99$，小型评论家和演员网络，每个网络有两层 32 个隐藏单元，使用 ReLU 激活函数，学习率 $\alpha=10^{-3}$，以及 N 步回报，其中 $N=10$

㊀ 我们通常使用 N 步回报来获得具有降低偏差的价值估计。在这种情况下，跨 N 个时间步和 K 个环境的 $K\times N$ 个经验可用于优化网络。

㊁ 挂钟时间是从训练开始到结束的经过时间，与所需资源和并行线程或进程的数量无关。

异步训练(如图 8.9 所示)与并行化智能体的优化相反。除了保留环境实例外，每个线程还保留一个智能体的副本，来和环境进行交互。每个线程仅基于该线程环境中收集的数据计算损失和梯度，以优化智能体的参数网络。梯度计算完成后更新中心智能体的网络，并将新获得的参数发送给所有线程以更新它们的智能体副本。因此，智能体的网络由所有线程分别更新，每个线程的优化仅使用该特定线程中收集的数据。实现内存安全的异步并行化和优化更加复杂，并且需要仔细的工程考虑，但其主要优点是在每次交互中不需要依赖所有线程的信息来进行进一步处理。线程可以独立完成转换和优化，从而最大限度地减少潜在的空闲时间。

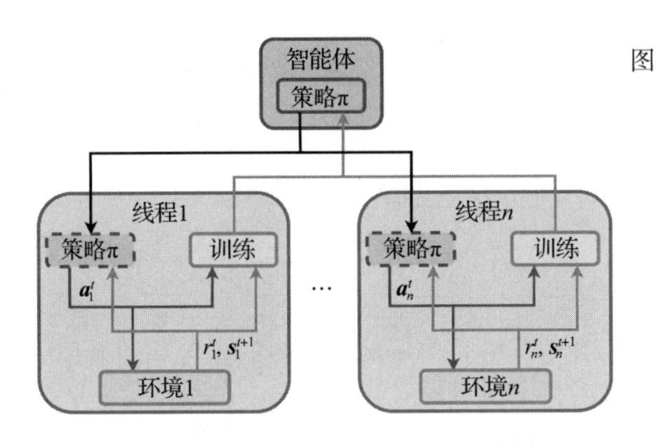

图 8.9　多个线程中并行优化智能体的异步训练可视化。每个线程都使用智能体的一份副本与其独立的环境交互。训练在每个线程内完成，并且只使用来自该特定线程环境的数据。每当在任何线程的训练中计算梯度来更新智能体的网络时，中心智能体的网络都会被更新，并将更新的参数与所有线程共享。这确保了所有线程始终使用最新的网络，并且任何线程的更新都会影响其他线程执行的策略

由于计算的并行化，同步环境和异步训练都可以有效利用从大多数消费者的笔记本计算机和台式计算机中找到的 CPU 支持的几个线程，到跨大型分布式计算集群执行的数千个线程等范围内的多个线程。每当有多个 CPU 线程可用时，同步数据收集是一个相对简单的方法，可以显著提高策略梯度算法的效率。如果有多台配备用于深度学习模型的专用加速器的机器，那么由于其能够在每个线程内独立优化网络参数，因此可能更喜欢异步训练。但是，值得注意的是，两种方法都假设可以并行执行多个环境实例。情况并非总是如此，例如，当环境是一个具有单一实体的物理系统，例如机器人。在这种情况下，无法使用这些技术并行收集数据，必须使用其他技术来提高策略梯度算法的效率。

我们进一步指出，这些技术最常应用于在线策略的策略梯度优化算法中，因为这些算法不能使用回放缓冲区，但并行训练和数据收集也适用于离线策略算法。此外，在本节中，我们专注于两个概念上简单的想法来提高策略梯度算法的效率。文献中还提出了更复杂的想法，主要集中在跨大型计算基础设施的并行化方面，例如 Espeholt 等人(2018)和 Espeholt 等人(2020)。

8.3　实践中的观测、状态和历史记录

在本章中，我们定义了基于环境状态的深度强化学习算法。然而，正如 3.4 节中讨论的，智能体可能无法观测到环境的完整状态，而只能接收当前状态的部分视图。例如，考虑一个智能体控制机器人的环境。智能体可以使用传感器感知环境，但一些物体可能超出传感范围或被其他物体遮挡。在这种部分可观测的环境中，学习的价值函数和策略应基于观测历史 $\boldsymbol{h}^t=(\boldsymbol{o}^0,\cdots,\boldsymbol{o}^t)$进行条件化，以利用一回合内时间步 t 前内感知的所有信息。

为了将价值函数和策略与观测历史相关联，我们可以将所有观测结果拼接成一个向量来表示 $\boldsymbol{h}^t$，并将此向量作为策略和价值网络的输入。然而，这种方法并不实际，因为随着过去

观测结果的累积，输入向量的维度会增加。大多数神经网络架构(包括常用的前馈神经网络)需要一个固定的输入维度。为了将连接的观测向量表示为深度价值函数或策略网络的恒定维度输入，我们可以将历史表示为足够维度的零填充向量，以表示时间最长回合的历史[⊖]。但是，这样的输入向量维度会很高且非常稀疏，即对于大多数历史记录，它会包含大部分零值。这些属性会使得基于这种历史记录的策略和价值函数难以学习。

我们已经看到了一种深度学习技术来解决这些挑战。7.5.2 节中介绍的递归神经网络旨在处理序列输入。通过将观测历史视为一个序列，递归神经网络每次处理一个历史记录里的观测。在每个时间步，网络只接收最新的观测作为其输入，并不断更新其隐藏状态以表示关于完整历史观测的信息。在每回合开始时，这个隐藏状态被初始化为一个零值向量。通过在部分可观测环境的策略和价值函数的架构中使用递归神经网络，RL 算法可以逐个接收观测，以在内部表示完整的历史。通过对所有网络进行这种架构更改，本章介绍的深度 RL 算法可以应用于部分可观测的环境。在递归网络架构中，门控递归单元(GRU)和长短期记忆(LSTM)网络是深度 RL 中常用的(Hausknecht 和 Stone，2015；Rashid 等人，2018；Jaderberg 等人，2019；Morad 等人，2023)。

8.4 总结

在本章中，我们介绍了利用神经网络来表示智能体的价值函数和策略的深度单智能体强化学习算法。以下是本章引入的关键概念的总结：

- 使用表格值函数时，更新状态的值仅会更改该特定状态的值估计。而使用函数逼近(如神经网络)时，更新状态的值可能会改变所有状态的值估计。这种泛化属性是函数逼近相对于表格表示的关键优势，但也引入了新的挑战。
- 目标值变动问题每次使用函数逼近来计算引导目标值时都会出现。这些目标值取决于下一个状态的值，因此随着参数更新而改变。为了解决由这导致的不稳定训练，我们引入了目标网络。这些网络被初始化为主价值函数的副本，并用于计算目标值。目标网络的更新频率低于价值网络，因此提供了更稳定的目标值。
- 连续经验的相关性是训练带函数逼近器的强化学习的第二个挑战。智能体在任何时候的经验都强烈依赖于前一个经验，并且随着策略的改变，整体数据分布会发生变化。为了解决这些问题，我们引入了经验回放缓冲区。回放缓冲区存储过渡的经验。在训练期间，可以对经验进行随机批量采样，以更新价值函数。这种方法打破了连续过渡之间的时间相关性，并允许训练期间重复使用经验。因此，训练变得更加高效和稳定。
- 深度 Q 学习用 Q 学习更新训练动作-价值函数，但用神经网络代替了表格化价值函数。该算法使用目标网络和经验回放缓冲区来稳定训练。DQN 算法能够针对高维状态空间学习动作-价值函数，是深度强化学习算法的常见基础。
- 策略梯度定理是策略梯度强化学习算法的基础。这些算法使用函数逼近来表示智能体的策略。定理表明，策略参数的期望回报的梯度可以表示为动作的对数概率的梯度和当前策略下的动作-价值函数的乘积的期望值。
- REINFORCE 算法是一个基础的策略梯度强化学习算法，它使用一回合回报的蒙特卡罗采样来估计当前策略下的期望值。蒙特卡罗估计是无偏的，但可能表现出高方差。

[⊖] 这种方法不适用于可能具有无限回合的任务。

为了减少方差，可以从回报估计中减去一个基线。状态价值函数是一个常用的基线，它在不引入偏差的情况下减少了方差。

- 演员-评论家算法是一类同时训练参数化策略(即演员)和参数化价值函数(即评论家)的强化学习算法。评论家被训练来表示具有引导目标值的价值函数。我们使用策略梯度定理和评论家的回报估计来更新演员的参数。优势被定义为在给定状态下执行给定动作的期望值与当前策略下的状态价值之间的差异，可用于量化给定状态下动作的质量。优势演员-评论家(A2C)算法是第一批使用优势来更新策略和价值函数的演员-评论家算法之一。

近端策略优化通过引入基于置信域概念的替代目标函数来扩展 A2C。其思想是策略的大变化可能导致策略性能大幅下降。为了防止这种大变化，替代目标函数会裁剪计算的策略梯度。另外，目标函数按重要性采样权重加权，以允许从相同经验中多次采样。与 A2C 相比，这些更改可以使训练更稳定、样本效率更高。

为充分利用现代硬件的并行化能力，可以并行化深度强化学习算法的经验收集和优化。并发数据收集从多个环境中并行收集经验。每个环境可以在单个 CPU 线程上模拟，所有环境的经验会聚合以优化策略和价值函数。另外，异步训练在每个线程中使用独立的环境和当前神经网络的副本单独计算梯度。我们使用所有异步梯度计算的梯度来集中更新所有线程的网络。

第 7 章介绍了深度学习，本章介绍了深度强化学习算法，第 9 章将介绍深度多智能体强化学习算法。我们将扩展第 5 章和第 6 章介绍的许多概念和算法，使用神经网络来训练复杂环境中的多智能体强化学习智能体。

CHAPTER9

第 9 章

多智能体深度强化学习

在第 8 章中，我们看到第一部分中介绍的表格多智能体强化学习算法存在局限性，因为它们的价值函数只针对访问过的状态进行了更新。这无法推广到以前未见过的状态，从而使得表格多智能体强化学习算法在具有许多状态的环境无效，因为智能体可能不会遇到足够多次的状态以获得状态的准确价值估计。第 7 章中介绍的深度学习为我们提供了将神经网络训练为灵活的函数逼近器的工具，可以在大的输入空间中进行泛化。第 8 章展示了如何使用深度学习来训练参数化的价值函数和策略以进行强化学习。本章将这些思想扩展到 MARL，并引入用于训练多个智能体解决复杂任务的基本算法。

要为本章中介绍的算法设置背景，我们需要首先讨论多智能体强化学习训练的不同范式，这些范式在用于训练和执行智能体策略的信息方面有所不同。然后，我们将讨论多智能体强化学习的深度独立学习算法，该类方法忽略其他智能体的存在，应用深度单智能体强化学习训练每个智能体的策略。之后，我们将介绍更复杂的算法，这些算法在训练期间利用多个智能体的联合信息来改进基于策略梯度和价值的多智能体强化学习算法的学习过程。为了告知智能体其他智能体的策略，我们将讨论如何使用深度学习扩展智能体建模(6.3 节)。同时训练多个智能体通常需要大量样本来学习有效的策略。因此，我们还将讨论多个智能体如何共享网络和经验以使训练样本更高效。在零和博弈中，可以通过自博弈来训练智能体。在这种范式下，单个智能体通过与自身策略的副本对抗来进行训练，以在零和博弈中取胜，自博弈具有很高的影响力，并且是多个在竞争性棋盘和视频游戏中实现突破的多智能体强化学习的核心组成部分。最后，我们将讨论如何通过训练智能体种群相互对抗来将自博弈扩展到一般和博弈。

9.1 训练和执行模式

多智能体强化学习算法可以根据策略训练和执行期间可用的信息进行分类。在训练期间，多智能体强化学习算法可能仅限于使用每个智能体观测到的局部信息(“分散式训练”)，或者可以利用有关多智能体系统中所有智能体的信息(“集中式训练”)。在智能体策略训练之后，可用信息的问题仍然存在：智能体可以使用什么信息来进行动作选择(即策略决策的条件)?

最常见的是，智能体的策略仅基于其局部观测历史（“分散式执行”），但在某些情况下假设可以使用所有智能体的信息（“集中式执行”）是合理的。本节将简述根据其训练和执行模式划分的三类主要多智能体强化学习算法。

9.1.1　集中式训练和执行

在集中式训练和执行中，智能体策略的学习以及策略本身都使用某种在智能体之间集中共享的信息或机制。集中共享的信息可能包括智能体的局部观测历史、学习的世界和智能体模型、价值函数，甚至智能体的策略本身。在集中式训练和执行的情况下，我们有意地偏离了典型POSG（3.4节）的定义，因为智能体不再仅限于接收环境的局部观测。因此，集中共享的信息可以被视为特权信息，如果应用场景允许，它可能有利于策略的训练或执行。

这个类别的一个例子是中心学习（5.3.1节），它通过使用联合观测历史（所有智能体的观测历史）在联合动作空间上训练单个中心策略，然后向所有智能体发送动作，将多智能体博弈简化为单智能体问题。这种方法的主要优势在于能够利用环境的联合观测空间，这在部分可观测环境或智能体需要复杂协调的环境中很有用。例如，价值函数可以基于联合观测历史进行条件化，以更好地估计期望回报。然而，中心学习出于多方面原因通常不可行或不适用：(1) 所有智能体的联合奖励必须转换为用于训练的单一奖励，这在一般和博弈中可能很困难或不可能；(2) 中心策略必须在联合动作空间中学习，该空间通常随着智能体数量的增加呈指数增长[⊖]；(3) 智能体可能是物理上或虚拟上分布的实体，可能不允许中心策略进行集中式控制的通信。例如，对于自动驾驶汽车，期望即时传输和接收所有周围汽车的传感器和摄像头信息可能不太现实。此外，即使车辆之间的信息共享是可能和瞬时的，由于问题的规模和复杂性，学习集中式控制策略来控制所有车辆也将非常困难。在这种情况下，分散式控制是一种更合理的方法，这种方法为每辆车分配一个智能体，并将较大的单智能体问题分解为多个较小的多智能体问题。

9.1.2　分散式训练和执行

在分散式训练和执行中，智能体策略的训练和策略本身在智能体之间完全分散，这意味着它们不依赖于集中共享的信息或机制。当智能体缺乏以集中方式进行训练或执行的信息或能力时，分散式训练和执行是多智能体强化学习训练的自然选择。金融市场就是这种场景的一个例子。交易个人和公司不知道其他智能体可能如何行事或它们如何影响市场，任何这种影响都只能被部分观测到。

这个类别的一个典型例子是独立学习（5.3.2节），其中每个智能体不会显式地建模其他智能体的存在和动作。相反，其他智能体被视作环境动态（非静态）的一部分，因此每个智能体都使用单智能体强化学习技术，以完全本地化的方式训练自己的策略。独立学习具备扩展性优势，因为它避免了集中式学习中动作空间的指数级增长，并且自然适用于那些智能体是物理上或虚拟上分布的实体且无法相互通信的场景。然而，独立学习存在三个主要缺点：(1) 智能体的策略无法在训练或执行期间利用有关其他智能体的信息；(2) 正如5.4.1节所讨论的，所有智能体的并行训练导致的非稳定性可能严重影响训练；(3) 智能体无法区分环境中由其他智能体动作和环境转移函数所导致的随机变化。实际上，随着其他智能体策略的变化，每个

⊖ 在5.4.4节中，我们讨论了一个增长不是指数的例子。

智能体所感知的转移、观测和奖励函数也会发生变化。这些变化可能导致学习不稳定和独立学习的收敛性不佳。尽管有这些挑战，独立学习在实际应用中通常表现良好，可以作为开发更复杂算法的起点。基于表格型价值函数的独立学习算法(5.3.2节)，我们将在9.3节介绍深度独立学习算法。值得注意的是，独立学习并非分散式训练的唯一实现方式。例如，智能体建模(6.3节)包括了可以用来模拟环境中其他智能体变化行为的多种方法。

9.1.3 集中式训练与分散式执行

集中式训练和分散式执行(Centralised Training and Decentralised Execution，CTDE)代表了多智能体强化学习的第三种范式。这些算法使用集中训练来训练智能体策略，而策略本身设计用于允许分散式执行。例如，在训练期间，该算法可以利用所有智能体的共享局部信息来更新智能体策略，而每个智能体的策略本身仅需要智能体的局部观测来选择动作，因此可以完全分散式部署。通过这种方式，CTDE算法旨在兼具集中式训练和分散式执行的优点。

CTDE算法在深度多智能体强化学习中特别常见，因为它们能以计算可行的方式支持在特权信息上进行近似价值函数的条件化。例如，多智能体演员-评论家算法可以用集中式评论家训练策略，集中式评论家可以基于联合观测历史进行条件化，从而比仅接收单个智能体观测历史的评论家提供更准确的价值估计。在执行期间，由于策略完成了动作选择，因此不再需要价值函数。为了实现分散式执行，智能体的策略仅以其局部观测历史为决策条件。本章将讨论在CTDE框架内运行各种深度多智能体强化学习算法，包括基于多智能体策略梯度(9.4节)、价值分解(9.5节)、智能体建模(9.6节)和经验共享(9.7节)的算法等。

9.2 多智能体深度强化学习的符号表示

与第8章使用的符号表示一致，智能体 i 的策略和价值函数的参数将分别用 $\boldsymbol{\phi}_i$ 和 $\boldsymbol{\theta}_i$ 表示。

我们用 $\pi(\cdot;\boldsymbol{\phi}_i)$、$V(\cdot;\boldsymbol{\theta}_i)$ 和 $Q(\cdot;\boldsymbol{\theta}_i)$ 表示智能体 i 的策略、价值函数和动作-价值函数。为保持符号简洁，当参数能清楚表明是哪个智能体时，我们不会明确地用下标表示策略和价值函数。例如，我们将写成 $\pi(\cdot;\boldsymbol{\phi}_i)$，而不是 $\pi_i(\cdot;\boldsymbol{\phi}_i)$。我们注意到，这种符号表示简化了智能体网络之间的潜在区别，网络可能会因为参数化之外的因素而不同，例如，由于不同智能体的观测和动作空间具有不同的输入和输出维度。

在部分可观测的多智能体博弈中，智能体只接收有关环境的局部观测结果，这些观测结果在不同智能体之间可能不同(3.4节)。在集中式训练期间，智能体可以在训练期间使用所有智能体的联合信息，但仅根据其局部观测历史来确定其策略。为了表示训练和执行期间可用信息的这种差异，我们将使用部分可观测环境的符号来介绍所有后续的多智能体强化学习算法。为此，我们将使用 $\boldsymbol{h}$ 来表示观测历史。然而，我们注意到一些集中式训练算法在训练期间使用环境的完整状态 $\boldsymbol{s}$。在这些情况下，我们将特别强调在时间步 t 应使用智能体 i 的局部观测历史 $\boldsymbol{h}_i^t=(\boldsymbol{o}_i^0,\boldsymbol{o}_i^1,\cdots,\boldsymbol{o}_i^t)$、联合观测历史 $\boldsymbol{h}^t=(\boldsymbol{o}^0,\boldsymbol{o}^1,\cdots,\boldsymbol{o}^t)$ 还是状态 $\boldsymbol{s}^t$。在完整状态不可用且只能访问部分观测的环境中，可以用联合观测历史 $\boldsymbol{s}^t\approx\boldsymbol{h}^t$ 来近似环境状态。在完全可观测环境中，智能体使用环境状态 $\boldsymbol{s}$ 而不是各自或联合的观测历史，以利用智能体可用的所有信息。

8.3节讨论了使用递归神经网络有效地根据观测历史条件化深度价值函数和策略。这些网络可以一次接收一个观测，并在内部将观测历史表示为隐藏状态。基于上述考虑以及为了符号简洁，许多出版物将深度强化学习算法的策略和价值函数定义为以最新观测为变量的函数。

相反，我们将明确将时间步 t 的策略和价值函数网络条件化于本地或联合观测历史上，分别用 $\boldsymbol{h}_i^t$ 和 $\boldsymbol{h}^t$ 表示。

9.3 独立学习

在多智能体强化学习中，多个智能体同时在共享环境中行动和学习。当智能体将其他智能体视为环境的一部分并使用(单智能体)强化学习算法学习时，我们认为它们是独立学习的。尽管很简单，但独立学习是一种常用的学习方法，并已被证明在不同的学习任务中具有竞争力(Gupta、Egorov 和 Kochenderfer，2017；Palmer，2020；Schroeder de Witt 等人，2020；Papoudakis 等人，2021)。在本节中，我们将展示如何使用现有的深度强化学习算法(如第 8 章中介绍的算法)来训练多个智能体。

9.3.1 基于独立价值的学习

基于独立价值的算法学习的是以单个智能体的观测和动作为变量的价值函数。该类算法的代表是独立 DQN(IDQN)算法，其中每个智能体训练自己的动作-价值函数 $Q(\cdot;\boldsymbol{\theta}_i)$，维护一个回放缓冲区 $\mathcal{D}_i$，并且仅使用 DQN(8.1.4 节)从自己的观测历史、动作和奖励中学习。每个智能体 i 的 DQN 损失函数为

$$\mathcal{L}(\boldsymbol{\theta}_i)=\frac{1}{B}\sum_{(\boldsymbol{h}_i^t,\boldsymbol{a}_i^t,r_i^t,\boldsymbol{h}_i^{t+1})\in\mathcal{B}}\left(r_i^t+\gamma\max_{\boldsymbol{a}_i\in A_i}Q(\boldsymbol{h}_i^{t+1},\boldsymbol{a}_i;\overline{\boldsymbol{\theta}}_i)-Q(\boldsymbol{h}_i^t,\boldsymbol{a}_i^t;\boldsymbol{\theta}_i)\right)^2 \tag{9.1}$$

其中 $\overline{\boldsymbol{\theta}}_i$ 表示智能体 i 目标网络的参数。通过最小化所有智能体的总损失 $\mathcal{L}(\boldsymbol{\theta}_1)+\mathcal{L}(\boldsymbol{\theta}_2)+\cdots+\mathcal{L}(\boldsymbol{\theta}_N)$来同时优化价值函数参数。我们在算法 17 中给出了 IDQN 算法的伪代码。

算法 17　独立深度 Q 网络

1：使用随机参数 $\boldsymbol{\theta}_1,\cdots,\boldsymbol{\theta}_n$ 初始化 n 个价值网络
2：使用 $\overline{\boldsymbol{\theta}}_1=\boldsymbol{\theta}_1,\cdots,\overline{\boldsymbol{\theta}}_n=\boldsymbol{\theta}_n$ 初始化 n 个目标网络
3：为每个智能体初始化回放缓冲区 $D_1,D_2,\cdots,D_n$
4：**for** 时间步 $t=0,1,2,\cdots$ **do**
5：　收集当前状态 $\boldsymbol{o}_1^t,\cdots,\boldsymbol{o}_n^t$
6：　**for** 智能体 $i=1,\cdots,n$ **do**
7：　　在概率 ε 下：随机选择动作 $\boldsymbol{a}_i^t$
8：　　其他：选择 $\boldsymbol{a}_i^t\in\arg\max_{\boldsymbol{a}_i}Q(\boldsymbol{h}_i^t,\boldsymbol{a}_i;\boldsymbol{\theta}_i)$
9：　执行动作$(\boldsymbol{a}_1^t,\cdots,\boldsymbol{a}_n^t)$；收集回报 $r_1^t,\cdots,r_n^t$ 和下一个状态 $\boldsymbol{o}_1^{t+1},\cdots,\boldsymbol{o}_n^{t+1}$
10：　**for** 智能体 $i=1,\cdots,n$ **do**
11：　　存储经验$(\boldsymbol{h}_i^t,\boldsymbol{a}_i^t,r_i^t,\boldsymbol{h}_i^{t+1})$到回放缓冲区 D_i
12：　　从 D_i 随机采样 B 个经验$(\boldsymbol{h}_i^k,\boldsymbol{a}_i^k,r_i^k,\boldsymbol{h}_i^{k+1})$
13：　　**if** $\boldsymbol{s}^{k+1}$ 是终止状态[⊖] **then**

⊖ 我们注意到，智能体没有观测到环境的完整状态，而只获得了自己的观测。然而，智能体会收到终止信息，并可以使用这些信息来计算相应的目标。有关智能体在实践中如何接收终止信息的更多详细信息，请参见 10.1 节。

14：　　目标 $y_i^k \leftarrow r_i^k$
15：　**else**
16：　　目标 $y_i^k \leftarrow r_i^k + \gamma \max_{a_i' \in A_i} Q(\boldsymbol{h}_i^{k+1}, \boldsymbol{a}_i'; \overline{\boldsymbol{\theta}}_i)$
17：　损失 $\mathcal{L}(\boldsymbol{\theta}_i) \leftarrow \frac{1}{B}\sum_{k=1}^{B}(y_i^k - Q(\boldsymbol{h}_i^k, \boldsymbol{a}_i^k; \boldsymbol{\theta}_i))^2$
18：　通过最小化损失 $\mathcal{L}(\boldsymbol{\theta}_i)$ 来更新参数 $\boldsymbol{\theta}_i$
19：　按设定间隔更新目标网络的参数 $\overline{\boldsymbol{\theta}}_i$

值得注意的是，回放缓冲区可能会导致 IDQN 出现在单智能体 RL 中没有的问题。在多智能体环境中，智能体的动作不仅由自身的动作决定，还会受到环境中其他智能体动作的影响。因此，智能体可能会收到相同的观测并选择相同的动作，但受到其他智能体策略的影响会收到显著不同的回报。这在使用回放缓冲区时造成了挑战，因为它假设存储的经验随着时间的推移仍然和策略具有相关性。然而，在多智能体强化学习中，其他智能体的策略随着学习不断变化，这可能会使回放缓冲区中存储的经验快速变得过时。

为了理解在多智能体环境中使用回放缓冲区存储经验的离线策略算法(如 IDQN)可能出现的问题，考虑两个智能体学习下棋的例子。假设智能体 1 使用的特定开局移动最初对智能体 2 占优，但从长远来看实际上是一个弱策略。智能体 2 还没有学会应对这个开局，所以没有因为智能体 1 使用它而惩罚智能体 1。随着智能体 2 学习开局应对方法，智能体 1 占优的旧开局经验仍将存储在回放缓冲区中。智能体 1 将继续从这些过时的例子中学习，尽管它们已经不适用于当前的学习，因为智能体 2 改进后的策略可以应对这些动作。这可能导致这样一种情况：即使会被智能体 2 击败，智能体 1 依旧使用劣势开局。

当在多智能体强化学习中使用回放缓冲区时，解决非稳定性问题的一种方法是使用更小的回放缓冲区。这样缓冲区将更快地达到最大容量，并移除旧的经验。这减少了存储经验过时的风险，并允许智能体从最近的数据中学习。当然还有更精心设计的方法。Foerster 等人(2017)使用的回放缓冲区还为每个经验存储了重要性采样权重。这些重要性采样权重包含所有智能体选择用于选择动作的动作概率，并作为收集经验时其他智能体策略的快照。使用重要性采样权重，智能体可以重新加权回放缓冲区中的经验，以考虑其他智能体策略的变化，从而纠正数据分布的非稳定性。滞后 Q 学习(Matignon、Laurent 和 Le Fort Piat，2007)使用较小的学习率进行更新，这将降低动作-价值估计。这种方法的动机是观测到这些递减的估计可能是其他智能体策略的随机性的结果。类似地，宽容性的概念(Panait、Tuyls 和 Luke，2008)以训练过程中不断减小的给定概率忽略动作-价值估计的递减更新，以解释训练初期智能体策略的随机性。滞后学习和宽松学习的概念都已应用于深度多智能体 RL 算法(Omidshafiei 等人，2017；Palmer 等人，2018)，并通过区分协调不当或随机性的后果中的负更新进行了扩展(Palmer、Savani 和 Tuyls，2019)。

9.3.2　独立策略梯度方法

与基于价值的方法的独立学习类似，策略梯度方法也可以独立应用在多智能体强化学习中。为了在多智能体环境中使用 REINFORCE 算法(8.2.3 节)独立训练每个智能体，每个智能体维护自己的策略并从自己的经验中独立学习。策略梯度是基于智能体自己的动作和奖励计算的，没有考虑其他智能体的动作或策略。

每个智能体可以通过计算期望回报关于自身策略参数的梯度来获得策略梯度。在每回合结束时，每个智能体都会使用以下策略梯度更新其策略：

$$\begin{aligned}\nabla_{\boldsymbol{\phi}_i} J(\boldsymbol{\phi}_i) &= \mathbb{E}_{\pi}\left[u_i^t \frac{\nabla_{\boldsymbol{\phi}_i}\pi(\boldsymbol{a}_i^t \mid \boldsymbol{h}_i^t;\boldsymbol{\phi}_i)}{\pi(\boldsymbol{a}_i^t \mid \boldsymbol{h}_i^t;\boldsymbol{\phi}_i)}\right] \\ &= \mathbb{E}_{\pi}\left[u_i^t \nabla_{\boldsymbol{\phi}_i} \log\pi(\boldsymbol{a}_i^t \mid \boldsymbol{h}_i^t;\boldsymbol{\phi}_i)\right]\end{aligned} \tag{9.2}$$

该梯度朝着选择动作的概率与智能体的回报 u_i^t 成比例增加($\nabla_{\boldsymbol{\phi}_i}\pi(\boldsymbol{a}_i^t \mid \boldsymbol{h}_i^t;\boldsymbol{\phi}_i)$)的方向更新策略参数，其中梯度由该策略($\pi(\boldsymbol{a}_i^t \mid \boldsymbol{h}_i^t;\boldsymbol{\phi}_i)$)下选择该动作的当前概率的倒数归一化。独立 REINFORCE 算法如算法 18 所示。

算法 18　独立 REINFORCE

1：使用随机参数 $\boldsymbol{\phi}_1,\cdots,\boldsymbol{\phi}_n$ 初始化 n 个策略网络
2：每回合重复：
3：**for** 时间步 $t=0,1,2,\cdots,T-1$ **do**
4：　收集当前观测 $\boldsymbol{o}_1^t,\cdots,\boldsymbol{o}_n^t$
5：　**for** 智能体 $i=1,\cdots,n$ **do**
6：　　从策略 $\pi(\cdot \mid \boldsymbol{h}_i^t;\boldsymbol{\phi}_i)$ 中采样动作 $\boldsymbol{a}_i^t$
7：　执行动作($\boldsymbol{a}_1^t,\cdots,\boldsymbol{a}_n^t$)；收集回报 $r_1^t,\cdots,r_n^t$ 和下一个观测 $\boldsymbol{o}_1^{t+1},\cdots,\boldsymbol{o}_n^{t+1}$
8：**for** 智能体 $i=1,\cdots,n$ **do**
9：　损失 $\mathcal{L}(\boldsymbol{\phi}_i) \leftarrow -\frac{1}{T}\sum_{t=0}^{T-1}\left(\sum_{\tau=t}^{T-1}\gamma^{\tau-t}r_i^{\tau}\right)\log\pi(\boldsymbol{a}_i^t \mid \boldsymbol{h}_i^t;\boldsymbol{\phi}_i)$
10：　通过最小化损失函数 $\mathcal{L}(\boldsymbol{\phi}_i)$ 来更新参数 $\boldsymbol{\phi}_i$

在多智能体环境中，与离线策略算法(如 IDQN)相比，在线策略算法(如 REINFORCE)的优势在于它们总是从其他智能体最新的策略中学习。这是因为策略梯度是根据当前策略生成的最新经验计算的。随着智能体策略的演变，每个智能体收集的经验反映了环境中其他智能体最新的策略。在线策略算法的这一特性在多智能体环境中很重要，因为智能体的策略在不断演进。从其他智能体最新的策略中学习可以使每个智能体适应环境或其他智能体策略的变化，从而可以令学习更稳定。

再次考虑 9.3.1 节中的棋局例子，其中讨论了使用回放缓冲区的算法可能无法学习到对手智能体已经占优的一个开局。像 REINFORCE 这样的在线策略算法不太容易受到这个问题的影响，因为它们总是从其他智能体最新的策略中学习。在棋局例子中，当智能体 2 学习占优开局时，智能体 1 收集的历史将立即反映这一变化。通过这种方式，在线策略算法可以更快适应其他智能体策略的变化。

A2C(8.2.5 节)和 PPO(8.2.6 节)算法也可以类似于 REINFORCE 进行扩展，并独立应用于多智能体环境。我们现在描述具有多个环境(8.2.8 节)的 A2C 的独立学习算法。在具有并行环境的独立 A2C 中，每个智能体从多个并行环境中获取经验。因此，所有智能体和并行环境中收集的经验形成更高维度的批处理。例如，在时间步 t 从 K 个环境中收集的观测结果形成二维矩阵：

$$\begin{bmatrix} \boldsymbol{o}_1^{t,1} & \boldsymbol{o}_1^{t,2} & \cdots & \boldsymbol{o}_1^{t,K} \\ \vdots & \vdots & & \vdots \\ \boldsymbol{o}_n^{t,1} & \boldsymbol{o}_n^{t,2} & \cdots & \boldsymbol{o}_n^{t,K} \end{bmatrix} \tag{9.3}$$

动作和奖励可以写成类似的矩阵。计算 A2C 损失需要对单个损失进行迭代和求和。单个智能体在从环境 k 收集的数据上的策略损失变为

$$\mathcal{L}(\boldsymbol{\phi}_i \mid k) = -\underbrace{(r_i^{t,k} + \gamma V(\boldsymbol{h}_i^{t+1,k};\boldsymbol{\theta}_i) - V(\boldsymbol{h}_i^{t,k};\boldsymbol{\theta}_i))}_{\text{优势}\,\mathrm{Adv}(\boldsymbol{h}_i^{t,k},\boldsymbol{a}_i^{t,k})}\log\pi(\boldsymbol{a}_i^{t,k} \mid \boldsymbol{h}_i^{t,k};\boldsymbol{\phi}_i) \tag{9.4}$$

最终的策略损失是在该批上求和并取平均

$$\mathcal{L}(\boldsymbol{\phi}) = \frac{1}{K}\sum_{i\in I}\sum_{k=1}^{K}\mathcal{L}(\boldsymbol{\phi}_i \mid k) \tag{9.5}$$

其中 i 在智能体上迭代，k 在环境上迭代。

价值损失也通过类似于策略损失的方式遍历该批中的所有元素：

$$\mathcal{L}(\boldsymbol{\theta}_i \mid k) = (y_i - V(\boldsymbol{h}_i^{t,k};\boldsymbol{\theta}_i))^2 \quad \text{其中} \quad y_i = r_i^{t,k} + \gamma V(\boldsymbol{h}_i^{t+1,k};\overline{\boldsymbol{\theta}}_i) \tag{9.6}$$

独立 A2C(IA2C)的伪代码如算法 19 所示。独立 PPO 不需要任何其他考虑，与独立 A2C 非常相似。

算法 19 同步环境独立 A2C

1：使用随机参数 $\boldsymbol{\phi}_1,\cdots,\boldsymbol{\phi}_n$ 初始化 n 个演员网络
2：使用随机参数 $\overline{\boldsymbol{\theta}}_1,\cdots,\overline{\boldsymbol{\theta}}_n$ 初始化 n 个评论家网络
3：初始化 K 个并行的环境
4：**for** 时间步 $t=0,1,2,\cdots$ **do**
5：　每个智能体和环境的一批观测：$\begin{bmatrix} \boldsymbol{o}_1^{t,1} & \boldsymbol{o}_1^{t,2} & \cdots & \boldsymbol{o}_1^{t,K} \\ \vdots & \vdots & & \vdots \\ \boldsymbol{o}_n^{t,1} & \boldsymbol{o}_n^{t,2} & \cdots & \boldsymbol{o}_n^{t,K} \end{bmatrix}$
6：　动作采样 $\begin{bmatrix} \boldsymbol{a}_1^{t,1} & \boldsymbol{a}_1^{t,2} & \cdots & \boldsymbol{a}_1^{t,K} \\ \vdots & \vdots & & \vdots \\ \boldsymbol{a}_n^{t,1} & \boldsymbol{a}_n^{t,2} & \cdots & \boldsymbol{a}_n^{t,K} \end{bmatrix} \sim \pi(\cdot \mid \boldsymbol{h}_1^t;\boldsymbol{\phi}_1),\cdots,\pi(\cdot \mid \boldsymbol{h}_n^t;\boldsymbol{\phi}_n)$
7：　执行动作，收集回报 $\begin{bmatrix} r_1^{t,1} & r_1^{t,2} & \cdots & r_1^{t,K} \\ \vdots & \vdots & & \vdots \\ r_n^{t,1} & r_n^{t,2} & \cdots & r_n^{t,K} \end{bmatrix}$ 和观测 $\begin{bmatrix} \boldsymbol{o}_1^{t+1,1} & \boldsymbol{o}_1^{t+1,2} & \cdots & \boldsymbol{o}_1^{t+1,K} \\ \vdots & \vdots & & \vdots \\ \boldsymbol{o}_n^{t+1,1} & \boldsymbol{o}_n^{t+1,2} & \cdots & \boldsymbol{o}_n^{t+1,K} \end{bmatrix}$
8：　**for** 智能体 $i=1,\cdots,n$ **do**
9：　　**if** $s^{t+1,k}$ 是终止状态 **then**
10：　　　优势 $\mathrm{Adv}(\boldsymbol{h}_i^{t,k},\boldsymbol{a}_i^{t,k}) \leftarrow r_i^{t,k} - V(\boldsymbol{h}_i^{t,k};\boldsymbol{\theta}_i)$
11：　　　评论家目标 $y_i^{t,k} \leftarrow r_i^{t,k}$
12：　　**else**
13：　　　优势 $\mathrm{Adv}(\boldsymbol{h}_i^{t,k},\boldsymbol{a}_i^{t,k}) \leftarrow r_i^{t,k} + \gamma V(\boldsymbol{h}_i^{t+1,k};\boldsymbol{\theta}_i) - V(\boldsymbol{h}_i^{t,k};\boldsymbol{\theta}_i)$
14：　　　评论家目标 $y_i^{t,k} \leftarrow r_i^{t,k} + \gamma V(\boldsymbol{h}_i^{t+1,k};\boldsymbol{\theta}_i)$
15：　　演员损失 $\mathcal{L}(\boldsymbol{\phi}_i) \leftarrow \frac{1}{K}\sum_{k=1}^{K}\mathrm{Adv}(\boldsymbol{h}_i^{t,k},\boldsymbol{a}_i^{t,k})\log\pi(\boldsymbol{a}_i^{t,k} \mid \boldsymbol{h}_i^{t,k};\boldsymbol{\phi}_i)$

16:　　评论家损失 $\mathcal{L}(\boldsymbol{\theta}_i) \leftarrow \frac{1}{K}\sum_{k=1}^{K}(y_i^{t,k} - V(\boldsymbol{h}_i^{t,k};\boldsymbol{\theta}_i))^2$

17:　　通过最小化演员损失 $\mathcal{L}(\boldsymbol{\phi}_i)$ 来更新参数 $\boldsymbol{\phi}_i$

18:　　通过最小化评论家损失 $\mathcal{L}(\boldsymbol{\theta}_i)$ 来更新参数 $\boldsymbol{\theta}_i$

9.3.3 示例：大型任务中的深度独立学习

5.3.2 节展示了如何使用表格 MARL 算法中的独立学习在基于等级的搜寻环境中学习策略。5.3.2 节中使用的基于等级的搜寻环境在每回合中都使用的相同初始状态具有相同的级别，以便两个智能体和物品始终从相同的位置开始。使用 11×11 的网格大小、两个智能体和两个物品，可以计算出状态空间的大小为 42 602，这意味着需要为任何智能体的每个动作存储许多价值估计。尽管这样的状态空间对表格算法来说是可管理的，但是算法受限于需要维护一个巨大的 Q 表。

诸如 IA2C 之类的独立学习算法利用神经网络来学习策略和动作-价值函数。神经网络将价值估计泛化到相似状态的能力使 IA2C 能够处理具有更大状态空间的环境。为了证明这一点，我们在网格大小为 15×15 的基于等级的搜寻环境上训练 IA2C，并且随机初始化智能体和物品的位置，这与第 11 章中介绍的基于等级的搜寻环境一致。此学习问题的状态空间比我们在第一部分中探索的任务大了几个数量级。15×15 网格中的两个智能体和两个物品会产生约 50 亿(5×10^9)种组合。

我们在更大的基于等级的搜寻环境上的 IA2C 实验展示了深度强化学习算法在处理具有更大状态空间任务上的能力。如图 9.1a 所示，IA2C 学习到的联合策略可以收集所有可用物品，这从评估回报接近 1 可以看出(如 11.3.1 节所述)。这个结果是在 4000 万环境时间步内达到的，在一般硬件上需要大约 3 小时(在 Intel i7-2700K CPU 上运行)，这表明其可扩展到状态空间更大的环境。

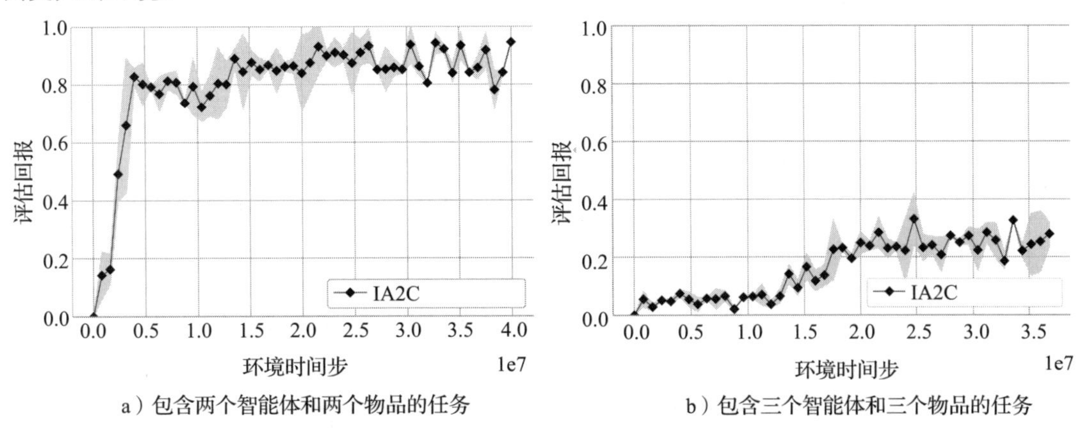

a）包含两个智能体和两个物品的任务　　b）包含三个智能体和三个物品的任务

图 9.1　15×15 网格的基于等级的搜寻环境中 IA2C 算法的应用，其中左图包含两个智能体和两个物品，右图包含三个智能体和三个物品。每回合开始时智能体和物品随机初始化位置。IA2C 使用了 8 个并行环境，N 步回报($N=10$)，学习率 α 设为 3×10^{-4}，并使用了两个具有 2 个隐藏层和每层 64 个单元的神经网络，分别作为演员和评论家网络。环境的折扣因子设置为 $\gamma=0.99$

我们将实验扩展到具有三个智能体和三个物品的基于等级的搜寻环境中，这使得环境状态空间约为 360 万亿(3.6×10^{14})。如图 9.1b 所示，即使在多个智能体和更大状态空间的环境下，IA2C 仍然在同样的硬件上(Intel i7-2700K CPU)以不到 6 小时的时间学习在环境中导航和收集一些物品(回报 0.5 表示每回合平均收集一半物品)，这凸显了 IA2C 等深度多智能体强化学习算法在解决复杂多智能体环境方面的潜力。

9.4　多智能体策略梯度算法

到目前为止，在本章中，我们讨论了多智能体强化学习的深度独立学习算法。这些算法将具有深度神经网络的单智能体强化学习算法扩展到多智能体强化学习中，以逼近价值函数和策略。在 5.4.1 节中，我们讨论了强化学习中的非稳定性问题，并解释了多智能体学习和部分可观测性如何加剧这一问题。独立学习特别容易受到这个问题的影响，因为每个智能体将其他智能体视为环境的一部分，从而使环境从每个智能体的角度来看都是非稳定的。然而，我们可以使用 CTDE 范式(9.1.3 节)来缓解非稳定性的影响。在该范式下，只要智能体仍能够以分散的方式执行其策略，它们就可以在训练期间共享信息以稳定学习。在本节中，我们将重点关注如何将 CTDE 应用于策略梯度算法，其中集中式训练使我们能够训练基于所有智能体信息的价值函数。首先，我们将策略梯度定理扩展到多智能体强化学习，然后讨论如何基于所有智能体的集中信息训练集中式评论家和动作-价值评论家。

9.4.1　多智能体策略梯度定理

策略梯度定理(8.2.2 节)是所有单智能体策略梯度强化学习算法的基础，这些算法为参数化策略的参数定义了各种更新规则。提醒一下，策略梯度定理声明，参数化策略的质量(由其期望回报给出)关于策略参数的梯度可以写成

$$\nabla_{\boldsymbol{\phi}} J(\boldsymbol{\phi}) \propto \sum_{s\in S} \Pr(s \mid \pi) \sum_{a\in A} Q^{\pi}(s,a) \nabla_{\boldsymbol{\phi}} \pi(a \mid s;\boldsymbol{\phi}) \tag{9.7}$$

$$= \mathbb{E}_{s\sim\Pr(\cdot\mid\pi),a\sim\pi(\cdot\mid s;\boldsymbol{\phi})}\left[Q^{\pi}(s,a)\nabla_{\boldsymbol{\phi}}\log\pi(a\mid s;\boldsymbol{\phi})\right] \tag{9.8}$$

为了将策略梯度定理扩展到多智能体强化学习的设置，通过考虑智能体的期望回报取决于所有智能体的策略，我们可以定义多智能体策略梯度定理(Lowe 等人，2017；Foerster、Farquhar 等人，2018；Kuba 等人，2021；Lyu 等人，2023)[㊀]。利用这一见解，我们可以针对智能体 i 的策略写出多智能体策略梯度定理，其中包含对所有智能体策略的期望值[㊁]。根据本章的符号约定，对于更一般的部分可观测情况，我们使用信息历史记录将多智能体策略梯度定理写成

$$\nabla_{\boldsymbol{\phi}_i} J(\boldsymbol{\phi}_i) \propto \mathbb{E}_{\hat{\boldsymbol{h}}\sim\Pr(\hat{\boldsymbol{h}}\mid\pi),a_i\sim\pi_i,a_{-i}\sim\pi_{-i}}\left[Q_i^{\pi}(\hat{\boldsymbol{h}},\langle \boldsymbol{a}_i,\boldsymbol{a}_{-i}\rangle)\nabla_{\boldsymbol{\phi}_i}\log\pi_i(\boldsymbol{a}_i \mid \boldsymbol{h}_i=\sigma_i(\hat{\boldsymbol{h}});\boldsymbol{\phi}_i)\right] \tag{9.9}$$

类似于单智能体策略梯度定理，多智能体策略梯度定理可以通过不同方式估计期望回报来推导各种策略梯度更新规则。我们已经在独立学习策略梯度算法(9.3.2 节)的形式中看到了

㊀ 我们使用部分可观测环境的期望回报定义了多智能体策略梯度定理的一般变体。相关工作首先使用基于所有智能体的联合观测(Lowe 等人，2017)或环境状态(Foerster、Farquhar 等人，2018)的集中式评论家定义了多智能体策略梯度定理。然而，正如我们将在 9.4.2 节中讨论的，使用基于智能体观测或环境状态的评论家，而不是具有潜在额外集中式信息的观测历史，可能会导致策略梯度的偏差和方差增大(Kuba 等人，2021；Lyu 等人，2023)。

㊁ 完整历史记录分布 $\Pr(\hat{\boldsymbol{h}}\mid\pi)$、动作-价值函数 Q_i^{π} 以及使用 $\sigma_i(\hat{\boldsymbol{h}})$ 提取单个智能体历史记录的定义可在 4.1 节中找到。

多智能体策略梯度算法的两个实例。对于独立 REINFORCE 和 A2C，智能体 i 的期望回报分别用仅基于个体观测历史和动作的蒙特卡罗估计和优势估计 $\mathrm{Adv}(\boldsymbol{h}_i,\boldsymbol{a}_i)\approx Q_i^{\pi}(\hat{\boldsymbol{h}},\langle \boldsymbol{a}_i,\boldsymbol{a}_{-i}\rangle)$来估计。在下文中，我们将重点关注 CTDE 范式，并推导出基于额外集中信息的期望回报估计。特别地，我们将看到，当使用集中信息和所有智能体的动作时，我们可以获得更精确的期望回报估计。然后，我们将使用这些价值函数在 CTDE 范式下推导多智能体策略梯度算法。

9.4.2 集中式评论家

要在 CTDE 范式下定义一个演员-评论家算法，我们必须考虑演员和评论家网络。演员网络之前被定义为 $\pi(\boldsymbol{h}_i^t;\boldsymbol{\phi}_i)$。根据这个定义，演员网络只需要智能体 i 的局部观测历史就可以选择其动作。仅基于智能体的观测对演员进行条件化可以确保分散式执行，其中每个智能体可以独立选择其动作。

然而，值得注意的是在训练阶段，评论家网络没有此类约束。事实上，一旦训练完成，评论家网络就不再被利用，演员网络独立生成智能体动作。因此，不需要分散式评论家网络；可以用集中式评论家网络来代替。如果评论家基于智能体的个体观测和动作历史之外的任何信息估计价值，我们将称该评论家为集中式的。

例如，我们可以将评论家重新定义为 $V(\boldsymbol{h}_1^t,\cdots,\boldsymbol{h}_n^t;\boldsymbol{\theta}_i)$，允许它在近似智能体 i 策略的价值时对所有智能体的观测历史进行条件化。我们甚至可以结合在执行期间不可访问的信息，如环境的完整状态，并创建一个向量表示 $\boldsymbol{z}$，其中包含各种集中式信息源，如所有智能体的观测历史和任何外部数据。该集中式评论家的价值损失，如图 9.2 所示，变为

$$\mathcal{L}(\boldsymbol{\theta}_i)=(y_i-V(\boldsymbol{h}_i^t,\boldsymbol{z}^t;\boldsymbol{\theta}_i))^2,\quad y_i=r_i^t+\gamma V(\boldsymbol{h}_i^t,\boldsymbol{z}^t;\boldsymbol{\theta}_i) \tag{9.10}$$

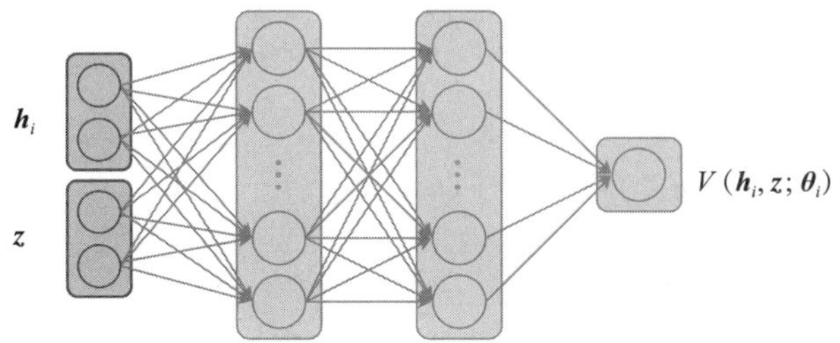

图 9.2　智能体 i 的集中式评论家结构。评论家以单个智能体的观测历史和集中式信息源为输入，并输出表示近似值的单个标量

此修改提供了一个重要好处：网络获得了更多的信息来进行预测。访问这样的集中式信息可以证明对某些环境来说是有益的，因为它可使评论家更准确地估计策略的回报。此外，通过访问有关所有其他智能体的信息，集中式评论家可以更快地适应其他智能体的非稳定策略。

Lyu 等人(2023)研究了集中式评论家及其输入应包含的内容。至少，评论家应以智能体的观测历史 $\boldsymbol{h}_i^t$ 为条件，这是策略的输入。没有它，评论家可能会有偏差，因为它的信息比演员本身少，可能无法推断它正在评估的策略。为了直观地说明这个概念，我们可以设想一个涉及策略 $\pi(\boldsymbol{a}\mid\boldsymbol{h}^t)$、基于当前观测的价值函数 $V(\boldsymbol{o}^t)$和部分可观测环境的情况。在此环境中，我们有一个观测序列 $\boldsymbol{o}^1,\boldsymbol{o}^2,\boldsymbol{o}^3$，以及另一个前两个观测结果不同的序列 $\bar{\boldsymbol{o}}^1,\bar{\boldsymbol{o}}^2,\boldsymbol{o}^3$。假设在此环境中，这两条轨迹会导致智能体在期望回报方面有显著不同的结果。现在，如果我们在不考虑历史数据的情况下估计价值 $V(\boldsymbol{o}^3)$，那么它本质上会有偏差。之所以出现这种偏差是因为 $V(\boldsymbol{o}^3)$必须解释两种潜在结果。相反，基于观测历史 $\boldsymbol{h}^t$ 的策略具有识别过去观测结果差异并

选择正确操作的能力。Lyu 等人(2023)甚至表明，在没有改进理论收敛性保证的情况下，任何额外的信息都可能会在训练期间向策略梯度引入更大的方差。这是因为额外的信息可能只是向估计值中添加噪声。

算法 20　同步环境集中式 A2C

1：使用随机参数 $\boldsymbol{\phi}_1,\cdots,\boldsymbol{\phi}_n$ 初始化 n 个演员网络
2：使用随机参数 $\boldsymbol{\theta}_1,\cdots,\boldsymbol{\theta}_n$ 初始化 n 个评论家网络
3：初始化 K 个并行环境
4：**for** 时间步 $t=0,1,2,\cdots$ **do**
5：　每个智能体和环境的一批观测：$\begin{bmatrix} \boldsymbol{o}_1^{t,1} & \boldsymbol{o}_1^{t,2} & \cdots & \boldsymbol{o}_1^{t,K} \\ \vdots & \vdots & & \vdots \\ \boldsymbol{o}_n^{t,1} & \boldsymbol{o}_n^{t,2} & \cdots & \boldsymbol{o}_n^{t,K} \end{bmatrix}$
6：　每个环境的一批集中式信息：$[\boldsymbol{z}^{t,1}\cdots\boldsymbol{z}^{t,K}]$
7：　采样动作 $\begin{bmatrix} \boldsymbol{a}_1^{t,1} & \boldsymbol{a}_1^{t,2} & \cdots & \boldsymbol{a}_1^{t,K} \\ \vdots & \vdots & & \vdots \\ \boldsymbol{a}_n^{t,1} & \boldsymbol{a}_n^{t,2} & \cdots & \boldsymbol{a}_n^{t,K} \end{bmatrix} \sim \pi(\cdot \mid \boldsymbol{h}_1^t;\boldsymbol{\phi}_1),\cdots,\pi(\cdot \mid \boldsymbol{h}_n^t;\boldsymbol{\phi}_n)$
8：　执行动作；收集回报 $\begin{bmatrix} \boldsymbol{r}_1^{t,1} & \boldsymbol{r}_1^{t,2} & \cdots & \boldsymbol{r}_1^{t,K} \\ \vdots & \vdots & & \vdots \\ \boldsymbol{r}_n^{t,1} & \boldsymbol{r}_n^{t,2} & \cdots & \boldsymbol{r}_n^{t,K} \end{bmatrix}$，观测 $\begin{bmatrix} \boldsymbol{o}_1^{t+1,1} & \boldsymbol{o}_1^{t+1,2} & \cdots & \boldsymbol{o}_1^{t+1,K} \\ \vdots & \vdots & & \vdots \\ \boldsymbol{o}_n^{t+1,1} & \boldsymbol{o}_n^{t+1,2} & \cdots & \boldsymbol{o}_n^{t+1,K} \end{bmatrix}$ 和集中式信息 $[\boldsymbol{z}^{t+1,1}\cdots\boldsymbol{z}^{t+1,K}]$
9：　**for** 智能体 $i=1,\cdots,n$ **do**
10：　　**if** $\boldsymbol{s}^{t+1,k}$ 是终止状态 **then**
11：　　　优势 $\text{Adv}(\boldsymbol{h}_i^{t,k},\boldsymbol{z}^{t,k},\boldsymbol{a}_i^{t,k}) \leftarrow r_i^{t,k} - V(\boldsymbol{h}_i^{t,k},\boldsymbol{z}^{t,k};\boldsymbol{\theta}_i)$
12：　　　评论家目标 $y_i^{t,k} \leftarrow r_i^{t,k}$
13：　　**else**
14：　　　$\text{Adv}(\boldsymbol{h}_i^{t,k},\boldsymbol{z}^{t,k},\boldsymbol{a}_i^{t,k}) \leftarrow r_i^{t,k} + \gamma V(\boldsymbol{h}_i^{t+1,k},\boldsymbol{z}^{t+1,k};\boldsymbol{\theta}_i) - V(\boldsymbol{h}_i^{t,k},\boldsymbol{z}^{t,k};\boldsymbol{\theta}_i)$
15：　　　评论家目标 $y_i^{t,k} \leftarrow \boldsymbol{r}_i^{t,k} + \gamma V(\boldsymbol{h}_i^{t+1,k},\boldsymbol{z}^{t+1,k};\boldsymbol{\theta}_i)$
16：　　演员损失 $\mathcal{L}(\boldsymbol{\phi}_i) \leftarrow \frac{1}{K}\sum_{k=1}^{K} \text{Adv}(\boldsymbol{h}_i^{t,k},\boldsymbol{z}^{t,k},\boldsymbol{a}_i^{t,k}) \log\pi(\boldsymbol{a}_i^{t,k} \mid \boldsymbol{h}_i^{t,k};\boldsymbol{\phi}_i)$
17：　　评论家损失 $\mathcal{L}(\boldsymbol{\theta}_i) \leftarrow \frac{1}{K}\sum_{k=1}^{K} (y_i^{t,k} - V(\boldsymbol{h}_i^{t,k},\boldsymbol{z}^{t,k};\boldsymbol{\theta}_i))^2$
18：　　通过最小化演员损失 $\mathcal{L}(\boldsymbol{\phi}_i)$ 来更新参数 $\boldsymbol{\phi}_i$
19：　　通过最小化评论家损失 $\mathcal{L}(\boldsymbol{\theta}_i)$ 来更新参数 $\boldsymbol{\theta}_i$

尽管如此，当我们检查经验性能时，特别是在深度强化学习的背景下，我们有时会发现在加入额外信息 $\boldsymbol{z}^t$ 时存在有益的权衡，这可能是由于 Lyu 等人(2023)研究背后的理论假设并不普遍适用于每个领域。例如，一个潜在假设是评论家收敛到当前所有智能体策略下的真实价值函数。但是，在深度学习设置中，这个假设可能不成立，因为评论家的训练可能无法收敛，或者收敛到局部最小值。此外，在实践中已经观测到(Lowe 等人，2017；Papoudakis 等

人，2021)，尽管集中式信息增加了策略梯度的方差(这被认为不利于学习)，但它有时可以帮助智能体避免局部最优解。外部信息也可以使评论家更容易在 z^t 的特征上学习信息表示。最终，当评论家未基于观测历史进行条件化时会引入偏差，这假设观测历史无法仅从最后一个状态近似得到，而该假设在几个确定性和完全可观测的环境中可能不成立。因此，一个实际的方法是除了单个智能体的观测历史 $\boldsymbol{h}_i^t$ 外，还使用状态历史 $\boldsymbol{z}^t=(\boldsymbol{s}^0,\boldsymbol{s}^1,\cdots,\boldsymbol{s}^t)$。

任何独立的演员–评论家强化学习算法(9.3.2 节)都可以通过集中式评论家进行实例化，以在多智能体强化学习中学习价值函数。算法 20 提供了集中式 A2C 算法的伪代码，它可以看作具有集中式评论家的多智能体 A2C。

在某些环境中，集中式评论家有时可以使学习更稳健。考虑图 9.3a 所示的演讲者-倾听者博弈(更多信息请参见 11.3.2 节)。这是一个共享奖励的博弈，两个智能体需要合作以达成目标。一个智能体(倾听者)被放置在环境中，可以观测到自己的位置和三个不同的地标(图 9.3a 中的形状)。另一个智能体(演讲者)只能观测到可以最大化共享奖励的地标的形状，并可以向倾听者传输 1 到 3 之间的整数。这个博弈的目标是使两个智能体学习合作，令倾听者总能移动到目标地标。给定部分可观测性，这个博弈非常具有挑战性：演讲者必须学习识别不同的形状，并传输足够长时间的消息，以便倾听者学习移动到正确的地标。每个智能体的评论家使用两个智能体的观测(地标目标和智能体及地标的位置)估计价值，使得它们能够在部分可观测的情况下学到更精确的价值估计，并取得图 9.3b 中看到的性能优势。

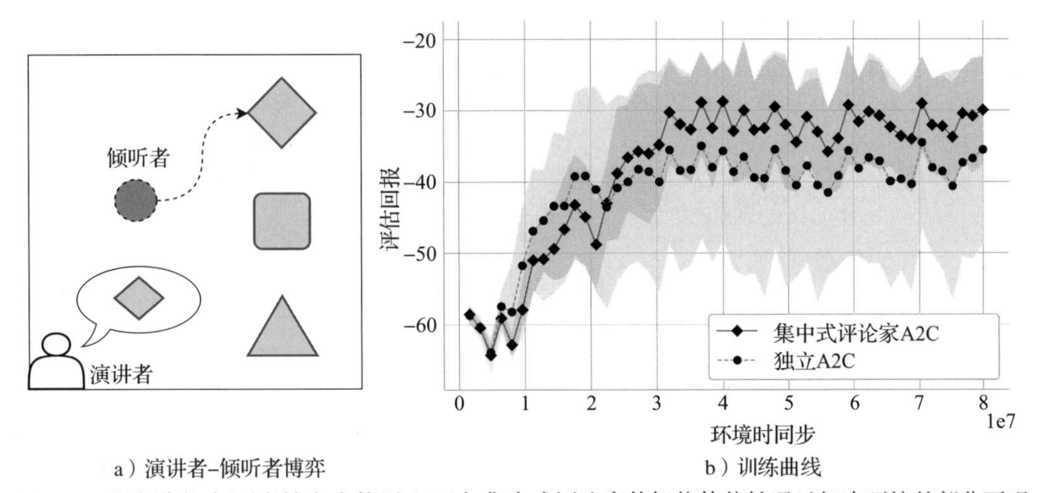

a）演讲者-倾听者博弈　　b）训练曲线

图 9.3　在演讲者-倾听者博弈中使用 A2C 与集中式评论家使智能体能够通过解决环境的部分可观测性来学习任务。通过集中式评论家，该算法的收敛效果优于 IA2C

9.4.3 集中式动作-价值评论家

正如我们在图 9.3b 中看到的，基于历史 $\boldsymbol{h}_i^t$ 和外部信息 $\boldsymbol{z}^t$ 的集中式评论家可以稳定多智能体演员-评论家算法的训练，特别是在部分可观测的多智能体环境中。然而，学习动作-价值函数作为评论家可能更可取。这些价值函数不仅在历史和集中式信息上进行价值估计，还使用了智能体的动作。为了训练多智能体演员-评论家算法的集中式动作-价值评论家，类似于 9.4.2 节中描述的设置，每个智能体 i 训练一个策略 π_i，该策略受到智能体 i 的观测历史的影响。对于评论家，智能体 i 训练一个动作-价值函数 Q，该函数受到个体观测历史、集中式信息和所有智能体的动作的影响。我们可以通过训练集中式评论家来最小化以下价值损失来实例化这个想法：

$$\mathcal{L}(\boldsymbol{\theta}_i)=(y_i-Q(\boldsymbol{h}_i^t,\boldsymbol{z}^t,\boldsymbol{a}^t;\boldsymbol{\theta}_i))^2 \quad 其中\ y_i=r_i^t+\gamma Q(\boldsymbol{h}_i^{t+1},\boldsymbol{z}^{t+1},\boldsymbol{a}^{t+1};\boldsymbol{\theta}_i) \tag{9.11}$$

对于这个损失，我们使用各个观测历史 $\boldsymbol{h}_i^t$、额外的集中式信息 $\boldsymbol{z}^t$ 和所有智能体下一个执行的动作 $\boldsymbol{a}^t$ 来计算智能体 i 的目标价值 $\boldsymbol{y}_i$，类似于式(2.53)的在线策略 Sarsa 算法。使用评论家，我们可以将智能体 i 的策略损失定义为

$$\mathcal{L}(\boldsymbol{\phi}_i)=-Q(\boldsymbol{h}_i^t,\boldsymbol{z}^t,\boldsymbol{a}^t;\boldsymbol{\theta}_i)\log\pi(\boldsymbol{a}_i^t\mid\boldsymbol{h}_i^t;\boldsymbol{\phi}_i) \tag{9.12}$$

使用集中式评论家，智能体 i 的多智能体策略梯度可表示为

$$\nabla_{\boldsymbol{\phi}_i}J(\boldsymbol{\phi}_i)=\mathbb{E}_{a^t\sim\pi}\left[Q(\boldsymbol{h}_i^t,\boldsymbol{z}^t,\langle\boldsymbol{a}_i^t,\boldsymbol{a}_{-i}^t\rangle;\boldsymbol{\theta}_i)\nabla_{\boldsymbol{\phi}_i}\log\pi_i(\boldsymbol{a}_i^t\mid\boldsymbol{h}_i^t;\boldsymbol{\phi}_i)\right] \tag{9.13}$$

我们之前已经在基于价值的强化学习算法(如 DQN)中看到了动作-价值函数。这些算法使用下一个状态中动作的最大算子对其价值函数进行自举目标优化，并使用从回放缓冲区采样的经验批次。要理解为什么我们不使用这些技术来训练多智能体演员-评论家算法的动作-价值评论家，请回想一下多智能体策略梯度定理要求估计所有智能体当前策略下的期望回报。为了训练评论家估计所有智能体当前策略下的期望回报，我们必须使用在线策略的数据。相比之下，回放缓冲区包含的是离线策略数据，这可能无法代表当前策略下的经验分布。同样，DQN 更新直接训练评论家来近似最优回报，而不是当前策略下的期望回报。

为了将集中式动作-价值评论家表示为一个神经网络，该网络可以将个体观测历史和集中式信息作为输入，并为每个联合动作输出一个动作-价值。然而，由于联合动作空间随着智能体数量呈指数增长，因此这种网络架构会受到输出维度大的影响。为了避免如此庞大的输出维度，我们可以将第 i 个智能体的动作-价值评论家模型化为接收所有其他智能体的动作 $\boldsymbol{a}_{-i}$ 作为额外输入。然后，网络仅为智能体 i 的每个动作计算单一输出，这对应于给定个体观测历史 $\boldsymbol{h}_i^t$、额外的集中式信息 $\boldsymbol{z}^t$ 以及通过将智能体 i 的特定动作 $\boldsymbol{a}_i$ 与所有其他智能体的联合动作 $\boldsymbol{a}_{-i}$ 拼接而成的联合动作的动作-价值。该架构如图 9.4 所示。

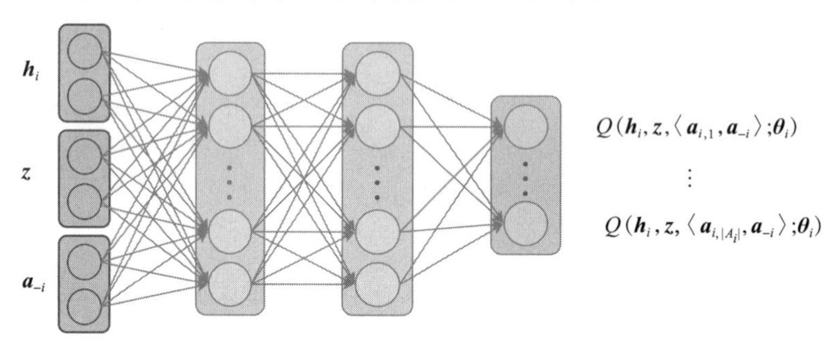

图 9.4　智能体 i 的集中式动作-价值评论家的架构。评论家依赖于个体的观测历史、额外的集中式信息以及所有其他智能体的联合动作。网络为智能体 i 的每个动作输出一个单一标量，以代表各自联合动作的近似价值

9.4.4　反事实动作-价值估计

在 9.4.3 节中，我们训练了一个集中式动作-价值评论家 $Q(\boldsymbol{h}_i,\boldsymbol{z},\boldsymbol{a};\boldsymbol{\theta}_i)$，而不是集中式价值函数 $V(\boldsymbol{h}_i,\boldsymbol{z};\boldsymbol{\theta}_i)$。训练动作-价值函数的动机是其能够直接估计动作选择对期望回报的影响。然而，一个没有动作输入的价值函数 $V(\boldsymbol{h}_i,\boldsymbol{z};\boldsymbol{\theta}_i)$仍可用于估计式(8.32)的优势，它也提

供了对特定动作的偏好。此外，训练一个对每个可能动作都有一个输出的动作-价值函数可能比训练只有单个输出的函数更困难。鉴于这些考虑，我们为什么要为多智能体演员-评论家算法训练动作-价值评论家，而不是仅学习基于智能体观测历史 $\boldsymbol{h}_i$ 和潜在集中式信息 $\boldsymbol{z}$ 的更简单的评论家呢？

训练动作-价值评论家的一个动机是使用它们的动作输入来解决多智能体信用分配问题，该问题在 5.4.3 节中讨论过，基于差异奖励的概念（Wolpert 和 Tumer，2002；Tumer 和 Agogino，2007）。差异奖励近似于实际获得的奖励与智能体 i 在选择了 $\widetilde{\boldsymbol{a}}_i$ 的情况下应获得的奖励之间的差异：

$$d_i=\mathcal{R}_i(\boldsymbol{s},\langle\boldsymbol{a}_i,\boldsymbol{a}_{-i}\rangle)-\mathcal{R}_i(\boldsymbol{s},\langle\widetilde{\boldsymbol{a}}_i,\boldsymbol{a}_{-i}\rangle) \tag{9.14}$$

动作 $\widetilde{\boldsymbol{a}}_i$ 也被称作默认动作。差异奖励的目的是考虑反事实问题：“如果智能体 i 选择了其默认动作，则它会获得哪种奖励？”在所有智能体获得共享奖励的情景中回答这个问题很有价值，因为它提供了关于智能体 i 对获得的奖励所做出的具体贡献的信息。然而，实践中计算差异奖励往往很困难，因为智能体 i 的默认动作如何选择不明确，并且计算 $\mathcal{R}_i(\boldsymbol{s},\langle\widetilde{\boldsymbol{a}}_i,\boldsymbol{a}_{-i}\rangle)$ 需要访问奖励函数。通过使用贵族效用的定义可以避免为每个智能体确定默认动作。我们不是减去智能体 i 选择其默认动作时应获得的奖励，而是减去智能体 i 遵循其当前策略应获得的期望奖励：

$$d_i=\mathcal{R}_i(\boldsymbol{s},\langle\boldsymbol{a}_i,\boldsymbol{a}_{-i}\rangle)-\mathbb{E}_{\boldsymbol{a}_i'\sim\pi_i}[\mathcal{R}_i(\boldsymbol{s},\langle\boldsymbol{a}_i',\boldsymbol{a}_{-i}\rangle)] \tag{9.15}$$

通过这种方式，贵族效用可以被视为期望差异奖励，其中默认动作是从当前策略中抽样得到的。直观上，贵族效用提供了一个指示，即动作 $\boldsymbol{a}_i$ 是否预期会带来比从当前策略中抽样一个动作更好或更差的奖励。

在获得奖励函数的访问权后，Castellini 等人（2021）根据贵族效用确定的差异奖励推导出回报估计，并将这些回报估计纳入多智能体强化学习的 REINFORCE 算法中。如果奖励函数不可用，他们提出从环境中的经验学习奖励函数的模型，并使用此模型估计差异奖励。

反事实多智能体策略梯度（COMA）（Foerster、Farquhar 等人，2018）使用相同的概念推导出一个集中式动作-价值评论家[㊀]，以计算反事实基线，该基线将智能体 i 的动作边缘化以估算选择动作 $\boldsymbol{a}_i$ 而不是按照当前策略进行的优势：

$$\mathrm{Adv}_i(\boldsymbol{h}_i,\boldsymbol{z},\boldsymbol{a})=Q(\boldsymbol{h}_i,\boldsymbol{z},\boldsymbol{a};\boldsymbol{\theta})-\underbrace{\sum_{\boldsymbol{a}_i'\in A_i}\pi(\boldsymbol{a}_i'|\boldsymbol{h}_i;\boldsymbol{\phi}_i)Q(\boldsymbol{h}_i,\boldsymbol{z},\langle\boldsymbol{a}_i',\boldsymbol{a}_{-i}\rangle;\boldsymbol{\theta})}_{\text{反事实基线}} \tag{9.16}$$

这种优势估计看起来与式(8.32)中定义的类似，但基线是基于贵族效用而非价值函数 V 来计算的。反事实基线计算智能体 i 遵循其自身策略 $\pi(\boldsymbol{a}_i'|\boldsymbol{h}_i;\boldsymbol{\phi}_i)$ 时的预期集中式价值估计，并将其他动作 $\boldsymbol{a}_{-i}$ 视为固定。这种基线被证明不会改变多智能体策略梯度[式(9.9)]的期望值，并可以使用之前介绍的集中式动作-价值评论家的架构（图 9.4）有效地计算。为了在 COMA 中训练智能体 i 的策略，将式(9.12)中的动作-价值估计替换为式(9.16)中的优势估计。尽管其动机明确，COMA 在实践中因其基线的高方差（Kuba 等人，2021）和不一致的价值估计（Vasilev 等人，2021）而使得训练不稳定，这可能导致性能不佳（Papoudakis 等人，2021）。

9.4.5 使用集中式动作-价值评论家的均衡选择

在计算优势时，集中式动作-价值评论家提供了灵活性。Christianos、Papoudakis 和

㊀ 在 Foerster、Farquhar 等人（2018）原始的工作中，评论家仅受到环境的全部状态和所有智能体的联合动作影响。正如 9.4.2 节中讨论的，评论家还应该受到个体观测历史的条件限制，以获得无偏的策略梯度。

Albrecht(2023)改变了优势项的定义，以引导学习智能体达到无冲突博弈中的帕雷托最优均衡(4.8节)。无冲突博弈是一类所有智能体都同意则获得最优结果的博弈。形式上，如果博弈是无冲突的，则

$$\arg\max_{\pi} U_i(\pi)=\arg\max_{\pi} U_j(\pi) \quad \forall i,j \in I \tag{9.17}$$

一个例子是猎鹿博弈(图9.5a)，这是一个有两个智能体的无冲突博弈，并且之前在5.4.2节中讨论过(完整的2×2无冲突矩阵博弈可以在11.2节中找到)。在猎鹿博弈中，两个智能体都偏好结果(A,A)，使其无冲突，尽管它们对第二最佳结果有分歧：智能体1是(B,A)，智能体2是(A,B)。然而，这两个联合动作并不表现为纳什均衡，因为智能体可以单方面改变它们的动作来提高奖励。最后，动作(B,B)是一个纳什均衡，因为一个智能体改变其动作(而另一个智能体不这样做)会降低奖励。

	A	B
A	4, 4‡	0, 3
B	3, 0	2, 2†

a）猎鹿博弈

	A	B	C
A	11‡	−30	0
B	−30	7†	0
C	0	6	5

b）攀爬博弈

图9.5　左图为猎鹿博弈矩阵，也见于5.4.2节。右图为攀爬矩阵博弈。攀爬博弈是一种共享奖励(始终无冲突)的博弈，与猎鹿博弈有类似特征：最优纳什均衡和联合动作奖励较少，但更容易达到。帕雷托主导均衡用†表示，帕雷托最优均衡用‡表示

当此类博弈有多个纳什均衡时，学习型智能体倾向于通过偏好较少风险的动作而收敛到风险较小的均衡(Papoudakis等人，2021)。在猎鹿博弈的例子中，选择动作B的智能体至少保证了2的奖励，而动作A可能导致0的奖励。因此，即使最高奖励只能通过选择动作A来实现，智能体也倾向于学习次优的(B,B)解决方案。这种偏好对于那些不模仿其他智能体动作的智能体来说很容易理解。假设这两个智能体在学习开始之前用一个均匀随机策略初始化，$\pi(\mathrm{A})=\pi(\mathrm{B})=0.5$。那时，智能体1选择动作A的预期奖励是$0.5\times4+0.5\times0=2.0$，动作B的预期奖励是$0.5\times3+0.5\times2=2.5$(其中0.5是另一个智能体选择A或B的概率)。因此，在应用策略梯度时，智能体1学会给动作B分配更大的概率。这种强化通过一个正反馈循环进一步加强了规避风险的(B,B)均衡，使动作A对智能体2来说更加无吸引力。

帕雷托演员-评论家(Pareto-AC)(Christianos、Papoudakis和Albrecht，2023)是一种解决这个问题的方法，它基于9.3.2节、9.4.2节和9.4.4节讨论的多智能体策略梯度方法。Pareto-AC通过将其他智能体拥有相同最优结果的事实纳入策略梯度中，来解决无冲突博弈中的均衡选择问题。在无冲突博弈中，满足智能体最优选择结果的联合策略是帕雷托最优的[式(4.25)]，因为该联合策略被定义为所有智能体提供最高的期望回报。对于遵循策略π_i的智能体i的训练，算法假设所有其他智能体遵循一种策略π_{-i}^{+}，该策略属于最大化智能体i回报的策略集，即

$$\pi_{-i}^{+} \in \arg\max_{\pi_{-i}} U_i(\pi_i,\pi_{-i}) \tag{9.18}$$

使用π_{-i}^{+}，原始的纳什均衡目标[式(4.16)]可以被改为

$$\pi_i \in \arg\max_{\pi_i} U_i(\pi_i,\pi_{-i}^{+}) \tag{9.19}$$

按照演员-评论家方法，可以通过最小化以下损失来优化，其中其他智能体的行动$\boldsymbol{a}_{-i}^{t}$来自π_{-i}^{+}：

$$\mathcal{L}(\boldsymbol{\phi}_i)=-\mathbb{E}_{a_i^t\sim\pi_i,\boldsymbol{a}_{-i}^t\sim\pi_{-i}^{+}}\left[\log\pi(\boldsymbol{a}_i^t\mid\boldsymbol{h}_i^t;\boldsymbol{\phi}_i)\right.$$

$$(Q^{\pi^+}(\boldsymbol{h}_i^t,\boldsymbol{z}^t,\langle\boldsymbol{a}_i^t,\boldsymbol{a}_{-i}^t\rangle;\boldsymbol{\theta}_i^q)-V^{\pi^+}(\boldsymbol{h}_i^t,\boldsymbol{z}^t;\boldsymbol{\theta}_i^v))\Big] \tag{9.20}$$

式(9.20)使用集中式评论家，这些评论家基于 9.4.2 节讨论的额外信息 $\boldsymbol{z}^t$。在训练期间，可以通过使用联合动作价值函数计算其他智能体的动作的最大值来计算 π_{-i}^+：

$$\pi_{-i}^+ \in \arg\max_{\boldsymbol{a}_{-i}} Q(\boldsymbol{h}_i^t,\boldsymbol{z}^t,\langle\boldsymbol{a}_i^t,\boldsymbol{a}_{-i}\rangle) \tag{9.21}$$

然而，像使用联合动作价值函数的任何算法一样，随着智能体数量的增加，这种计算的可扩展性不佳。在 Pareto-AC 的背景下，这个问题更加突出，因为对其他智能体的联合动作进行显式迭代需要可行的近似，这是一个尚未解决的挑战。

在 Pareto-AC 中，智能体倾向于在无冲突博弈中收敛到回报更高的均衡，即使这些均衡更加冒险。我们在两种环境中进行实验，以说明 Pareto-AC 和集中式 A2C 之间的区别。首先，在图 9.6a 中，Pareto-AC 被展示为在攀爬博弈(图 9.5b)中收敛到帕雷托最优均衡(A,A)，而具有集中价值函数的 A2C 算法只能收敛到动作(B,B)，这对两个智能体来说都是次优解。然而，矩阵博弈并不是这个问题唯一出现的情况。以包含两个智能体和一个始终需要两个智能体合作才能收集的物品的基于等级的搜寻环境(5.4.3 节)为例。此外，如果一个智能体尝试独自收集一个物品并失败，则施加惩罚(在这个例子中为－0.6)。这样的博弈有一个次优均衡，即为了避免受到惩罚而从不尝试收集物品。在图 9.6b 中，我们可以看到 Pareto-AC 和集中式 A2C 算法在基于等级的搜寻中的结果，其中有两个智能体总是需要合作收集放置在 5×5 网格上的物品。集中式 A2C 很快学会避免收集物品，以免受到任何惩罚。相比之下，Pareto-AC 通过使用集中式动作-价值评论家和修改后的策略目标[式(9.20)]保持乐观，并最终学会解决这个任务。

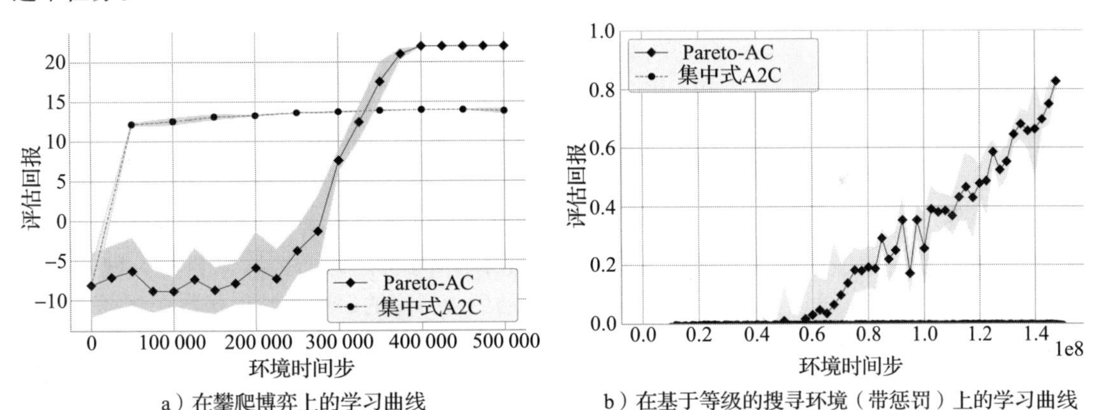

a）在攀爬博弈上的学习曲线　　b）在基于等级的搜寻环境（带惩罚）上的学习曲线

图 9.6　在攀爬博弈和基于等级的搜寻博弈中，比较集中式 A2C 与 Pareto-AC 的学习曲线

Pareto-AC 是一个例子，展示了如何使用集中式动作-价值函数来改善多智能体问题中的学习。集中式动作价值函数不仅用于学习联合动作价值，还用于引导策略梯度走向最有前景的均衡。由于其分散式演员受观测条件限制，该算法遵循 CTDE 范式，使得单个智能体在执行过程中能够独立执行它们的动作。

9.5　共享奖励博弈中的价值分解

如我们在 9.4 节中看到的，集中式价值函数可以用来解决或减轻多智能体强化学习中的几个挑战，如非平稳性、部分可观测性(9.4.2 节)、多智能体信用分配(9.4.4 节)和均衡选择

(9.4.5 节)。然而，在训练和应用集中式价值函数中存在几个挑战。首先，学习集中式价值函数可能很困难。特别是，由于智能体数量增加导致联合动作空间指数增长，集中式动作-价值函数难以学习。其次，集中式价值函数本身并不使智能体能够以分散和高效的方式选择动作。即使有集中式信息，选择与集中式动作-价值函数相对应的贪婪动作在计算上也很昂贵，因为联合动作空间很大。在 9.4 节中，我们绕过了这些挑战，并通过在使用集中式价值函数时训练额外的策略网络，使得分散且高效的动作选择成为可能。在本节中，我们将讨论学习集中式价值函数的另一种方法，这种方法可以实现高效训练和分散式执行，而不依赖额外的策略网络。

有关如何将价值函数分解以促进学习的研究有着悠久的历史。Crites 和 Barto(1998)采用了独立学习来尝试学习 $Q_i(s,a_i)\approx Q(s,\boldsymbol{a})$。然而，潜在的联合动作价值函数难以学习，也不容易近似。一个帮助简化问题的关键发现是，并非所有智能体都相互作用，而相互作用的智能体可以表示为一个图，称为协调图(Guestrin、Koller 和 Parr，2001；Guestrin、Lagoudakis 和 Parr，2002；Kok 和 Vlassis，2005)。协调图的稀疏性可以被用来近似联合动作价值为相互作用智能体的价值之和，这样更容易估计。在图 9.7 中展示的协调图例子中，两个智能体与第三个智能体相互作用，但彼此之间不作用，联合动作价值 $Q(s,\langle a_1,a_2,a_3\rangle)$ 可以近似为 $Q(s,\langle a_1,a_2\rangle)+Q(s,\langle a_1,a_3\rangle)$ 之和。自那以后，许多研究探索了学习这些价值函数的精确(Oliehoek、Witwicki 和 Kaelbling，2012)或近似(Oliehoek，2010；Oliehoek、Whiteson 和 Spaan，2013)版本的方法，并将这些方法应用于深度强化学习环境(van der Pol，2016；Böhmer、Kurin 和 Whiteson，2020)。

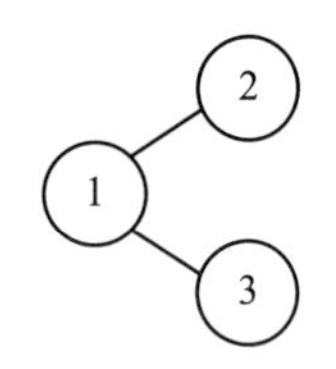

图 9.7　一个简单协调图的例子。每个节点代表一个智能体，每条边连接彼此交互的智能体。在这个例子中，智能体 1 与智能体 2 和智能体 3 交互。然而，智能体 2 和智能体 3 之间没有互动

在本节中，我们将讨论使用深度学习在共享奖励游戏中学习分解动作-价值函数的更多近期方法。在这些游戏中，所有智能体通过奖励函数以相同的目标形式共享目标，即对所有 $i,j\in I,\mathcal{R}_i=\mathcal{R}_j$，并且可以从准确估计共享奖励上的期望回报的集中式价值函数中受益。给定联合历史 $\boldsymbol{h}$、潜在的集中式信息 z 和联合动作 $\boldsymbol{a}$ 的集中式动作-价值函数 $Q(\boldsymbol{h},z,\boldsymbol{a};\boldsymbol{\theta})$ 可以写成：

$$Q(\boldsymbol{h}^t,z^t,\boldsymbol{a}^t;\boldsymbol{\theta})=\mathbb{E}\left[\sum_{\tau=t}^{\infty}\gamma^{\tau-t}r^{\tau}\mid \boldsymbol{h}^t,z^t,\boldsymbol{a}^t\right] \tag{9.22}$$

其中 r^τ 表示时间步 τ 的共享奖励。

值分解算法将这个集中式动作-价值函数分解成更简单的函数，这些函数可以更有效地学习并实现分散式执行。一种自然的方式是为每个智能体学习个体效用函数。智能体 i 的效用函数，写作 $Q(h_i,a_i;\boldsymbol{\theta}_i)$，仅基于智能体的个体观测历史和动作。与个体动作-价值函数类似，智能体可以使用这些函数有效地选择他们的贪婪动作。我们将这些函数称为效用函数，而不是价值函数，因为它们不是为了近似各自智能体的期望回报而优化的。相反，所有智能体的效用函数被联合优化，以近似集中式动作-价值函数。

在本节中，我们将讨论智能体如何有效地学习和使用这些个体效用函数，以在共享奖励

游戏中联合近似集中式动作-价值函数，选择动作，并理解它们对共享奖励的贡献。

9.5.1 个体-全局-最大化性质

为了确保个体智能体效用的分散式行动选择能够导致有效的联合动作，我们引入了个体-全局-最大化(IGM)性质(Rashid 等人，2018；Son 等人，2019)。直观上，IGM 特性表明，就集中式动作-价值函数而言，贪婪的联合动作应该等同于由所有智能体的贪婪个体动作组成的联合动作，这些个体动作最大化各自的个体效用。为了正式定义 IGM 特性，我们首先定义了针对分解的集中式动作-价值函数和智能体 i 的个体效用函数的贪婪动作集合，

$$A^*(\boldsymbol{h},\boldsymbol{z};\boldsymbol{\theta})=\arg\max_{\boldsymbol{a}\in A}Q(\boldsymbol{h},\boldsymbol{z},\boldsymbol{a};\boldsymbol{\theta}) \tag{9.23}$$

$$A_i^*(\boldsymbol{h}_i;\boldsymbol{\theta}_i)=\arg\max_{\boldsymbol{a}_i\in A_i}Q(\boldsymbol{h}_i,\boldsymbol{a}_i;\boldsymbol{\theta}_i) \tag{9.24}$$

其中 $Q(\boldsymbol{h},\boldsymbol{z},\boldsymbol{a};\boldsymbol{\theta})$和 $Q(\boldsymbol{h}_i,\boldsymbol{a}_i;\boldsymbol{\theta}_i)$分别表示集中式动作-价值函数和智能体 i 的个体效用函数。

IGM 特性[㊀]得到满足的条件是，对于所有具有联合观测历史 $\boldsymbol{h}=\boldsymbol{\sigma}(\hat{\boldsymbol{h}})$、个体观测历史 $\boldsymbol{h}_i=\boldsymbol{\sigma}_i(\hat{\boldsymbol{h}})$和集中式信息 z 的完整历史下述条件成立[㊁]：

$$\forall \boldsymbol{a}=(\boldsymbol{a}_1,\cdots,\boldsymbol{a}_n)\in A:\boldsymbol{a}\in A^*(\boldsymbol{h},\boldsymbol{z};\boldsymbol{\theta})\Leftrightarrow\forall i\in I:\boldsymbol{a}_i\in A_i^*(\boldsymbol{h}_i;\boldsymbol{\theta}_i) \tag{9.25}$$

IGM 特性对值分解有两个重要的含义。首先，每个智能体可以根据其个体效用函数的贪婪策略进行分散式执行，并且所有智能体一起将根据分解的集中式动作-价值函数选择贪婪联合动作。其次，在训练过程中计算目标值所需的分解的集中式动作-价值函数的贪婪联合动作可以通过计算所有智能体相对于其个体效用的贪婪动作来高效地获得。如果个体效用函数对于集中式动作-价值函数满足 IGM 特性，那么我们也可以说这些效用函数分解了集中式价值函数。

除了提供更易于学习的集中式动作-价值函数分解并实现分散式执行之外，价值分解算法学习到的个体效用还可以提供每个智能体对共享奖励的贡献估计。这是因为个体效用函数共同优化以近似集中式动作-价值函数的总和，且个体只根据其对应智能体的局部观测历史和动作进行条件化。因此，如果一个智能体通过其动作对共享奖励做出了贡献，那么其效用应该近似这种贡献。通过这种方式，价值分解可以解决多智能体信用分配问题(5.4.3 节)，类似于 9.4.4 节中看到的反事实动作-价值估计。

最后，值得注意的是，在某些环境中可能不存在满足 IGM 属性的分解。特别是在部分可观测性的环境中，个体智能体效用函数可能缺乏重要信息，无法区分具有不同动作-价值的联合历史。然而，在许多情况下，可以通过合适的集中式动作-价值函数分解来满足 IGM 属性，或者可能学习到一种分解，它能够在许多(如果不是全部)历史中识别有效的联合动作。

9.5.2 线性价值分解

满足 IGM 属性的分解 $Q(\boldsymbol{h},\boldsymbol{z},\boldsymbol{a};\boldsymbol{\theta})$的一种简单方法是假设共享奖励的线性分解，即智能体的个体效用之和等于共享奖励

㊀ IGM 属性最初由 Son 等人(2019)定义。之前，Rashid 等人(2018)以几乎相同的定义引入了一致性这个术语。然而，先前的工作通常将 IGM 属性定义为贪婪联合动作关于 $Q(\boldsymbol{h},\boldsymbol{z},\boldsymbol{a};\boldsymbol{\theta})$以及个体贪婪动作的联合动作之间的等价性。这些定义忽略了可能存在多个贪婪动作的可能性，因此，我们将 IGM 属性定义为贪婪联合动作关于 $Q(\boldsymbol{h},\boldsymbol{z},\boldsymbol{a};\boldsymbol{\theta})$以及最大化联合动作价值函数的个体贪婪动作的联合动作之间的等价性。

㊁ 回想一下 4.1 节，完整历史 $\hat{\boldsymbol{h}}$ 包含了状态、联合观测和联合奖励的历史；$\boldsymbol{\sigma}(\hat{\boldsymbol{h}})$返回完整历史中的联合观测历史；例如，$z$ 可以包括历史中用 $\boldsymbol{s}(\hat{\boldsymbol{h}})$表示的上一个状态。我们使用 $\boldsymbol{\sigma}_i(\hat{\boldsymbol{h}})$来表示智能体 i 的观测历史。

$$r^t = \bar{r}_1^t + \cdots + \bar{r}_n^t \tag{9.26}$$

其中 $\bar{r}_i^t$ 表示智能体 i 在时间步 t 的效用。奖励符号上的横线表示这些效用是通过分解获得的，并不是环境给予的真实奖励。使用这个假设，智能体的集中式动作-价值函数可以如下分解，其中期望是根据式(4.3)中所定义的全历史 $\hat{\boldsymbol{h}}^t$ 的概率分布来定义的：

$$Q(\boldsymbol{h}^t, \boldsymbol{z}^t, \boldsymbol{a}^t; \boldsymbol{\theta}) = \mathbb{E}_{\hat{\boldsymbol{h}}^t \sim \Pr(\cdot \mid \pi)}\left[\sum_{\tau=t}^{\infty} \gamma^{\tau-t} r^{\tau} \mid \boldsymbol{h}^t = \boldsymbol{\sigma}(\hat{\boldsymbol{h}}^t), \boldsymbol{z}^t, \boldsymbol{a}^t\right] \tag{9.27}$$

$$= \mathbb{E}_{\hat{\boldsymbol{h}}^t \sim \Pr(\cdot \mid \pi)}\left[\sum_{\tau=t}^{\infty} \gamma^{\tau-t}\left(\sum_{i \in I} \bar{r}_i^{\tau}\right) \middle| \boldsymbol{h}^t, \boldsymbol{z}^t, \boldsymbol{a}^t\right] \tag{9.28}$$

$$= \sum_{i \in I} \mathbb{E}_{\hat{\boldsymbol{h}}^t \sim \Pr(\cdot \mid \pi)}\left[\sum_{\tau=t}^{\infty} \gamma^{\tau-t} \bar{r}_i^{\tau} \mid \boldsymbol{h}^t, \boldsymbol{z}^t, \boldsymbol{a}^t\right] \tag{9.29}$$

$$= \sum_{i \in I} Q(\boldsymbol{h}_i^t, \boldsymbol{a}_i^t; \boldsymbol{\theta}_i) \tag{9.30}$$

任何这样的线性分解都满足式(9.25)的 IGM 属性，如下所示：

证明 设 $\hat{\boldsymbol{h}}$ 是完整历史，$\boldsymbol{h} = \boldsymbol{\sigma}(\hat{\boldsymbol{h}})$是联合观测历史，$\boldsymbol{h}_i = \boldsymbol{\sigma}_i(\hat{\boldsymbol{h}})$是智能体 i 的观测历史，$\boldsymbol{z}$ 表示潜在的额外集中式信息。我们首先将证明，对于任何贪婪联合动作 $\boldsymbol{a}^* \in A^*(\boldsymbol{h}, \boldsymbol{z}; \boldsymbol{\theta})$中所有智能体的个体动作关于它们的个体效用函数也是贪婪的。然后，我们将证明，所有智能体的贪婪个体动作共同代表了关于 $Q(\boldsymbol{h}, \boldsymbol{z}, \boldsymbol{a}; \boldsymbol{\theta})$是贪婪的联合动作。

“⇒” 假设 $\boldsymbol{a}^* = (\boldsymbol{a}_1^*, \cdots, \boldsymbol{a}_n^*) \in A^*(\boldsymbol{h}, \boldsymbol{z}; \boldsymbol{\theta})$是关于 $Q(\boldsymbol{h}, \boldsymbol{z}, \cdot; \boldsymbol{\theta})$的贪婪联合动作。为了证明所有智能体的个体动作 $\boldsymbol{a}_1^*, \cdots, \boldsymbol{a}_n^*$ 对应的个体效用函数也是贪婪的，即

$$\forall i \in I: \boldsymbol{a}_i^* \in A_i^*(\boldsymbol{h}_i; \boldsymbol{\theta}_i), \tag{9.31}$$

我们需要证明对于任意智能体 i 和任意动作 $\boldsymbol{a}_i \in A_i$，我们有

$$\forall i \in I: Q(\boldsymbol{h}_i, \boldsymbol{a}_i^*; \boldsymbol{\theta}_i) \geqslant Q(\boldsymbol{h}_i, \boldsymbol{a}_i; \boldsymbol{\theta}_i) \tag{9.32}$$

我们将通过反证法进行证明。假设存在一个智能体 i 和一个动作 $\boldsymbol{a}_i \in A_i$ 使得：

$$Q(\boldsymbol{h}_i, \boldsymbol{a}_i^*; \boldsymbol{\theta}_i) < Q(\boldsymbol{h}_i, \boldsymbol{a}_i; \boldsymbol{\theta}_i) \tag{9.33}$$

给定 $Q(\boldsymbol{h}, \boldsymbol{z}, \boldsymbol{a}; \boldsymbol{\theta})$的线性分解，我们有：

$$Q(\boldsymbol{h}, \boldsymbol{z}, \boldsymbol{a}^*; \boldsymbol{\theta}) = \sum_{i \in I} Q(\boldsymbol{h}_i, \boldsymbol{a}_i^*; \boldsymbol{\theta}_i) \tag{9.34}$$

$$= Q(\boldsymbol{h}_i, \boldsymbol{a}_i^*; \boldsymbol{\theta}_i) + \sum_{j \neq i} Q(\boldsymbol{h}_j, \boldsymbol{a}_j^*; \boldsymbol{\theta}_j) \tag{9.35}$$

$$< Q(\boldsymbol{h}_i, \boldsymbol{a}_i; \boldsymbol{\theta}_i) + \sum_{j \neq i} Q(\boldsymbol{h}_j, \boldsymbol{a}_j^*; \boldsymbol{\theta}_j) \tag{9.36}$$

$$= Q(\boldsymbol{h}, \boldsymbol{z}, \langle \boldsymbol{a}_i, \boldsymbol{a}_{-i}^* \rangle; \boldsymbol{\theta}) \tag{9.37}$$

这与 $\boldsymbol{a}^*$ 是关于 $Q(\boldsymbol{h}, \boldsymbol{z}, \boldsymbol{a}; \boldsymbol{\theta})$的贪婪联合动作的假设相矛盾。因此，式(9.33)不成立，所以式(9.32)必须为真，而且贪婪联合动作 $\boldsymbol{a}^*$ 中的所有智能体的个体动作关于它们的个体效用函数也是贪婪的。

假设 $\boldsymbol{a}_1^* \in A_1^*(\boldsymbol{h}_1; \boldsymbol{\theta}_1), \cdots, \boldsymbol{a}_n^* \in A_n^*(\boldsymbol{h}_n; \boldsymbol{\theta}_n)$是关于智能体各自的个体效用函数的贪婪个体动作。设 $\boldsymbol{a}^* = (\boldsymbol{a}_1^*, \cdots, \boldsymbol{a}_n^*)$是由所有智能体的贪婪个体动作组成的联合动作。为了证明 $\boldsymbol{a}^*$ 关于 $Q(\boldsymbol{h}, \boldsymbol{z}, \boldsymbol{a}; \boldsymbol{\theta})$是一个贪婪联合动作，我们需要证明对于任何联合动作 $\boldsymbol{a}' \in A(\boldsymbol{h}, \boldsymbol{z}; \boldsymbol{\theta})$，有：

$$Q(\boldsymbol{h}, \boldsymbol{z}, \boldsymbol{a}^*; \boldsymbol{\theta}) \geqslant Q(\boldsymbol{h}, \boldsymbol{z}, \boldsymbol{a}'; \boldsymbol{\theta}) \tag{9.38}$$

考虑到集中式动作-价值函数的线性分解，我们有

$$Q(\boldsymbol{h}, \boldsymbol{z}, \boldsymbol{a}^*; \boldsymbol{\theta}) = \sum_{i \in I} Q(\boldsymbol{h}_i, \boldsymbol{a}_i^*; \boldsymbol{\theta}_i) \tag{9.39}$$

$$=\sum_{i\in I}\max_{\boldsymbol{a}_i\in A_i}Q(\boldsymbol{h}_i,\boldsymbol{a}_i;\boldsymbol{\theta}_i) \tag{9.40}$$

$$\geqslant\sum_{i\in I}Q(\boldsymbol{h}_i,\boldsymbol{a}'_i;\boldsymbol{\theta}_i) \tag{9.41}$$

$$=Q(\boldsymbol{h},\boldsymbol{z},\boldsymbol{a}';\boldsymbol{\theta}) \tag{9.42}$$

其中 $\boldsymbol{a}'=(\boldsymbol{a}'_1,\cdots,\boldsymbol{a}'_n)$是由任意个体动作 $\boldsymbol{a}'_1\in A_1,\cdots,\boldsymbol{a}'_n\in A_n$ 组成的任何联合动作。因此，$\boldsymbol{a}^*$ 是关于 $Q(\boldsymbol{h},\boldsymbol{z},\boldsymbol{a};\boldsymbol{\theta})$[式(9.38)]的贪婪联合动作。

证明完毕。 □

引入的线性分解[⊖]定义了价值分解网络(VDN)的方法(Sunehag 等人，2018)。VDN 维持一个包含所有智能体经验的回放缓冲区 $\mathcal{D}$，并联合优化式(9.43)中定义的损失函数，以逼近所有智能体的集中式值函数。损失是在从回放缓冲区中抽取的批次样本 $\mathcal{B}$ 上计算的，并通过所有智能体的个体效用传播其优化目标

$$\mathcal{L}(\boldsymbol{\theta})=\frac{1}{B}\sum_{(\boldsymbol{h}^t,\boldsymbol{a}^t,r^t,\boldsymbol{h}^{t+1})\in\mathcal{B}}(r^t+\gamma\max_{\boldsymbol{a}\in A}Q(\boldsymbol{h}^{t+1},\boldsymbol{a};\overline{\boldsymbol{\theta}})-Q(\boldsymbol{h}^t,\boldsymbol{a}^t;\boldsymbol{\theta}))^2 \tag{9.43}$$

其中

$$Q(\boldsymbol{h}^t,\boldsymbol{a}^t;\boldsymbol{\theta})=\sum_{i\in I}Q(\boldsymbol{h}^t_i,\boldsymbol{a}^t_i;\boldsymbol{\theta}_i) \tag{9.44}$$

$$\max_{\boldsymbol{a}\in A}Q(\boldsymbol{h}^{t+1},\boldsymbol{a};\overline{\boldsymbol{\theta}})=\sum_{i\in I}\max_{\boldsymbol{a}_i\in A_i}Q(\boldsymbol{h}^{t+1}_i,\boldsymbol{a}_i;\overline{\boldsymbol{\theta}}_i) \tag{9.45}$$

使用这个优化目标，所有智能体隐式地学习其个体效用函数。这些函数在计算上是可行的，并自然引导智能体 i 根据其个体效用函数为任何给定历史选择贪婪动作，即 $\boldsymbol{a}^t_i=\arg\max_{\boldsymbol{a}_i\in A_i}Q(\boldsymbol{h}^t_i,\boldsymbol{a}_i;\boldsymbol{\theta}_i)$。注意，对个体效用函数没有施加限制，优化过程中只使用共享奖励。

图 9.8a 展示了 VDN 的架构。算法 21 给出了 VDN 的伪代码，其结构与 IDQN(算法 17)相同，但优化了式(9.43)中给出的公共损失。值得注意的是，VDN 可以从 9.3.1 节中提到的适用于 IDQN 的任何实现技巧或优化中受益。

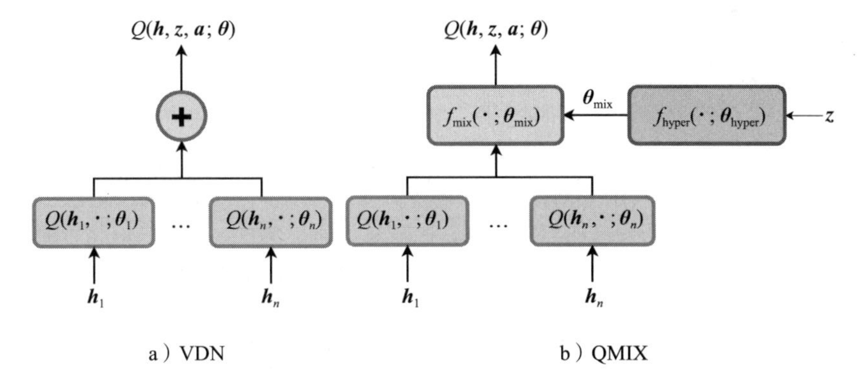

图 9.8　VDN 和 QMIX 的网络架构。根据观测历史，个体效用网络为各个智能体的所有动作输出效用值。对于 VDN，集中式动作-价值函数然后通过所选行动的个体效用之和来近似。对于 QMIX，集中式动作-价值函数通过由已训练的超网络输出参数化的混合网络计算得到单调聚合来近似

⊖ 细心的读者可能已经注意到，这种分解实际上只是一个不连通的协调图(图 9.7)。

算法 21　价值分解网络

1：使用随机参数 $\boldsymbol{\theta}_1,\cdots,\boldsymbol{\theta}_n$ 初始化 n 个效用网络
2：使用参数 $\overline{\boldsymbol{\theta}}_1=\boldsymbol{\theta}_1,\cdots,\overline{\boldsymbol{\theta}}_n=\boldsymbol{\theta}_n$ 初始化 n 个目标网络
3：初始化共享回放缓冲区 $\mathcal{D}$
4：**for** 时间步 $t=0,1,2,\cdots$ **do**
5：　收集当前观测 $\boldsymbol{o}_1^t,\cdots,\boldsymbol{o}_n^t$
6：　**for** 智能体 $i=1,\cdots,n$ **do**
7：　　以概率 ε：随机选择动作 $\boldsymbol{a}_i^t$
8：　　否则：选择 $\boldsymbol{a}_i^t\in\arg\max_{\boldsymbol{a}_i}Q(\boldsymbol{h}_i^t,\boldsymbol{a}_i;\boldsymbol{\theta}_i)$
9：　执行动作；收集共享的奖励 r^t 和下一个观测 $\boldsymbol{o}_1^{t+1},\cdots,\boldsymbol{o}_n^{t+1}$
10：　将 $(\boldsymbol{h}^t,\boldsymbol{a}^t,r^t,\boldsymbol{h}^{t+1})$ 储存到共享回放缓冲区 $\mathcal{D}$
11：　从 $\mathcal{D}$ 中采样 B 个样本 $(\boldsymbol{h}^k,\boldsymbol{a}^k,r^k,\boldsymbol{h}^{k+1})$
12：　**if** $\boldsymbol{s}^{k+1}$ 是终止状态 **then**
13：　　目标 $y^k\leftarrow r^k$
14：　**else**
15：　　目标 $y^k\leftarrow r^k+\gamma\sum_{i\in I}\max_{\boldsymbol{a}_i'\in A_i}Q(\boldsymbol{h}_i^{k+1},\boldsymbol{a}_i';\overline{\boldsymbol{\theta}}_i)$
16：　损失 $\mathcal{L}(\boldsymbol{\theta})\leftarrow\frac{1}{B}\sum_{k=1}^{B}\left(y^k-\sum_{i\in I}Q(\boldsymbol{h}_i^k,\boldsymbol{a}_i^k;\boldsymbol{\theta}_i)\right)^2$
17：　最小化损失 $\mathcal{L}(\boldsymbol{\theta})$ 来更新参数 $\boldsymbol{\theta}$
18：　一定间隔后更新每个智能体 i 的目标网络参数 $\overline{\boldsymbol{\theta}}_i$

9.5.3　单调价值分解

虽然 VDN 假设的线性分解自然而简单，但它并不一定现实。在许多情况下，智能体的贡献可能更好地通过非线性关系来表示，而 VDN 无法捕捉这一点。已经有多种方法来表示奖励和价值函数的非线性分解，其中 QMIX(Rashid 等人，2018)是一个被广泛采用的方法。QMIX 建立在这样一个观测的基础上，QMIX 基于以下观测：如果集中式动作-价值函数关于个体效用的单调性(严格单调性)成立，即集中式动作-价值函数关于智能体效用的导数为正，那么就可以确保 IGM 属性：

$$\forall i\in I,\quad\forall\boldsymbol{a}\in A:\frac{\partial Q(\boldsymbol{h},\boldsymbol{z},\boldsymbol{a};\boldsymbol{\theta})}{\partial Q(\boldsymbol{h}_i,\boldsymbol{a}_i;\boldsymbol{\theta}_i)}>0\tag{9.46}$$

直观地说，这意味着任何智能体 i 对其动作 $\boldsymbol{a}_i$ 效用的增加必须导致包含 $\boldsymbol{a}_i$ 的联合动作的分解集中式动作-价值函数的增加。

与 VDN 类似，QMIX 基于 IDQN，并将每个智能体的个体效用函数表示为深度 Q 网络。为了能够将集中式动作-价值函数的任何单调分解表示为这些个体效用函数，QMIX 定义了一个混合网络 f_{mix}，该网络由一个前馈神经网络组成，用于将个体效用组合起来近似集中式动

作-价值函数：

$$Q(\boldsymbol{h},\boldsymbol{z},\boldsymbol{a},\boldsymbol{\theta})=f_{\text{mix}}(Q(\boldsymbol{h}_1,\boldsymbol{a}_1;\boldsymbol{\theta}_1),\cdots,Q(\boldsymbol{h}_n,\boldsymbol{a}_n;\boldsymbol{\theta}_n);\boldsymbol{\theta}_{\text{mix}}) \tag{9.47}$$

这种分解确保了如果混合函数对所有智能体的效用是单调的，那么它就满足式(9.46)中的单调性质。

QMIX的单调分解是确保IGM属性的充分条件。我们可以用与之前线性分解类似的证明方法来证明。

证明 设 $\hat{\boldsymbol{h}}$ 为完整历史记录，$\boldsymbol{h}=\boldsymbol{\sigma}(\hat{\boldsymbol{h}})$ 为联合观测历史，$\boldsymbol{h}_i=\boldsymbol{\sigma}_i(\hat{\boldsymbol{h}})$ 为智能体 i 的观测历史，$\boldsymbol{z}$ 表示潜在的额外集中式信息。我们首先证明，对于任何贪婪的联合动作 $\boldsymbol{a}^*\in A^*(\boldsymbol{h},\boldsymbol{z};\boldsymbol{\theta})$，所有智能体在 $\boldsymbol{a}^*$ 中的个体动作也是对其个体效用函数而言的贪婪动作。然后，我们将展示所有智能体的任何贪婪个体动作共同代表了关于 $Q(\boldsymbol{h},\boldsymbol{z},\boldsymbol{a};\boldsymbol{\theta})$ 的贪婪联合动作。

"⇒" 设 $\boldsymbol{a}^*=(\boldsymbol{a}_1^*,\cdots,\boldsymbol{a}_n^*)\in A^*(\boldsymbol{h},\boldsymbol{z};\boldsymbol{\theta})$ 是关于 $Q(\boldsymbol{h},\boldsymbol{z},\cdot;\boldsymbol{\theta})$ 的一个贪婪联合动作。为了证明所有智能体的个别动作 $\boldsymbol{a}_1^*,\cdots,\boldsymbol{a}_n^*$ 也是对其各自效用函数而言的贪婪动作，即

$$\forall i\in I: \boldsymbol{a}_i^*\in A_i^*(\boldsymbol{h}_i;\boldsymbol{\theta}_i) \tag{9.48}$$

我们需要证明对于任何智能体 i 和任何行动 $\boldsymbol{a}_i\in A_i$，我们都有

$$\forall i\in I: Q(\boldsymbol{h}_i,\boldsymbol{a}_i^*;\boldsymbol{\theta}_i)\geqslant Q(\boldsymbol{h}_i,\boldsymbol{a}_i;\boldsymbol{\theta}_i) \tag{9.49}$$

我们将通过反证法来证明。假设存在一个智能体 i 和一个动作 $\boldsymbol{a}_i\in A_i$，使得

$$Q(\boldsymbol{h}_i,\boldsymbol{a}_i^*;\boldsymbol{\theta}_i)<Q(\boldsymbol{h}_i,\boldsymbol{a}_i;\boldsymbol{\theta}_i) \tag{9.50}$$

考虑到 $Q(\boldsymbol{h},\boldsymbol{z},\boldsymbol{a};\boldsymbol{\theta})$ 的单调分解，我们有

$$Q(\boldsymbol{h},\boldsymbol{z},\boldsymbol{a}^*;\boldsymbol{\theta}) \tag{9.51}$$

$$=f_{\text{mix}}(Q(\boldsymbol{h}_1,\boldsymbol{a}_1^*;\boldsymbol{\theta}_1),\cdots,Q(\boldsymbol{h}_i,\boldsymbol{a}_i^*;\boldsymbol{\theta}_i),\cdots,Q(\boldsymbol{h}_n,\boldsymbol{a}_n^*;\boldsymbol{\theta}_n);\boldsymbol{\theta}_{\text{mix}}) \tag{9.52}$$

$$<f_{\text{mix}}(Q(\boldsymbol{h}_1,\boldsymbol{a}_1^*;\boldsymbol{\theta}_1),\cdots,Q(\boldsymbol{h}_i,\boldsymbol{a}_i;\boldsymbol{\theta}_i),\cdots,Q(\boldsymbol{h}_n,\boldsymbol{a}_n^*;\boldsymbol{\theta}_n);\boldsymbol{\theta}_{\text{mix}}) \tag{9.53}$$

$$=Q(\boldsymbol{h},\boldsymbol{z},\langle\boldsymbol{a}_{-i}^*,\boldsymbol{a}_i\rangle;\boldsymbol{\theta}) \tag{9.54}$$

不等式的推导基于式(9.50)和混合函数 f_{mix} 对输入的单调性[参见式(9.46)]。这与假设 $\boldsymbol{a}^*$ 是关于 $Q(\boldsymbol{h},\boldsymbol{z},\boldsymbol{a};\boldsymbol{\theta})$ 的贪婪联合动作相冲突。因此，式(9.50)不能成立，我们必须采纳式(9.49)，所以在贪婪联合动作 $\boldsymbol{a}^*$ 中，所有智能体的个体动作对于它们自己的效用函数也是贪婪的。

设 $\boldsymbol{a}_1^*\in A_1^*(\boldsymbol{h}_1;\boldsymbol{\theta}_1),\cdots,\boldsymbol{a}_n^*\in A_n^*(\boldsymbol{h}_n;\boldsymbol{\theta}_n)$ 是所有智能体关于其个体效用函数的贪婪个体动作。设 $\boldsymbol{a}^*=(\boldsymbol{a}_1^*,\cdots,\boldsymbol{a}_n^*)$ 是由所有智能体的这些贪婪个体动作组成的联合动作。为了证明 $\boldsymbol{a}^*$ 是 $Q(\boldsymbol{h},\boldsymbol{z},\boldsymbol{a};\boldsymbol{\theta})$ 的贪婪联合动作，我们需要展示对于任何联合动作 $\boldsymbol{a}'\in A(\boldsymbol{h},\boldsymbol{z};\boldsymbol{\theta})$ 我们有

$$Q(\boldsymbol{h},\boldsymbol{z},\boldsymbol{a}^*;\boldsymbol{\theta})\geqslant Q(\boldsymbol{h},\boldsymbol{z},\boldsymbol{a}';\boldsymbol{\theta}) \tag{9.55}$$

在 $Q(\boldsymbol{h},\boldsymbol{z},\boldsymbol{a};\boldsymbol{\theta})$ 的单调分解中，我们得到如下结论：

$$Q(\boldsymbol{h},\boldsymbol{z},\boldsymbol{a}^*;\boldsymbol{\theta})=f_{\text{mix}}(Q(\boldsymbol{h}_1,\boldsymbol{a}_1^*;\boldsymbol{\theta}_1),\cdots,Q(\boldsymbol{h}_n,\boldsymbol{a}_n^*;\boldsymbol{\theta}_n);\boldsymbol{\theta}_{\text{mix}}) \tag{9.56}$$

$$\geqslant f_{\text{mix}}(Q(\boldsymbol{h}_1,\boldsymbol{a}_1';\boldsymbol{\theta}_1),\cdots,Q(\boldsymbol{h}_n,\boldsymbol{a}_n';\boldsymbol{\theta}_n);\boldsymbol{\theta}_{\text{mix}}) \tag{9.57}$$

$$=Q(\boldsymbol{h},\boldsymbol{z},\boldsymbol{a}';\boldsymbol{\theta}) \tag{9.58}$$

其中，$\boldsymbol{a}'=(\boldsymbol{a}_1',\cdots,\boldsymbol{a}_n')$ 是由任意个体动作 $\boldsymbol{a}_1'\in A_1,\cdots,\boldsymbol{a}_n'\in A_n$ 组成的联合动作。不等式来自 f_{mix} 关于其输入的单调性[见式(9.46)]，以及 $\boldsymbol{a}_1^*,\cdots,\boldsymbol{a}_n^*$ 是所有智能体关于其个体效用函数的贪婪个体动作的事实。因此，式(9.55)是成立的，所以 $\boldsymbol{a}^*$ 是关于 $Q(\boldsymbol{h},\boldsymbol{z},\boldsymbol{a};\boldsymbol{\theta})$ 的贪婪联合动作。

证明完毕[一]。 □

在实践中，如果混合网络 f_{mix} 是一个仅对效用输入有正权重的网络，则单调性假设就得到了满足。注意，同样的约束不需要施加在 $\boldsymbol{\theta}_{\text{mix}}$ 中的偏差向量上。混合函数的参数 $\boldsymbol{\theta}_{\text{mix}}$ 是通过一个由 $\boldsymbol{\theta}_{\text{hyper}}$ 参数化的单独超网络 f_{hyper} 获得的，该网络接收额外的集中式信息 $\boldsymbol{z}$ 作为输入[二]，并输出混合网络的参数 $\boldsymbol{\theta}_{\text{mix}}$（因此称为"hyper"）。为了确保正权重，超网络 f_{hyper} 将绝对值函数作为激活函数应用于对应于混合网络 f_{mix} 的权重矩阵的输出，从而确保单调性[三]。每当需要优化 $Q(\boldsymbol{h},\boldsymbol{z},\boldsymbol{a};\boldsymbol{\theta})$ 时，会计算个体效用 $Q(\boldsymbol{h}_1,\boldsymbol{a}_1;\boldsymbol{\theta}_1),\cdots,Q(\boldsymbol{h}_n,\boldsymbol{a}_n;\boldsymbol{\theta}_n)$，并通过将集中式信息馈送到超网络来获取混合网络参数 $\boldsymbol{\theta}_{\text{mix}}$。然后使用由超网络接收的参数将效用函数聚合到 $Q(\boldsymbol{h},\boldsymbol{z},\boldsymbol{a};\boldsymbol{\theta})$ 中。

QMIX 的整个架构如图 9.8b 所示。在优化过程中，分解的集中式动作-价值函数的所有参数 $\boldsymbol{\theta}$，包括各个效用网络的参数 $\boldsymbol{\theta}_1,\cdots,\boldsymbol{\theta}_n$ 以及超网络的参数 $\boldsymbol{\theta}_{\text{hyper}}$，都通过最小化从回放缓冲区 $\mathcal{D}$ 中抽样的批次 B 得到的值损失来进行联合优化，其中使用的集中式值函数及其目标网络由式(9.47)给出，分别使用参数 $\boldsymbol{\theta}$ 和 $\overline{\boldsymbol{\theta}}$。

$$\mathcal{L}(\boldsymbol{\theta})=\frac{1}{B}\sum_{(\boldsymbol{h}^t,\boldsymbol{z}^t,\boldsymbol{a}^t,r^t,\boldsymbol{h}^{t+1},\boldsymbol{z}^{t+1})\in\mathcal{B}}\left(r^t+\gamma\max_{\boldsymbol{a}\in A}Q(\boldsymbol{h}^{t+1},\boldsymbol{z}^{t+1},\boldsymbol{a};\overline{\boldsymbol{\theta}})-Q(\boldsymbol{h}^t,\boldsymbol{z}^t,\boldsymbol{a}^t;\boldsymbol{\theta})\right)^2 \tag{9.63}$$

混合网络的参数不是通过基于梯度的优化来优化的，而是始终作为优化后的超网络的输出获得。算法 22 展示了 QMIX 的伪代码。同样值得注意的是，QMIX 中的回放缓冲区除了存储单个智能体的观测之外，还需要存储集中化信息 $\boldsymbol{z}^t$，因为超网络是基于这些信息的。

[一] 我们注意到，在 Rashid 等人(2018)的原始论文中，并没有假设混合网络 f_{mix} 对其输入具有严格的单调性。相反，他们假设 f_{mix} 对其输入是单调的，即

$$\forall i\in I,\forall \boldsymbol{a}\in A:\frac{\partial Q(\boldsymbol{h},\boldsymbol{z},\boldsymbol{a};\boldsymbol{\theta})}{\partial Q(\boldsymbol{h}_i,\boldsymbol{a}_i;\boldsymbol{\theta}_i)}\geqslant 0 \tag{9.59}$$

在这种情况下，关于联合动作由所有智能体的贪婪个体动作组成，对 $Q(\boldsymbol{h},\boldsymbol{z},\boldsymbol{a};\boldsymbol{\theta})$ 而言是一个贪婪联合动作的推论"⇒"依然成立。然而，推论"⇐"的证明不成立。为了理解为什么需要严格的单调性假设，请考虑以下两个智能体的反例，它们的动作分别是 $A_1=\{\boldsymbol{a}_{1,1},\boldsymbol{a}_{1,2}\}$ 和 $A_2=\{\boldsymbol{a}_{2,1},\boldsymbol{a}_{2,2}\}$。设 $\boldsymbol{a}_{1,1}$ 和 $\boldsymbol{a}_{2,1}$ 是对于智能体的个体效用函数的贪婪动作

$$Q(\boldsymbol{h}_1,\boldsymbol{a}_{1,1};\boldsymbol{\theta}_1)>Q(\boldsymbol{h}_1,\boldsymbol{a}_{1,2};\boldsymbol{\theta}_1)\quad 和\quad Q(\boldsymbol{h}_2,\boldsymbol{a}_{2,1};\boldsymbol{\theta}_2)>Q(\boldsymbol{h}_2,\boldsymbol{a}_{2,2};\boldsymbol{\theta}_2) \tag{9.60}$$

让分解的集中式动作-价值函数为

$$Q(\boldsymbol{h},\boldsymbol{z},(\boldsymbol{a}_1,\boldsymbol{a}_2);\boldsymbol{\theta})=f_{\text{mix}}(Q(\boldsymbol{h}_1,\boldsymbol{a}_1;\boldsymbol{\theta}_1),Q(\boldsymbol{h}_2,\boldsymbol{a}_2;\boldsymbol{\theta}_2);\boldsymbol{\theta}_{\text{mix}})=Q(\boldsymbol{h}_1,\boldsymbol{a}_1;\boldsymbol{\theta}_1) \tag{9.61}$$

对于某些动作 $\boldsymbol{a}_1\in A_1$ 和 $\boldsymbol{a}_2\in A_2$，意味着混合函数只考虑第一个智能体的效用，忽略了第二个智能体的效用。我们可以看到

$$\frac{\partial Q(\boldsymbol{h},\boldsymbol{z},\boldsymbol{a};\boldsymbol{\theta})}{\partial Q(\boldsymbol{h}_1,\boldsymbol{a}_1;\boldsymbol{\theta}_1)}=1\geqslant 0\quad 和\quad \frac{\partial Q(\boldsymbol{h},\boldsymbol{z},\boldsymbol{a};\boldsymbol{\theta})}{\partial Q(\boldsymbol{h}_2,\boldsymbol{a}_2;\boldsymbol{\theta}_2)}=0\geqslant 0 \tag{9.62}$$

所以式(9.59)的单调性假设成立。然而，联合动作 $(\boldsymbol{a}_{1,1},\boldsymbol{a}_{2,2})$ 是关于 $Q(\boldsymbol{h},\boldsymbol{z},\boldsymbol{a};\boldsymbol{\theta})$ 的贪婪联合动作，因为 $\boldsymbol{a}_{1,1}$ 最大化了智能体 1 的个体效用，而混合函数在智能体 1 的个体效用最大化时也最大化，但 $\boldsymbol{a}_{2,2}$ 不是关于智能体 2 的个体效用的贪婪动作。因此，在没有式(9.46)的严格单调性假设的情况下，推论"⇐"不成立。

[二] Rashid 等人(2018)在他们的原始工作中将超网络的条件设置为状态，即 $\boldsymbol{z}=\boldsymbol{s}$。

[三] 我们注意到，绝对值函数可能允许权重为零，这违反了必要的严格单调性假设。然而，要违反严格单调性，单个智能体的效用对应的所有权重都需要为零，这在实践中是不会发生的。

算法 22　QMIX

1：使用随机参数 $\boldsymbol{\theta}_1,\cdots,\boldsymbol{\theta}_n$ 初始化 n 个效用网络
2：使用参数 $\bar{\boldsymbol{\theta}}_1=\boldsymbol{\theta}_1,\cdots,\bar{\boldsymbol{\theta}}_n=\boldsymbol{\theta}_n$ 初始化 n 个目标网络
3：随机使用参数 $\boldsymbol{\theta}_{\text{hyper}}$ 初始化超网络
4：初始化共享回放缓冲区 $\mathcal{D}$
5：**for** 时间步 $t=0,1,2,\cdots$ **do**
6：　收集当前的集中式信息 $\boldsymbol{z}^t$ 和观测 $\boldsymbol{o}_1^t,\cdots,\boldsymbol{o}_n^t$
7：　**for** 智能体 $i=1,\cdots,n$ **do**
8：　　以概率 ε：随机选择动作 $\boldsymbol{a}^t$
9：　　否则：选择 $\boldsymbol{a}_i^t\in\arg\max\limits_{\boldsymbol{a}_i}Q(\boldsymbol{h}_i^t,\boldsymbol{a}_i;\boldsymbol{\theta}_i)$
10：　执行动作；收集共享回报 r^t，下一个集中式状态信息 $\boldsymbol{z}^{t+1}$ 和观测 $\boldsymbol{o}_1^{t+1},\cdots,\boldsymbol{o}_n^{t+1}$
11：　存储经验 $(\boldsymbol{h}^t,\boldsymbol{z}^t,\boldsymbol{a}^t,r^t,\boldsymbol{h}^{t+1},\boldsymbol{z}^{t+1})$ 到共享经验缓冲区 $\mathcal{D}$
12：　从回放缓冲区 $\mathcal{D}$ 中采样 B 个样本 $(\boldsymbol{h}^k,\boldsymbol{z}^k,\boldsymbol{a}^k,r^k,\boldsymbol{h}^{k+1},\boldsymbol{z}^{k+1})$
13：　**if** $\boldsymbol{s}^{k+1}$ 是终止状态 **then**
14：　　目标 $y^k\leftarrow r^k$
15：　**else**
16：　　混合参数 $\boldsymbol{\theta}_{\text{mix}}^{k+1}\leftarrow f_{\text{hyper}}(\boldsymbol{z}^{k+1};\boldsymbol{\theta}_{\text{hyper}})$
17：　　目标 $y^k\leftarrow r^k+\gamma f_{\text{mix}}\left(\begin{array}{c}\max\limits_{\boldsymbol{a}_1'}Q(\boldsymbol{h}_1^{k+1},\boldsymbol{a}_1';\bar{\boldsymbol{\theta}}_1),\\ \vdots\\ \max\limits_{\boldsymbol{a}_n'}Q(\boldsymbol{h}_n^{k+1},\boldsymbol{a}_n';\bar{\boldsymbol{\theta}}_n)\end{array};\boldsymbol{\theta}_{\text{mix}}^{k+1}\right)$
18：　混合参数 $\boldsymbol{\theta}_{\text{mix}}^k\leftarrow f_{\text{hyper}}(\boldsymbol{z}^k;\boldsymbol{\theta}_{\text{hyper}})$
19：　价值估计 $Q(\boldsymbol{h}^k,\boldsymbol{z}^k,\boldsymbol{a}^k;\boldsymbol{\theta})\leftarrow f_{\text{mix}}(Q(\boldsymbol{h}_1^k,\boldsymbol{a}_1^k;\boldsymbol{\theta}_1),\cdots,Q(\boldsymbol{h}_n^k,\boldsymbol{a}_n^k;\boldsymbol{\theta}_n);\boldsymbol{\theta}_{\text{mix}}^k)$
20：　损失 $\mathcal{L}(\boldsymbol{\theta})\leftarrow\frac{1}{B}\sum\limits_{k=1}^{B}(y^k-Q(\boldsymbol{h}^k,\boldsymbol{z}^k,\boldsymbol{a}^k;\boldsymbol{\theta}))^2$
21：　最小化损失 $\mathcal{L}(\boldsymbol{\theta})$ 更新参数 $\boldsymbol{\theta}$
22：　每隔固定间隔更新每个智能体 i 的目标网络参数 $\bar{\boldsymbol{\theta}}_i$

可以直观地看出，正如式(9.30)中所展示的，集中式动作-价值函数的任何线性分解都维持了单调性特性。然而，也存在非线性的集中式动作-价值函数的单调分解方式。一个简单的例子是下述的线性分解。

$$Q(\boldsymbol{h},\boldsymbol{z},\boldsymbol{a};\boldsymbol{\theta})=\sum_{i\in I}\alpha_i(\boldsymbol{h})Q(\boldsymbol{h}_i,\boldsymbol{a}_i;\boldsymbol{\theta}_i) \tag{9.64}$$

其中 $\alpha_i(\boldsymbol{h})\geqslant 0$ 是正权重。这些权重可以解释为在特定的联合观测历史 $\boldsymbol{h}$ 下，每个智能体对集中式动作-价值函数贡献的相对重要性。任何这样的权重分配构成了一个单调分解，但 VDN 只能表示所有智能体的等权重，即对于所有的观测历史 $\boldsymbol{h}$ 和所有的智能体 $i\in I$，都有 $\alpha_i(\boldsymbol{h})=1,i\in I$。这个例子说明，QMIX 假设的单调性包含了 VDN 的线性假设，因此可以用 QMIX 表示的集中式动作-价值函数集合是可以用 VDN 分解的集中式动作-价值函数集合的超集。在 9.5.4 节中，我们将看到 QMIX 能够分解集中式动作-价值函数，但 VDN 无法准确表示价值函数的具体游戏示例。

QMIX已被证明在各种常见奖励环境中表现优于VDN和许多其他基于值的多智能体强化学习算法(Rashid等人，2018；Papoudakis等人，2021)。然而，值得注意的是，QMIX的原始实现(Rashid等人，2018)包括了一些实现细节，其中一些可能对其性能有重大贡献。其中，个体智能体效用网络在智能体之间是共享的，即对于所有的$i,j \in I, \boldsymbol{\theta}_i = \boldsymbol{\theta}_j$，并且这些效用网络接收一个额外的独热编码的智能体ID，以允许智能体之间使用不同的效用函数。我们将在9.7节中更详细地讨论这种参数共享及其在深度多智能体强化学习中的优缺点。此外，智能体效用网络被建模为递归神经网络，并且智能体i的观测还包括其上一个动作，以便效用函数在遵循随机探索策略时考虑具体的动作。最后，使用一个回放缓冲区来存储和采样整回合的批次，以在每回合完成后更新所有网络。所有这些细节不局限于QMIX，也可以应用于其他深度多智能体强化学习算法。

9.5.4　实践中的价值分解

为了更好地理解价值分解算法及其局限性，我们将在简单的矩阵博弈和一个基于等级的搜寻环境中分析VDN和QMIX。由于它们的简单性，矩阵博弈可以帮助我们可视化并更深入地理解VDN和QMIX所学习的分解。然而，这些值分解算法旨在解决复杂的协调问题，因此我们还将在需要更复杂协调的基于关卡的搜寻环境中进行评估。为了紧凑地表示任何矩阵博弈中学到的个体效用函数和集中式动作-价值函数，我们呈现如图9.9所示的表，并在下文中用Q_i而不是$Q(\cdot;\boldsymbol{\theta}_i)$来表示智能体$i$的个体效用函数。

	Q_2(A)	Q_2(B)
Q_1(A)	Q(A, A)	Q(A, B)
Q_1(B)	Q(B, A)	Q(B, B)

图9.9　价值分解算法的格式可视化

第一个矩阵博弈(图9.10a)是线性可分解的，即集中式动作-价值函数可以由个别效用函数来表示。为了看到这一点，我们可以将集中式动作-价值函数写为

$$Q(\boldsymbol{a}_1, \boldsymbol{a}_2) = Q_1(\boldsymbol{a}_1) + Q_2(\boldsymbol{a}_2) \tag{9.65}$$

并为个体效用函数分配具体数值：

$$Q_1(\mathrm{A}) = 1, \quad Q_1(\mathrm{B}) = 5, \quad Q_2(\mathrm{A}) = 0, \quad Q_2(\mathrm{B}) = 4 \tag{9.66}$$

	A	B
A	1	5
B	5	9

a）真实奖励

	0.12	**4.12**
0.88	1.00	5.00
4.88	5.00	**9.00**

b）VDN—线性博弈

	−0.21	**0.68**
0.19	1.00	5.00
0.96	5.00	**9.00**

c）QMIX—线性博弈

图9.10　a）线性可分解矩阵博弈的可视化；b）VDN；c）QMIX学到的价值分解

很容易验证这些效用确实产生了期望的集中式动作-价值函数，但也存在许多类似的分配方式。图9.10展示了这个线性博弈以及VDN和QMIX学到的个体效用函数和分解的集中式动作-价值函数。正如预期的那样，VDN和QMIX都能够学习准确的集中式动作-价值函数[⊖]。VDN学到的个体效用函数与式(9.66)中给出的不同，但也准确地代表了集中式动作-价值函

⊖ 对于所有实验，我们使用具有两层64个隐藏单元和ReLU激活函数的前馈神经网络来训练VDN和QMIX中每个智能体的效用函数。所有网络使用Adam优化器进行优化，学习率为3×10^{-4}，并从回放缓冲区中采样128个经验。目标网络每200时间步更新一次。为了确保对所有联合动作的充分探索，智能体在整个训练过程中遵循统一策略。对于QMIX，超网络由一个含有每层32隐藏单元的两层前馈神经网络表示，并在层间使用ReLU激活函数。对于混合网络，我们使用一个两层的前馈神经网络，其中包含64个单元和层间的ELU激活函数。这两种算法训练至收敛(最多20 000时间步)。

数。然而，这些结果也强调了这些算法被优化以学习准确的集中式动作-价值函数的事实，这可能导致难以解释的个体动作-价值函数。特别是对于 QMIX，它通过其单调混合网络聚合个体效用，除了能够代表集中式动作-价值函数和两个智能体的策略外，个体效用难以解释。

第二个矩阵博弈是单调的但不是线性的，即集中式动作-价值函数可以通过对个体动作-价值函数的单调分解来表示。

图 9.11 展示了单调博弈以及 VDN 和 QMIX 的学习到的个体效用和集中式动作-价值函数。正如预期，由于 VDN 无法表示非线性价值函数，因此它无法学习准确的集中式动作-价值函数。相比之下，QMIX 使用其单调混合函数学习了真实的集中式动作-价值函数。为了进一步说明 QMIX 中通过混合网络 f_{mix} 对两个智能体的个体效用进行单调聚合，我们在图 9.12 中可视化了混合函数在个体智能体效用上的作用。由于单调性限制，估计的联合动作价值随个体效用的增加而增加。最优联合动作的价值为 +10，这个值显著大于所有其他联合动作的值，而其他联合动作的值为 0，QMIX 的单调聚合能够通过学习一个从次优行动的价值估计到最优联合动作价值的急剧上升的混合函数，准确地表示所有这些值，正如在可视化的右上角阴影的明显变化中所看到的。

	A	B
A	0	0
B	0	10

a）真实奖励

	−1.45	**3.45**
−0.94	−2.43	2.51
4.08	2.60	**7.53**

b）VDN—单调博弈

	−4.91	**0.82**
−4.66	0.00	0.00
1.81	0.00	**10.00**

c）QMIX—单调博弈

图 9.11　a）单调可分解矩阵博弈的可视化；b）VDN；c）QMIX 的学习到的价值分解

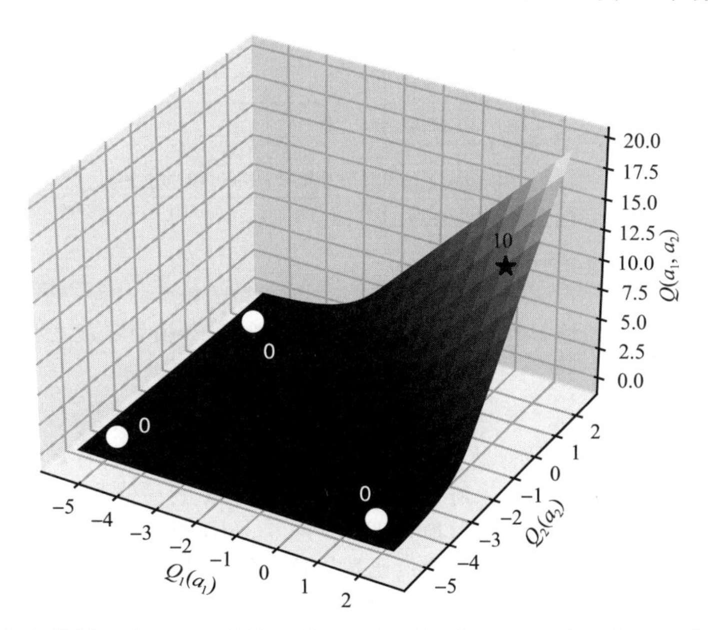

图 9.12　在单调矩阵博弈中 QMIX 混合函数 f_{mix} 的可视化。在两个智能体的个体效用收敛后展示混合函数，阴影对应于估计的集中式动作-价值函数。所有四个联合动作的混合效用与它们的集中式动作-价值估计都被突出显示，最佳联合动作以星号表示

然而，值得注意的是，尽管价值估计不准确，VDN 通过贪婪地遵循其个体价值函数学习

了最优策略(B,B)。我们通常根据评估回报(或非重复矩阵博弈中的奖励)来评估多智能体强化学习算法，而在这里 VDN 和 QMIX 都将通过贪婪地遵循学习到的个体效用函数获得＋10 的最优奖励。为了说明 VDN 不准确的价值估计可能会存在问题，我们在图 9.13 中展示了一个两步共享奖励的随机博弈，并对 VDN 和 QMIX 进行评估。这个博弈有三个状态。在初始状态，智能体无论采取何种动作都会收到 0 奖励，但智能体 1 的动作确定下一个和最终状态。采取动作 a_1＝A 时，智能体将选择先前介绍的线性可分解矩阵博弈。采取行动 a_1＝B 时，智能体将选择单调可分解矩阵博弈。这个两步博弈中的最优策略是智能体 1 在初始状态使用动作 B，并且两个智能体在单调博弈中使用行动 B 以获得＋10 的奖励。QMIX 准确地学习了这两个博弈中的集中式动作-价值函数，并能够学习这一最优策略(见图 9.14b)。然而，VDN 只能在线性可分解博弈中学习准确的价值估计，并低估了单调可分解博弈中最优策略的价值(见图 9.14a)。这种低估导致 VDN 更倾向于选择线性可分解博弈，即在初始状态选择 a_1＝A，然后在第二状态选择策略(B,B)以获得＋9 的奖励[⊖]。

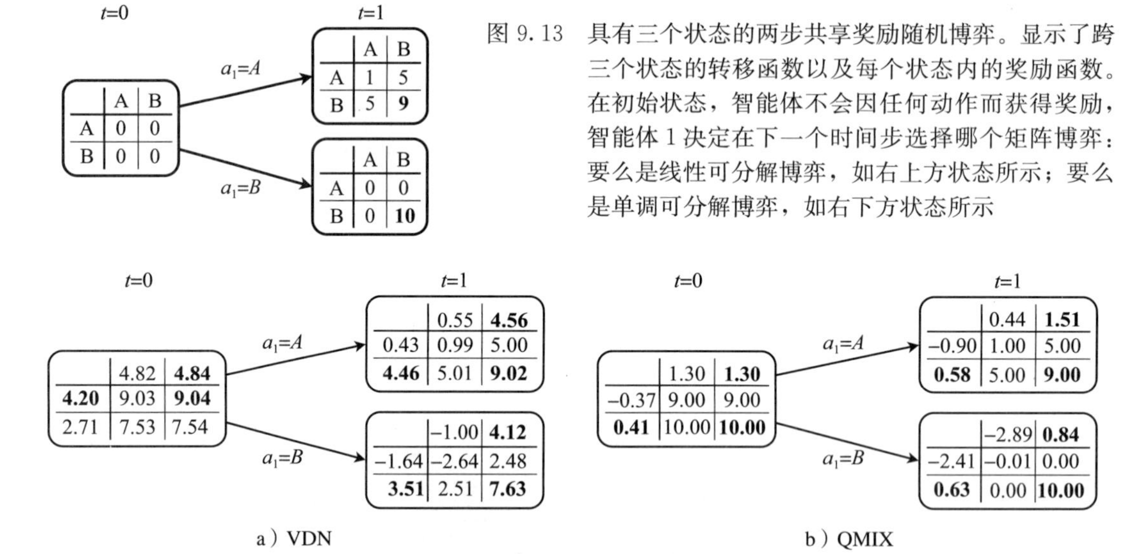

图 9.13　具有三个状态的两步共享奖励随机博弈。显示了跨三个状态的转移函数以及每个状态内的奖励函数。在初始状态，智能体不会因任何动作而获得奖励，智能体 1 决定在下一个时间步选择哪个矩阵博弈：要么是线性可分解博弈，如右上方状态所示；要么是单调可分解博弈，如右下方状态所示

图 9.14　在两步共享奖励随机博弈中 VDN(a) 和 QMIX(b) 学到的价值分解。这两种算法都被训练用于估算无折扣回报(γ＝1)

攀爬博弈(如图 9.15a 所示)是一个更复杂的矩阵博弈，没有明显的线性或单调分解来准确表示集中式动作-价值函数。正如我们在 9.4.5 节中所看到的，由于需要协调以获得最优解，解决这个博弈是具有挑战性的，因为需要协调才能获得＋11 的最优奖励，而任何个体智能体的偏离都会导致显著降低的奖励。通过检查 VDN(图 9.15b)和 QMIX(图 9.15c)学到的分解，我们看到这两个算法都学习了不准确的价值函数，这也导致了收敛到次优策略。VDN 收敛到(C,C)获得＋5 的奖励，而 QMIX 收敛到(C,B)获得＋6 的奖励。这说明 VDN 和 QMIX 都可能无法学习准确的动作-价值估计，并且无法为更复杂的矩阵博弈恢复最优策略。

⊖　在两步博弈中，在 t＝1 时 VDN 和 QMIX 学到的价值和效用函数与图 9.10 和图 9.11 中所见的不同，这是由于网络的不同初始化和 ε-贪婪探索策略引入的随机性造成的。我们使用 γ＝1.0 来训练这两种算法。

	A	B	C
A	11	−30	0
B	−30	7	0
C	0	6	5

a）攀爬博弈

	−4.56	−4.15	**3.28**
−4.28	−8.84	−8.43	−1.00
−6.10	−10.66	−10.25	−2.82
5.31	0.75	1.16	**8.59**

b）VDN—攀爬博弈

	−16.60	**−0.24**	−4.68
−7.44	−11.16	−11.16	−11.16
7.65	−11.15	2.34	−1.37
11.27	−4.95	**8.72**	5.01

c）QMIX—攀爬博弈

图 9.15　a）攀爬矩阵博弈的奖励表；b）VDN；c）QMIX 学到的价值分解

矩阵博弈是展示这些算法局限性并直接分析所学分解的得力工具，但它们无法代表这些算法设计用于的复杂多智能体环境。因此，我们还在基于等级的搜寻环境中评估了 VDN 和 QMIX。图 9.16 展示了的搜寻环境以及 IDQN、VDN 和 QMIX 的学习曲线。在这个环境中，奖励在所有智能体之间共享。这使得任务更具挑战性，因为智能体也会因其他智能体收集的物品而获得奖励。我们看到 QMIX 显著优于 VDN 和 IDQN，实现了最高的平均回报、更快的学习和多次运行中更低的方差。这说明了 QMIX 通过其混合函数提升的能力可以在复杂任务中显著提高其性能，超越 VDN。VDN 仍然比 IDQN 表现更好，但与 QMIX 相比，VDN 在运行过程中表现出明显更高的方差。

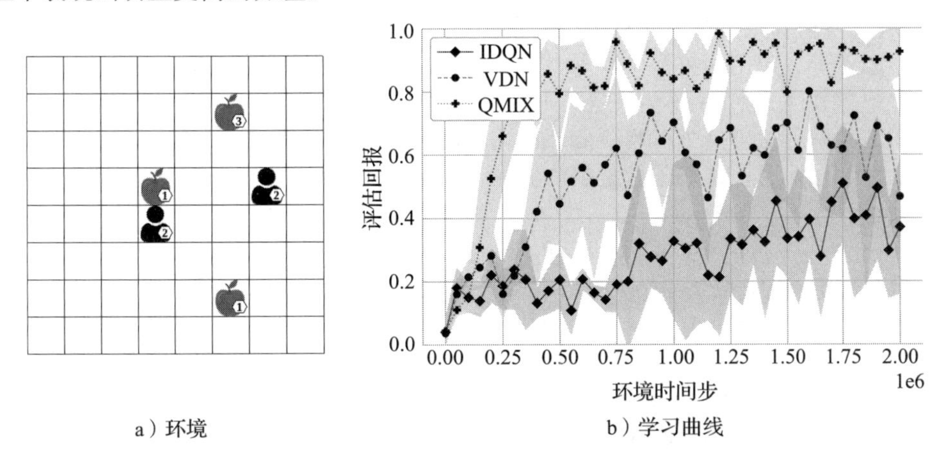

a）环境　　b）学习曲线

图 9.16　a）基于等级的搜寻环境可视化，其中两个智能体在一个 8×8 的网格世界中收集三个物品。每个持续时间长达 25 步的博弈中，智能体和物品的关卡和起始位置都是随机的，智能体通过收集物品来获得共享奖励。b）分级的搜寻环境中 IDQN、VDN 和 QMIX 的学习曲线。所有算法均使用学习率 $\alpha=3\times10^{-4}$，批量大小为 128，折扣因子 $\gamma=0.99$ 进行了 200 万环境步数的训练。VDN 和 QMIX 的 DQN 价值函数和个体效用由一个具有 64 个隐藏单元和 ReLU 激活函数的两层前馈神经网络表示。QMIX 的混合网络是一个具有 32 个隐藏单元的两层前馈神经网络。所有网络在两个智能体之间共享(9.7.1 节)。目标网络每 200 步更新一次，回放缓冲区包含最近的 100 000 次转移历史。所有智能体都使用ϵ-贪婪策略探索，ϵ在训练过程中从 1 线性退火到 0.05，并在评估过程中使用固定的$\epsilon=0.05$。可视化的学习曲线和阴影对应于五次不同随机种子评估回报的平均值和标准差

9.5.5 超越单调价值分解

攀爬博弈表明，QMIX对价值分解的单调性限制在某些环境中仍可能过于严格，无法代表集中式动作-价值函数。虽然单调性限制是确保IGM属性的充分条件，但它不是必要条件。在这个意义上，可以制定一个较不严格的约束来将集中式动作-价值函数分解为个体效用函数。

Son等人(2019)提出了以下足以确保值分解满足IGM属性的条件，即如果满足下面的条件，则个体效用函数可以分解出集中式动作-价值函数。

$$\sum_{i\in I} Q(\boldsymbol{h}_i,\boldsymbol{a}_i;\boldsymbol{\theta}_i)-Q(\boldsymbol{h},\boldsymbol{z},\boldsymbol{a};\boldsymbol{\theta}^q)+V(\boldsymbol{h},\boldsymbol{z};\boldsymbol{\theta}^v)=\begin{cases}0 & \text{如果 } \boldsymbol{a}=\boldsymbol{a}^* \\ \geqslant 0 & \text{其他}\end{cases} \tag{9.67}$$

其中 $\boldsymbol{a}^*=(\boldsymbol{a}_1^*,\cdots,\boldsymbol{a}_n^*)$ 是贪婪的联合动作，例如：

$$\boldsymbol{a}_i^*=\arg\max_{\boldsymbol{a}_i\in A_i} Q(\boldsymbol{h}_i,\boldsymbol{a}_i;\boldsymbol{\theta}_i) \tag{9.68}$$

对于所有智能体 $i\in I$ 和 $V(\boldsymbol{h},\boldsymbol{z};\boldsymbol{\theta}^v)$ 表示如下定义的效用函数：

$$V(\boldsymbol{h},\boldsymbol{z};\boldsymbol{\theta}^v)=\max_{\boldsymbol{a}\in A} Q(\boldsymbol{h},\boldsymbol{z},\boldsymbol{a};\boldsymbol{\theta}^q)-\sum_{i\in I} Q(\boldsymbol{h}_i,\boldsymbol{a}_i^*;\boldsymbol{\theta}_i) \tag{9.69}$$

并且集中式动作-价值函数 Q 是基于联合历史 $\boldsymbol{h}$、集中式信息 $\boldsymbol{z}$ 和联合动作 $\boldsymbol{a}$，由 $\boldsymbol{\theta}^q$ 参数化的。这些条件使用三个组件：(1) 个体效用函数 $\{(Q(\boldsymbol{h}_i,\boldsymbol{a}_i;\boldsymbol{\theta}_i)\}_{i\in I}$，它们组合成类似于VDN的线性分解；(2) 一个未分解且不受限制的集中式动作-价值函数 $Q(\boldsymbol{h},\boldsymbol{z},\boldsymbol{a};\boldsymbol{\theta}^q)$；(3) 效用函数 $V(\boldsymbol{h},\boldsymbol{z};\boldsymbol{\theta}^v)$。非限制的集中式动作-价值函数不能实现分散式执行，但可通过个体效用函数的总和用作线性分解的监督信号。然而，在部分可观测的环境中，效用函数可能缺乏信息来准确表示非限制的集中式动作-价值函数。为了纠正单个智能体效用之和与贪婪动作的非限制集中式动作-价值估计之间的差异，效用函数 V 以集中式信息为输入。集中式效用函数 V 被训练来表示贪婪行动的这种差异，因为IGM属性只定义了分解的集中式动作-价值函数的贪婪动作与个别智能体效用之间的关系。对于完全可观测的环境，效用函数 V 不是必需的，可以省略。

还可以进一步证明，这些条件也是确保在个体效用的仿射变换 g 下具有IGM属性所必需的条件，其中

$$g(Q(\boldsymbol{h}_i,\boldsymbol{a}_i;\boldsymbol{\theta}_i))=\alpha_i Q(\boldsymbol{h}_i,\boldsymbol{a}_i;\boldsymbol{\theta}_i)+\beta_i \tag{9.70}$$

对于所有的 $i\in I$，$\alpha_i\in\mathbb{R}_+$ 和 $\beta_i\in\mathbb{R}$。给定这样的充分必要条件，我们就知道对于任何可以分解为个体效用函数的集中式动作-价值函数，存在一个满足上述条件的分解。同样，如果找到了这种形式的分解，我们就知道它满足IGM属性，因此能够对集中式动作-价值函数进行分解。

基于这些条件，QTRAN值分解算法被定义(Son等人，2019)。QTRAN优化了式(9.67)中找到的三个组件的神经网络。QTRAN为每个智能体训练一个个体效用函数 $Q(\boldsymbol{h}_i,\boldsymbol{a}_i;\boldsymbol{\theta}_i)$，并且训练一个单独的网络来分别近似全局效用函数 $V(\boldsymbol{h},\boldsymbol{z};\boldsymbol{\theta}^v)$ 和集中式动作-价值函数 $Q(\boldsymbol{h},\boldsymbol{z},\boldsymbol{a};\boldsymbol{\theta}^q)$。因此，与之前讨论的价值分解算法相比，QTRAN直接优化集中式动作-价值函数，以优化用于动作选择的个体效用函数。正如在9.4.3节中先前讨论的那样，用联合历史和集中式信息作为输入，以及一个输出用于每个联合动作的值估计，简单地训练集中式动作-价值函数是不可行的，特别是对于更多智能体的情况。因此，用于集中式动作-价值函数 $Q(\boldsymbol{h},\boldsymbol{z},\boldsymbol{a};\boldsymbol{\theta}^q)$ 的网络接收联合历史 $\boldsymbol{h}$，集中式信息 $\boldsymbol{z}$ 和联合动作 $\boldsymbol{a}$ 作为输入，并计算相应值估计的单个标量输出。为了训练集中式动作-价值函数，在从回放缓冲区 $\mathcal{D}$ 采样的一个批次 $\mathcal{B}$ 上最小化以下TD误差：

$$\mathcal{L}_{\text{td}}(\boldsymbol{\theta}^q)=\frac{1}{B}\sum_{(\boldsymbol{h}^t,\boldsymbol{z}^t,\boldsymbol{a}^t,r^t,\boldsymbol{h}^{t+1},\boldsymbol{z}^{t+1})\in\mathcal{B}}\left(r^t+\gamma Q(\boldsymbol{h}^{t+1},\boldsymbol{z}^{t+1},\boldsymbol{a}^{*t+1};\overline{\boldsymbol{\theta}}^q)-Q(\boldsymbol{h}^t,\boldsymbol{z}^t,\boldsymbol{a}^t;\boldsymbol{\theta}^q)\right)^2 \tag{9.71}$$

其中，$\boldsymbol{\theta}^q$ 表示具有相同结构的目标网络的参数，而 $\boldsymbol{a}^{*t}=(\arg\max_{a_i\in A_i}Q(\boldsymbol{h}_i^t,\boldsymbol{a}_i;\boldsymbol{\theta}_i))_{i\in I}$ 表示时间步 t 处的贪婪联合动作。为了训练所有智能体的个体效用网络并确保满足式(9.67)的条件，QTRAN 在整体损失函数中计算软正则化项。通过最小化第一个正则化项

$$\begin{aligned}&\mathcal{L}_{\text{opt}}(\{\boldsymbol{\theta}_i\}_{i\in I},\boldsymbol{\theta}^v)\\&=\frac{1}{B}\sum_{(\boldsymbol{h}^t,\boldsymbol{z}^t,\boldsymbol{a}^t,r^i,\boldsymbol{h}^{t+1},\boldsymbol{z}^{t+1})\in\mathcal{B}}\left(\sum_{i\in I}Q(\boldsymbol{h}_i^t,\boldsymbol{a}_i^{*t};\boldsymbol{\theta}_i)-Q(\boldsymbol{h}^t,\boldsymbol{z}^t,\boldsymbol{a}^{*t};\boldsymbol{\theta}^q)+V(\boldsymbol{h}^t,\boldsymbol{z}^t;\boldsymbol{\theta}^v)\right)^2\end{aligned}\tag{9.72}$$

QTRAN 优化了贪婪联合动作的式(9.67)中所述的属性。第二个正则化项计算如下：

$$m=\sum_{i\in I}Q(\boldsymbol{h}_i^t,\boldsymbol{a}_i^t;\boldsymbol{\theta}_i)-Q(\boldsymbol{h}^t,\boldsymbol{z}^t,\boldsymbol{a}^t;\boldsymbol{\theta}^q)+V(\boldsymbol{h}^t,\boldsymbol{z}^t;\boldsymbol{\theta}^v)\tag{9.73}$$

$$\mathcal{L}_{\text{nopt}}(\{\boldsymbol{\theta}_i\}_{i\in I},\boldsymbol{\theta}^v)=\frac{1}{B}\sum_{(\boldsymbol{h}^t,\boldsymbol{z}^t,\boldsymbol{a}^t,r^t,\boldsymbol{h}^{t+1},\boldsymbol{z}^{t+1})\in\mathcal{B}}\min(0,m)^2\tag{9.74}$$

并对非贪婪联合动作 $\boldsymbol{a}$ 优化了式(9.67)中的性质[⊖]。我们注意到，QTRAN 的优化并不直接强制执行式(9.67)和式(9.69)中定义的属性，而是式(9.72)和式(9.74)的最小化额外损失项，这些损失项在式(9.67)和式(9.68)的属性满足时达到最小。因此，这些属性只是渐进地满足，并非在整个训练过程中都满足。

为了了解 QTRAN 能够代表的集中式动作-价值函数的情况，我们在线性博弈、单调博弈和 9.5.4 节中看到的攀爬博弈中训练该算法。我们可以看到，QTRAN 的无约束集中式动作-价值函数 $Q(\boldsymbol{h},\boldsymbol{z},\boldsymbol{a};\boldsymbol{\theta}^q)$ 几乎完全收敛到所有三个游戏的真实奖励表(图 9.17a、9.18a 和 9.19a)。学习到的线性分解并未收敛到正确的集中式动作-价值(图 9.17b、9.18b 和 9.19b)，但与学习到的效用函数一起，对于线性博弈和攀爬博弈，收敛到满足式(9.67)中规定的约束的值。对于单调可分解的矩阵博弈，最优动作 $\boldsymbol{a}^*=(\mathrm{B},\mathrm{B})$ 的约束并不是完全满足

$$\sum_{i\in I}Q(\boldsymbol{h}_i,\boldsymbol{a}_i^*;\boldsymbol{\theta}_i)-Q(\boldsymbol{h},\boldsymbol{z},\boldsymbol{a}^*;\boldsymbol{\theta}^q)+V(\boldsymbol{h},\boldsymbol{z};\boldsymbol{\theta}^v)=7.58-10.00+2.45\tag{9.75}$$

$$=0.03\tag{9.76}$$

$$\neq 0\tag{9.77}$$

但仍然接近于零。鉴于式(9.67)的约束条件是满足 IGM 属性的充分必要条件，我们可以看到 QTRAN 能够学习一个满足线性和攀爬博弈的 IGM 属性的集中式动作-价值函数的分解，并且在单调博弈中也接近满足。对于所有这三种博弈，QTRAN 学到的分解产生了最优策略，这表明它能够表达比 VDN 和 QMIX 更复杂的分解，而后两者未能在攀爬博弈中学习到最优策略。

	A	B
A	0.99	5.00
B	5.00	**9.00**

a) $Q(\boldsymbol{h},z,\boldsymbol{a};\theta^q)$

	2.01	**4.13**
1.82	3.83	5.95
3.77	5.78	**7.9**

b) 线性分解

$V(\boldsymbol{h},z;\theta^v)=$ 1.10

c) 效用

图 9.17　线性可分解共享奖励矩阵博弈(图 9.10a)中 QTRAN 学习到的：a) 集中式动作-价值函数；b) 线性分解；c) 效用

⊖ 本节中介绍的 QTRAN 算法是 Son 等人(2019)提出的 QTRAN-base 算法。在他们的工作中，还提出了另一种算法 QTRAN-alt，它使用一种类似于 COMA(9.4.4 节)的反事实集中式动作-价值函数，来计算非贪婪动作的替代条件。

	A	B
A	0.01	0.00
B	0.00	**10.00**

a）$Q(\boldsymbol{h}, z, \boldsymbol{a}; \boldsymbol{\theta}^q)$

	0.75	**3.83**
0.72	1.47	4.55
3.75	4.50	**7.58**

b）线性分解

$V(\boldsymbol{h}, z; \boldsymbol{\theta}^v)=$ 2.45

c）效用

图 9.18　单调可分解共享奖励矩阵博弈(图 9.11a)中 QTRAN 学习到的：a) 集中式动作-价值函数；b) 价值分解；c) 效用

	A	B	C
A	**11.01**	−30.25	0.00
B	−30.27	5.38	5.73
C	0.00	6.18	4.31

a）$Q(\boldsymbol{h}, z, \boldsymbol{a}; \boldsymbol{\theta}^q)$

	4.98	4.29	2.63
4.67	**9.65**	8.96	7.30
3.98	8.96	8.27	6.61
2.45	7.43	6.74	5.08

b）线性分解

$V(\boldsymbol{h}, z; \boldsymbol{\theta}^v)=$ 1.36

c）效用

图 9.19　攀爬博弈(图 9.15a)中 QTRAN 学习到的：a) 集中式动作-价值函数；b) 价值分解；c) 效用

然而，值得注意的是，QTRAN 在复杂环境中面临几个问题。首先，在拥有大量智能体或行动的任务中，训练非分解的集中式动作-价值函数变得具有挑战性，因为联合动作空间通常随着智能体数量呈指数级增长。其次，QTRAN 算法的形式条件是确保 IGM 属性的充分必要条件，但实际算法放宽了这些条件以获得可行的优化目标，如上所述。这种放宽意味着在整个训练过程中并不能保证 IGM 属性，这可能导致性能下降。

存在几种其他值分解算法，类似于 QTRAN，旨在通过增加训练价值函数的容量或放松单调性约束来扩展 QMIX。例如，Rashid 等人(2020)观测到 VDN 和 QMIX 对学习每个可能的联合动作的价值估计赋予了同等重要性。然而，为了学习最优策略并确保 IGM 属性，贪婪或潜在的最优动作更为重要。基于这种直觉，他们提出了加权 QMIX 算法，该算法在 QMIX 的典型效用函数和混合网络之外训练了一个无约束的混合网络。利用这个无约束的集中式动作-价值函数，该算法可以学习一个加权的价值损失，更加强调学习被认为是潜在最优的联合动作的价值估计。类似于 QTRAN，加权 QMIX 并不能保证在整个训练过程中始终确保 IGM 属性，但该算法在许多复杂环境中提高了 QMIX 的性能。另一方面，Wang 等人(2021)提出了一种双重分解，它用价值和优势函数来表示集中式动作-价值函数和动作条件效用函数：

$$Q(\boldsymbol{h}, z, \boldsymbol{a})=V(\boldsymbol{h}, z)+A(\boldsymbol{h}, z, \boldsymbol{a}) \quad \text{其中} \quad V(\boldsymbol{h}, z)=\max_{\boldsymbol{a}' \in A} Q(\boldsymbol{h}, z, \boldsymbol{a}') \tag{9.78}$$

$$Q(\boldsymbol{h}_i, \boldsymbol{a}_i)=V(\boldsymbol{h}_i)+A(\boldsymbol{h}_i, \boldsymbol{a}_i) \quad \text{其中} \quad V(\boldsymbol{h}_i)=\max_{\boldsymbol{a}_i' \in A_i} Q(\boldsymbol{h}_i, \boldsymbol{a}_i') \tag{9.79}$$

基于这种分解，可以定义一个等效的基于优势的 IGM 属性，他们提出的 QPLEX 算法确保在训练过程中得以维持。QPLEX 算法还使用优势函数的线性混合来确保 IGM 属性，混合权重通过多头注意力(Vaswani 等人，2017)操作计算得到。

在本节中，我们讨论了适用于共享奖励游戏的价值分解算法。这些算法将集中式动作-价值函数分解为智能体的个体效用函数，目的是：(1) 简化学习问题；(2) 实现智能体的分散式执行。所有讨论的算法都可以被视为基于价值的多智能体强化学习算法，因为它们通过学习价值函数并使用这些价值函数来推导策略，而不需要学习这些策略的显式表征。然而，分解集中式价值函数以简化学习问题的想法，通过简化集中式评论家的学习也可以让多智能体策略梯度算法受益。基于这一想法，因子化多智能体集中式策略梯度算法(FACMAC)(Peng

等人，2021)提出训练一个分解的集中式评论家，同时为每个智能体建立一个单独的策略网络。这种分解使用了类似于 QMIX 的混合网络架构，但 FACMAC 不限制混合函数为单调的，因为参数化的策略用于分散式执行，因此不需要 IGM 属性。

9.6 使用神经网络的智能体建模

在任何多智能体环境中，智能体需要考虑其他智能体的动作以学习有效的策略。这看似显而易见，但在本章之前介绍的方法中只是间接实现的。在独立学习算法(9.3 节)、多智能体策略梯度算法(9.4 节)和价值分解算法(9.5 节)中，其他智能体的动作选择只考虑到所有智能体生成的训练数据，或通过训练可以根据其他智能体的动作来调节的集中式评论家。这引发了一个问题：我们如何能够为智能体提供关于其他智能体策略的更明确信息，此外，在多智能体强化学习中，由于智能体不断学习和改变其策略，因此智能体需要不断适应其他智能体策略的变化。智能体建模允许智能体明确地建模其他智能体的策略，并以此方式适应其行为的潜在变化。

在 6.3 节，我们探讨了如何通过观测其他智能体的动作并计算它们的经验性动作分布来建模其他智能体的策略。但是，类似于表格型价值函数，这些方法由于无法推广到尚未观测到其他智能体动作的新状态而受到限制。在本节中，我们将探索如何使用深度神经网络来学习关于其他智能体策略的泛化模型。我们考虑了两种不同的方法。第一种方法是对 6.3.2 节中介绍的联合动作学习方法的直接扩展，智能体使用神经网络重构其他智能体的策略。第二种方法是学习其他智能体策略的表征(而非直接重构策略)，这些表征作为条件策略和价值函数的额外信息。

9.6.1 用深度智能体模型进行联合动作学习

在 6.3.2 节首次介绍的联合动作学习中，每个智能体学习一个联合动作价值函数，该函数估计了智能体可能采取的每个联合动作的期望回报。这些函数之前是基于随机博弈中完全观测到的状态进行条件化的。为了将这种方法扩展到部分可观测环境，如 POSG 所定义的环境，智能体可以学习一个依赖于智能体个体观测历史和所有智能体动作的集中式动作-价值函数。基于此函数，智能体可以学习选择相对于其他智能体的动作最优的动作。然而，为了以分散式的方式选择动作，每个智能体需要知道当前时间步中所有其他智能体打算采取的动作。在多智能体环境中，这是不可能的，因为智能体只能在执行时访问它们的观测历史，而我们假设所有智能体同时选择动作。为了克服这些问题，每个智能体可以学习其他智能体策略的模型。为了训练这样的智能体模型，智能体需要在训练期间访问其他智能体的动作。然后，在执行期间，智能体可以使用它们的智能体模型预测其他智能体在当前时间步可能采取的动作，并选择相对于其他所有智能体预测动作的最优动作。

在形式上，每个智能体 i 维护着关于所有其他智能体策略的智能体模型 $\hat{\pi}_{-i}^{i}=\{\hat{\pi}_{j}^{i}\}_{j\neq i}$，其中 $\hat{\pi}_{j}^{i}$ 是智能体 i 为智能体 j 的策略维护的智能体模型，并由 $\boldsymbol{\phi}_{j}^{i}$ 参数化。每个智能体模型是一个神经网络，它以智能体 i 的观测历史为输入，输出智能体 j 的动作的概率分布。我们注意到其他智能体的真实策略是根据各自智能体的观测历史条件化的。然而，智能体 i 在执行时无法观测到其他智能体的观测历史，因此我们根据智能体 i 可获得的信息来近似其他智能体的策略。

为了学习智能体模型，在训练过程中，智能体可以使用其他智能体的过去动作。设 $\boldsymbol{a}_{j}^{t}$ 表示智能体 j 在完整历史 $\hat{\boldsymbol{h}}^{t}$ 后在时间步 t 所采取的动作。设 $\boldsymbol{h}_{i}^{t}=\boldsymbol{\sigma}_{i}(\hat{\boldsymbol{h}}^{t})$ 为智能体 i 的相应个体观测历史。智能体 i 的智能体模型 $\hat{\pi}_{j}^{i}$ 可以通过最小化 $\hat{\pi}_{j}^{i}$ 预测的动作概率与智能体 j 实际动作之间的交叉熵损失来更新智能体 j 的策略：

$$\mathcal{L}(\boldsymbol{\phi}_j^i) = -\log\hat{\pi}_j^i(\boldsymbol{a}_j^t \mid \boldsymbol{h}_i^t;\boldsymbol{\phi}_j^i) \tag{9.80}$$

最小化这个交叉熵损失等价于最大化智能体模型在给定智能体 i 的观测历史 h 的情况下选择智能体 j 的动作 a 的可能性。我们可以使用从回放缓冲区采样的小批量经验来训练所有智能体的智能体模型。

除了这些智能体模型，每个智能体还训练一个由 $\boldsymbol{\theta}_i$ 参数化的集中式动作-价值函数 Q。该价值函数以智能体 i 的观测历史和所有其他智能体的动作 $\boldsymbol{a}_{-i}$ 作为输入，并输出智能体 i 每个动作的集中式动作-价值估计(类似于图 9.4)。我们可以使用从回放缓冲区采样的小批量经验来训练智能体模型和集中式动作-价值函数，类似于 DQN 算法，以最小化如下损失：

$$\mathcal{L}(\boldsymbol{\theta}_i) = \frac{1}{B}\sum_{(\boldsymbol{h}_i^t,\boldsymbol{a}^t,r_i^t,\boldsymbol{h}_i^{t+1})\in\mathcal{B}}\left(r_i^t + \gamma\max_{a_i'\in A_i} AV(\boldsymbol{h}_i^{t+1},\boldsymbol{a}_i';\overline{\boldsymbol{\theta}}_i) - Q(\boldsymbol{h}_i^t,\langle\boldsymbol{a}_i^t,\boldsymbol{a}_{-i}^t\rangle;\boldsymbol{\theta}_i)\right)^2 \tag{9.81}$$

其中 $\overline{\boldsymbol{\theta}}_i$ 表示目标网络的参数。目标动作价值是使用智能体 i 的贪婪动作以及其他所有智能体根据其各自的智能体模型预测的动作概率来计算的：

$$AV(\boldsymbol{h}_i,\boldsymbol{a}_i;\boldsymbol{\theta}_i) = \sum_{\boldsymbol{a}_{-i}\in A_{-i}} Q(\boldsymbol{h}_i,\langle\boldsymbol{a}_i,\boldsymbol{a}_{-i}\rangle;\boldsymbol{\theta}_i)\hat{\pi}_{-i}^i(\boldsymbol{a}_{-i} \mid \boldsymbol{h}_i;\boldsymbol{\phi}_{-i}^i) \tag{9.82}$$

$$= \sum_{\boldsymbol{a}_{-i}\in A_{-i}} Q(\boldsymbol{h}_i,\langle\boldsymbol{a}_i,\boldsymbol{a}_{-i}\rangle;\boldsymbol{\theta}_i)\prod_{j\neq i}\hat{\pi}_j^i(\boldsymbol{a}_j \mid \boldsymbol{h}_i;\boldsymbol{\phi}_j^i) \tag{9.83}$$

为了计算式(9.83)，我们需要对所有其他智能体的所有可能的联合动作 $\boldsymbol{a}_{-i}$ 进行求和。在有许多智能体或大型动作空间的环境中，这是不可行的。为了解决这个问题，我们可以通过从所有其他智能体的模型中采样固定数量 K 的联合动作，并计算这些采样联合动作的平均目标值来近似期望的目标值。设 $\hat{\boldsymbol{h}}$ 为完整历史，其中 $\boldsymbol{h}_i = \boldsymbol{\sigma}_i(\hat{\boldsymbol{h}})$ 表示智能体 i 的个体观测历史，那么我们可以用以下方法近似计算智能体 i 在给定动作 $\boldsymbol{a}_i$ 和历史 $\boldsymbol{h}_i$ 下的预期动作价值：

$$AV(\boldsymbol{h}_i,\boldsymbol{a}_i;\boldsymbol{\theta}_i) = \frac{1}{K}\sum_{k=1}^{K} Q(\boldsymbol{h}_i,\langle\boldsymbol{a}_i,\boldsymbol{a}_{-i}^k\rangle;\boldsymbol{\theta}_i)\big|_{\boldsymbol{a}_j^k\sim\hat{\pi}_j^i(\cdot\mid\boldsymbol{h}_i)} \tag{9.84}$$

算法 23 展示了带有神经网络的联合动作学习算法的伪代码。动作价值的计算可以使用式(9.83)的精确计算或式(9.84)的近似采样版本来实现。后者更高效，但可能在学习过程中引入额外的方差。为了在实践中比较这两种方法，我们在一个小规模的基于等级的搜寻环境中使用这两种方法训练智能体，智能体需要合作收集任何物品(图 9.20)。IDQN 未能学习到可靠地收集物品的策略，而 JAL-AM 则学会了收集物品。有趣的是，JAL-AM 的采样版本比精确版本学习得更快、更可靠。这可能是因为采样变体优先考虑动作价值而非其他智能体最常见的动作，由于价值函数对这些动作进行了更多的训练，因此可能提供更精确的价值估计。此外，采样过程可能引入额外的噪声，这可能有助于探索环境。

算法 23　深度联合动作学习

1：使用随机参数 $\boldsymbol{\theta}_1,\cdots,\boldsymbol{\theta}_n$ 初始化 n 个价值网络
2：使用参数 $\overline{\boldsymbol{\theta}}_1=\boldsymbol{\theta}_1,\cdots,\overline{\boldsymbol{\theta}}_n=\boldsymbol{\theta}_n$ 初始化 n 个目标网络
3：使用参数 $\boldsymbol{\phi}_{-1}^1,\cdots,\boldsymbol{\phi}_{-n}^n$ 初始化 n 个策略网络
4：为每个智能体初始化一个回放缓冲区 $D_1,D_2,\cdots,D_n$
5：**for** 时间步 $t=0,1,2,\cdots$ **do**
6：　收集当前观测 $\boldsymbol{o}_1^t,\cdots,\boldsymbol{o}_n^t$
7：　**for** 智能体 $i=1,\cdots,n$ **do**

8：　　以概率ϵ：随机选择动作 $\boldsymbol{a}^t$

9：　　否则：选择 $\boldsymbol{a}_i^t \in \arg\max_{\boldsymbol{a}_i} AV(\boldsymbol{h}_i, \boldsymbol{a}_i; \boldsymbol{\theta}_i)$

10：执行动作$(\boldsymbol{a}_1^t, \cdots, \boldsymbol{a}_n^t)$；收集回报 $r_1^t, \cdots, r_n^t$ 和下一个观测 $\boldsymbol{o}_1^{t+1}, \cdots, \boldsymbol{o}_n^{t+1}$

11：**for** 智能体 $i=1, \cdots, n$ **do**

12：　存储转移$(\boldsymbol{h}_i^t, \boldsymbol{a}_i^t, r_i^t, \boldsymbol{h}_i^{t+1})$到回放缓冲区 D_i

13：　从 D_i 中随机采样一小批 B 的样本$(\boldsymbol{h}_i^k, \boldsymbol{a}_i^k, r_i^k, \boldsymbol{h}_i^{k+1})$

14：　**if** $\boldsymbol{s}^{k+1}$ 终止状态 **then**

15：　　目标 $y_i^k \leftarrow r_i^k$

16：　**else**

17：　　目标 $y_i^k \leftarrow r_i^k + \gamma \max_{\boldsymbol{a}_i' \in A_i} AV(\boldsymbol{h}_i^{k+1}, \boldsymbol{a}_i'; \overline{\boldsymbol{\theta}}_i)$

18：　评论家损失 $\mathcal{L}(\boldsymbol{\theta}_i) \frac{1}{B} \sum_{k=1}^{B} (y_i^k - Q(\boldsymbol{h}_i^k, \langle \boldsymbol{a}_i^k, \boldsymbol{a}_{-i}^k \rangle; \boldsymbol{\theta}_i))^2$

19：　模型损失 $\mathcal{L}(\boldsymbol{\phi}_{-i}^i) = \sum_{j \neq i} \frac{1}{B} \sum_{k=1}^{B} -\log \hat{\pi}_j^i(\boldsymbol{a}_j^k \mid \boldsymbol{h}_i^k; \boldsymbol{\phi}_j^i)$

20：　通过最小化损失 $\mathcal{L}(\boldsymbol{\theta}_i)$更新参数 $\boldsymbol{\theta}_i$

21：　通过最小化损失 $\mathcal{L}(\boldsymbol{\phi}_{-i}^i)$更新参数 $\boldsymbol{\phi}_{-i}^i$

22：　每隔固定时间更新目标网络参数 $\overline{\boldsymbol{\theta}}_i$

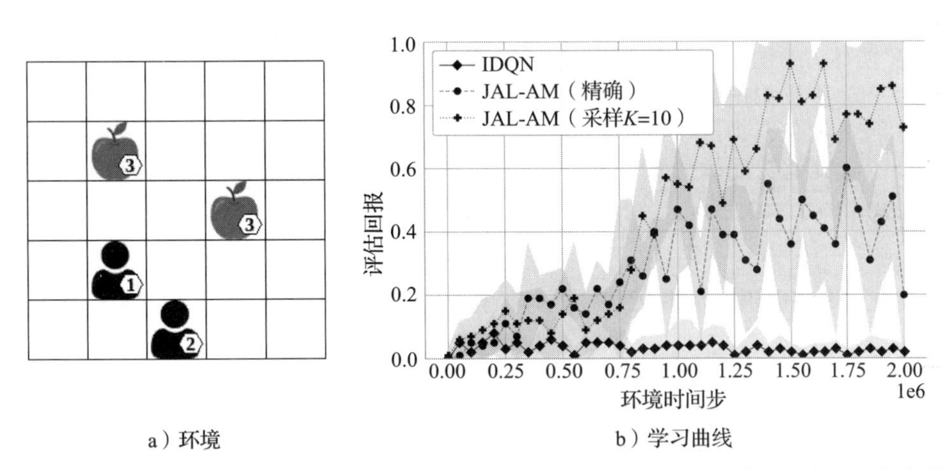

a）环境　　b）学习曲线

图 9.20　a) 基于等级的搜寻环境可视化，两个智能体在 5×5 网格世界中收集两个物品。智能体和物品的等级及起始位置在每个持续最多 25 步的回合中都是随机的，且物品等级设置为两个智能体必须合作才能收集任何物品。b) 在基于等级的搜寻环境中 IDQN 和 JAL-AM 使用式(9.83)的精确动作-价值估计以及 $K=10$ 的抽样方法(式(9.84)的学习曲线。所有算法都使用学习率 $\alpha=3\times10^{-4}$、批尺寸 128、折扣因子 $\gamma=0.99$ 进行了 200 万环境步的训练。所有价值函数网络由具有 64 个隐藏单元和 ReLU 激活函数的双层前馈神经网络表示。用于表示其他智能体策略的智能体模型由具有 64 个隐藏单元和 ReLU 激活函数的三层前馈神经网络组成。目标网络每 200 步更新一次，回放缓冲区包含最近的 100 000 个转移。所有智能体使用ϵ-贪婪策略进行探索，其中ϵ在训练过程中从 1 线性减少至 0.05，评估时使用固定的$\epsilon=0.05$。可视化的学习曲线和阴影对应于不同随机种子的五次运行中评估回报的平均值和标准差

9.6.2 学习智能体策略的表示

智能体建模的目标，特别是策略重构，是在学习和行动过程中考虑其他智能体的策略。在理想情况下，我们希望将智能体的策略和价值函数建立在所有其他智能体的策略上。然而，这可能出于多种原因而不可行。首先，其他智能体的策略可能在集中式训练期间可用，但在分散式执行期间智能体可能是未知的。其次，其他智能体的策略可能太复杂而无法显式表示。例如，其他智能体的策略可能使用神经网络实现。在这种情况下，我们可以通过它们的策略网络的参数 $\phi_{-i}=\{\phi_j\}_{j\neq i}$ 来表示它们的策略，但参数数量通常过大，以至于无法有效地将智能体策略与之联系起来。第三，智能体的策略在学习过程中会发生变化。鉴于这些挑战，我们希望获得其他智能体策略的紧凑表示，这些表示可以从智能体的个体观测中推断出来，并随着其他智能体策略的变化而进行调整。接下来，我们将讨论如何学习这种智能体策略的表示。

编码器-解码器神经网络架构通常用于学习某些数据的紧凑表示，这些数据指示特定特征。如图 9.21 所示，这类架构包括两个神经网络：编码器网络 f^e 和解码器网络 f^d。为了从智能体 i 的个体观测历史中学习其他智能体的策略表示，编码器网络 f^e 将观测历史作为输入并输出一个表示 $m_i^t=f^e(h_i^t;\psi_i^e)$。解码器网络 f^d 以对应编码器的表示 m_i^t 作为输入，并预测所有智能体当前时间步的动作概率 $\hat{\pi}_{-i}^{i,t}=f^d(m_i^t;\psi_i^d)$。$\hat{\pi}_j^{i,t}$ 表示一个对应于根据智能体 i 的智能体模型得到的每个智能体 j 在时间步 t 的动作概率的 $|A_j|$ 维向量。我们用 $\hat{\pi}_j^{i,t}(a_j)$ 表示模型对动作 a_j 的概率，并分别用 ψ_i^e 和 ψ_i^d 表示智能体 i 的编码器和解码器的参数。在给定这些重构的情况下，编码器和解码器网络被联合训练，以最小化当前时间步所有其他智能体的预测动作概率和真实动作的交叉熵损失：

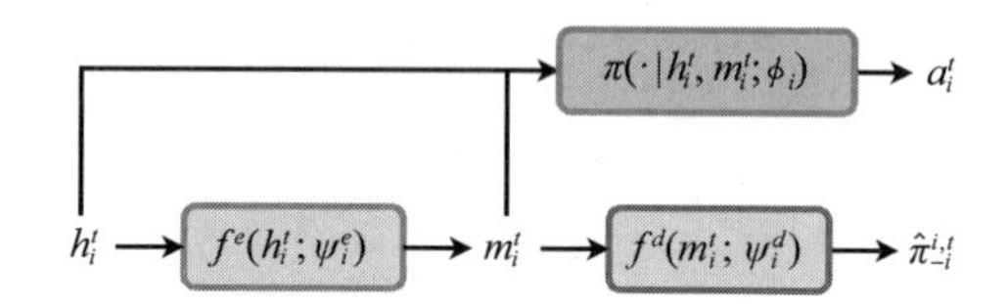

图 9.21　编码器网络 f^e 输出其他智能体策略的表示 m_i^t。在训练期间，解码器网络 f^d 被训练以从表示中重构所有其他智能体的策略的动作概率。在执行期间，该表示用于条件化智能体的策略

$$\mathcal{L}(\psi_i^e,\psi_i^d)=\sum_{j\neq i}-\log\hat{\pi}_j^{i,t}(a_j^t),\quad \hat{\pi}_j^{i,t}=f^d(f^e(h_i^t;\psi_i^e);\psi_i^d) \tag{9.85}$$

利用这个损失，训练编码器网络 f^e 来表示 m_i^t 内的信息，该信息反映出所有其他智能体的动作选择。

然后，智能体的策略和价值函数可以进一步基于由智能体各自编码器输出的表示进行调整[㊀]。这种智能体建模方法的一个好处是它对用于学习智能体策略的多智能体强化学习算法是不可知的。任何多智能体强化学习算法都可以扩展为基于编码器网络输出的表示条件化智能体的策略和价值函数。例如，为了用这种方法扩展集中式 A2C(算法 20)，我们可以将策略 $\pi(\cdot|h_i,m_i;\phi_i)$和集中式评论家 $V(h_i,z,m_i;\theta_i)$的输入改为学习到的表示。

为了说明这种类型的智能体建模的好处，我们在一个完全可观测的基于等级的搜寻环境中使用集中式 A2C 算法训练智能体，并对比这些智能体使用了基于表示的智能体建模和没有使用这种建模的情况。图 9.22 可视化了环境和所有智能体的学习曲线。我们观察到，具有智

㊀ 在训练期间，用于训练策略和价值函数的多智能体强化学习算法的梯度会通过表示 m_i^t 自然反向流动并更新编码器的参数。为了纯粹从编码器-解码器重建式(9.84)中定义的损失训练编码器，我们阻止多智能体强化学习训练的梯度流入编码器。

能体模型的智能体比没有智能体模型的智能体学习收集物品的速度更快。具有智能体模型的智能体似乎能更有效地学习，并收敛于更高的平均回报。收敛于更高的平均回报和显著较小的运行方差表明，使用智能体模型学习的策略能更加稳健地收集所有物品以获得最大回报。

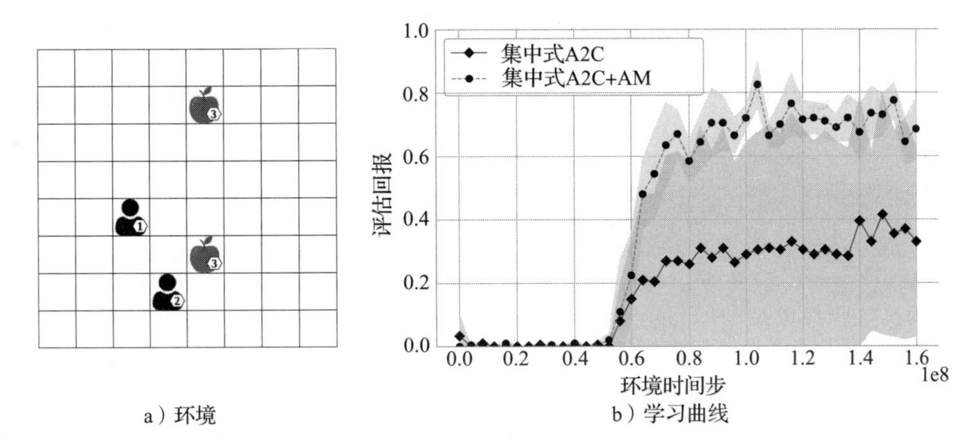

图 9.22　a) 基于等级的搜寻环境可视化，其中两个智能体在一个 8×8 的网格世界中收集两个物品。智能体和物品的等级及其起始位置在每个持续最多 25 步的回合中都是随机的，物品的等级设置使得两个智能体必须始终合作才能收集任何物品。b) 在基于等级的搜寻环境中，集中式 A2C 算法在有和没有基于表示的智能体模型的情况下的学习曲线。所有算法在 8 个同步环境中接受了 1600 万个环境步的训练，使用的学习率为 $\alpha=3\times10^{-4}$，折扣因子为 $\gamma=0.99$。所有的价值函数、策略和智能体模型编码器网络由一个具有 64 个隐藏单元和 ReLU 激活函数的两层前馈神经网络表示。智能体模型的解码器则有三层，也配备了 64 个隐藏单元和 ReLU 激活函数。智能体计算 N 步优势估计，其中 $N=10$，并使用系数为 0.01 的熵正则化项。可视化的学习曲线和阴影对应于 5 次不同随机种子评估回报的平均值和标准差

使用编码器-解码器架构进行智能体建模的类似方法已应用于略有不同的环境中，其中一个主智能体被训练以与其他固定智能体交互(Rabinowitz 等人，2018；Papoudakis、Christianos 和 Albrecht，2021；Zintgraf 等人，2021)。在这种设置中，其他智能体在主智能体训练期间不进行学习，而是遵循从预定策略集中抽样的固定策略。除了重构其他智能体的策略外，这些方法还提出在解码器中预测其他智能体的观测结果或当前的“心理状态”，作为其他智能体可用信息的指示器。

到目前为止，我们回答了智能体如何获得关于其他智能体策略的知识以及在学习和行动过程中如何利用这些知识的问题。

除了这个问题，智能体还可以进一步考虑其他智能体对其决策的反应，或者他们的动作可能如何影响其他智能体的学习。人类自然会考虑他们的行为可能如何影响他人，以及他人可能对自己的知识有什么看法。这被称为心理理论(Premack 和 Woodruff，1978)或递归推理(Albrecht 和 Stone，2018；Doshi、Gmytrasiewicz 和 Durfee，2020)。Wen 等人(2019)提出的概率递归推理框架将这一概念应用于多智能体强化学习。在这个框架中，智能体递归地推理其他智能体的策略信念以及它们的动作可能如何影响其他智能体。该框架使用贝叶斯变分推理来模拟智能体关于其他智能体策略的信念以及这些信念的不确定性。这些信念会被更新、递归传播，并整合到完全去集中式的演员-评论家和基于价值的多智能体强化学习算法中。

对手塑造是一个类似的概念，它试图回答以下问题：智能体如何利用其他智能体正在学

习的事实，通过塑造它们的行为来获得自身优势[⊖]？如果主智能体知道其他智能体更新其策略的优化目标或学习规则，那么我们可以通过其他智能体的学习目标计算高阶梯度，以解释由主智能体采取的动作引起的其策略变化。这个想法可以整合到深度强化学习算法中(Foerster、Chen 等人，2018；Letcher 等人，2019)，以塑造其他智能体的策略。更广泛地说，这种方法可以被视为一个元学习问题，其中多个智能体在“内部”学习过程中学习策略，而“外部”学习过程优化主智能体的策略，考虑到“内部”过程中所有其他智能体的学习(Kim 等人，2021；Lu 等人，2022)。

9.7 具有同质智能体的环境

随着智能体数量的增加，多智能体深度强化学习方法的参数空间可能显著增加。例如，IDQN 使用一个包含大量参数 $\boldsymbol{\theta}_i$ 的动作-价值网络，用于环境中的每个智能体 i。在 IDQN 中增加更多智能体需要更多这样的参数集，每个集合定义一个动作-价值函数的参数。更新和训练多个神经网络可能是一个缓慢的过程，需要大量的计算能力。在本节中，我们将讨论在智能体同质的环境中提高多智能体强化学习算法的可扩展性和样本效率的方法。

在智能体同质的游戏中，所有智能体共享相同或相似的能力和特征，如相同的动作集、观测和奖励。同质智能体可以被认为是彼此相同或几乎相同的副本，它们以类似的方式与环境互动。直观地说，这允许智能体交换它们的策略，同时仍然保持解决任务的总体结果，不论哪个智能体执行哪个策略。基于等级的搜寻示例(11.3.1 节)就是这样一个游戏：在回合开始时，所有智能体都被随机分配一个等级，它们使用相同的动作集在环境中移动，并通过执行类似的动作收集物品来获得相同的奖励。我们将这样的游戏定义为具有弱同质智能体的环境。

定义 14(弱同质智能体) 如果对于任何联合策略 $\pi=(\pi_1,\pi_2,\cdots,\pi_n)$ 和智能体之间的排列 $\sigma: I\rightarrow I$，满足以下条件，则环境具有弱同质智能体：

$$U_i(\pi)=U_{\sigma(i)}(\langle\pi_{\sigma(1)},\pi_{\sigma(2)},\cdots,\pi_{\sigma(n)}\rangle),\quad \forall i\in I \tag{9.86}$$

初看之下，人们可能会假设在这种环境中，智能体的最优策略是表现出完全相同的行为。但这并不一定正确，特别是考虑到我们将在本节剩余部分中讨论的多智能体强化学习中的众多解决方案(见第 4 章)。然而，为了描述在最优策略下所有智能体动作完全一致的环境，我们也定义了一个具有强同质智能体的环境。

定义 15(强同质智能体) 如果一个环境的最优联合策略由相同的个体策略组成，则该环境具有强同质智能体，形式上：

- 该环境具有弱同质智能体。
- 最优联合策略 $\pi^*=(\pi_1,\pi_2,\cdots,\pi_n)$ 由相同的策略 $\pi_1=\pi_2=\cdots=\pi_n$ 构成。

图 9.23 展示了具有弱同质性(左)和强同质性(右)智能体的环境。在这两个示例中，智能体从随机位置开始，必须到达目标位置以获得正奖励并结束游戏。智能体只能观测到自己相对于地标的位置，并且可以向四个基本方向之一移动。

在图 9.23a 所示的环境中，有两个地标是智能体必须到达的。在这个示例中，智能体是弱同质性的，因为它们的策略可以被切换而不影响结果；如果他们已经学会移动到相反的地标，即使策略被切换，它们仍然会移动到那些地标。然而，最佳的联合策略(例如，智能体 1 移动

[⊖] 一个相关的概念是信息价值，讨论于 6.3.3 节，以及基于“操纵学习”(Fudenberg 和 Levine，1998)和“教学”(Shoham 和 Leyton-Brown，2008)的理念。

到左边的地标，智能体 2 移动到右边的地标）要求智能体通过移动到不同的地标来表现出不同的行为，因此，这个环境中没有强同质性的智能体。

相比之下，图 9.23b 所示的环境中只有一个地标供两个智能体移动。这个环境中的最佳策略要求两个智能体尽快移动到同一个地标，使得智能体变得具有强同质性。

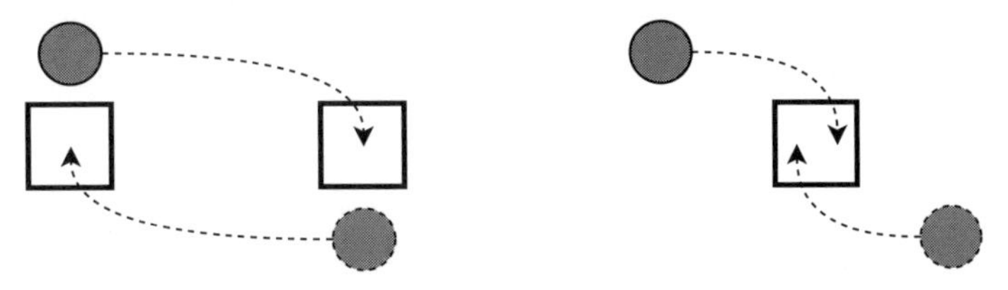

a）智能体必须到达两个不同的地标　　b）两个智能体必须到达同一地标

图 9.23　弱同质性（左）和强同质性（右）环境示意图。智能体（圆圈）必须移动到某些地标（正方形）以获得正奖励。在回合开始时，智能体位于随机位置。为简单起见，智能体只能观测正方形，不能碰撞，每个智能体选择在四个基本方向中移动。只有当两者都到达目标时，智能体才会获得共同的 1 个奖励

在接下来的两个小节中，我们将进一步讨论具有弱同质性和强同质智能体的环境，以及如何利用这些环境的特性来提高样本和计算效率。

9.7.1　参数共享

在具有强同质智能体的环境中，跨智能体共享参数可以显著提高算法的样本效率。参数共享包括智能体在其神经网络中使用相同的参数值集合，即

$$\boldsymbol{\theta}_{\text{shared}}=\boldsymbol{\theta}_1=\boldsymbol{\theta}_2=\cdots=\boldsymbol{\theta}_n \quad \text{或} \quad \boldsymbol{\phi}_{\text{shared}}=\boldsymbol{\phi}_1=\boldsymbol{\phi}_2=\cdots=\boldsymbol{\phi}_n \tag{9.87}$$

式(9.87)约束联合策略必须由所有智能体使用相同的策略组成，从而减少了可能的联合策略数量。这个约束符合之前介绍的强同质智能体的定义（定义 15），该定义指出，最佳联合策略可以表示为由所有智能体使用相同策略组成的联合策略。然后使用这些智能体生成的经验（以观测、动作和奖励的形式）来同时更新共享参数。在智能体之间共享参数有两个主要好处。首先，它保持参数数量恒定，不论智能体数量多少，而不共享将导致参数数量随智能体数量线性增加。其次，共享参数是通过所有智能体生成的经验进行更新的，从而训练拥有更多样化和更大规模的轨迹集合。

需要注意的是，假设智能体强同质化是一个强假设，可能难以验证。如果智能体共享参数，那么智能体的策略将是相同的。在弱同质化智能体的环境中，参数共享可能不会带来同样的好处。图 9.23a 已经展示了一个例子，其中智能体弱同质化，但智能体的最优策略不同，如果强制执行式(9.87)的约束，这些策略将无法学习。因此，在解决问题时，应该考虑环境的属性再决定像参数共享这样的技术是否有用。

理论上，我们可能能够在弱同质化智能体的环境中训练出多样化的策略，并仍然保留共享参数的好处。为了实现这一点，智能体的观测可以包含它们的索引 i 以创建新的观测。由于每个智能体总是接收到包含其自身索引的观测，理论上它们将能够学习到不同的动作。但在实践中，仅依靠索引来学习不同的策略可能不够，因为神经网络的表征能力可能不足以表示多种不同的策略。Christianos 等人（2021）讨论了参数共享的局限性，以及包含智能体索引的观测下的参数共享。

为了进一步阐明在强同质智能体环境中参数共享的优势，我们在基于等级的搜寻环境中运行了独立 A2C 算法(算法 19)的四种变体。这四种变体是：(1) 演员和评论家都进行参数共享；(2) 仅在评论家上进行参数共享；(3) 仅在演员上进行参数共享；(4) 不进行参数共享。图 9.24 展示了在一个 6×6 大小的网格世界、两个 1 级智能体和一个 2 级物品的基于等级的搜寻环境中，这四种变体在训练期间的平均回报。在该图中，我们观测到参数共享使得算法在更少的时间步中收敛。然而，它并不一定增加最终收敛的回报，因为在这个例子中，所有算法最终都达到了类似的策略。

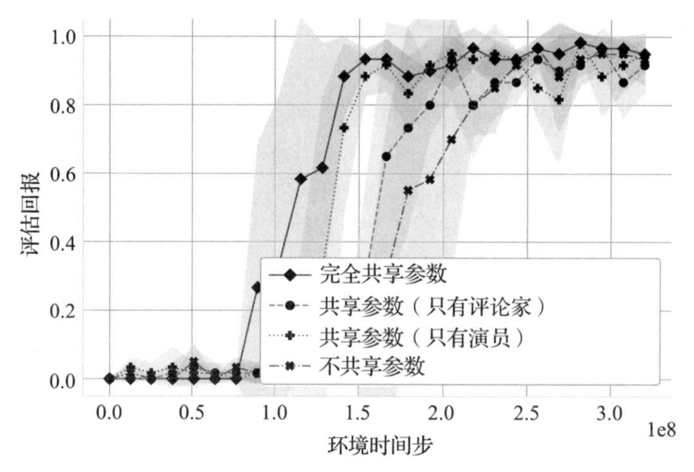

图 9.24　基于等级的搜寻环境中，评论家和演员都共享参数、只有评论家或演员共享参数，以及没有任何参数共享的独立演员-评论家算法的学习曲线

9.7.2　经验共享

参数共享通过只保留一套策略(或价值)网络参数提供了计算优势。在具有强同质智能体的环境中，只学习一组参数可能非常有益，因为它将策略搜索空间限制在相同的个体策略上。另一种方法是为每个智能体训练一组不同的参数，但共享智能体之间生成的轨迹。这种方法放松了强同质智能体的假设，并允许学习不同的策略。例如，考虑 IDQN 算法，其中每个智能体收集经验元组并将它们存储在回放缓冲区中。在具有弱同质智能体的环境中，回放缓冲区可以在所有智能体之间共享。现在，一个智能体可以从不同智能体收集的经验中抽样和学习。

在算法 24 中，我们展示了如何用共享回放缓冲区实现 IDQN。在所示的伪代码中，IDQN 的经验回放缓冲区($D_{1\cdots n}$)被单个共享的 D_{shared} 替换。这个简单的更改可以改善具有弱同质智能体环境中的学习，因为回放缓冲区中的经验种类增加了。此外，任何获得更高回报的智能体的成功策略都将进一步填充回放缓冲区，其他智能体也可以从这些经验中学习。

算法 24　经验回放共享的深度 Q 网络

1：使用随机参数 $\boldsymbol{\theta}_1,\cdots,\boldsymbol{\theta}_n$ 初始化 n 价值网络
2：使用参数 $\overline{\boldsymbol{\theta}}_1=\boldsymbol{\theta}_1,\cdots,\overline{\boldsymbol{\theta}}_n=\boldsymbol{\theta}_n$ 初始化 n 个目标网络
3：为所有智能体初始化共享的回放缓存区 D_{shared}
4：**for** 时间步 $t=0,1,2,\cdots$ **do**

5:　收集当前观测 $\boldsymbol{o}_1^0,\cdots,\boldsymbol{o}_n^0$
6:　**for** 智能体 $i=1,\cdots,n$ **do**
7:　　以概率 ε：随机选择动作 $\boldsymbol{a}^t$
8:　　否则：选择 $\boldsymbol{a}_i^t \in \arg\max_{\boldsymbol{a}_i} Q(\boldsymbol{h}_i^t,\boldsymbol{a}_i;\boldsymbol{\theta}_i)$
9:　执行动作 $(\boldsymbol{a}_1^t,\cdots,\boldsymbol{a}_n^t)$；收集回报 $r_1^t,\cdots,r_n^t$ 和下一个观测 $\boldsymbol{o}_1^{t+1},\cdots,\boldsymbol{o}_n^{t+1}$
10:　将每个智能体 i 的转移 $(\boldsymbol{h}_i^t,\boldsymbol{a}_i^t,r_i^t,\boldsymbol{h}_i^{t+1})$ 存储到共享回放缓冲区 D_{shared}
11:　**for** 智能体 $i=1,\cdots,n$ **do**
12:　　从可能由任何智能体生成的共享数据集 D_{shared} 中随机抽取大小为 B 的一组样本 $(\boldsymbol{h}^k,\boldsymbol{a}^k,r^k,\boldsymbol{h}^{k+1})$
13:　　**if** s^{k+1} 是终止状态 **then**
14:　　　目标 $y_i^k \leftarrow r^k$
15:　　**else**
16:　　　目标 $y_i^k \leftarrow r^k+\gamma \max_{\boldsymbol{a}_i' \in A_i} Q(\boldsymbol{h}^{k+1},\boldsymbol{a}_i';\overline{\boldsymbol{\theta}}_i)$
17:　　损失 $\mathcal{L}(\boldsymbol{\theta}_i) \leftarrow \frac{1}{B}\sum_{k=1}^{B}(y_i^k-Q(\boldsymbol{h}^k,\boldsymbol{a}^k;\boldsymbol{\theta}_i))^2$
18:　　通过最小化损失 $\mathcal{L}(\boldsymbol{\theta}_i)$ 更新参数 $\boldsymbol{\theta}_i$
19:　　每个固定间隔更新目标网络参数 $\overline{\boldsymbol{\theta}}_i$

然而，直接在 IDQN 中使用共享回放缓冲区(即在算法 17 的第 11 行和第 12 行中将 $D_{1,\cdots,n}$ 替换为 D_{shared})未必会与使用独立缓冲区有所不同。这是因为用于训练的样本数量(算法 17，第 12 行)保持不变。共享重放缓冲区的好处在于它将包含比个体缓冲区更多的(并且更近期的)经验。为了利用这一点，我们可以增加用于训练的样本数量。因此，具有共享回放缓冲区的 DQN 需要包含一个执行反向传播步骤的循环。该算法可以在算法 24 中看到。注意我们用不带下标 i 的方式表示在小批量中为智能体 i 采样的经验(例如，使用 $\boldsymbol{o}^k$ 而不是 $\boldsymbol{o}_i^k$)，以表明该经验是从共享回放缓冲区中采样的，且可能由任何智能体生成。

实现具有共享经验的 DQN 相对简单，因为 DQN 是一种离线策略算法。离线策略算法可以利用由其他智能体收集的转换。对于独立演员-评论家(算法 19)等算法来说，情况并非如此。共享经验演员-评论家(SEAC)(Christianos、Schäfer 和 Albrecht，2020)使用重要性采样来纠正收集的转换，并将经验共享的思想应用于在线策略设置中。

在基于在线策略的算法中，例如 A2C 或 PPO，每个智能体在每回合中生成一个在线策略轨迹。到目前为止，我们所看到的算法，如独立的 A2C 或带有集中式状态价值评论家的 A2C，使用每个智能体自己采样轨迹的经验来更新智能体的网络，以减少它们的策略损失[例如式(9.4)]。SEAC 算法复用其他智能体的轨迹，同时考虑到这些轨迹是作为离线策略数据收集的，即这些轨迹是由执行不同于正在优化的策略的智能体生成的。通过重要性抽样可以进行离线策略样本的校正。从行为策略 π_β 进行的离线策略梯度优化的损失可以写成

$$\mathcal{L}(\boldsymbol{\phi})=-\frac{\pi(\boldsymbol{a}^t|\boldsymbol{h}^t;\boldsymbol{\phi})}{\pi_\beta(\boldsymbol{a}^t|\boldsymbol{h}^t)}(r^t+\gamma V(\boldsymbol{h}^{t+1};\boldsymbol{\theta})-V(\boldsymbol{h}^t;\boldsymbol{\theta}))\log\pi(\boldsymbol{a}^t|\boldsymbol{h}^t;\boldsymbol{\phi}) \tag{9.88}$$

类似于 8.2.6 节的式(8.42)。在 9.3.2 节的独立 A2C 框架中，我们可以将策略损失扩展为使用智能体自己的轨迹(用 i 表示)以及其他智能体的经验(用 k 表示)，如下所示：

$$\mathcal{L}(\boldsymbol{\phi}_i)=-(r_i^t+\gamma V(\boldsymbol{h}_i^{t+1};\boldsymbol{\theta}_i)-V(\boldsymbol{h}_i^t;\boldsymbol{\theta}_i))\log\pi(\boldsymbol{a}_i^t|\boldsymbol{h}_i^t;\boldsymbol{\phi}_i)-$$
$$\lambda\sum_{k\neq i}\frac{\pi(\boldsymbol{a}_k^t|\boldsymbol{h}_k^t;\boldsymbol{\phi}_i)}{\pi(\boldsymbol{a}_k^t|\boldsymbol{h}_k^t;\boldsymbol{\phi}_k)}(r_k^t+\gamma V(\boldsymbol{h}_k^{t+1};\boldsymbol{\theta}_i)-V(\boldsymbol{h}_k^t;\boldsymbol{\theta}_i))\log\pi(\boldsymbol{a}_k^t|\boldsymbol{h}_k^t;\boldsymbol{\phi}_i)\qquad(9.89)$$

使用此损失函数，每个智能体在每个训练步骤中既使用自己的在线数据，也使用其他所有智能体收集的离线数据。超参数 λ 控制其他经验的权重，$\lambda=1$ 表示其他智能体的经验对该智能体具有相同的权重，$\lambda=0$ 则表示没有共享。价值函数也可以利用经验共享。最终算法与独立 A2C(算法 19)相同，但使用式(9.89)进行参数学习。

为什么要考虑使用经验共享而不是参数共享？就每个环境步骤的计算能力而言，经验共享肯定更加昂贵，因为它会增加批处理大小，并且具有与智能体数量成比例的神经网络参数数量。然而，研究证明(Christianos、Schäfer 和 Albrecht，2020)初始化特定于智能体的神经网络可以学习到更好的策略：不假设环境包含强同质智能体，并且不限制策略相同可以导致更高的收敛回报。

与参数共享相比，经验共享不假设最优联合策略 $\pi^*=(\pi_1,\pi_2,\cdots,\pi_n)$ 由相同的策略 $\pi_1=\pi_2=\cdots=\pi_n$ 组成。此外，与不共享任何经验或参数相比，经验共享的好处在于它通过使用所有可用轨迹进行学习来提高算法的样本效率。但另一个不太明显的好处是它确保智能体之间学习进展的一致性。从其他人的经验中学习的智能体可以快速跟上实现更高回报的策略，因为每个智能体都使用来自所有智能体的经验进行学习，包括具有更好策略的智能体。反过来，当智能体具有相似的学习进度时，它们会有更多的机会探索需要协调的动作，从而在数据收集方面获得更好的效率。

9.8　零和博弈中的策略自博弈

在本节中，我们将注意力转向具有两个智能体和完全可观测状态和动作的零和博弈，特别是轮流进行的棋盘游戏，如国际象棋、将棋、西洋双陆棋和围棋。这类游戏具有三个主要特点，结合起来可以构成对智能体来说非常具有挑战性的决策问题：

稀疏奖励博弈　在有限次移动后终止，此时获胜玩家获得+1 奖励，输家获得−1 奖励，或者两者在平局结果下都获得 0 奖励。在所有其他情况下，没有奖励信号，这意味着在非终止状态下奖励始终为 0，直到达到终止状态。

大动作空间　智能体通常可以从大量动作中进行选择，例如在棋盘上移动许多可用的棋子。这导致了搜索空间中的大分支因子。

长期目标　在某些博弈中，达到终局状态(即胜利/失败/平局)可能需要数十甚至数百个动作。因此，在智能体获得任何奖励之前，它们可能必须探索长序列的动作。

我们可以将这种博弈看作一棵树，其中每个节点表示博弈状态，从节点出发的每个出边表示该节点中轮到的玩家可以选择的操作。终止状态由没有出站边的叶节点表示。这意味着树可以非常宽(许多操作导致较大的分支因子)和非常深(到达终止状态需要许多操作)，并且只有叶节点可以给出非零奖励。在有限的计算预算内，完全探索这种复杂的博弈树通常是不可行的。

处理这类博弈的标准方法是使用启发式搜索算法，如 alpha-beta 极小极大搜索，该算法从游戏中遇到的每个状态展开一个搜索树，以计算该状态的最佳行动。这样的算法严重依赖于专门的评估函数来引导搜索，以及许多其他领域特定的适应方法(Levy 和 Newborn，1982；Campbell、Hoane Jr 和 Hsu，2002)。这使得这些算法高度专业化于特定博弈，并且难以适应其他博弈。此外，这些算法中的启发式设计选择可能限制其可达到的性能，例如由于对博弈状态的启发式评估不准确。

蒙特卡罗树搜索(Monte Carlo Tree Search，MCTS)是一种基于采样的方法，与 alpha-beta 搜索类似，从游戏状态展开搜索树，但不需要专门的评估函数的知识(然而，如果有这种知识，也可以在 MCTS 中使用以进一步提高其性能)。MCTS 算法通过从游戏状态生成一系列模拟来扩展搜索树，每次模拟是通过基于当前搜索树中包含的信息采样动作产生的。MCTS 本质上是一种强化学习方法，因为它可以使用相同的动作选择机制和时序差分学习操作符。然而，虽然强化学习算法的目标是学习在每个状态中选择最佳行动的完整策略，但 MCTS 的重点是计算当前游戏状态的最佳行动，而不是完整的策略。

结合使用 MCTS、策略自博弈和深度学习的算法在包括国际象棋、将棋和围棋等多个游戏中实现了“超越人类”表现(Silver 等人，2016；Silver 等人，2017；Silver 等人，2018；Schrittwieser 等人，2020)。这些算法使用一种自博弈方法(具体来说，正如 5.5.1 节中描述的“策略自博弈”)，通过此方法，智能体的策略在自博弈中进行训练。在本节中，我们将描述其中一种算法，称为 AlphaZero(Silver 等人，2018)。本节将首先描述一个针对马尔可夫决策过程的通用 MCTS 算法，然后介绍针对完全可观测状态和动作的零和轮流游戏中的 MCTS 中的策略自博弈。AlphaZero 算法结合使用这种自博弈的 MCTS 算法和深度学习来学习游戏的有效评估函数。

9.8.1　蒙特卡罗树搜索

在马尔可夫决策过程中，一般 MCTS 算法的伪代码如下所示(见算法 25)。在每个状态 $\boldsymbol{s}^t$，算法通过采样动作和扩展搜索树，执行 k 次模拟[⊖] $\hat{\boldsymbol{s}}^\tau, \hat{\boldsymbol{a}}^\tau, \hat{r}^\tau, \hat{\boldsymbol{s}}^{\tau+1}, \hat{\boldsymbol{a}}^{\tau+1}, \hat{r}^{\tau+1}, \hat{\boldsymbol{s}}^{\tau+2}, \hat{\boldsymbol{a}}^{\tau+2}, \hat{r}^{\tau+2}, \cdots$(其中 k 是 MCTS 算法的一个参数)。我们使用 $\hat{\boldsymbol{s}}^\tau, \hat{\boldsymbol{a}}^\tau$ 和 $\hat{r}^\tau$ 来分别指代模拟中的状态、动作和奖励，从状态 $\hat{\boldsymbol{s}}^\tau=\boldsymbol{s}^t$ 和时间 $\tau=t$ 开始。为了简化伪代码，我们隐式地假设 $\hat{\boldsymbol{s}}^\tau$ 既代表一个状态，也代表搜索树中的对应节点；因此，我们不引入显式符号来表示树和节点。该算法可以使用状态转移函数 $\mathcal{T}$(如果已知的话)，或者可以使用仿真模型 $\hat{\mathcal{T}}$，如 3.6 节所述。注意，MCTS 并不是在每个状态 $\boldsymbol{s}^t$ 都构建一个新树，而是在所有回合和时间步中持续使用并扩展这棵树。

算法 25　针对马尔可夫过程的蒙特卡罗树搜索(MCTS)

1：每回合重复：
2：**for** $t=0,1,2,3,\cdots$ **do**
3：　观测当前状态 $\boldsymbol{s}^t$
4：　**for** k 次模拟 **do**
5：　　$\tau\leftarrow t$
6：　　$\hat{\boldsymbol{s}}^\tau\leftarrow\boldsymbol{s}^t$　　▷执行模拟
7：　　**while** $\hat{\boldsymbol{s}}^\tau$ 是非终止状态且 $\hat{\boldsymbol{s}}^\tau$ 节点已经在树中 **do**
8：　　　$\hat{\boldsymbol{a}}^\tau\leftarrow ExploreAction(\hat{\boldsymbol{s}}^\tau)$

⊖ 在 MCTS 中引用模拟的其他术语包括“rollouts”和“playouts”。这些术语源自将 MCTS 源自竞技棋盘游戏的原始研究重点。我们更倾向于使用中性术语“模拟”，因为 MCTS 可以应用于广泛的决策问题。

9: $\hat{s}^{\tau+1} \sim \mathcal{T}(\cdot \mid \hat{s}^{\tau}, \hat{a}^{\tau})$
10: $\hat{r}^{\tau} \leftarrow \mathcal{R}(\hat{s}^{\tau}, \hat{a}^{\tau}, \hat{s}^{\tau+1})$
11: $\tau \leftarrow \tau + 1$
12: **if** $\hat{s}^{\tau}$ 节点不在树中 **then**
13: InitialiseNode($\hat{s}^{\tau}$) ▷扩展树
14: **while** $\tau > t$ **do** ▷反向传播
15: $\tau \leftarrow \tau - 1$
16: Update($Q, \hat{s}^{\tau}, \hat{a}^{\tau}$)
17: 为状态 s^t 选择动作 a^t：
18: $\pi^t \leftarrow$BestAction(s^t)
19: $a^t \sim \pi^t$

搜索树中的每个节点都包含算法使用的某些统计信息。具体而言，每个节点 $\hat{s}^{\tau}$ 都包含一个计数器 $N(\hat{s}^{\tau}, \hat{a})$，它计算在状态 $\hat{s}^{\tau}$ 中尝试动作 a 的次数，以及一个动作-价值函数 $Q(\hat{s}^{\tau}, \hat{a})$ 来估计该状态中每个动作的价值(即期望回报)。当创建一个新节点 $\hat{s}^{\tau}$ 并将其添加到树中时，函数 InitialiseNode($\hat{s}^{\tau}$)会将计数器和动作-价值函数设置为零，即对所有 $\hat{a} \in A, N(\hat{s}^{\tau}, \hat{a}) = 0$ 和 $Q(\hat{s}^{\tau}, \hat{a}) = 0$。

为了生成一个模拟，在模拟中函数 ExploreAction($\hat{s}^{\tau}$)为会每个访问状态 $\hat{s}^{\tau}$ 返回一个要尝试的行动。动作采样的基本方法是ϵ-贪婪动作选择，例如在算法 3 中使用的。MCTS 中另一个常用的动作选择方法是首先尝试每个动作一次，然后确定性地选择具有最高上界置信区间(UCB)的行动[⊖]，形式上

$$\hat{a}^{\tau} = \begin{cases} \hat{a} & \text{如果 } N(\hat{s}^{\tau}, \hat{a}) = 0 \\ \arg\max_{\hat{a} \in A} \left(Q(\hat{s}^{\tau}, \hat{a}) + \sqrt{\dfrac{2 \ln N(\hat{s}^{\tau})}{N(\hat{s}^{\tau}, \hat{a})}} \right) & \text{其他} \end{cases} \tag{9.90}$$

其中 $N(\hat{s}) = \sum_{\hat{a}} N(\hat{s}, \hat{a})$是状态 $\hat{s}$ 被访问的次数(如果多个行动的 $N(\hat{s}^{\tau}, \hat{a}) = 0$，则我们可以按任意顺序选择它们)。UCB 假设奖励 $\hat{r}^{\tau}$ 位于归一化范围$[0,1]$内(Auer、Cesa-Bianchi 和 Fischer，2002)。在一个状态下只能尝试相对少量动作时，UCB 动作选择往往比ϵ-贪婪动作选择更有效。此外，当在蒙特卡罗树搜索中使用时，UCB 的有限样本估计误差是有界的(Kocsis 和 Szepesvári，2006)。

一旦达到了搜索树中的叶子节点状态 $\hat{s}^l$，模拟就停止了，这意味着状态 $\hat{s}^l$ 从未被访问过，搜索树中没有相应的节点。然后使用 InitialiseNode($\hat{s}^l$)来初始化一个对应于 $\hat{s}^l$ 的新节点，从而扩展搜索树。InitialiseNode($\hat{s}^l$)可以使用评估函数 $f(\hat{s}^l)$来获取状态 $\hat{s}^l$ 的初始价值估计。这样的价值估计可以通过不同的方式获得。如果有领域知识，那么可以手动创建一个启发式函数 f，根据领域知识来计算价值估计。例如，基于大量专家知识，为国际象棋游戏创建了复杂的评估函数(Levy 和 Newborn，1982；Campbell、Hoane Jr 和 Hsu，2002)。更一般地，一种领域不可知的方法是均匀随机地采样动作，直到达到一个终止状态，但这种方法可能效率非常低下。

⊖ 这个版本的 UCB 最初在 Auer、Cesa-Bianchi 和 Fischer(2002)的工作中被称为“UCB1”。

一旦在搜索树中初始化了新状态 $\hat{s}^l$ 并获得了价值估计 $u=f(\hat{s}^l)$，MCTS 通过在模拟中访问过的节点反向传播 u 和奖励 $\hat{r}^\tau$，从前继节点 $\hat{s}^{l-1}$ 开始，沿着其前继一直到达根节点。对于每个需要更新的节点 $\hat{s}^l$，函数 Update$(Q,\hat{s}^\tau,\hat{a}^\tau)$增加计数器 $N(\hat{s}^\tau,\hat{a}^\tau)=N(\hat{s}^\tau,\hat{a}^\tau)+1$，并更新动作-价值函数 Q。一般来说，Q 可以使用 RL 中任何已知的时序差分学习规则来更新(2.6 节)。例如，我们可以使用离线策略 Q 学习更新规则更新 $Q(\hat{s}^\tau,\hat{a}^\tau)$，如果 $\tau=l-1$，则学习目标为 $\hat{r}^\tau+\gamma u$，如果 $\tau<l-1$，则学习目标为 $\hat{r}^\tau+\gamma \max_{a'\in A} Q(\hat{s}^{\tau+1},a')$。然而，如果 MDP 终止(即每个回合最终都会在某一点终止)，并且直到到达终止状态之前所有奖励都为零，如本节考虑的零和棋盘游戏，则 u 可以通过以下方式直接反向传播[⊖]

$$Q(\hat{s}^\tau,\hat{a}^\tau)\leftarrow Q(\hat{s}^\tau,\hat{a}^\tau)+\frac{1}{N(\hat{s}^\tau,\hat{a}^\tau)}[u-Q(\hat{s}^\tau,\hat{a}^\tau)] \tag{9.91}$$

这计算了状态-动作对 $\hat{s}^\tau,\hat{a}^\tau$ 的 u 的平均值。注意，在这种情况下，如果 $\hat{s}$ 是一个给予奖励 $\hat{r}$ 的终止状态(例如赢得+1，输掉-1)，那么评估 $u=f(\hat{s})$应该等于或接近奖励。图 9.25 描述了扩展搜索树并通过前继节点反向传播 u 的过程。

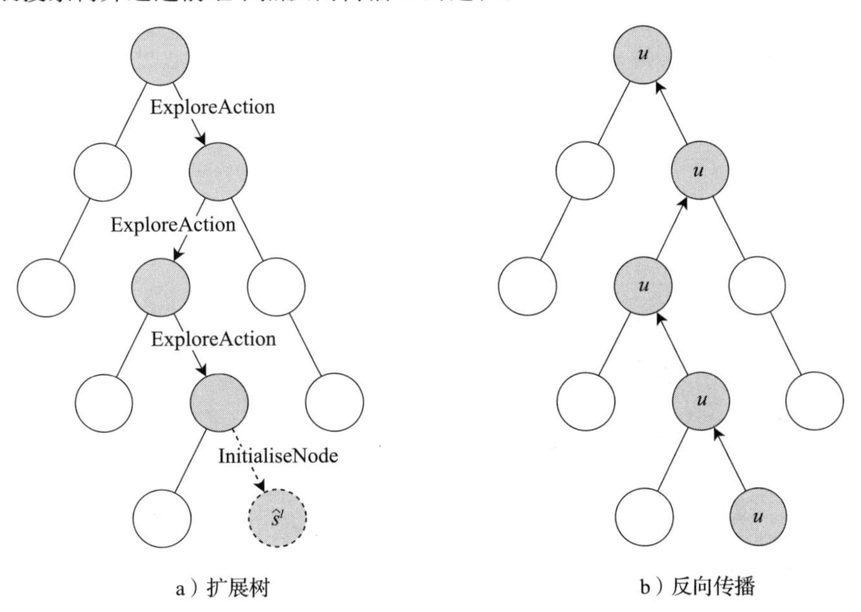

图 9.25　MCTS 中的扩展树和反向传播。树中的每个节点对应一个状态。通过采样动作(边)扩展树，直到达到一个之前未访问的状态 $\hat{s}^l$，并为该状态初始化并添加一个新节点到树中(虚线圆圈)。新状态 $\hat{s}^l$ 通过 $u=f(\hat{s}^l)$进行评估，然后 u 通过树中的前继节点向后传播，直到达到根节点，例如，使用式(9.91)

在完成 k 次模拟后，MCTS 基于存储在与 s^t 对应的节点中的信息，使用 BestAction(s^t)为当前状态 s^t 选择一个动作 a^t。一般来说，BestAction(s^t)返回一个动作 $a\in A$ 上的概率分布 π^t。常见的选择是选择尝试次数最多的动作，$a^t\in\arg\max_a N(s^t,a)$，或者值最高的动作，$a^t\in\arg\max_a Q(s^t,a)$。在执行 a^t 并观测到新状态 s^{t+1} 之后，MCTS 过程重复，并在 s^{t+1} 中进行 k

⊖ 式(9.91)还假设了一个无折扣回报目标。

次模拟，以此类推。

9.8.2　自博弈蒙特卡罗树搜索

策略自博弈的概念是训练一个智能体的策略与自身对弈，这博弈着使用相同的策略为每个智能体选择操作。这要求博弈中的智能体具有对称角色和自我中心观测，以便从每个智能体的角度使用相同的策略。在这一节关注的零和棋盘博弈中，由于智能体是直接对手(每个智能体都试图击败其他智能体)，并且它们通常可以访问相同类型的操作，因此智能体具有对称角色[⊖]。相比之下，如果博弈中的智能体具有非对称的角色，例如足球队中的进攻和防守球员，那么为每个智能体使用相同的策略就没有意义，因为不同的角色需要不同的动作。

如果观测中包含的信息与智能体有关，则该智能体的观测是以自我为中心的。在国际象棋示例中，智能体观测博弈的完整状态，状态可以表示为向量 $\boldsymbol{s}=(i,\boldsymbol{x},\boldsymbol{y})$，其中 i 是该智能体的编号，$\boldsymbol{x}$ 是一个包含智能体 i 的位置的向量(如果棋子被移除，则设置为 -1)，$\boldsymbol{y}$ 是对手棋子的类似向量。假设智能体 1 控制白色棋子，其策略 π_1 基于此状态向量。因此，π_1 将假设白色棋子的信息位于状态向量的 $\boldsymbol{x}$ 部分。

为了使用智能体 1 的策略 π_1 来控制智能体 2 的黑棋，我们可以通过改变智能体编号和交换 $\boldsymbol{x}/\boldsymbol{y}$ 向量的顺序，将状态向量 $\boldsymbol{s}=(2,\boldsymbol{x},\boldsymbol{y})$(其中 $\boldsymbol{x}$ 存储黑色棋子的位置，$\boldsymbol{y}$ 存储白色棋子的位置)转换为 $\boldsymbol{\psi}(\boldsymbol{s})=(1,\boldsymbol{y},\boldsymbol{x})$。如果我们将状态 $\boldsymbol{s}$ 可视化，如图 9.26 所示，白色棋子位于棋盘的顶部，黑色棋子位于底部，那么转换 $\boldsymbol{\psi}(\boldsymbol{s})$ 相当于将棋盘旋转 180 度，并将棋子的颜色从黑变白，反之亦然。转换后的状态 $\boldsymbol{\psi}(\boldsymbol{s})$ 现在可以被智能体 1 的策略用来为智能体 2 选择动作，即 $\boldsymbol{a}_2\sim\pi_1(\cdot\mid\boldsymbol{\psi}(\boldsymbol{s}))$。

a）原始状态 $\boldsymbol{s}$

b）反转状态 $\boldsymbol{\psi}(\boldsymbol{s})$

图 9.26　国际象棋中的状态转换。状态 $\boldsymbol{s}$ 被转换为 $\boldsymbol{\psi}(\boldsymbol{s})$，通过旋转棋盘 180 度并交换棋子的颜色

考虑到这样的状态转换方法，我们可以调整算法 25 中的通用 MCTS 算法，以实现智能体轮流参与的零和博弈中的策略自博弈方法。从智能体 1 的角度来看，在自我博弈中，MCTS 模拟变成了一个马尔可夫决策过程，其中智能体 1 在每个时间步中选择动作。使用 $\hat{\boldsymbol{s}}_i^{\tau}$ 表示状态和轮到哪个智能体 i 在该状态下选择动作，智能体 1 的自博弈模拟过程变为：

⊖　即使智能体的角色不完全对称，我们在本节中描述的自博弈方法也可以工作。例如，国际象棋游戏不是完全对称的，因为白方先行，这使得白方略有优势，并且国王和王后的相对起始位置在两名选手之间有所不同。重要的是我们可以定义自我中心的观测，智能体可以访问相同的操作，并且智能体角色之间存在可推广的特征。例如，在国际象棋中，许多下棋策略都可以被白方和黑方使用。

$$\pi_1(\hat{s}_1^{\tau}) \to \hat{a}^{\tau} \to \pi_1(\psi(\hat{s}_2^{\tau+1})) \to \hat{a}^{\tau+1} \to \pi_1(\hat{s}_1^{\tau+2}) \to \hat{a}^{\tau+2} \to \pi_1(\psi(\hat{s}_2^{\tau+3})) \to \hat{a}^{\tau+3} \cdots \tag{9.92}$$

为了在 MCTS 模拟中实现这个过程，我们修改算法将 $\hat{s}^{\tau}$ 替换为 $\hat{s}_i^{\tau}$，以跟踪在状态中选择动作的智能体，在 ExploreAction(第 8 行)、InitializeNode(第 13 行)和 Update(第 16 行)的函数调用中，如果 $i=1$，则我们输入 $\hat{s}_i^{\tau}$，如果 $i\neq 1$，则我们输入 $\psi(\hat{s}_i^{\tau})$。此外，由于评估 $u=f(\hat{s}^l)$始终从智能体 1 的角度进行(例如，如果智能体 1 赢得+1 奖励)，在使用式(9.91)更新 $Q(\hat{s}_i^{\tau},\hat{a}^{\tau})$时，如果 $i\neq 1$，则我们必须翻转 u 的符号。因此，这些函数总是在状态上操作，就像每个状态中轮到智能体 1。注意 MCTS 控制智能体 1，因此第 2 行中的时间步 t 仅包括轮到智能体 1 的时刻。

上述自博弈 MCTS 使用当前版本的策略为每个智能体选择动作。这个算法可以通过训练策略不仅与当前版本自身对战，还要与过去版本的策略对战来进一步修改。例如，我们可以维护一个集合Ⅱ，其中包含来自训练过程不同时间点的智能体 1 的策略副本(或者从这些策略派生出的 Q 函数)。使用集合Ⅱ，自博弈 MCTS 算法在为智能体 2 选择行动时，可以从这个集合中抽取任何策略。通过这种方式，我们可以让智能体 1 在对抗一个特定策略(自身)和对抗过去版本的策略的情况下都表现良好，从而获得一个可能更加强健的策略。因此，集合Ⅱ类似于重播缓冲区 $\mathcal{D}$(8.1.3 节)，其目的是减少过拟合。我们将在 9.9 节更深入地探讨这个想法。

9.8.3　带有深度神经网络的自博弈 MCTS：AlphaZero

AlphaZero(Silver 等人，2018)基于与当前策略进行自我对弈的 MCTS，如前几节所述。此外，它使用由 $\boldsymbol{\theta}$ 参数化的深度卷积神经网络来学习评估函数

$$(u,p)=f(\boldsymbol{s};\boldsymbol{\theta}) \tag{9.93}$$

对于任何输入状态 $\boldsymbol{s}$，预测两个元素：

- u：从状态 $\boldsymbol{s}$ 开始的游戏预期结果，$u\approx\mathbb{E}[z\mid \boldsymbol{s}]$，其中 z 赢为+1，输为−1，平局为 0。因此，u 估计状态 $\boldsymbol{s}$ 的(未折现的)价值。
- p：状态 $\boldsymbol{s}$ 中的动作选择概率向量，其中每个动作 $\boldsymbol{a}\in A$ 的元素 $p_{\boldsymbol{a}}=\Pr(\boldsymbol{a}\mid\boldsymbol{s})$，用于预测 MCTS 在状态 $\boldsymbol{s}$ 的 BestAction 函数中计算的动作概率。

AlphaZero 完全通过自博弈学习这些价值估计和动作概率，从随机初始化参数 $\boldsymbol{\theta}$ 开始，并使用随机梯度下降法来最小化组合损失函数

$$\mathcal{L}(\boldsymbol{\theta})=(z-u)^2-\boldsymbol{\pi}^{\mathrm{T}}\log p+c\|\boldsymbol{\theta}\|^2 \tag{9.94}$$

参数 c 用于控制平方 L2-范数的权重，$\|\boldsymbol{\theta}\|^2=\boldsymbol{\theta}^{\mathrm{T}}\boldsymbol{\theta}$，作为一个正则化器以减少过拟合。这个损失是基于数据 $D=\{(\boldsymbol{s}^t,\boldsymbol{\pi}^t,z^T)\}$计算的，其中 MCTS 算法(算法 25)的每回合中，$\boldsymbol{s}^t$ 是时间 t 的状态(第 3 行)，$\boldsymbol{\pi}^t$ 是在 BestAction 中计算的状态 $\boldsymbol{s}^t$ 的行动概率分布(第 18 行)，z^T 是最后一个时间步 T 的游戏结果。像往常一样，在计算随机梯度下降中的损失时会对这些数据进行小批量抽样。因此，对于任何给定状态 $\boldsymbol{s}$，函数 $f(\boldsymbol{s})$学习价值估计 u 来预测结果 z，以及动作概率 $\boldsymbol{p}$ 来预测 MCTS 动作概率 $\boldsymbol{\pi}$。

动作概率向量 $\boldsymbol{p}$ 在 AlphaZero 中用于指导 MCTS 模拟中的动作选择。在为新节点 $\hat{\boldsymbol{s}}^l$ 扩展搜索树时(第 13 行)，函数 InitializeNode($\hat{\boldsymbol{s}}^l$)使用当前参数 $\boldsymbol{\theta}$ 计算$(u,p)=f(\hat{\boldsymbol{s}}^l;\boldsymbol{\theta})$，并且除了设置 $N(\hat{\boldsymbol{s}}^l,\hat{\boldsymbol{a}})=0$ 和 $Q(\hat{\boldsymbol{s}}^l,\hat{\boldsymbol{a}})=0$ 外，为所有 $\boldsymbol{a}\in A$ 初始化动作先验概率 $P(\hat{\boldsymbol{s}}^l,\hat{\boldsymbol{a}})=p\hat{\boldsymbol{a}}$。函数 ExploreAction(第 8 行)使用 N,Q,P 来执行类似于式(9.90)的 UCB 方法的公式

$$\hat{a}^{\tau}=\begin{cases}\hat{a} & \text{如果 } N(\hat{s}^{\tau},\hat{a})=0 \\ \arg\max\limits_{\hat{a}\in A}\left(Q(\hat{s}^{\tau},\hat{a})+C(\hat{s}^{\tau})P(\hat{s}^{\tau},\hat{a})\dfrac{\sqrt{N(\hat{s}^{\tau})}}{1+N(\hat{s}^{\tau},\hat{a})}\right) & \text{其他}\end{cases} \tag{9.95}$$

其中 $C(\hat{s})$是一个额外的探索率。因此，AlphaZero 类似于 UCB 地探索动作，但根据预测的概率 p 对动作选择进行偏置。在完成从根节点 $\boldsymbol{s}^t$ 的 MCTS 模拟后，AlphaZero 使用一个 BestAction($\boldsymbol{s}^t$)函数，该函数选择一个动作 $\boldsymbol{a}^t$，要么按照根节点的访问次数 $N(\boldsymbol{s}^t,\cdot)$比例(用于探索/训练)，也就是说，$\boldsymbol{a}^t\sim\dfrac{N(\boldsymbol{s}^t,\cdot)}{\sum_{\boldsymbol{a}\in A}N(\boldsymbol{s}^t,\boldsymbol{a})}$，或贪婪 $\boldsymbol{a}^t\in\arg\max_{\boldsymbol{a}}N(\boldsymbol{s}^t,\boldsymbol{a})$。

严格完整的 AlphaZero 包含关于网络的表示 f、探索率 C、在动作概率中添加的探索噪声、计算损失的数据批次采样、动作屏蔽等各种额外的实现细节。这些细节可以在 Silver 等人(2018)的补充材料中找到。然而，AlphaZero 背后的核心思想是纯粹通过自博弈的 MCTS 学习一个有效的评估函数 f，并利用这个函数来引导在庞大的搜索空间中进行的树搜索，以找到最佳动作。

Silver 等人(2018)展示了 AlphaZero 在国际象棋、将棋和围棋游戏中的表现，它与几个强大的游戏程序进行了比赛：国际象棋的“Stockfish”、将棋的“Elmo”以及经过三天围棋训练的 AlphaGo Zero(Silveret 等人，2017)。在每种游戏中，AlphaZero 在每个状态 $\boldsymbol{s}^t$ 中进行了 $k=800$ 次 MCTS 模拟。分别为棋类游戏训练了不同的 AlphaZero 实例，国际象棋为 9 小时(4400 万局)，将棋为 12 小时(2400 万局)，围棋为 13 天(1.4 亿局)。基于 Elo 评级(Elo 1960)，AlphaZero 在 4 小时后首次超过 Stockfish，在 2 小时后超过 Elmo，在 30 小时后超过 AlphaGo Zero。图 9.27 显示了 AlphaZero 最终训练版本(执白棋时)在这三种游戏中的比赛结果。AlphaZero 能够在每种游戏中使用相同的一般性自博弈 MCTS 方法达到这一表现，而不需要基于专家知识的启发式评估函数[⊖]。虽然 Stockfish 和 Elmo 分别每秒评估大约 6000 万和 2500 万个状态，但是 AlphaZero 在国际象棋和将棋中每秒只评估约 6 万个状态。AlphaZero 通过使用其深度神经网络更有选择性地专注于有前景的动作来弥补较低的评估数量。

AlphaZero(执白)的对手	赢	平	输
Stockfish(国际象棋)	29.0%	70.6%	0.4%
Elmo(将棋)	84.2%	2.2%	13.6%
AlphaGo Zero(围棋)	68.9%	—	31.1%

图 9.27　Silver 等人(2018)报告的 AlphaZero 比赛结果。结果显示了 AlphaZero 执白时赢/平/输游戏的百分比

9.9　基于种群的训练

正如 9.8 节所介绍的，策略自博弈要求游戏中的智能体具有对称的角色和以自我为中心的观测，这样每个智能体都可以使用相同的策略。具体来说，在 9.8 节中，我们关注了两个智能体的对称零和博弈。我们能将策略自博弈推广到两个或更多智能体的一般和博弈中吗？

我们已经在 9.8.2 节的末尾讨论了策略自博弈的一种泛化类型，其中智能体的策略不仅

⊖　然而，AlphaZero 在构建输入和输出特征时确实使用了领域知识(例如，王车易位的合法性、当前位置的重复计数、兵的升变、将棋中的棋子放置等)。

与自身对弈，还与过去版本策略的分布对弈。这样做，我们有可能通过训练它与一个多样化的策略种群对弈来获得更加健壮的策略，从而减少对自身的过拟合。在这种情况下，“种群”一词被用来指代策略群体中的策略数量可能会随着连续的世代(也称为“时代”)增长，并且策略可能会在每一代中发生变化和适应，以在种群内表现得更好。

基于种群的训练将这一思想推广到了包含两个或更多智能体的一般和博弈中，其中智能体可能具有不同(非对称)的角色、动作和观测。本质上，这个想法是维护多个策略种群 $\prod_i^k$，对于游戏中的每个智能体 $i \in I$，都有一个种群，然后随着后续的世代 $k=1,2,3,\cdots$，根据其他种群来增长和修改每个种群。基于种群的训练的一般步骤可以总结如下：

初始化种群：为每个智能体 i 创建初始策略种群 $\prod_i^1$。例如，每个种群可以从一个随机地选择动作的均匀策略开始。如果可获得域知识或过去交互的记录数据，则可以为初始种群创建其他类型的策略。

评估种群：在第 k 代，评估每个智能体种群中的当前策略 $\pi_i \in \prod_i^k$，以衡量每个策略相对于其他种群中的策略的表现(例如，基于期望回报或 Elo 等级)。可以通过使用来自不同种群的策略组合运行来实现这一点。

修改种群：根据每个种群中策略 $\pi_i \in \prod_i^k$ 的评估，修改现有策略或向种群添加新策略。例如，可以通过随机更改其参数，或通过复制同一种群中表现更好的策略的参数来修改现有策略(Jaderberg 等人，2017)。可以通过针对其他种群中的策略分布训练新策略，或通过创建优化某种最佳响应多样性的新策略来创建新策略(Rahman、Fosong 等人，2023)。

一旦种群被修改，我们就有了每个智能体 i 的新一代种群 $\prod_i^{k+1}$，然后通过重新评估新种群，接着对策略进行进一步的修改等过程，并重复。在预先定义的世代数之后或者达到某些其他终止准则(如达到每个种群中策略的一定平均性能)之后，该过程终止。

这种基于种群的训练方法的变体已成功应用于各种复杂游戏(例如，Lanctot 等人，2017；Jaderberg 等人，2019；Liu 等人，2019；Vinyals 等人，2019)。在 9.9.1 节中，我们将描述一种称为策略空间响应预言家(Policy Space Response Oracle，PSRO)(Lanctot 等人，2017)的基于种群训练的通用变体，它可以直接将第 4 章中的最佳响应策略和博弈论解概念作为子程序合并。PSRO 可用于优化具有两个或多个智能体和完全或部分可观测的一般和博弈中的策略。然后，我们将讨论一种称为 AlphaStar(Vinyals 等人，2019)的复杂 MARL 算法，该算法在其他组件中使用基于种群的训练，并且是第一个在《星际争霸Ⅱ》完整游戏中达到顶级选手表现的算法。

9.9.1　策略空间响应预言家

策略空间响应预言家(Lanctot 等人，2017)，本身基于双预言家算法(McMahan、Gordon 和 Blum，2003)，指的是一类基于群体的训练算法，这些算法在具有完全或部分可观测性以及两个或更多智能体的一般和博弈中学习策略(例如 POSG 或第 3 章定义的任何其他博弈模型)。PSRO 基于经验博弈论分析(例如 Wellman，2006)，该分析将元博弈构建为底层博弈 G 的抽象，并对元博弈进行均衡分析。元博弈是一个有限的标准式博弈，其中智能体的可能动

作对应于底层博弈 G 中的特定策略 π_i，元博弈的奖励函数 $\mathcal{R}_i(\pi_1,\cdots,\pi_n)$ 给出了智能体 i 在博弈 G 中选择策略 $\pi_1,\cdots,\pi_n$ 时的平均回报。元博弈的一个重要好处是，它通过限制智能体在 G 中可以选择的可能策略集合来进行可行的近似均衡计算。

PSRO 在基于群体的训练的每一代中构建这样的元博弈，以评估和增长策略种群。PSRO 的伪代码在算法 26 中给出，主要步骤如图 9.28 所示。我们将在接下来的段落中详细介绍这些步骤。

算法 26　策略空间响应预言家

1：为所有智能体 $i\in I$ 初始化种群 $\prod_i^1$（例如，随机策略）
2：**for** 每一代 $k=1,2,3,\cdots$ **do**
3：　基于现在的种群 $\{\prod_i^k\}_{i\in I}$ 构建元博弈 M^k
4：　在 M^k 上使用元求解来获得分布 $\{\delta_i^k\}_{i\in I}$
5：　**for** 每个智能体 $i\in I$ **do**　　▷训练最佳应对策略
6：　　**for** 每回合 $e=1,2,3,\cdots$ **do**
7：　　　为其他智能体采样策略 $\pi_{-i}\sim\delta_{-i}^k$
8：　　　使用单智能体强化学习算法训练 π_i' 以应对博弈 G 中对手策略 π_{-i}
9：　　扩展种群 $\prod_i^{k+1}\leftarrow\prod_i^k\cup\{\pi_i'\}$

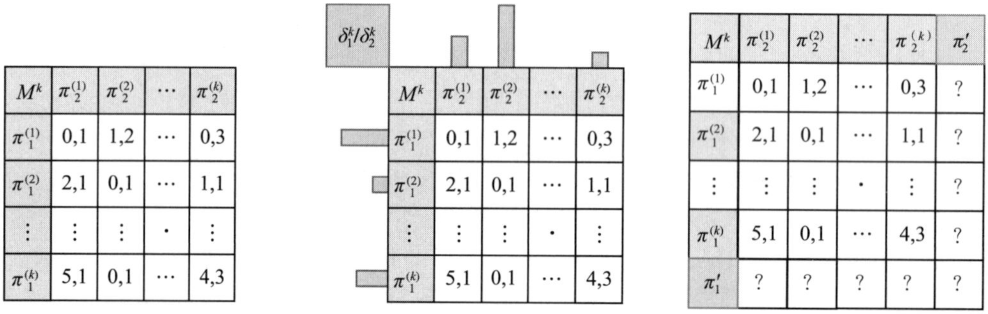

M^k	$\pi_2^{(1)}$	$\pi_2^{(2)}$	…	$\pi_2^{(k)}$
$\pi_1^{(1)}$	0,1	1,2	…	0,3
$\pi_1^{(2)}$	2,1	0,1	…	1,1
⋮	⋮	⋮	·	⋮
$\pi_1^{(k)}$	5,1	0,1	…	4,3

a）构建元博弈

δ_1^k/δ_2^k

M^k	$\pi_2^{(1)}$	$\pi_2^{(2)}$	…	$\pi_2^{(k)}$
$\pi_1^{(1)}$	0,1	1,2	…	0,3
$\pi_1^{(2)}$	2,1	0,1	…	1,1
⋮	⋮	⋮	·	⋮
$\pi_1^{(k)}$	5,1	0,1	…	4,3

b）求解元博弈

M^k	$\pi_2^{(1)}$	$\pi_2^{(2)}$	…	$\pi_2^{(k)}$	π_2'
$\pi_1^{(1)}$	0,1	1,2	…	0,3	?
$\pi_1^{(2)}$	2,1	0,1	…	1,1	?
⋮	⋮	⋮	·	⋮	?
$\pi_1^{(k)}$	5,1	0,1	…	4,3	?
π_1'	?	?	?	?	?

c）通过预言家添加新策略

图 9.28　在第 k 代两智能体游戏中 PSRO 的步骤。a) 根据当前的策略种群 $\{\prod_i^k\}_{i\in I}$ 构建元博弈 M^k。单元格显示了每个智能体使用行列中相应策略时的估计平均回报（我们展示了示例值以便说明）。b) 在 M^k 上使用元求解器获得每个种群的分布 δ_i^k（例如，纳什均衡）。所示的灰色条形图表示 δ_i^k 分配给种群中相应策略的概率。c) 使用预言家根据其他种群 $\prod_{-i}^k$ 和分布 δ_{-i}^k 计算每个智能体 i 的新策略（例如，最佳响应策略）π_i'，并将 π_i' 添加到种群 $\prod_i^k$ 中。PSRO 接着重复这些步骤，其中图 9.28a 估计新策略 π_i' 的缺失元素的值（标记为“?”）

PSRO 首先将每个智能体 i 的种群 $\prod_i^1$ 初始化为包含一个或多个随机生成的策略。然后，在第 k 代中，PSRO 构建一个元博弈(即标准式博弈)M^k，其中每个智能体的动作空间设置为智能体当前的群体，即 $A_i=\prod_i^k$。当智能体在元博弈 M^k 中使用策略 $\pi_1,\cdots,\pi_n$ 时，每个智能体 i 的奖励 $\mathcal{R}_i(\pi_1,\cdots,\pi_n)$是通过在底层博弈 G 使用策略 $\pi_1,\cdots,\pi_n$ 运行一回合或多回合，并对这些回合中智能体 i 的收益进行平均估算得到的。因此，在运行无限多个回合的极限情况下，奖励将收敛到智能体的预期收益，即 $\mathcal{R}_i(\pi_1,\cdots,\pi_n)=U_i(\pi_1,\cdots,\pi_n)$。元博弈 M^k 的构建完成了种群评估步骤。

考虑到元博弈 M^k，PSRO 使用“元求解器”来计算每个种群 $\prod_i^k$ 的概率分布 δ_i^k，其中 $\delta_i^k(\pi_i)$ 是分配给策略 $\pi_i\in\prod_i^k$ 的概率。例如，元元求解器可以计算第 4 章中讨论的任何解概念，例如纳什均衡[⊖]。为了避免 δ_i^k 将其概率集中在少数策略上，这可能导致由 PSRO 学习的策略过拟合，原始的 PSRO 方法为每个策略 $\pi_i\in\prod_i^k$ 执行了一个下限 $\delta_i^k(\pi_i)>\varepsilon$，其中$\varepsilon>0$ 是一个参数(Lanctot 等人，2017)。其他类型的分布可以根据博弈的要求进行计算，例如 9.9.3 节中讨论的 AlphaStar。

根据 M^k 和种群分布 δ_i^k，PSRO 使用一个预言家来计算一个新的策略 π_i'，添加到每个智能体的种群中。在 PSRO 中使用的标准预言家根据分布 $\delta_{-i}^k(\pi_{-i})=\prod_{j\neq i}\delta_j^k(\pi_j)$计算博弈 G 中的最佳响应策略：

$$\pi_i'\in\arg\max_{\pi_i}\mathbb{E}_{\pi_{-i}\sim\delta_{-i}^k}[U_i(\langle\pi_i,\pi_{-i}\rangle)] \tag{9.96}$$

这样的最佳响应策略 π_i' 可以通过使用单智能体 RL 算法在底层博弈 G 的多回合训练 π_i' 来获得，其中在每回合中，其他智能体 $j\neq i$ 的策略被采样为 $\pi_j\sim\delta_j^k$。需要注意的是，在这种情况下，如果 RL 训练没有在给定的训练预算内收敛，或者它收敛到局部最优，那么策略 π_i' 可能只是一个近似最佳响应。对于每个智能体 $i\in I$，可以并行计算最佳响应策略 π_i'(算法 26 的第 5 行)。

一旦我们获得了每个智能体 i 的新最佳响应策略 π_i'，PSRO 将这些策略添加到各自的种群中，以获得下一代，即

$$\prod_i^{k+1}=\prod_i^k\cup\{\pi_i'\} \tag{9.97}$$

PSRO 然后重复上述步骤，构建一个新的元博弈 M^{k+1} 来重新评估种群(即计算新加入策略的 $\mathcal{R}_i$)，解决 M^{k+1} 并向种群中添加更多策略，以此类推。这个过程在运行预先定义的世代数之后终止，或者如果新的最佳响应策略 π_i' 已经包含在它们各自的种群 $\prod_i^k$ 中的情况下，这时该

⊖ 通过一些小的修改，也可以使用相关均衡元求解器来计算联合策略空间 $\prod^k=\prod_1^k\times\cdots\times\prod_n^k$ 上的联合分布 δ^k，其中 $\delta^k(\pi)$是分配给联合策略 $\pi\in\prod^k$ 的概率(Marris 等人，2021)。

过程已经达到了一个稳定点。

这里介绍的基本版 PSRO 在计算上可能很昂贵，并且难以扩展到大量智能体的场景。构建元博弈 M^k 涉及对底层游戏中每个联合策略 $\pi \in \prod_1^k \times \cdots \times \prod_n^k$ 进行潜在的多次采样。这个联合策略空间随着种群大小的增长而呈几何增长。通过纳什均衡来解决 M^k 问题也具有指数复杂性(见 4.11 节)，并且存在非唯一性的额外问题(见 4.7 节和 5.4.2 节)。最后，根据底层博弈的复杂性，使用 RL 来计算最佳响应策略也可能成本高昂。为了解决这些计算瓶颈，已经开发了许多更具计算效率和可扩展性(例如，Lanctot 等人，2017；Balduzzi 等人，2019；McAleer 等人，2020；Muller 等人，2020；Smith、Anthony 和 Wellman，2021)的 PSRO 改进方法。在 9.9.3 节中，我们将看到 AlphaStar 算法如何基于 PSRO 的思想在一个非常复杂的高维多智能体博弈中学习强大的策略。

9.9.2　PSRO 的收敛性

如果 PSRO 使用一个计算元博弈中精确纳什均衡的元求解器，并且使用一个在底层博弈 G 中计算精确最佳响应策略的预言家，则分布 $\{\delta_i^k\}_{i \in I}$ 收敛到 G 的纳什均衡。要了解为什么会发生这种情况，我们可以考虑两个问题：PSRO 是否总能保证收敛？当它收敛时，结果是否保证是纳什均衡？

我们假设一个有限的底层博弈 G(即具有有限的智能体、动作、状态和观测集合)，在有限时间步后终止。首先要注意的是，对于智能体 $-i$ 的任何分布 δ_{-i}^k，始终存在一个确定性的最佳响应策略 π_i' 用于智能体 i。这是因为，通过根据 $\pi_{-i} \sim \delta_{-i}^k$ 固定其他智能体的策略，如果 G 是一个随机博弈，则底层博弈 G 简化为一个有限 MDP，如果 G 是一个 POSG，则简化为一个有限 POMDP。在两种情况下，我们知道(参见第 2 章)总存在确定性的最优策略 π_i' 用于 MDP/POMDP。虽然也可能存在随机(即非确定性)的最优策略，但预言家不必考虑这些策略，因为任何随机策略都可以通过确定性策略的概率混合来获得，这可以通过分布 δ_i^k 来实现(我们将在下面看到一个例子)。此外，由于 G 具有有限回合，因此可以为 G 枚举有限数量的确定性策略。

上述所有内容意味着，对于博弈 G 中的每个智能体 i，预言家可以在每一代 k 中从确定性最佳响应策略 $\pi_i' \in \prod_i'$ 的有限集合中进行选择。在最坏的情况下，PSRO 需要在终止前向每个智能体 i 将所有最佳响应策略从 $\prod_i'$ 添加到种群 $\prod_i^k$ 中(请回想，如果预言家选择的策略 π_i' 已经分别包含在每个智能体 i 的群体 $\prod_i^k$ 中，则 PSRO 在第 k 代终止)。因此，回到上面的第一个问题，我们知道 PSRO 最终会收敛。在其他游戏中，通过达到预言家选择的新最佳响应策略 π 已经包含在各自智能体群体 $\prod_i^k$ 中的点，PSRO 可能会大大加快收敛。

在那时，根据纳什均衡的定义(4.4 节)，我们知道没有智能体可以单方面选择还未被包含在 $\prod_i^k$ 中的最佳响应策略 $\pi_i' \in \prod_i'$ 来改善对分布 δ_{-i}^k 的预期回报。因此，回到上面的第二个问题，我们知道如果 PSRO 收敛，则结果 $\{\delta_i^k\}_{i \in I}$ 必须是底层博弈 G 中的纳什均衡。

为了说明这些观点，我们在两个智能体的非重复矩阵博弈中给出了两个示例(奖励矩阵如图 3.2 所示)。为方便起见，我们将使用“动作 X”来指代将概率 1 分配给动作 X 的确定性策略。

首先，考虑单次的石头剪刀布博弈。假设 PSRO 初始化种群，以使智能体 1 的初始种群 $\prod_1^1$ 包含操作 R，智能体 2 的初始种群 $\prod_2^1$ 包含操作 P。图 9.29 显示了智能体在 $k=1,\cdots,5$ 代的种群 $\prod_i^k$、分布 δ_i^k 和最佳响应 π_i'。可以看出，PSRO 收敛到游戏的唯一纳什均衡，其中两个智能体都均匀随机选择动作。然而，由于这个均衡为所有联合动作分配了正概率，PSRO 在收敛之前需要在两个种群中添加所有的确定性策略(即动作)。在第 $k=5$ 代，两个种群都包含所有动作时，任何最佳响应 π_1',π_2' 已经分别包含在种群 $\prod_1^5$，$\prod_2^5$ 中，因此 PSRO 终止。

k	$\prod_1^k$	$\prod_2^k$	δ_1^k	δ_2^k	π_1'	π_2'
1	$\underline{\text{R}}$	$\underline{\text{P}}$	1	1	S	P
2	R,$\underline{\text{S}}$	P	(0,1)	1	S	R
3	R,S	$\underline{\text{R}}$,P	$\left(\frac{2}{3},\frac{1}{3}\right)$	$\left(\frac{2}{3},\frac{1}{3}\right)$	P	R/P
4	R,$\underline{\text{P}}$,S	R,P	$\left(0,\frac{2}{3},\frac{1}{3}\right)$	$\left(\frac{1}{3},\frac{2}{3}\right)$	R	S
5	R,P,S	R,P,$\underline{\text{S}}$	$\left(\frac{1}{3},\frac{1}{3},\frac{1}{3}\right)$	$\left(\frac{1}{3},\frac{1}{3},\frac{1}{3}\right)$	R/P/S	R/P/S

图 9.29　在单次石头剪刀布矩阵博弈中的 PSRO。表格显示了在 $k=1,\cdots,5$ 代中，双方智能体的种群 $\prod_i^k$、分布 δ_i^k 和最佳响应 π_i'。群体中的新元素用下划线显示。在 $k=3$ 时，π_2' 中的 R/P 意味着两个动作都是最佳响应，预言家可以选择其中之一(在 $k=5$ 时，R/P/S 也是如此)。PSRO 收敛到两个智能体均匀随机选择的唯一纳什均衡点

接下来，考虑非重复的囚徒困境游戏。假设 PSRO 将两个智能体的种群 $\prod_i^1$ 初始化为包含背叛动作。由于种群只包含单一策略，分布 δ_i^1 将为这些策略赋予概率 1。然后，预言家将为每个智能体返回背叛动作作为唯一的最佳响应策略 π_i'，而这个动作已经包含在两个种群中。因此，在这个示例中，PSRO 在不枚举所有可能的确定性策略的情况下收敛到游戏的唯一纳什均衡(即两个智能体都选择背叛)。

请注意，上述假设精确的元博弈 M^k，其中元奖励等于智能体的预期回报，即对于所有 $i\in I$ 和来自种群 $\prod_1^k,\cdots,\prod_n^k$ 的所有联合策略 $(\pi_1,\cdots,\pi_n)$，有 $\mathcal{R}_i(\pi_1,\cdots,\pi_n)=U_i(\pi_1,\cdots,\pi_n)$。它还假设每个智能体都有精确的最佳响应策略 π_i'。这两个假设在实践中可能不成立，因为 M^k

是使用不同联合策略下的有限数量的采样构建的[⊖]，而且最佳响应策略 π_i' 是使用强化学习算法学习的。

对于其他元求解器和预言家的组合，PSRO 将演化出不同的策略群体，并可能收敛到不同的解决方案类型(例如，Muller 等人，2020；Marris 等人，2021)。

9.9.3 《星际争霸Ⅱ》中的宗师级别：AlphaStar

《星际争霸Ⅱ》是一款流行的实时战略游戏，其中两个或更多玩家收集资源并建造由不同单位(例如，步兵、坦克、飞机)组成的军队，以在战斗中击败对方。《星际争霸Ⅱ》具有 9.8 节开头概述的所有难题：玩家可以从非常大的一组可能的动作中进行选择，每场比赛可能涉及数千个连续的动作，直到达到终止状态(胜利或失败)。此外，《星际争霸Ⅱ》中的玩家只能看到有限的环境视图：他们只能看到其军队中的单位在其有限视野区域内所看到的东西。此外，《星际争霸Ⅱ》中的三个不同种族(人类、星灵、异虫)提供不同的单位并需要不同的游戏策略。这些方面使《星际争霸Ⅱ》成为一个高度复杂的游戏，并且它的流行催生了一个庞大而活跃的专业人类玩家社区，这些玩家参加国际电子竞技赛事。2019 年，AlphaStar(Vinyals 等人，2019)成为第一个在《星际争霸Ⅱ》完整游戏中达到宗师级别的人工智能智能体[⊜]，根据《星际争霸Ⅱ》中使用的排名指标，它超过了 99.8% 的官方排名的人类玩家。AlphaStar 通过使用强化学习(RL)和基于种群的训练相结合的方法实现了这一成绩。

AlphaStar 的核心是为每个种族训练一个由 $\boldsymbol{\theta}_i$ 参数化的策略 $\pi(\boldsymbol{a}_i^t \mid \boldsymbol{h}_i^t, \boldsymbol{z}; \boldsymbol{\theta}_i)$，该策略根据观测和动作的历史 $\boldsymbol{h}_i^t = (\boldsymbol{o}_i^0, \boldsymbol{a}_i^0, \boldsymbol{o}_i^1, \boldsymbol{a}_i^1, \cdots, \boldsymbol{o}_i^t)$ 以及总结人类数据的向量 $\boldsymbol{z}$(下面详细说明)来为时间 t 的动作 $\boldsymbol{a}_i^t$ 分配概率。观测 $\boldsymbol{o}_i^t$ 包含环境的概览图(类似于人类玩家观测到的迷你地图)和可见的友军及敌军单位列表及其相关属性(例如，剩余健康点数)。动作 $\boldsymbol{a}_i^t$ 指定动作类型(例如，移动、建造、攻击)，对哪个单位下达指令，动作的目标(例如，移动到哪里)，以及智能体何时选择其下一个动作。AlphaStar 在获胜时获得 +1 的奖励，在失败时获得 −1 的奖励，在平局时获得 0 的奖励，在其他所有时刻均获得 0 的奖励。学习目标中不使用折扣，以反映赢得游戏的真正目标。

由于人类玩家在玩游戏时受到物理限制，因此为了确保与人类的公平对战，AlphaStar 被设置了各种约束。例如，智能体在 5 秒的时间窗口内最多执行 22 个非重复的动作。

AlphaStar 中使用的动作表示让智能体在一个时间步内可以从大约 10^{26} 个可能的动作中选择。从头开始探索如此庞大的搜索空间是不可行的，尤其是因为唯一的非零奖励是在经过数千次连续动作之后在终止状态中获得的。因此，AlphaStar 使用人类游戏数据来初始化策略。在进行任何强化学习训练之前，每个策略都通过监督学习来模仿基于人类玩家记录的比赛的人类动作。从每次比赛回放中，提取出一个统计量 $\boldsymbol{z}$，该统计量编码了关于人类玩家策略的信息，如建筑物的建造顺序和比赛中单位的统计数据。然后训练策略以预测仅给定比赛历史 $\boldsymbol{h}^t$ 或 $\boldsymbol{z}$ 的人类动作。通过从记录的比赛中提取一组不同的统计 $\boldsymbol{z}$ 并根据 $\boldsymbol{z}$ 对策略进行调节，策略能够产生不同的策略。

在策略初始化之后，AlphaStar 利用基于 A2C 的深度学习和强化学习技术(参见 8.2.4 节)

⊖ 存在关于所需采样的回合数量的理论界限，使得在估计的元博弈中的纳什均衡也是在准确元博弈中的(近似)纳什均衡(Tuyls 等人，2020)。

⊜ 星际争霸多智能体挑战赛(SMAC)(Samvelyan 等人，2019)提供了《星际争霸Ⅱ》的缩小版，并已广泛用于多智能体强化学习研究，详见 11.3.3 节。

来训练策略，以应对不同的对手智能体(即 PSRO 中的预言家)。策略要么基于统计数据 z 进行调整，并且当智能体遵循与 z 相应的策略时会获得奖励；要么仅基于历史记录 $\boldsymbol{h}^t$ 进行调整，并自由选择其动作。在这两种情况下，当动作概率偏离最初的(监督)策略时，智能体会受到惩罚。虽然强化学习技术的细节对 AlphaStar 的训练性能很重要，但在本节中，我们将重点关注 AlphaStar 中使用的基于种群的训练组件。我们参考原始出版物(Vinyals 等人，2019)了解所使用的深度学习架构和 RL 方法的详细信息。

AlphaStar 采用了一种叫作“联赛训练”的基于种群的训练方法，其方法与 PSRO 相似。AlphaStar 维护一个单一联赛(种群)$\prod^k$，对应于每个种族三种不同类型的智能体：主智能体、主剥削者智能体和联赛剥削者智能体。这三种类型的智能体在训练中所面对的联赛对手的分布 δ_i^k 有所不同：在训练中何时将它们当前的策略(即参数)添加到联赛中，以及何时将它们的策略重置为监督学习阶段获得的初始参数。

设 $\prod^k$ 为第 k 代的当前联赛，其中包含了来自训练不同阶段的三种智能体类型的过去策略副本。对于给定的策略 $\pi_i' \in \prod^k$，AlphaStar 使用一种叫作优先虚拟自博弈(PFSP)的方法来计算在 $\prod^k$ 的子集中策略 π_i 上的分布 δ_i^k，用来训练 π_i'，定义为

$$\delta_i^k(\pi_i) \propto f(\Pr[\pi_i' \text{ 胜过 } \pi_i]) \tag{9.98}$$

其中 f：$[0,1] \to [0,\infty)$是一种权重函数。AlphaStar 使用两种类型的权重函数：

- $f_{\text{hard}}(x)=(1-x)^p$，其中 $p \in \mathbb{R}^+$ 是一个参数，它使 PFSP 专注于对 π_i' 来说最具挑战性的对手策略。这是 f 的默认选择。
- $f_{\text{var}}(x)=x(1-x)$使 PFSP 专注于与 π_i' 具有相似表现水平的对手策略。

概率 $\Pr[\pi_i' \text{ 胜过 } \pi_i]$是通过多次进行 π_i' 对抗 π_i 的比赛并记录 π_i' 的平均胜率来经验估计的。基于以上描述，联赛中使用的三种智能体类型的具体细节如下：

- 主智能体(每个种族一个)按以下比例进行训练：35%自博弈，即主智能体当前的学习策略与其自身进行对弈(如 9.8.2 节所述)；50%和所有智能体类型的历史策略群体 $\prod^k$ 对弈，策略的概率由 PFSP 给出；另外 15%针对主剥削者的过去策略，概率由 PFSP 给定。主智能体的策略每 2×10^9 个训练时间步被冻结并添加到联赛中。主智能体永远不会重置为初始参数。
- 主剥削智能体(每个种族一个)针对主智能体进行训练，以利用它们的弱点。在 50%的比例下，或者如果它们当前的估计胜利概率低于 0.20，则剥削者智能体使用加权函数为 f_{var} 的 PFSP 给出的概率针对联赛中的历史主智能体策略进行训练。另外 50%的训练是针对主智能体的当前策略。当主剥削智能体至少在 70%的比赛中击败所有三个主智能体时，或者在 4×10^9 个训练时间步后，它们会被添加到联赛中。然后，它们的参数会重置为初始参数。
- 联赛剥削智能体(每个种族两个)针对联赛中包含的所有策略进行训练，以确定联赛中不存在对其剥削的策略。它们使用 PFSP 给出的概率对 $\prod^k$ 中的策略进行训练，如果它们至少在 70%的比赛中击败联赛中的所有策略，或者在 2×10^9 个训练时间步后，它们会被添加到联赛中。在那个时候，以 0.25 的概率它们的参数会重置为初始参数。

对于 Vinyals 等人(2019)报告的与顶级人类玩家进行的比赛，AlphaStar 通过监督学习对策略进行初始化，该学习基于公开的 971 000 个匿名人类玩家比赛数据集，这些数据集在《星际争霸Ⅱ》的“匹配评级”(MMR)指标中排名前 22%，该指标类似于国际象棋中使用的 Elo 排名(见 9.8.3 节)。在使用 32 个第三代张量处理单元(TPU)(Jouppi 等人，2017)进行 44 天联赛训练后，最终训练的主智能体对应于三个种族，并通过《星际争霸Ⅱ》中使用的官方在线匹配系统与人类玩家进行比赛。对主智能体进行评估时，没有对策略中的统计数据 $\boldsymbol{z}$ 进行条件化。最终的主智能体取得了 MMR 评级，该评级高于官方排名的人类玩家的 99.8%，并且三个种族都达到了“宗师”级别。有趣的是，在监督学习之后，初始策略已经实现了相当强大的表现，将它们排在人类玩家的 84%以上。Vinyals 等人(2019)表明，如果不使用人类游戏数据来初始化策略，那么随着搜索空间变得难以从零开始探索，AlphaStar 的性能会大大降低。值得注意的是，与 AlphaZero(9.8.3 节)类似，AlphaStar 能够使用通用深度学习和 RL 方法实现这一卓越的性能。这些方法同样可以应用于其他需要长期复杂规划和交互的多智能体决策问题。

9.10　总结

本章介绍了一系列基于深度学习方法构建的“深度”多智能体强化学习算法，这些算法用于在复杂环境中学习策略。主要概念总结如下：

- 在深度多智能体强化学习中，不同的训练和执行范式在算法的开发和使用中扮演了重要角色。集中式信息的概念包括可能在智能体间共享的信息，如参数、梯度、观测、动作或其他通常不包括在智能体的观测空间内的任何内容。我们讨论了三种范式：在集中式训练和执行中，智能体通过在训练和执行阶段共享集中式信息来学习和操作。在分散式训练和执行中，智能体是孤立的，既不共享信息也不相互通信，确保完全独立地学习，仅基于其局部观测。最后，集中式训练和分散式执行代表了一种混合且流行的方法。智能体在训练阶段利用集中式信息来促进学习。然而，智能体学习的策略仅基于局部观测，从而实现其策略的完全独立执行。
- 独立学习是多智能体强化学习算法的一个类别，其中智能体独立使用单智能体强化学习来学习它们的策略。尽管相对简单，但这类算法在深度 MARL 中有时可以达到与更复杂方法类似的性能。独立学习算法可以与分散式训练和执行范式一起使用。
- 我们讨论的独立学习的第一个扩展是基于多智能体策略梯度的多智能体强化学习算法。这些算法通常学习一个集中式价值函数，考虑到智能体获得的回报也取决于其他智能体的策略。我们引入了集中式评论家 $V(\boldsymbol{h}_i^t, \boldsymbol{z}^t; \boldsymbol{\theta}_i)$，它们不仅基于智能体的观测历史条件，还包括集中式信息 $\boldsymbol{z}^t$，如其他智能体的观测。同样的方法可以扩展到通过学习状态-动作-价值 $Q(\boldsymbol{h}_i^t, \boldsymbol{z}^t, \boldsymbol{a}^t; \boldsymbol{\theta}_i)$ 的集中式动作-价值评论家，它也基于联合动作条件。
- 价值分解算法旨在解决具有共享奖励的环境(即博弈)。这些算法试图找到每个单独智能体对共享奖励信号的贡献。这个问题也被称为多智能体信用分配问题，通常通过尝试分解联合动作价值函数来解决，假设它可以使用更简单的函数逼近，例如 $Q(\boldsymbol{s}, \langle \boldsymbol{a}_1, \boldsymbol{a}_2, \boldsymbol{a}_3 \rangle) \approx Q(\boldsymbol{s}, \langle \boldsymbol{a}_1, \boldsymbol{a}_2 \rangle) + Q(\boldsymbol{s}, \langle \boldsymbol{a}_1, \boldsymbol{a}_3 \rangle)$。价值分解网络就是这样一个算法，它假设 $Q(\boldsymbol{s}, \langle \boldsymbol{a}_1, \boldsymbol{a}_2, \boldsymbol{a}_3, \cdots \rangle) \approx Q(\boldsymbol{a}_1) + Q(\boldsymbol{a}_2) + Q(\boldsymbol{a}_3) + \cdots$，并学习每个智能体的价值函数，这些价值函数加起来等于环境预期的共同回报。类似地，QMIX 将联合动作近似为各个动作价值的线性组合(尽管有单调性要求)。

- 智能体建模涉及学习其他智能体的模型，以便为进行建模的智能体的策略或价值函数提供信息。例如，可以训练智能体模型来重构其他智能体的策略。通过将这些智能体模型表示为神经网络，智能体模型可以进一步泛化到未见状态。除了重构其他智能体的策略，智能体模型还可以学习其他智能体策略的简洁表示。通过在这种简洁表示上调节策略和价值函数，智能体可以学习根据其他智能体的策略行动，并更有效地学习适应它们的策略。
- 深度多智能体强化学习(MARL)算法可能会从经验或参数共享中受益。这种方法的灵感来自于观测到在某些环境中，最优的联合策略 π^* 由(几乎)相同的个体策略组成，即 $\pi_1^*=\pi_2^*=\pi_3^*=\cdots$。在这样的环境中，参数共享通过为策略或价值函数使用共享参数，显著提高了梯度下降的效率并限制了搜索空间。同样，经验共享包括在智能体之间共享收集的轨迹，以便用更多样化的经验批次训练独立策略。
- 国际象棋、围棋和其他具有特别大状态空间的零和博弈启发了一类策略自博弈算法，通过让它与自己对弈来训练单一策略。AlphaZero 是一种自博弈算法，它在每个遇到的状态中使用蒙特卡罗树搜索，这是一种基于采样的树搜索算法，可以向前看以找到当前状态的最佳移动。AlphaZero 能够在包括国际象棋、将棋和围棋在内的多种零和博弈中学习到冠军级别的策略。
- 基于种群的训练将自博弈的思想推广到具有两个或多个智能体以及完全或部分可观测的一般和博弈。这些算法为每个智能体维护策略的种群(即集合)，并通过评估和修改种群中的策略在多个世代中发展这些种群。策略空间响应预言家是一种基于种群的训练算法，它在每一代中生成元博弈，这些元博弈是标准式博弈，其中每个智能体的动作对应于其策略集合中的策略，并且联合动作(即策略的组合)的奖励对应于智能体在底层博弈中使用这些策略时的期望收益。PSRO 使用博弈论解概念(如纳什均衡)来计算智能体策略种群中的策略分布，基于这些分布，一个预言家函数计算每个智能体的新策略(通常是关于这些分布的最佳响应策略)，并将这些策略添加到智能体的各自策略集合中。AlphaStar 是一个类似于 PSRO 的算法(带有一些修改)，并且能够在《星际争霸Ⅱ》游戏中达到宗师级别。

在本章中，我们讨论了各种深度 MARL 算法，这些算法使用深度学习技术在高维、部分可观测的多智能体环境中学习策略。我们已经介绍了这些算法中用于解决部分可观测性、非稳定性、多智能体信用分配和均衡选择等挑战的重要概念和解决策略。接下来，我们将从理论转向实践。在接下来的章节中，我们将展示这些多智能体强化学习概念如何在实践中实施。

CHAPTER10

第 10 章

实践中的多智能体深度强化学习

在本章中，我们将深入探讨多智能体深度强化学习算法的实现。本书附带了一个代码库[一]，该库使用 Python 和 PyTorch 框架构建，实现了我们在前几章中讨论的一些关键概念和算法。这个代码库为实验多智能体强化学习提供了一个实用且易于使用的平台。本章的目标是概述这些算法在代码库中的实现方式，并让读者理解在 MARL 算法实现中反复出现的编码模式。

本章假设读者具备 Python 编程语言的知识和 PyTorch 框架的基本知识。本章展示的代码示例旨在教学，描述了本书在前几章中探索的一些思想，并不一定要按原样使用。对于 MARL，存在许多代码库可以有效地实现深度 MARL 章节中讨论的许多算法，包括用于共享奖励游戏的 EPyMARL[二]、Mava[三]、MARLLib[四]等。

10.1 智能体环境接口

在 MARL 算法的实现中，与环境的交互至关重要。在 MARL 设置中，多个智能体同时与环境交互，每个智能体的动作都会影响环境状态和其他智能体的动作。然而，与单智能体强化学习不同的是，MARL 没有统一的环境接口。不同的框架使用不同的环境接口，这使得在所有环境上无缝运行的算法的实现具有挑战性。

然而，在多智能体强化学习中，智能体环境接口的总体思想与单智能体强化学习中的保持一致。环境提供了一组函数，智能体可以利用这些函数与环境进行交互。通常，环境有两个主要函数：`reset()`和 `step()`。`reset()`函数初始化环境并返回初始观测结果，而 `step()`函数则使环境向前推进一个时间步，接收智能体的动作作为输入，并返回下一个观测结果、奖励和一个二进制变量，该变量在每回合结束时为真(结束标志)。除了这些函数之外，环境还应该能够描述观测空间和动作空间。观测空间定义了智能体可以从环境中接收到的可能观测结果，而动作空间定义了智能体可以采取的可能动作。

[一] 本书附带的代码可以在 https://github.com/marl-book/codebase 中找到。

[二] https://github.com/uoe-agents/epymarl。

[三] https://github.com/instadeepai/Mava。

[四] https://github.com/Replicable-MARL/MARLlib。

在单智能体强化学习中，最常见的接口称为 Gym(Brockman 等人，2016)，并且在进行一些微小修改后，可以支持许多多智能体环境。这种接口的示例可以在基于等级的搜寻环境中找到(11.3.1 节)，可以使用代码清单 10.1 中的代码在 Python 中导入。gym.make()命令将环境的名称作为参数，而在这种情况下，它进一步定义了确切的任务参数(网格大小、智能体数量和物品数量)。

代码清单 10.1：创建环境

```
1 import lbforaging
2 import gym
3
4 env = gym.make("Foraging-8x8-2p-1f-v2")
```

可以使用代码清单 10.2 中的代码从环境中检索观测空间和动作空间。在基于等级的搜寻环境中，观测空间是每个智能体的 15 维向量(在 Gym 库中包含浮点值时标记为 Box)，包含有关智能体和物品的放置以及它们的等级的信息。动作空间对于每个智能体是 Discrete(6)，这意味着期望的动作是离散数字(0,1,…,5)，对应于四个移动动作、收集动作以及什么都不做的 noop 动作(有关此环境的更多详情，请参见 11.3.1 节)。值得注意的是，观测空间和动作空间都是元组，它们的 n 个元素对应于每个智能体。在代码清单 10.2 中，元组的大小为两个，这意味着环境中存在两个智能体。

代码清单 10.2：观测空间和动作空间。Box 动作空间还包括这些值的上下限(缩写为点)

```
1 env.observation_space
2 >> Tuple(Box(..., 15), Box(..., 15))
3
4 env.action_space
5 >> Tuple(Discrete(6), Discrete(6))
```

与环境交互的关键步骤显示在代码清单 10.3 中。reset()函数初始化环境并返回每个智能体的初始观测。这可以用于选择每个智能体 i 的动作 $\boldsymbol{a}_i^0$，然后将其传递给 step()函数。step()函数模拟给定联合动作的状态到下一个状态的转移，然后返回观测(下一个状态)、n 个奖励列表、回合是否终止以及可选的 info 字典(我们在代码清单中使用 Python 的_符号忽略)。

代码清单 10.3：在环境中的观测和动作

```
1 observations = env.reset()
2 next_observations, rewards, terminal_signal, _ = env.step(
      actions)
```

一些多智能体环境(将在第 11 章中讨论)不符合这个确定的接口。然而，上面描述的简单接口可以对 POSG 建模，其他接口主要用于拓展额外功能，如限制每回合智能体可用的动作或提供完整的环境状态。本书的代码库使用上述接口，并对环境进行包装来为不同方式的学习算法提供必要的信息。

10.2 PyTorch 中的多智能体强化学习神经网络

实现深度学习算法的第一步是搭建一个简单的神经网络模型。在强化学习中，神经网络可以用来表示各种函数，例如策略、状态价值和动作价值。模型的具体结构取决于要实现的算法，但主要结构是相似的。

本书的代码库提供了一个灵活的架构，用于设计多智能体强化学习场景中的每个智能体的全连接神经网络。该代码定义了特定数量的隐藏层、每个隐藏层中的单元数以及每个单元中应用的非线性类型，这些都可以根据正在建模的特定问题进行更改以获得最佳效果。模块构造函数的输入允许通过更改每个智能体的输入和输出的大小来创建不同的网络。在这个实现中，代码清单 10.4 中定义的网络彼此独立。

代码清单 10.4：多智能体强化学习的神经网络示例

```
import torch
from torch import nn
from typing import List

class MultiAgentFCNetwork(nn.Module):
    def __init__(
            self,
            in_sizes: List[int],
            out_sizes: List[int]
        ):
        super().__init__()

        # We use the ReLU activation function:
        activ = nn.ReLU
        # We use two hidden layers of 64 units each:
        hidden_dims = (64, 64)

        n_agents = len(in_sizes)
        # The number of agents is the length of the
        # input and output vector
        assert n_agents == len(out_sizes)

        # We will create 'n_agents' (independent) networks
        self.networks = nn.ModuleList()

        # For each agent:
        for in_size, out_size in zip(in_sizes, out_sizes):
            network = [
                nn.Linear(in_size, hidden_dims[0]),
                activ(),
                nn.Linear(hidden_dims[0], hidden_dims[1]),
                activ(),
                nn.Linear(hidden_dims[1], out_size),
            ]
            self.networks.append(nn.Sequential(*network))

    def forward(self, inputs: List[torch.Tensor]):

        # The networks can run in parallel:
        futures = [
            torch.jit.fork(model, inputs[i])
                for i, model in enumerate(self.networks)
        ]
        results = [torch.jit.wait(fut) for fut in futures]
        return results
```

在代码清单 10.4 中，第 27 行～第 35 行遍历每个智能体的输入和输出大小，并扩展独立神经网络的列表(第 35 行)。虽然所有模块都包含在同一个模型中，但实际的网络是独立的，甚至可以并行运行。第 40 行的循环开始通过这些网络进行并行前向传播，使得计算在后台开始。当 PyTorch 计算前向传播时，程序可以继续执行。在第 44 行，程序等待计算完成并且准备好结果(类似于许多编程语言中的异步/等待模式)。

10.2.1　无缝参数共享实现

9.7.1 节讨论了参数共享，这是实现 MARL 算法时的一种普遍范式，特别适用于具有同质性智能体的环境。参数共享要求智能体有一个单一的网络，所有输入和输出都可以从中获得。参数共享可以通过在模型中定义一个参数共享的变体来无缝地进行交换，如代码清单 10.5 所示。

代码清单 10.5：共享神经网络的示例

```
class MultiAgentFCNetwork_SharedParameters(nn.Module):

    def __init__(
            self,
            in_sizes: List[int],
            out_sizes: List[int]
        ):

        # ... same as MultiAgentFCNetwork

        # We will create one (shared) network
        # This assumes that input and output size of the
        # networks is identical across agents. If not, one
        # could first pad the inputs and outputs

        network = [
            # ... same as MultiAgentFCNetwork
        ]
        self.network = nn.Sequential(*network)

    def forward(self, inputs: List[torch.Tensor]):

        # A forward pass of the same network in parallel
        futures = [
            torch.jit.fork(self.network, inp)
                for inp in inputs)
        ]
        results = [torch.jit.wait(fut) for fut in futures]
        return results
```

代码清单 10.4 和代码清单 10.5 创建的网络的区别在于，后者没有创建多个子网络的循环(代码清单 10.4，第 27 行)，而是定义了一个单一的顺序模块(代码清单 10.5，第 19 行)。代码清单 10.5 中第 24 行的前向操作的并行执行每次调用相同的网络，而不是遍历列表。

10.2.2　定义模型：IDQN 的一个示例

在 10.2 节中讨论的模型可以轻松地初始化以在 MARL 设置中使用。例如，要在 IDQN(算法 17)中使用它们之一，我们只需要理解和定义动作和观测空间的大小。DQN 使用一个价值网络，接收个体观测 $\boldsymbol{o}^i$ 作为输入，并为每个可能的动作输出一组 Q 值。代码清单 10.6 展示了如何创建一个用于 IDQN 的模型的示例，包括两个智能体，观测大小为 5，每个智能体有三种可能的动作。

代码清单 10.6：初始化模型的示例

```
# Example of observation of agent 1:
# obs1 = torch.tensor([1, 0, 2, 3, 0])

# Example of observation of agent 2:
# obs2 = torch.tensor([0, 0, 0, 3, 0])

obs_sizes = (5, 5)

# Example of action of agent 1:
# act1 = [0, 0, 1] # one-hot encoded

# Example of action of agent 2:
# act2 = [1, 0, 0] # one-hot encoded

action_sizes = (3, 3)

model = MultiAgentFCNetwork(obs_sizes, action_sizes)

# Alternatively, the shared parameter model can be used instead:
# model = MultiAgentFCNetwork_SharedParameters(
#     obs_sizes, action_sizes
#)
```

由上述代码清单 10.6 生成的网络可以在图 10.1 中看到。IDQN 算法可以构建在这些网络之上。要预测(并稍后学习)IDQN 算法中每个智能体的动作价值，可以使用下面的代码清单 10.7。

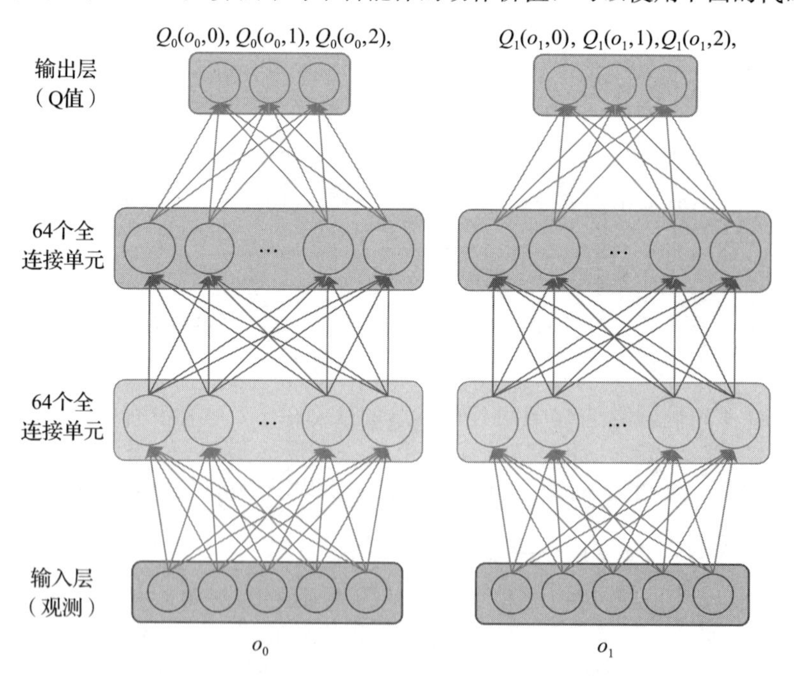

图 10.1　代码清单 10.6 中的多智能体全连接网络示例，用于 IDQN 算法，包括两个智能体，观测大小为 5，每个智能体有三种可能的动作

代码清单 10.7：采样 Q 值

```
# obs1, obs2, model as above

q_values = model([obs1, obs2])
>> ([Q11, Q12, Q13], [Q21, Q22, Q23])
# where Qij is the Q value of agent i doing action j
```

在 PyTorch 中，在额外的“智能体”维度执行操作(如求和或其他函数)是一个非常强大的工具。举个例子，假设算法需要计算每个智能体的最高 Q 值的动作(例如，用于贝尔曼方程)，这可以在类似于单智能体的情况下以并行方式完成，如代码清单 10.8 所示。

代码清单 10.8：堆叠 Q 值

```
# we are creating a new "agent" dimension
q_values_stacked = torch.stack(q_values)
print(q_values_stacked.shape)
>> [2, 3]
# 2: agent dimension, 3: action dimension

# calculating best actions per agent (index):
_, a_prime = q_values_stacked.max(-1)
```

实现算法 17 中呈现的完整 IDQN 算法需要一个与环境交互的框架、回放缓冲区的实现以及目标网络。然而，有了本节中介绍的基础知识，实现 IDQN 应该是一个相对简单的练习。

10.3　集中式价值函数

本节将介绍多智能体强化学习中的另一个基本概念，即构建算法，使价值函数或策略依赖于“外部”信息(见 9.4.2 节)。

IDQN 算法使用观测作为动作-价值网络的输入。一个简单的替代方法是将所有智能体的观测值拼接起来作为动作-价值函数的输入，这可能在部分可观测环境中更好地近似状态。在 9.4.2 节介绍的基于状态的演员-评论家算法就使用了这种评论家。代码清单 10.9 中展示了在 PyTorch 中如何拼接观测值并为此算法创建评论家的示例。

代码清单 10.9：拼接观测值

```
centr_obs = torch.cat([obs1, obs2])
print(centr_obs)
>> tensor([1, 0, 2, 3, 0, 0, 0, 0, 3, 0])

# we use an input size of 5+5=10, once for each agent
critic = MultiAgentFCNetwork([10, 10], [1, 1])

values = critic(2*[centr_obs]) # outputs the state value for each agent
```

在代码清单 10.9 中，第 1 行使用 PyTorch 的拼接函数合并两个智能体的观测值。评论家的输入尺寸相应增加到 10(第 6 行)，而输出的维度为 1，因为它返回在策略下联合观测的价值(但不是动作)。这个模型现在依赖于拼接观测值，在部分可观测环境中能产生更好的估计。

为了遵循集中训练、分散式执行范式，策略网络（演员）仅基于智能体进行决策。如何初始化该网络以及如何从中采样动作的示例可以在代码清单 10.10 中看到。

代码清单 10.10：从策略网络采样动作

```
1 actor = MultiAgentFCNetwork([5, 5], [3, 3])
2
3 from torch.distributions import Categorical
4 actions = [Categorical(logits=y).sample() for y in actor([obs1,
      obs2])]
```

在代码清单 10.10 中，第 4 行为每个智能体创建一个分类分布，该分布是从网络的输出中生成的。可以对这个分类分布进行采样来产生智能体将执行的动作。

10.4　价值分解

在共享奖励环境中，算法可以使用价值分解方法，例如 VDN 或 QMIX（见 9.5.2 节和 9.5.3 节）。在代码清单 10.11 中，我们展示了如何在实践中实现 VDN 的价值分解。

代码清单 10.11：使用 VDN 的价值分解

```
1 # The critic and target are both MultiAgentFCNetwork
2 # The target is "following" the critic using soft or hard
3 # updates. Hard updates copy all the parameters of the network
4 # to the target while soft updates gradually interpolate them
5
6 # obs and nobs are List[torch.tensor] containing the
7 # observation and observation at t+1 respectively
8 # For each agent
9
10 with torch.no_grad():
11     q_tp1_values = torch.stack(critic(nobs))
12     q_next_states = torch.stack(target(nobs))
13 all_q_states = torch.stack(self.critic(obs))
14
15 _, a_prime = q_tp1_values.max(-1)
16
17
18 target_next_states = q_next_states.gather(
19                         2, a_prime.unsqueeze(-1)
20                     ).sum(0)
21
22 # Notice .sum(0) in the line above.
23 # This command sums the Q values of the next states
24
25 target_states = rewards + gamma*target_next_states*(1-
      terminal_signal)
```

请记住，在上面的示例中，我们的奖励是一维的，意味着联合动作有一个（共同的）奖励。因此，我们对状态-动作网络的输出求和，并尝试使用该总和来近似回报。可以使用更复杂的解决方案（例如 QMIX）来代替简单的求和操作，以强制满足假设（例如非线性或单调性约束）。

10.5　多智能体强化学习算法的实用技巧

与机器学习的其他领域类似，实现多智能体强化学习算法也需要大量的努力。本节将提供一些实现这类算法的有用技巧。应注意，考虑到该领域存在广泛和多样的假设，并非所有这些技巧都适用于每一个 MARL 问题。尽管如此，掌握这些概念可以被证明是有用的。

10.5.1　堆叠时间步与循环网络

在本书的第一部分，我们专注于基于观测历史(即 h_i^t)的策略的理论方法，特别是在部分可观测随机博弈中。但是，8.3 节所讨论的神经网络有一个预定义的结构，不允许变化输入长度。即使这个问题被解决(例如，通过填充输入)，在大型和复杂的环境中，带有重复信息的大量输入可能对学习产生不利影响。使用神经网络实现算法的多智能体强化学习实践者可以在三个选项之间选择：(1) 堆叠少量观测结果(例如 $o_i^{t-5:t}$)；(2) 使用循环神经网络(例如 LSTM 或 GRU)；(3) 简单地忽略以前的观测结果，并假设 o_i^t 包含了决定动作所需的所有必要信息。使用循环结构是最接近理论上合理的解决方案，但实际上，循环架构受到梯度消失问题的困扰，可能导致过去的信息未被使用。

我们应该在何时使用每种方法？在我们对特定环境获得实验结果之前，我们无法对这个问题给出确切答案。然而，我们可以考虑以下问题：以前的观测中包含的信息对智能体的决策有多重要？如果几乎所有信息都包含在最后一次观测中(例如，几乎完全可观测的环境)，那么使用以前的观测可能不会导致性能提升。如果所有信息都包含在一定数量的时间步中，那么，一个起点是在将最后一个时间步提供给网络之前将其连接起来。最后，如果需要过去的信息(例如，导航一个长迷宫)，那么循环网络可能会有用。

10.5.2　标准化奖励

单智能体强化学习的研究已经证实，标准化奖励和回报可以获得经验性的改进。在多智能体强化学习中也观测到这些改进。许多 MARL 环境的奖励数量级差异很大(例如，11.3.2 节将讨论的多智能体粒子环境)，这会妨碍神经网络对其进行逼近。因此，使用标准化的奖励可以使算法更高效：奖励的均值应该是 0，标准差为 1。在实践中，有许多不同的方式来实现这种机制。例如，可以对批次进行标准化，或者对奖励的滚动平均和标准差进行标准化。或者可以标准化回报而不是奖励，正如代码清单 10.12 所示，试图保持状态-价值或动作-价值网络的输出接近零。

代码清单 10.12：回报标准化的示例

```
1 # Standardizing the returns requires a running mean and variance
2 returns = (returns - MEAN) / torch.sqrt(VARIANCE)
```

值得注意的是，奖励标准化是一个经验性的技巧，但可能会扭曲算法的基本假设和目标。例如，考虑一个只有负奖励的环境：一个有两个动作的单状态 MDP。第一个动作给智能体带来－1 的奖励并结束该回合，而第二个动作给智能体带来－0.1 的奖励，但只有 1%的机会结束该回合。标准化可能会导致第二个动作被认为提供了正面奖励。虽然动作之间的整体偏好保持不变(第一个动作导致的奖励低于第二个动作)，但问题的性质已经改变。在负奖励的情况下，智能体的目标是尽早结束，但现在，有了可能的正面奖励，智能体可能更倾向于在环境中停留更长时间。这种智能体目标的差异是微妙的，但在实践中应用奖励标准化之前应该被充分理解。

10.5.3 集中式优化

随机梯度下降依然是训练强化学习智能体中最慢的部分之一。许多独立学习代码为每个智能体使用一个单独的优化器。多个共存的优化器可以通过拥有独立的可训练参数和内部参数列表来确保智能体之间的独立性。然而，这样的实现可能极其耗时，并且不使用并行化。相反，使用单一优化器涵盖所有可训练参数，即使智能体由不同的神经网络或算法组成，也可以显著加快速度。最终损失可以在随机梯度下降步骤之前加入。在代码清单 10.13 中可以看到一个 PyTorch 的示例。

代码清单 10.13：单一优化器示例

```
1 params_list = list(nn_agent1.parameters())
2               + list(nn_agent2.parameters())
3               + list(nn_agent3.parameters())
4               + ...
5 common_optimizer = torch.optim.Adam(params_list)
6 ...
7 loss = loss1 + loss2 + loss3 + ...
8 loss.backward()
9 common_optimizer.step()
```

在代码清单 10.13 中，第 1 行至第 4 行创建了优化器要使用的参数列表(在代码清单 10.6 中介绍的多智能体全连接网络已经自动完成了这一步)。将每个智能体的损失相加(第 7 行)创建一个用于梯度下降步骤的损失(第 8 行和第 9 行)。

10.6 实验结果的展示

在 MARL 中，比较算法并展示它们的差异可能比典型的监督学习甚至单智能体 RL 更困难。这些比较不直接的两个主要原因是：(1) 对超参数或训练种子的敏感性；(2) 解的概念表示超越一维(例如监督学习中的准确性)。本节将讨论如何在 MARL 中公平比较不同算法。

10.6.1 学习曲线

单智能体 RL 经常可以通过“学习曲线”展示学习性能(参见 2.7 节)，这是一个二维图表，其中 x 轴代表训练时间或环境时间步，y 轴显示智能体的单回合评估回报。这样的学习曲线示例可以在图 10.2a 中看到，该图展示了单个智能体在环境中的学习表现。创建复现此类图表所需要的信息有两个步骤：

- 评估策略参数 $\boldsymbol{\phi}$ 或动作-价值 $\boldsymbol{\theta}$ 的过程，该过程输出智能体在环境中平均回报的估计。此过程应定期在训练期间运行。
- 评估的输出需要使用多个随机种子。然后，使用在前一步中近似计算得到的平均回报以及平均回报的标准差(或偏差)来绘制最终的图像。

学习曲线易于读取和解析，因此它们也经常被用于 MARL。在共享奖励博弈中，可以在评估期间使用共享奖励，这应该足以提供类似于单智能体 RL 的有意义的学习曲线。但是，在其他类型的博弈(如零和博弈)中可能并非如此。例如，图 10.2b 显示了零和博弈中两个智能体的学习曲线。很明显，这个例子中的学习曲线没有参考价值，不能反映智能体学习的能力。在这个具体例子中，虽然每个智能体都能打败一个未训练的智能体(以此显示出改进的迹象)，但由于两个智能体一起训练，因此没有一个智能体能胜过另一个。

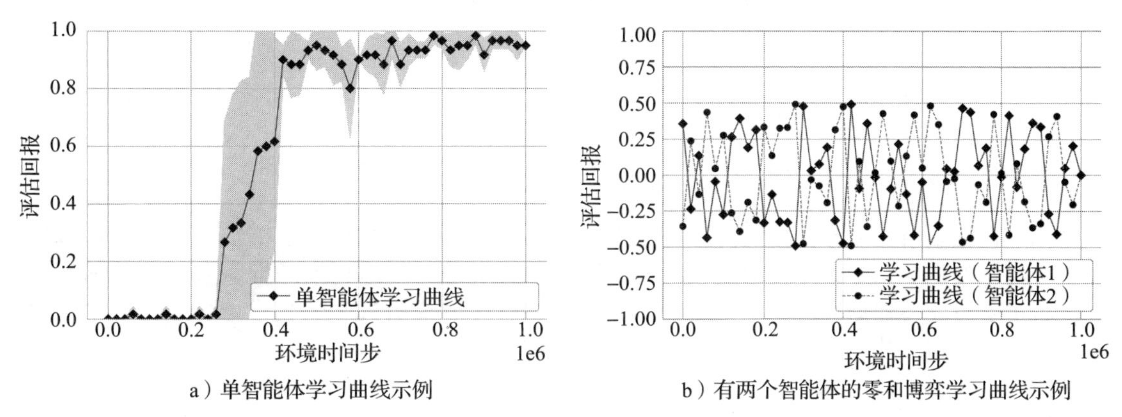

a）单智能体学习曲线示例　　b）有两个智能体的零和博弈学习曲线示例

图 10.2　单智能体和独立 A2C 多智能体强化学习的学习曲线示例。多智能体零和博弈中的学习曲线没有参考价值，不能表明智能体是否在训练过程中学习

即使在零和博弈中，仍有方法可以使学习曲线具有信息性。例如，可以使用预训练的或启发式智能体作为静态对手，并且每个评估程序都应该将学习中的智能体与该静态对手匹配。这样，多智能体强化学习从业者可以评估智能体在学习过程中的能力。当游戏足够难以至于难以编程启发式智能体时，或者当启发式智能体和学习智能体之间存在能力差距时(例如，一个高 Elo 评分的启发式国际象棋智能体在学习智能体达到那个评分之前不会提供有用的信息)，这种方法的缺点就显而易见。监控零和博弈中性能的另一种方法是保存可训练参数的历史实例，创建一个对手智能体池，并确保新智能体通常能够赢过它们(就像在 AlphaStar 中所做的那样，参见 9.9.3 节)。然而，这并不一定使比较变得容易，除非不同算法之间的智能体池是共通的。

最后，学习曲线中的信息可以被压缩成一个数字，可以通过呈现曲线的最大值或其平均值来展示。这些值具有不同的功能，最大值可以用来表示算法在任意时刻是否解决了环境，平均值表示算法在环境中学习的速度以及稳定性。最大值可以被认为更重要，因为它可以告诉我们是否已经实现了期望的行为。然而，多个算法可能达到相同的最大性能。在这种情况下，平均值可以帮助我们根据算法的学习速度和稳定性进一步区分算法。

10.6.2　超参数搜索

多个智能体同时学习，并且每个智能体都会影响其他智能体的学习，这使得多智能体强化学习特别敏感于超参数。反过来，对超参数的这种敏感性使得算法之间的比较变得复杂。请记住：当一个算法进行了更大范围的超参数搜索时，与其他算法进行比较是不公平的。

因此，在大多数情况下，为了在特定问题中发现有效的超参数，进行彻底的超参数搜索是必要的。需要测试的超参数数量取决于问题的复杂性和可用的计算资源。一个简单的、高度并行的解决方案是在许多超参数组合和多个随机种子上运行网格搜索。然后，可以通过使用 10.6.1 节中描述的指标(例如最大值)来比较运行，找到最佳的超参数组合。

可以通过独立地用不同的输入参数(超参数)调用训练程序来执行并行超参数搜索。例如，代码清单 10.14 所示的 Bash 脚本通过将学习率作为输入提供给 Python 脚本来遍历各种学习率。代码清单 10.14 中第 4 行末尾的 & 符号表示命令的结束，但会让 Bash 异步执行它。

代码清单 10.14：超参数搜索的示例

```
1 for s in {1..5}
2     for i in $(seq 0.01 0.01 0.1}
3     do
4       python algorithm.py --lr=$i --seed=$s &
5     done
6 done
```

当然，更复杂的超参数搜索需要更复杂的脚本来启动和收集实验。然而，这一过程本质上应该是相似的。超参数搜索的规模受限于可用的计算能力，但更大的搜索范围会增加算法在环境中学习能力的信心。一个经验法则是从已知合理的值附近开始超参数搜索，并主要关注控制探索的超参数，如熵系数。

CHAPTER11

第 11 章

多智能体环境

第 3 章介绍了一个博弈模型层次结构，用于在多智能体系统中形式化交互过程，包括标准式博弈、随机博弈和部分可观测随机博弈。基于这些博弈模型，MARL 研究社区实现了许多多智能体环境，作为 MARL 算法的基线和“实验场”，并允许我们评估和研究这些算法。本章将介绍现有的一些多智能体环境。

本章的目的有两个：首先，这里介绍的环境作为本书使用的博弈模型的具体示例。它们展示了 MARL 算法面临的一系列情景和学习挑战。其次，对于对尝试 MARL 算法感兴趣的读者来说，本章介绍的环境是一个起点。这些环境的代码实现可从其各自的来源免费获取。请注意，我们选择的环境并不全面，在 MARL 研究中使用了更多的环境。

我们将从 11.1 节开始，讨论选择多智能体环境时需要考虑的一系列标准，特别是关于环境的机制(例如状态/动作动态和可观测性)以及涉及的不同类型的学习挑战。11.2 节将介绍 2×2 矩阵博弈的分类(即每个有两个智能体和两个动作的标准式博弈)，这些博弈进一步分为无冲突博弈和冲突博弈。这个分类在包含所有结构上彼此不同的博弈方面是完整的，包括本书前几章讨论的许多博弈的序数版本，如囚徒困境、鸡尾酒会和猎鹿博弈。继续到更复杂的随机博弈和 POSG 博弈模型，11.3 节将介绍一系列多智能体环境，其中智能体面临多重挑战，如复杂的状态/动作空间、部分可观测性和稀疏奖励。

11.1 选择环境的标准

在选择测试 MARL 算法的环境时有许多考虑因素。我们想在 MARL 算法中测试哪些属性和学习能力？相关属性可能包括算法稳健收敛到特定概念解的能力、它按智能体数量扩展的效率，以及当状态或动作空间很大、部分可观测性和稀疏奖励(意味着大多数时间奖励为零)时算法成功学习的能力。

标准式博弈可以作为简单的基准，在评估 MARL 算法的基本属性(如收敛到特定类型的概念解)时特别有用。对于非重复的标准式博弈，存在用于计算不同概念解的精确解的方法，如 4.3 节和 4.6 节所示的极小值和相关均衡的线性规划。然后可以将 MARL 算法在标准式博弈中学习的联合策略与精确解进行比较，以给出学习成功的指示。如果标准式博弈相对较小，也有利于手动检查学习过程，并且可以像本书中许多地方一样用作说明性示例。

基于随机博弈和部分可观测随机博弈的环境可用于测试算法处理不同复杂程度的状态/动作空间、部分可观测性和稀疏奖励的能力。许多此类环境都可以配置为创建复杂性递增的任务，例如通过改变智能体数量和世界尺寸，以及通过改变部分可观测性的程度(例如，设置观测半径)。最难的学习任务通常具有状态/动作空间大、智能体可观测性有限和稀疏奖励的组合。使用此类环境的一个缺点是通常无法计算确切的解，例如纳什均衡；尽管我们可以测试学习的联合策略是否均衡，如 4.4 节所概述。

除上述属性外，考虑智能体在环境中成功所需学习的技能也很重要。不同的环境可能需要智能体学习不同类型的技能，例如决定何时与其他智能体合作(如在 LBF 中，11.3.1 节)，分享哪些信息(如在一些 MPE 任务中，11.3.2 节)，如何在团队中定位自己并分配责任(如在 SMAC 和 GRF 中，11.3.3 节和 11.3.5 节)，以及许多其他技能。多智能体强化学习算法可能成功地学习了某些类型的技能，但对于其他类型的技能可能不尽如人意，因此评估这些学习能力非常重要。

11.2　结构不同的 2×2 矩阵博弈

本节包含按 Rapoport 和 Guyer(1966)的分类法列出的所有 78 个结构不同的严格序数 2×2 矩阵博弈(即每个具有两个智能体和两个动作的标准式博弈)。这些博弈在结构上是不同的，因为没有任何一场博弈可以通过任何其他博弈的任何转换序列来复制，这包括在博弈的奖励矩阵中交换行、列、智能体以及其任意组合。这些博弈是严格顺序的，这意味着每个智能体将四种可能的结果从 1(最不优先)到 4(最优先)进行排名，且两个结果不能具有相同的排名。这些博弈进一步分类为无冲突博弈和冲突博弈。在无冲突博弈中，智能体具有相同的最优结果集。在冲突博弈中，智能体对最优结果持不同意见。

博弈以以下格式呈现：

X	(Y)
$\underline{a_{1,1}, b_{1,1}}$	$a_{1,2}, b_{1,2}$
$a_{2,1}, b_{2,1}$	$a_{2,2}, b_{2,2}$

X 是我们列表中的博弈编号，Y 是原分类法(Rapoport 和 Guyer，1966)中相应博弈的编号[⊖]。变量 $a_{k,l}$ 和 $b_{k,l}$，其中 $k,l \in \{1,2\}$，分别包含智能体 1(行)和智能体 2(列)的奖励，如果智能体 1 选择动作 k，而智能体 2 选择动作 l。如果相应的联合动作构成确定性(纯)纳什均衡，则奖励对加下划线，如在 4.4 节中定义的那样(有些博弈没有确定性纳什均衡)。

11.2.1　无冲突博弈

1	*(1)*
$\underline{4,4}$	3,3
2,2	1,1

2	*(2)*
$\underline{4,4}$	3,3
1,2	2,1

3	*(3)*
$\underline{4,4}$	3,2
2,3	1,1

4	*(4)*
$\underline{4,4}$	3,2
1,3	2,1

5	*(5)*
$\underline{4,4}$	3,1
1,3	2,2

⊖　矩阵博弈可以在此书的代码库中下载使用：https://github.com/uoe-agents/matrix-games。

6	(*6*)
4,4	2,3
3,2	1,1

7	(*22*)
4,4	3,3
2,1	1,2

8	(*23*)⊖
4,4	3,3
1,1	2,2

9	(*24*)
4,4	3,2
2,1	1,3

10	(*25*)
4,4	3,2
1,1	2,3

11	(*26*)
4,4	2,3
3,1	1,2

12	(*27*)
4,4	2,2
3,1	1,3

13	(*28*)
4,4	3,1
2,2	1,3

14	(*29*)
4,4	3,1
1,2	2,3

15	(*30*)
4,4	2,1
3,2	1,3

16	(*58*)
4,4	2,3
1,1	3,2

17	(*59*)
4,4	2,2
1,1	3,3

18	(*60*)
4,4	2,1
1,2	3,3

19	(*61*)
4,4	1,3
3,1	2,2

20	(*62*)
4,4	1,2
3,1	2,3

21	(*63*)
4,4	1,2
2,1	3,3

11.2.2 冲突博弈

22	(*7*)
3,3	4,2
2,4	1,1

23	(*8*)
3,3	4,2
1,4	2,1

24	(*9*)
3,3	4,1
1,4	2,2

25	(*10*)
2,3	4,2
1,4	3,1

26	(*11*)
2,3	4,1
1,4	3,2

27	(*12*)
2,2	4,1
1,4	3,3

28	(*13*)
3,4	4,2
2,3	1,1

29	(*14*)
3,4	4,2
1,3	2,1

30	(*15*)
3,4	4,1
2,3	1,2

31	(*16*)
3,4	4,1
1,3	2,2

32	(*17*)
2,4	4,2
1,3	3,1

33	(*18*)
2,4	4,1
1,3	3,2

34	(*19*)
3,4	4,3
1,2	2,1

35	(*20*)
3,4	4,3
2,2	1,1

36	(*21*)
2,4	4,3
1,2	3,1

37	(*31*)
3,4	2,2
1,3	4,1

38	(*32*)
3,4	2,1
1,3	4,2

39	(*33*)
3,4	1,2
2,3	4,1

40	(*34*)
3,4	1,1
2,3	4,2

41	(*35*)
2,4	3,2
1,3	4,1

42	(*36*)
2,4	3,1
1,3	4,2

43	(*37*)
3,4	2,3
1,2	4,1

44	(*38*)
3,4	1,3
2,2	4,1

45	(*39*)
2,4	3,3
1,2	4,1

46	(*40*)
3,4	4,1
2,2	1,3

⊖ Rapoport 和 Guyer(1966)提供的原始列表中的第 23 个博弈有一个错字：奖励 $a_{2,1}$ 应为 1。

47	(*41*)
$\underline{3,4}$	4,1
1,2	2,3

48	(*42*)
$\underline{3,3}$	4,1
2,2	1,4

49	(*43*)
$\underline{3,3}$	4,1
1,2	2,4

50	(*44*)
$\underline{2,4}$	4,1
1,2	3,3

51	(*45*)
$\underline{3,2}$	4,1
2,3	1,4

52	(*46*)
$\underline{3,2}$	4,1
1,3	2,4

53	(*47*)
$\underline{2,3}$	4,1
1,2	3,4

54	(*48*)
$\underline{2,2}$	4,1
1,3	3,4

55	(*49*)
$\underline{3,4}$	4,3
2,1	1,2

56	(*50*)
$\underline{3,4}$	4,3
1,1	2,2

57	(*51*)
$\underline{3,4}$	4,2
2,1	1,3

58	(*52*)
$\underline{3,4}$	4,2
1,1	2,3

59	(*53*)
$\underline{3,3}$	4,2
2,1	1,4

60	(*54*)
$\underline{3,3}$	4,2
1,1	2,4

61	(*55*)
$\underline{2,4}$	4,3
1,1	3,2

62	(*56*)
$\underline{2,4}$	4,2
1,1	3,3

63	(*57*)
$\underline{2,3}$	4,2
1,1	3,4

64	(*64*)
$\underline{3,4}$	2,1
1,2	4,3

65	(*65*)
$\underline{2,4}$	3,1
1,2	$\underline{4,3}$

66	(*66*)
3,3	$\underline{2,4}$
$\underline{4,2}$	1,1

67	(*67*)
2,3	$\underline{3,4}$
$\underline{4,2}$	1,1

68	(*68*)
2,2	$\underline{3,4}$
$\underline{4,3}$	1,1

69	(*69*)
2,2	$\underline{4,3}$
$\underline{3,4}$	1,1

70	(*70*)
3,4	2,1
4,2	1,3

71	(*71*)
3,3	2,1
4,2	1,4

72	(*72*)
3,2	2,1
4,3	1,4

73	(*73*)
2,4	4,1
3,2	1,3

74	(*74*)
2,4	3,1
4,2	1,3

75	(*75*)
2,3	4,1
3,2	1,4

76	(*76*)
2,3	3,1
4,2	1,4

77	(*77*)
2,2	4,1
3,3	1,4

78	(*78*)
2,2	3,1
4,3	1,4

11.3　复杂环境

随着越来越复杂的多智能体强化学习算法的出现，已经开发了大量的多智能体环境来评估和研究这些算法。在本节中，我们将介绍一些被 MARL 研究社区广泛使用的多智能体环境[⊖]。我们的选择包括单独的环境以及环境集合。对于每个环境，我们描述了其核心属性，包括状态/动作表示和可观测性，以及所涉及的主要学习挑战。

图 11.1 提供了环境及其核心属性的总结。每个环境的下载 URL 可在下面相应小节的参考文献中找到。许多环境使用参数来控制学习问题的复杂性或难度(例如通过设置智能体数量、字大小、物品数量等)。我们使用“任务”这个术语来指环境的特定参数设置。

⊖　本章未涉及的还有更多环境。关于一些额外的环境，可参见 https://agents.inf.ed.ac.uk/blog/multiagent-learning-environments。

环境(部分)	可观测性	观测	动作	奖励
环境:				
LBF(11.3.1 节)	full,part	dis	dis	spa
MPE(11.3.2 节)	full,part	con	dis,con	den
SMAC(11.3.3 节)	part	mix	dis	den
RWARE(11.3.4 节)	part	dis	dis	spa
GRF(11.3.5 节)	full,part	mix	dis	den,spa
Hanabi(11.3.6 节)	part	dis	dis	spa
Overcooked(11.3.7 节)	full	mix	dis	spa
环境集合:				
Melting Pot(11.4.1 节)	part	con	dis	den,spa
OpenSpiel(11.4.2 节)	full,part	dis	dis	den,spa
Petting Zoo(11.4.3 节)	full,part	mix	dis,con	den,spa

图 11.1 多智能体环境和环境集合及其核心属性。**可观测性**表示完全(full)或部分可观测(part)。**观测**指示离散(dis)、连续(con)或混合(mix)观测和状态。**动作**表示离散(dis)或连续(con)动作。**奖励**表示密集(den)或稀疏(spa)奖励。列中的多个值表示该环境为每个值提供选项

11.3.1 基于等级的搜寻

在本书中,我们使用了许多基于等级的搜寻(Level-Based Foraging,LBF)环境示例。LBF 最初由 Albrecht 和 Ramamoorthy(2013)提出,并被作为多智能体深度强化学习的基准(例如 Christianos、Schäfer 和 Albrecht,2020;Papoudakis 等人,2021;Yang 等人,2022;Jafferjee 等人,2023)。在 LBF 中,n 个智能体被放置在一个完全可观测的网格世界环境中,并被赋予在环境中收集随机位置物品的任务。每个智能体和物品都有一个数字技能等级。所有智能体都有相同的行动空间,A={上,下,左,右,收集,无操作},以在环境中导航、收集物品或什么都不做(无操作)。如果一组一个或多个智能体满足以下条件,它们就可以收集一个物品:它们与物品相邻,它们都选择收集动作,并且智能体等级的总和等于或大于物品的等级。

因此,某些物品需要(一部分)智能体之间的合作。智能体收集物品时获得的奖励是标准化的,取决于物品的等级以及智能体对收集该物品的贡献。具体来说,智能体 i 在收集物品 f 时获得以下奖励:

$$r_i=\frac{l_f \cdot l_i}{\sum_{f'\in\mathcal{F}} l_{f'} \sum_{j\in I(f)} l_j}$$

其中 l_f 是物品 f 的等级,l_i 是智能体 i 的等级,$\mathcal{F}$ 是所有物品的集合,$I(f)$ 是参与收集物品 f 的智能体的集合。因此,智能体 i 的奖励是根据环境中可以收集的所有物品的等级,以及智能体 i 的相对等级与参与收集物品 f 的所有智能体的等级进行标准化的。

LBF 任务由网格世界的大小、智能体和物品的数量以及智能体的技能等级来确定。在每

回合开始时，智能体和物品被随机分配一个等级，并放置在网格世界中的随机位置。请参见图 11.2，以查看两个 LBF 任务的示例。

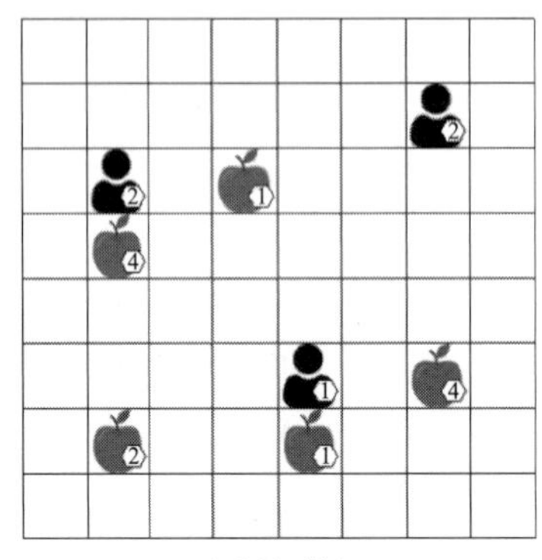

a）随机等级

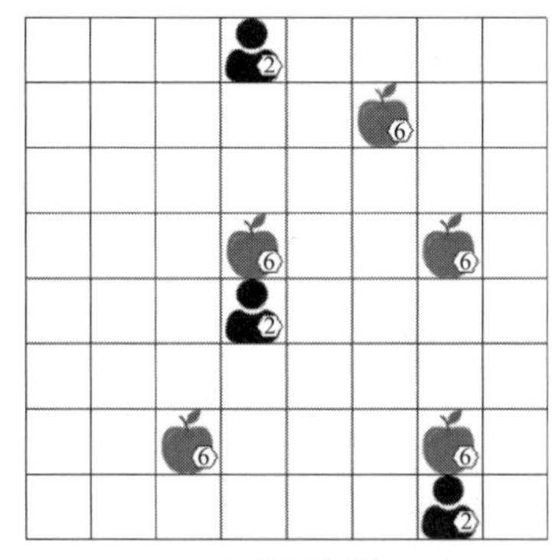

b）强制合作

图 11.2　两个有 3 个智能体、5 个物品的 8×8 网格世界 LBF 任务示例，其中包括 a) 随机等级和 b) 强制合作。强制合作的任务赋予物品等级，使得每个物品需要所有智能体合作来收集

这个环境具有灵活性，任务需要不同程度的合作、可观测性和规模。在 LBF 中可以通过“强制合作”来定义具有挑战性的探索问题。在强制合作的任务中，物品等级被设置成需要环境中的所有智能体合作才能收集网格世界中的任何物品。图 11.2b 展示了一个带有强制合作的示例环境。值得注意的是，许多 LBF 任务具有跨智能体的混合目标，其中智能体竞争以获得自己可以独立收集物品的个体奖励，并需要与其他智能体合作来收集更高级别的物品。这种相互冲突的目标构成了有趣的多智能体环境。

11.3.2　多智能体粒子环境

多智能体粒子环境(Multi-agent Particle Environment，MPE)包含多个关注智能体协调的二维导航任务。该环境包括具有完全和部分可观测性的竞争性、合作性和共享奖励任务。

智能体观测到高级特征，例如它们的速度和相对于环境中地标和其他智能体的位置。智能体可以选择离散动作，对应于在每个基本方向上的移动，或者使用连续动作来调整速度以朝任意方向移动。任务包括常见的捕食者-猎物问题，其中一组智能体(捕食者)必须追逐并抓住逃脱的猎物，需要智能体将其局部观测的部分信息传达给其他智能体的任务，以及更多的协调问题。

Mordatch 和 Abbeel(2018)介绍了这个环境，而 Lowe 等人(2017)提出了一组常用于多智能体环境的初始任务。由于环境是可扩展的，因此提出了更多的变体和任务[例如 Iqbal 和 Sha (2019)]。图 11.3 展示了三个常见的多智能体环境任务。

为了进一步扩展 MPE，Bettini 等人(2022)提出了向量化多智能体模拟器(Vectoried Multi-Agent Simulator，VMAS)。它还支持具有连续或离散动作空间的二维多智能体任务。与原始的 MPE 环境相比，VMAS 可以直接在 GPU 上模拟以加快训练速度，提供更多任务，并支持多个接口以实现多个强化学习框架之间的兼容性。

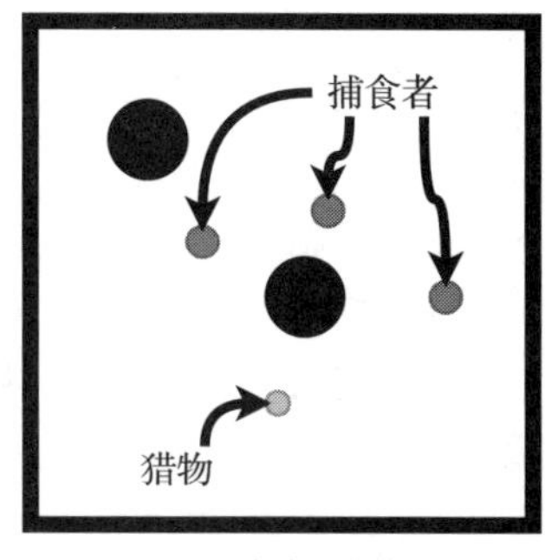

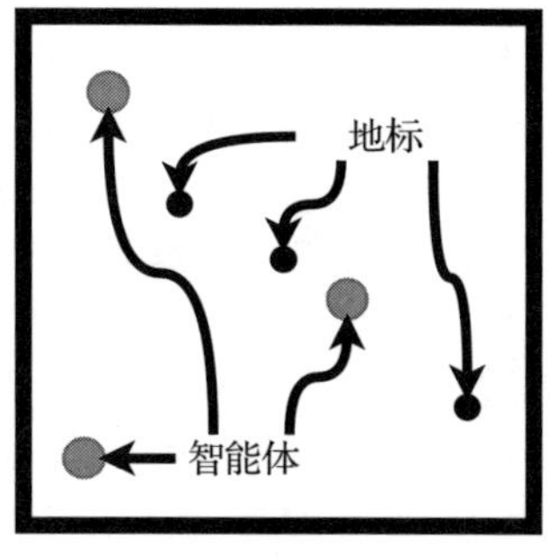

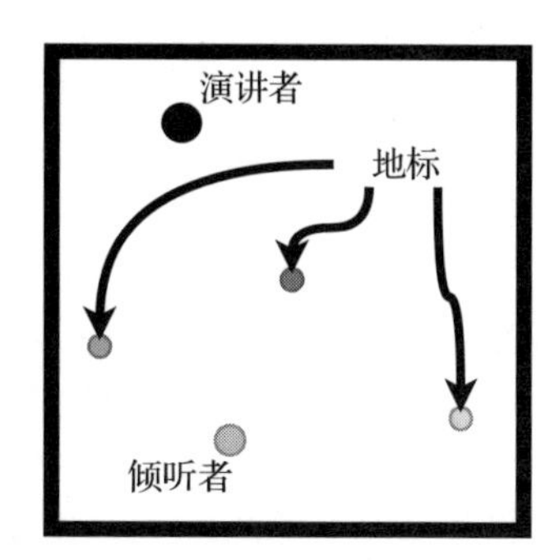

a）捕食者-猎物　　b）协调导航　　c）演讲者-倾听者

图 11.3　三个 MPE 任务。a) 捕食者-猎物：一组捕食者智能体必须捕捉更快的猎物智能体并避开障碍物(大黑圈)。b) 协调导航：三个智能体需要分散以覆盖环境中的三个地标，同时避免彼此碰撞。c) 演讲者-倾听者：一个“倾听者”智能体被随机分配到三个地标中的一个，并需要导航到其分配的地标(用相同颜色突出显示)。倾听者无法观测到自己的颜色，而依赖于一个“演讲者”智能体，后者可以看到倾听者的颜色，并需要学会通过二进制通信动作来传达颜色

11.3.3　星际争霸多智能体挑战

星际争霸多智能体挑战环境(Samvelyan 等人，2019)包含基于实时策略游戏《星际争霸Ⅱ》的共享奖励任务。在 SMAC 任务中，一个智能体团队控制单位(每个智能体一个)，与由固定内置 AI 控制的单位团队进行战斗。任务在单位数量和类型以及战斗场景发生的地图上有所不同。根据地形、区域和单位，需要微观管理策略，如“风筝战术”，来协调团队并成功击败对方团队。SMAC 包含对称任务，其中两个团队由相同的单位组成(图 11.4a)，以及不对称任务，其中团队由不同的单位组成(图 11.4b)。所有 SMAC 任务都是部分可观测的，智能体只能观测到自己和附近在一定半径内单位的健康和盾牌状态等信息。智能体有在地图内移动和攻击对手单位的动作，并根据造成的伤害和击败的敌方单位获得密集的共享奖励，以及在战斗场景中获胜的大额奖励。

a）对称任务　　b）不对称任务

图 11.4　一个 SMAC 任务，其中两个团队相互对抗。一个团队由智能体控制(每个单位一个智能体)，而另一个团队由内置 AI 控制。a) 一个对称任务，每个团队由相同数量和类型的单位组成(每个团队 3 个“海军陆战队员”)。b) 一个不对称任务，团队由不同类型的单位组成

SMAC 的主要挑战在于所有智能体之间的共享奖励。信用分配问题（见 5.4.3 节）在这种设置中尤为突出，因为智能体的动作可能会产生长期后果（例如在开局早期摧毁对方单位），而共享奖励使得难以区分每个智能体对所获得回报的贡献。这使得在 9.5 节介绍的价值分解方法特别适合 SMAC 任务。

SMAC 的每个任务都固定了任务中所有单位的起始位置。这种缺乏跨回合的变化的特性通常导致智能体过度拟合到特定任务的配置上，例如，学习按特定顺序行动，而不考虑状态。为了解决这个问题，Ellis 等人（2023）提出了 SMACv2，它具有新颖的任务，这些任务在每回合中随机化单位的类型及其起始位置。这使得 SMACv2 任务更具挑战性，并要求智能体学习更具泛化性的策略。

SMAC 和 SMACv2 的一个缺点是它们基于《星际争霸Ⅱ》，这是一个仍在不断更新的商业游戏。这使得在游戏的不同版本之间复制结果变得困难，并且运行环境依赖于《星际争霸Ⅱ》游戏，这带来了相当的计算成本。受此影响，Michalski、Christianos 和 Albrecht（2023）提出了 SMAClite 环境，它试图模仿 SMAC 任务，但不依赖于《星际争霸Ⅱ》游戏。因此，SMAClite 更容易设置和运行，并且计算成本相对较低。Michalski、Christianos 和 Albrecht（2023）表明，在 SMAClite 任务上训练的智能体可以转移到 SMAC 对应任务上，尽管性能有所下降，这表明 SMAC 被 SMAClite 准确但不完美地建模。

11.3.4　多机器人仓库

在多机器人仓库（RWARE）环境中（Christianos、Schäfer 和 Albrecht，2020；Papoudakis 等人，2021），智能体操控着在网格世界仓库中导航的机器人，需要寻找、收集并递送带有请求物品的货架。这些任务的变化体现在仓库的布局和智能体数量上（见图 11.5）。智能体观测到它们近距离内的货架和其他智能体的信息，观测范围可以作为任务的一部分来指定。智能体选择动作：向左或右转动、向前移动、停留，或者在当前位置（如果可能的话）拾取/卸货。只要智能体不携带货架，它们就可以在货架下移动。只有当智能体成功将带有请求物品的货架送到目标位置时，才会收到个体正面奖励。每次递送后，将在仓库中随机抽取一个未请求物品的新货架进行请求。

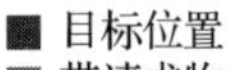

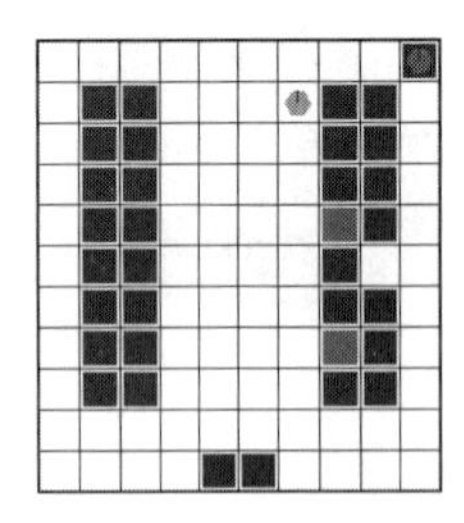

a）极小型，两个智能体

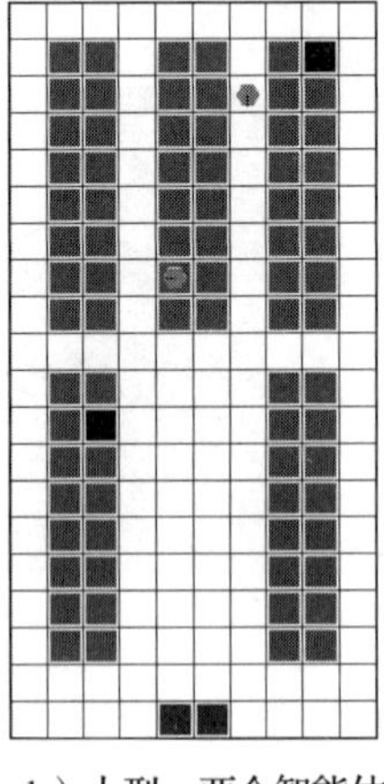

b）小型，两个智能体

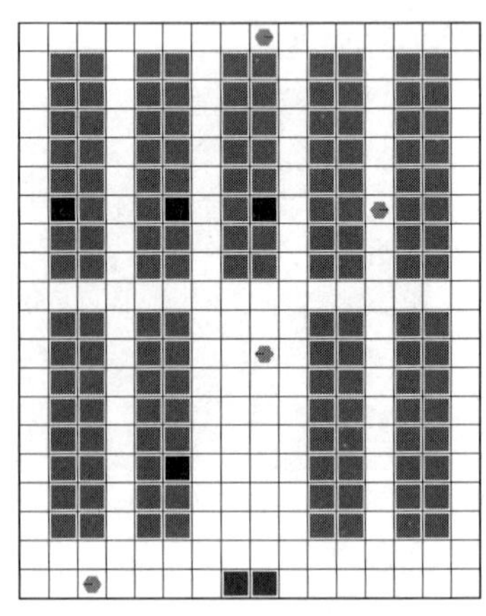

c）中型，四个智能体

图 11.5　三个不同大小和智能体数量的 RWARE 任务，摘自 Christianos、Schäfer 和 Albrecht（2020）

RWARE任务的主要挑战在于它的奖励非常稀疏。智能体要想获得任何非零奖励，需要执行非常具体、长时间的一系列动作来递送装有所需物品的货架。9.7节中介绍的参数共享和经验共享等样本高效方法在这些环境中特别适合，就像Christianos、Schäfer和Albrecht(2020)所展示的那样。

11.3.5　谷歌足球

谷歌足球(Google Research Football，GRF)环境(Kurach等人，2020)提供了一个视觉复杂、基于物理的3D足球游戏模拟(见图11.6)。该环境支持多智能体接口，可以是两个智能体控制各自的球队，或者智能体控制个别球员作为合作团队的一部分与固定内置AI控制的球队竞争。环境包括完整的11对11足球比赛，以及一系列逐渐困难的参考任务，用于评估特定情况，如少量球员的防守和得分。智能体可以在16种离散动作中选择，包括八种移动动作、传球、射门、带球、冲刺和防守动作等。可以选择两种奖励函数：(1)进球和失球分别提供+1和−1的奖励；(2)额外提供保持控球并朝对方球门区域前进的正奖励。与奖励函数类似，观测模式有三种，包括：(1)跟随球视角的图像观测，一个小型的全局地图和记分牌；(2)一个极度压缩的全局地图，显示两队的信息、球的位置，并突出显示活跃球员的位置；(3)一个包含115个值的特征向量，编码球员位置、控球、方向、游戏模式、活跃球员等信息。在GRF中，受先前MARL研究的可用设置和变体的启发，Song等人(2023)提出了一个统一的设置，用于评估GRF中的MARL算法，并在GRF环境的几个变体中对MARL算法进行基准测试。

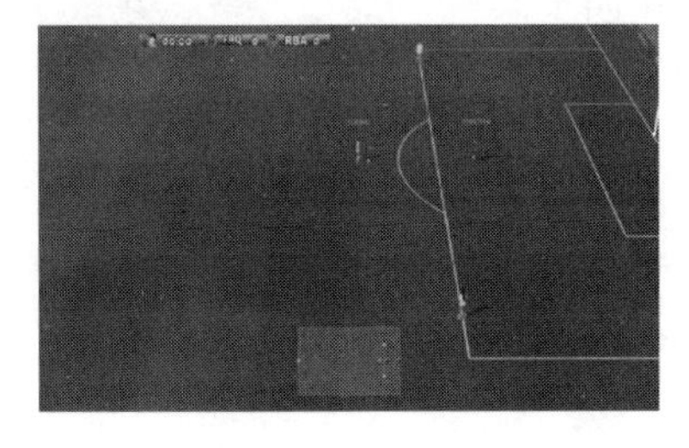

a）3对1，有守门员

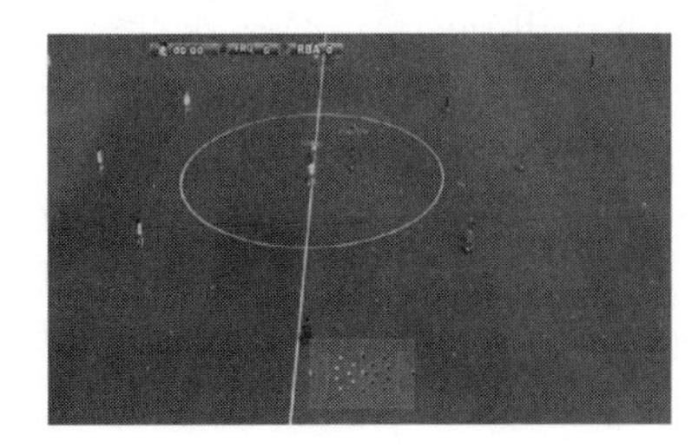

b）11对11

图11.6　两个GRF环境场景

该环境提供的不同的奖励模式、观测方式和逐步变难的场景，使其成为评估合作游戏中复杂的多智能体互动的适宜基准。这个环境也适用于两个玩家的竞争性游戏，其中每个智能体控制一个团队，以此来研究竞争性自博弈算法。

11.3.6　《花火》

《花火》(Hanabi)是一种合作的回合制纸牌游戏，适合两到五名玩家。每个玩家(智能体)手中有一组数字排名(1到5)和颜色(红色、绿色、蓝色、黄色、白色)的牌，共有50张牌。玩家需要建立有序的牌堆，每堆牌包含相同颜色且等级递增的牌。花火的特点在于，每个玩家看不到自己的牌，只能看到所有其他玩家的牌。玩家轮流采取行动，行动中的玩家有三种可能的行动：给出提示、打出手中的一张牌或丢弃手中的一张牌。在给出提示时，行动玩家选择另一个玩家，并允许指出该玩家手中所有与选择的排名或颜色相匹配的牌。

每次提供的提示都会消耗一个信息标记，整个团队的玩家在游戏开始时有 8 个信息标记。一旦所有信息标记都被用完，玩家就不能再给出提示。通过弃牌(这也使活跃玩家从牌堆中抽取一张新牌)和将相同颜色的五张卡片放置在一堆，可以恢复信息令牌。当打出一张牌时，要么五堆中的一堆排列正确，要么不成功，在这种情况下，团队失去一条生命。当团队失去所有三条生命，或成功完成五堆(按顺序放置五张等级的卡片)，或当抽完牌堆的最后一张牌并且每个玩家进行了最后一轮操作时，游戏结束。团队将获得每张成功放置的牌的奖励，最终得分介于 0～25 之间。

11.3.7 《胡闹厨房》

《胡闹厨房》是一个视频游戏，玩家在其中控制厨房中的厨师，需要合作准备菜肴并上菜给客户。这个游戏以俯视角在网格地图上进行，每个玩家控制一个厨师。厨师可以在地图上移动，拿起食材，并与案板、平底锅、锅和盘子等工具交互，按照给定的菜谱准备并送达菜肴。

有多个实现采用这款热门视频游戏作为合作多智能体强化学习环境。Rother、Weisswange 和 Peters(2023)提出了 Cooking Zoo 环境[基于 Wang、Wu 等人(2020)的工作]，如图 11.7 所示。该环境支持自定义具有不同数量智能体、关卡布局、菜谱、奖励和观测空间的任务。在每个步骤中，智能体观测所有智能体、食材和互动工具(如锅和平底锅)的标准化相对位置。智能体可以决定在四个基本方向中移动，或与它们面前的对象交互，例如，将携带的物品放在柜台上，将食材放在案板上，或切割食材。可以通过为正确或错误完成菜谱、时间用完以及当前菜谱完成进度设置奖励来自定义每个动作获得的奖励。鉴于其可定制性，Cooking Zoo 支持生成复杂程度各异的多种任务。使得这个环境特别适合研究多智能体强化学习算法在新任务上的泛化能力。

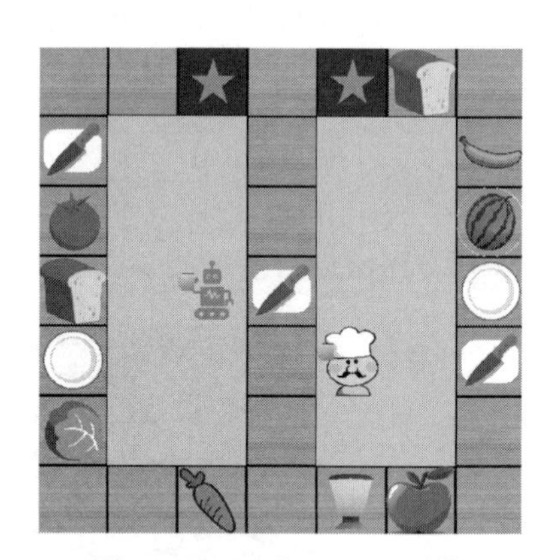

图 11.7　Cooking Zoo 环境

Carroll 等人(2019)提出了一个与 Cooking Zoo 相似的替代 Overcooked 环境，具有类似的观测和动作空间。默认情况下，只有完成食谱会获得奖励，但该环境还提供了另一种奖励函数，包括对完成食谱进展的奖励。与 Cooking Zoo 相比，这个环境的主要局限性在于它仅支持有限的食谱集，五种不同的地图布局，并且缺乏定制选项。然而，它提供了一个可公开获取的人类游戏数据集，可用于评估或训练目的。

11.4 环境集合

本节中的环境集合包括许多不同的环境，每个环境代表一个不同的博弈，这些博弈在状态/动作表示和动态性、完全/部分可观测性和观测类型以及奖励密度等属性上可能不同。因此，这些环境集合的重点是为博弈提供统一的表示和智能体－环境接口，这样与接口兼容的 MARL 算法可以在其每个环境中进行训练。这些环境集合通常还提供其他功能，例如，分析工具和新环境的创建，甚至 MARL 算法的实现。

虽然前面介绍的一些环境也包含多个任务，但这些任务通常使用相同的转移函数和观测规范。相比之下，下面环境集合中包含的环境定义了一组不同的博弈。

11.4.1　熔炉

熔炉(Leibo 等，2021)是一个基于 DeepMind Lab2D(Beattie 等，2020)(见图 11.8 中的一些示例)的包含 50 多个不同多智能体任务的集合。它关注 MARL 泛化问题的两个方面：(1) 跨不同任务的泛化；(2) 跨不同合作智能体的泛化。第一方面是通过提供不同数量智能体、不同目标和不同动力学的各种任务来实现的。第二方面是通过为每个任务提供一组不同的预训练智能体策略集合来实现的。在训练期间，称为焦点种群的智能体在一个任务中进行训练。在评估期间，焦点种群在相同的任务中进行评估，但具有不同的合作智能体：从训练好的焦点种群中采样一组智能体，并且一些所谓的背景智能体由预训练策略控制。因此，熔炉评估了训练后的焦点智能体对任务中背景智能体的多样化行为进行零次泛化的能力。

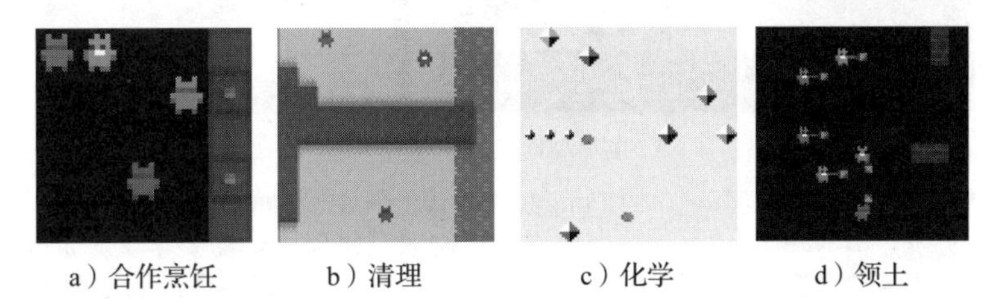

a）合作烹饪　　b）清理　　c）化学　　d）领土

图 11.8　四个熔炉环境。a) 合作烹饪：智能体需要一起烹饪一顿饭。任务有几个版本，根据厨房布局的不同，智能体之间需要的合作和专业化程度也不同。b) 清理：七个智能体可以在环境中收集苹果以获得奖励。苹果生成的速率取决于智能体清理附近河流的情况，这导致了智能体间争夺苹果的社会困境，以及清理河流以获得长期奖励的需要。c) 化学：智能体可以在环境中携带分子。当两个分子靠近时，它们可能会发生反应，根据特定任务的反应图合成新分子并产生奖励。d) 领土：智能体需要占领资源并通过发射光束消灭对手智能体

熔炉任务在智能体数量、目标(从零和竞争、完全合作的共享奖励到混合目标游戏)上各不相同。任务是部分可观测的，智能体观测到部分环境的 88×88 RGB 图像。动作空间是离散的，智能体在所有任务中都有六个移动动作：向前、向后、左移或右移、左转或右转，以及根据任务可能的额外动作。

11.4.2　OpenSpiel

OpenSpiel[㊀](Lanctot 等人，2019)是一个包含环境和 MARL 算法以及其他规划/搜索算法(如 MCTS，见 9.8.1 节)的集合，重点关注回合制游戏，也称为“广义形式”游戏。OpenSpiel 提供了大量经典的回合制游戏，包括西洋双陆棋、桥牌、国际象棋、围棋、扑克、《花火》(见 11.3.6 节)等。OpenSpiel 中的智能体-环境接口专为回合制游戏设计，尽管它也支持此书中使用的同时行动的游戏模型。OpenSpiel 中的环境使用全或部分可观测性的混合，所有环境都规定了离散的动作、观测和状态。在许多游戏中的一个挑战是，智能体在获得任何奖励之前通常需要进行长时间的交互序列。

㊀ Spiel 是德语中“游戏”的单词。

11.4.3　Petting Zoo

Petting Zoo(Terry 等人，2021)是一个用于 MARL 研究的库，其中包含大量多智能体环境，包括基于 Atari 学习环境(Bellemare 等人，2013)的多智能体游戏、各种经典游戏(如四子棋、围棋和德州扑克)，以及连续控制任务(参见图 11.9 中的一些示例)。Petting Zoo 还集成了多智能体粒子环境(11.3.2 节)。通过包含完全和部分可观测性、离散和连续动作，以及稠密和稀疏奖励的环境，Petting Zoo 涵盖了广泛的学习问题。除了提供大量任务外，Petting Zoo 还统一了所有任务的接口，提供了自定义环境接口的其他工具，并集成了各种 MARL 训练框架。

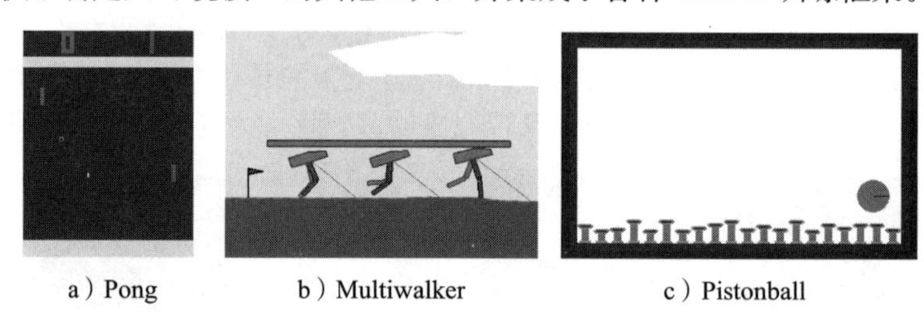

a) Pong　　b) Multiwalker　　c) Pistonball

图 11.9　三个 Petting Zoo 环境。a) Pong：两个智能体在经典的 Atari Pong 游戏中相互竞争。b) Multiwalker：三个智能体控制双足机器人，需要学会一起走路，同时不让放在它们头上的包裹掉下来。c) Pistonball：智能体控制地面上的活塞，将球从屏幕的右侧移动到左侧

多智能体强化学习研究综述

在撰写本书时，多智能体强化学习是一个高度活跃和快速发展的研究领域，近年来，在该领域发表的许多论文证明了这一点。为了对本书进行补充，我们列出了一系列研究论文，提供了多智能体强化学习算法的不同概述，包括本书中未涵盖的许多算法。该列表按时间倒序给出，最早可追溯到 1999 年发表的该领域的第一次研究(据我们所知)。目前还存在许多其他关于多智能体强化学习特定应用领域的研究论文，但此处省略。

Changxi Zhu, Mehdi Dastani, Shihan Wang. 2024. "A Survey of Multi-Agent Deep Reinforcement Learning with Communication." In *Autonomous Agents and Multi-Agent Systems, vol. 38, no. 4.*

Afshin Oroojlooy, Davood Hajinezhad. 2023. "A Review of Cooperative Multi-Agent Deep Reinforcement Learning." In *Applied Intelligence, vol. 53, pp. 13677–13722.*

Annie Wong, Thomas Bäck, Anna V. Kononova, Aske Plaat. 2023. "Deep Multiagent Reinforcement Learning: Challenges and Directions." In *Artificial Intelligence Review, vol. 56, pp. 5023–5056.*

Sven Gronauer, Klaus Diepold. 2022. "Multi-Agent Deep Reinforcement Learning: A Survey." In *Artificial Intelligence Review, vol. 55, pp. 895–943.*

Kaiqing Zhang, Zhuoran Yang, Tamer Başar. 2021. "Multi-Agent Reinforcement Learning: A Selective Overview of Theories and Algorithms." In *Handbook of Reinforcement Learning and Control.*

Clément Moulin-Frier, Pierre-Yves Oudeyer. 2020. "Multi-Agent Reinforcement Learning as a Computational Tool for Language Evolution Research: Historical Context and Future Challenges." In *AAAI Spring Symposium: Challenges and Opportunities for Multi-Agent Reinforcement Learning.*

Thanh Thi Nguyen, Ngoc Duy Nguyen, Saeid Nahavandi. 2020. "Deep Reinforcement Learning for Multiagent Systems: A Review of Challenges, Solutions and Applications." In *IEEE Transactions on Cybernetics, vol. 50, no. 9, pp. 3826–3839.*

Pablo Hernandez-Leal, Bilal Kartal, Matthew E. Taylor. 2019. "A Survey and Critique of Multiagent Deep Reinforcement Learning." In *Autonomous Agents and Multi-Agent Systems, vol. 33, no. 6, pp. 1–48.*

Roxana Rădulescu, Patrick Mannion, Diederik M. Roijers, Ann Nowé. 2019. "Multi-Objective Multi-Agent Decision Making: A Utility-based Analysis and Survey." In *Autonomous Agents and Multi-Agent Systems, vol. 34, no. 10.*

Georgios Papoudakis, Filippos Christianos, Arrasy Rahman, Stefano V. Albrecht. 2019. "Dealing with Non-Stationarity in Multi-Agent Deep Reinforcement Learning." In *arXiv:1906.04737.*

Felipe Leno Da Silva, Anna Helena Reali Costa. 2019. "A Survey on Transfer Learning for Multiagent Reinforcement Learning Systems." In *Journal of Artificial Intelligence Research, vol. 64, pp. 645–703.*

Karl Tuyls, Peter Stone. 2018. "Multiagent Learning Paradigms." In *Lecture Notes in Artificial Intelligence, vol. 10767, pp. 3–21.*

Pablo Hernandez-Leal, Michael Kaisers, Tim Baarslag, Enrique Munoz de Cote. 2017. "A Survey of Learning in Multiagent Environments: Dealing with Non-Stationarity." In *arXiv:1707.09183.*

Daan Bloembergen, Karl Tuyls, Daniel Hennes, Michael Kaisers. 2015. "Evolutionary Dynamics of Multi-agent Learning: A Survey." In *Journal of Artificial Intelligence Research, vol. 53, no. 1, pp. 659–697.*

Karl Tuyls, Gerhard Weiss. 2012. "Multiagent Learning: Basics, Challenges, and Prospects." In *AI Magazine, vol. 33, no. 3, pp. 41–52.*

Laetitia Matignon, Guillaume J. Laurent, Nadine Le Fort-Piat. 2012. "Independent Reinforcement Learners in Cooperative Markov Games: A Survey Regarding Coordination Problems." In *The Knowledge Engineering Review, vol. 27, no. 1, pp. 1–31.*

Ann Nowé, Peter Vrancx, Yann-Michaël De Hauwere . 2012. "Game Theory and Multi-Agent Reinforcement Learning." In *Reinforcement Learning State-of-the-Art, pp. 441–470.*

Lucian Buşoniu, Robert Babuška, Bart De Schutter. 2010. "Multi-Agent Reinforcement Learning: An Overview." In *Studies in Computational Intelligence, vol. 310, pp. 183–221.*

Lucian Buşoniu, Robert Babuška, Bart De Schutter. 2008. "A Comprehensive Survey of Multiagent Reinforcement Learning." In *IEEE Transactions on Sys-*

tems, Man, and Cybernetics, Part C (Applications and Reviews), vol. 38, pp. 156–172.

Yoav Shoham, Rob Powers, Trond Grenager. 2007. "If Multi-Agent Learning is the Answer, What is the Question?." In *Artificial Intelligence, vol. 171, no. 7, pp. 365–377.*

Karl Tuyls, Ann Nowé. 2005. "Evolutionary Game Theory and Multi-Agent Reinforcement Learning." In *The Knowledge Engineering Review, vol. 20, no. 1, pp. 63–90.*

Liviu Panait, Sean Luke. 2005. "Cooperative Multi-Agent Learning: The State of the Art." In *Autonomous Agents and Multi-Agent Systems, vol. 11, no. 3, pp. 387–434.*

Pieter Jan 't Hoen, Karl Tuyls, Liviu Panait, Sean Luke, J.A. La Poutré. 2005. "An Overview of Cooperative and Competitive Multiagent Learning." In *Proceedings of the First International Workshop on Learning and Adaption in Multi-Agent Systems.*

Erfu Yang, Dongbing Gu. 2004. "Multiagent Reinforcement Learning for Multi-Robot Systems: A Survey." In *Technical report.*

Yoav Shoham, Rob Powers, Trond Grenager. 2003. "Multi-Agent Reinforcement Learning: A Critical Survey." In *Technical report.*

Eduardo Alonso, Mark D'inverno, Daniel Kudenko, Michael Luck, Jason Noble. 2001. "Learning in Multi-Agent Systems." In *The Knowledge Engineering Review, vol. 16, no. 3.*

Peter Stone, Manuela Veloso. 2000. "Multiagent Systems: A Survey from a Machine Learning Perspective." In *Autonomous Robots, vol. 8, no. 3.*

Sandip Sen, Gerhard Weiss. 1999. "Learning in Multiagent Systems." In *Multiagent Systems: A Modern Approach to Distributed Artificial Intelligence, pp. 259-298.*

参考文献

Albrecht, Stefano V., Jacob W. Crandall, and Subramanian Ramamoorthy. 2015. "An empirical study on the practical impact of prior beliefs over policy types." In *Proceedings of the 29th AAAI Conference on Artificial Intelligence,* 1988–1994.

Albrecht, Stefano V., Jacob W. Crandall, and Subramanian Ramamoorthy. 2016. "Belief and truth in hypothesised behaviours." *Artificial Intelligence* 235:63–94.

Albrecht, Stefano V., and Subramanian Ramamoorthy. 2012. "Comparative evaluation of multiagent learning algorithms in a diverse set of ad hoc team problems." In *Proceedings of the International Conference on Autonomous Agents and Multiagent Systems,* 349–356.

Albrecht, Stefano V., and Subramanian Ramamoorthy. 2013. "A game-theoretic model and best-response learning method for ad hoc coordination in multiagent systems." In *Proceedings of the International Conference on Autonomous Agents and Multiagent Systems.*

Albrecht, Stefano V., and Subramanian Ramamoorthy. 2016. "Exploiting causality for selective belief filtering in dynamic Bayesian networks." *Journal of Artificial Intelligence Research* 55:1135–1178.

Albrecht, Stefano V., and Peter Stone. 2018. "Autonomous agents modelling other agents: A comprehensive survey and open problems." *Artificial Intelligence* 258:66–95.

Albrecht, Stefano V., Peter Stone, and Michael P. Wellman. 2020. "Special issue on autonomous agents modelling other agents: Guest editorial." *Artificial Intelligence* 285.

Amanatidis, Georgios, Haris Aziz, Georgios Birmpas, Aris Filos-Ratsikas, Bo Li, Hervé Moulin, Alexandros A. Voudouris, and Xiaowei Wu. 2023. "Fair division of indivisible goods: Recent progress and open questions." *Artificial Intelligence* 322:103965.

Arora, Raman, Ofer Dekel, and Ambuj Tewari. 2012. "Online bandit learning against an adaptive adversary: From regret to policy regret." In *Proceedings of the International Conference on Machine Learning.*

Auer, Peter, Nicolo Cesa-Bianchi, and Paul Fischer. 2002. "Finite-time analysis of the multiarmed bandit problem." *Machine Learning* 47:235–256.

Aumann, Robert J. 1974. "Subjectivity and correlation in randomized strategies." *Journal of Mathematical Economics* 1 (1): 67–96.

Axelrod, Robert. 1984. *The evolution of cooperation.* Basic Books.

Axelrod, Robert, and William D. Hamilton. 1981. "The evolution of cooperation." *Science* 211 (4489): 1390–1396.

Balduzzi, David, Marta Garnelo, Yoram Bachrach, Wojciech M. Czarnecki, Julien Pérolat, Max Jaderberg, and Thore Graepel. 2019. "Open-ended learning in symmetric zero-sum games." In *Proceedings of the International Conference on Machine Learning,* 434–443. PMLR.

Banerjee, Bikramjit, and Jing Peng. 2004. "Performance bounded reinforcement learning in strategic interactions." In *Proceedings of the AAAI Conference on Artificial Intelligence,* 4:2–7.

Bard, Nolan, Jakob Foerster, Sarath Chandar, Neil Burch, Marc Lanctot, H. Francis Song, Emilio Parisotto, Vincent Dumoulin, Subhodeep Moitra, Edward Hughes, Iain Dunning, Shibl Mourad, Hugo Larochelle, Marc G. Bellemare, and Michael Bowling. 2020. "The Hanabi challenge: A new frontier for AI research." In *AIJ Special Issue on Autonomous Agents Modelling Other Agents,* vol. 280. Elsevier.

Barfuss, Wolfram, Jonathan F. Donges, and Jürgen Kurths. 2019. "Deterministic limit of temporal difference reinforcement learning for stochastic games." *Physical Review E* 99 (4): 043305.

Beattie, Charles, Thomas Köppe, Edgar A. Duéñez-Guzmán, and Joel Z. Leibo. 2020. "Deepmind lab2d." *arXiv preprint:2011.07027.*

Bellemare, Marc G., Will Dabney, and Rémi Munos. 2017. "A distributional perspective on reinforcement learning." In *Proceedings of the International Conference on Machine Learning,* 449–458. PMLR.

Bellemare, Marc G., Yavar Naddaf, Joel Veness, and Michael Bowling. 2013. "The arcade learning environment: An evaluation platform for general agents." *Journal of Artificial Intelligence Research* 47:253–279.

Bellman, Richard. 1957. *Dynamic Programming.* Princeton University Press.

Berner, Christopher, Greg Brockman, Brooke Chan, Vicki Cheung, Przemysław Dębiak, Christy Dennison, David Farhi, Quirin Fischer, Shariq Hashme, Chris Hesse, Rafal J ózefowicz, Scott Gray, Catherine Olsson, Jakub Pachocki, Michael Petrov, Henrique Pondé de Oliveira Pinto, Jonathan Raiman, Tim Salimans, Jeremy Schlatter, Jonas Schneider, Szymon Sidor, Ilya Sutskever, Jie Tang, Filip Wolski, and Susan Zhang. 2019. "Dota 2 with large scale deep reinforcement learning." *arXiv preprint:1912.06680.*

Bettini, Matteo, Ryan Kortvelesy, Jan Blumenkamp, and Amanda Prorok. 2022. "VMAS: A vectorized multi-agent simulator for collective robot learning." *International Symposium on Distributed Autonomous Robotic Systems.*

Bitansky, Nir, Omer Paneth, and Alon Rosen. 2015. "On the cryptographic hardness of finding a Nash equilibrium." In *2015 IEEE 56th Annual Symposium on Foundations of Computer Science,* 1480–1498. IEEE.

Blackwell, David. 1956. "An analog of the minimax theorem for vector payoffs." *Pacific Journal of Mathematics* 6:1–8.

Bloembergen, Daan, Karl Tuyls, Daniel Hennes, and Michael Kaisers. 2015. "Evolutionary dynamics of multi-agent learning: A survey." *Journal of Artificial Intelligence Research* 53:659–697.

Böhmer, Wendelin, Vitaly Kurin, and Shimon Whiteson. 2020. "Deep coordination graphs." In *Proceedings of the International Conference on Machine Learning,* 980–991. PMLR.

Bowling, Michael, and Manuela Veloso. 2002. "Multiagent learning using a variable learning rate." *Artificial Intelligence* 136 (2): 215–250.

Brockman, Greg, Vicki Cheung, Ludwig Pettersson, Jonas Schneider, John Schulman, Jie Tang, and Wojciech Zaremba. 2016. *OpenAI Gym.*

Brown, George W. 1951. "Iterative solution of games by fictitious play." In *Proceedings of the Conference on Activity Analysis of Production and Allocation, Cowles Commission Monograph 13,* 374–376.

Brown, Tom B., Benjamin Mann, Nick Ryder, Melanie Subbiah, Jared D. Kaplan,

Prafulla Dhariwal, Arvind Neelakantan, Pranav Shyam, Girish Sastry, Amanda Askell, Sandhini Agarwal, Ariel Herbert-Voss, Gretchen Krueger, Tom Henighan, Rewon Child, Aditya Ramesh, Daniel M. Ziegler, Jeffrey Wu, Clemens Winter, Christopher Hesse, Mark Chen, Eric Sigler, Mateusz Litwin, Scott Gray, Benjamin Chess, Jack Clark, Christopher Berner, Sam McCandlish, Alec Radford, Ilya Sutskever, and Dario Amodei. 2020. "Language models are few-shot learners." In *Advances in Neural Information Processing Systems,* 33:1877–1901.

Bruns, Bryan Randolph. 2015. "Names for games: Locating 2×2 games." *Games* 6 (4): 495–520.

Camerer, Colin F. 2011. *Behavioral Game Theory: Experiments in Strategic Interaction.* Princeton University Press.

Campbell, Murray, A. Joseph Hoane Jr., and Feng-Hsiung Hsu. 2002. "Deep Blue." *Artificial Intelligence* 134 (1-2): 57–83.

Caragiannis, Ioannis, David Kurokawa, Hervé Moulin, Ariel D. Procaccia, Nisarg Shah, and Junxing Wang. 2019. "The unreasonable fairness of maximum Nash welfare." *ACM Transactions on Economics and Computation (TEAC)* 7 (3): 1–32.

Carroll, Micah, Rohin Shah, Mark K. Ho, Tom Griffiths, Sanjit Seshia, Pieter Abbeel, and Anca Dragan. 2019. "On the utility of learning about humans for human-AI coordination." In *Advances in Neural Information Processing Systems.*

Castellini, Jacopo, Sam Devlin, Frans A. Oliehoek, and Rahul Savani. 2021. "Difference rewards policy gradients." In *Proceedings of the International Conference on Autonomous Agents and Multiagent Systems.*

Cesa-Bianchi, Nicolo, and Gábor Lugosi. 2003. "Potential-based algorithms in on-line prediction and game theory." *Machine Learning* 51:239–261.

Chakraborty, Doran, and Peter Stone. 2014. "Multiagent learning in the presence of memory-bounded agents." *Autonomous Agents and Multi-Agent Systems* 28:182–213.

Chalkiadakis, Georgios, and Craig Boutilier. 2003. "Coordination in multiagent reinforcement learning: A Bayesian approach." In *Proceedings of the International Conference on Autonomous Agents and Multiagent Systems,* 709–716.

Chang, Yu-Han. 2007. "No regrets about no-regret." *Artificial Intelligence* 171 (7): 434–439.

Chen, Xi, and Xiaotie Deng. 2006. "Settling the complexity of two-player Nash equilibrium." In *47th Annual IEEE Symposium on Foundations of Computer Science,* 261–272. IEEE.

Cho, Kyunghyun, Bart Van Merriënboer, Çaglar Gülçehre, Dzmitry Bahdanau, Fethi Bougares, Holger Schwenk, and Yoshua Bengio. 2014. "Learning phrase representations using RNN encoder-decoder for statistical machine translation." In *Proceedings of Conference on Empirical Methods in Natural Language Processing,* 1724–1734.

Choudhuri, Arka Rai, Pavel Hubáček, Chethan Kamath, Krzysztof Pietrzak, Alon Rosen, and Guy N. Rothblum. 2019. "Finding a Nash equilibrium is no easier than breaking Fiat-Shamir." In *Proceedings of the 51st Annual ACM SIGACT Symposium on Theory of Computing,* 1103–1114.

Christianos, Filippos, Georgios Papoudakis, and Stefano V. Albrecht. 2023. "Pareto actor-critic for equilibrium selection in multi-agent reinforcement learning." *Transactions on Machine Learning Research.*

Christianos, Filippos, Georgios Papoudakis, Arrasy Rahman, and Stefano V. Albrecht. 2021. "Scaling multi-agent reinforcement learning with selective parameter sharing." In *Proceedings of the International Conference on Machine Learning.*

Christianos, Filippos, Lukas Schäfer, and Stefano V. Albrecht. 2020. "Shared experience actor-critic for multi-agent reinforcement learning." In *Advances in Neural Information Processing Systems.*

Claus, Caroline, and Craig Boutilier. 1998. "The dynamics of reinforcement learning in cooperative multiagent systems." In *Proceedings of the 15th National Conference on Artificial Intelligence,* 746–752.

Conitzer, Vincent, and Tuomas Sandholm. 2007. "AWESOME: A general multiagent learning algorithm that converges in self-play and learns a best response against stationary opponents." *Machine Learning* 67 (1-2): 23–43.

Conitzer, Vincent, and Tuomas Sandholm. 2008. "New complexity results about Nash equilibria." *Games and Economic Behavior* 63 (2): 621–641.

Crandall, Jacob W. 2014. "Towards minimizing disappointment in repeated games." *Journal of Artificial Intelligence Research* 49:111–142.

Crites, Robert H., and Andrew G. Barto. 1998. "Elevator group control using multiple reinforcement learning agents." *Machine Learning* 33 (2-3): 235–262.

Cybenko, George. 1989. "Approximation by superpositions of a sigmoidal function." *Mathematics of Control, Signals and Systems* 2 (4): 303–314.

Dasgupta, Partha, and Eric Maskin. 1986. "The existence of equilibrium in discontinuous economic games, I: Theory." *The Review of Economic Studies* 53 (1): 1–26.

Daskalakis, Constantinos, Dylan J. Foster, and Noah Golowich. 2020. "Independent policy gradient methods for competitive reinforcement learning." In *Advances in Neural Information Processing Systems,* 33:5527–5540.

Daskalakis, Constantinos, Paul W. Goldberg, and Christos H. Papadimitriou. 2006. "The complexity of computing a Nash equilibrium." In *Symposium on Theory of Computing,* 71–78.

Daskalakis, Constantinos, Paul W. Goldberg, and Christos H. Papadimitriou. 2009. "The complexity of computing a Nash equilibrium." *SIAM Journal on Computing* 39 (1): 195–259.

de Farias, Daniela, and Nimrod Megiddo. 2003. "How to combine expert (and novice) advice when actions impact the environment." In *Advances in Neural Information Processing Systems.*

Debreu, Gerard. 1952. "A social equilibrium existence theorem." *Proceedings of the National Academy of Sciences* 38 (10): 886–893.

Dekel, Eddie, Drew Fudenberg, and David K. Levine. 2004. "Learning to play Bayesian games." *Games and Economic Behavior* 46 (2): 282–303.

Ding, Dongsheng, Chen-Yu Wei, Kaiqing Zhang, and Mihailo Jovanovic. 2022. "Independent policy gradient for large-scale Markov potential games: Sharper rates, function approximation, and game-agnostic convergence." In *Proceedings of the International Conference on Machine Learning,* 5166–5220. PMLR.

Dinneweth, Joris, Abderrahmane Boubezoul, René Mandiau, and Stéphane Espié. 2022. "Multi-agent reinforcement learning for autonomous vehicles: A survey." *Autonomous Intelligent Systems* 2 (1): 27.

Doshi, Prashant, Piotr Gmytrasiewicz, and Edmund Durfee. 2020. "Recursively modeling other agents for decision making: A research perspective." *Artificial Intelligence* 279:103202.

Drouvelis, Michalis. 2021. *Social preferences: An introduction to behavioural economics and experimental research.* Agenda Publishing.

Duchi, John, Elad Hazan, and Yoram Singer. 2011. "Adaptive subgradient methods for online learning and stochastic optimization." *Journal of machine learning research* 12 (7): 2121–2159.

El Hihi, Salah, and Yoshua Bengio. 1995. "Hierarchical recurrent neural networks for long-term dependencies." In *Advances in Neural Information Processing Systems,* vol. 8.

Ellis, Benjamin, Skander Moalla, Mikayel Samvelyan, Mingfei Sun, Anuj Mahajan, Jakob Foerster, and Shimon Whiteson. 2023. "SMACv2: An improved benchmark for cooperative multi-agent reinforcement learning." In *Proceedings of the Neural Information Processing Systems Track on Datasets and Benchmarks.*

Elo, Arpad. 1960. "The USCF Rating System." *Chess Life* XIV (13).

Espeholt, Lasse, Raphaël Marinier, Piotr Stanczyk, Ke Wang, and Marcin Michalski. 2020. "SEED RL: Scalable and efficient deep-RL with accelerated central inference." In *Conference on Learning Representations.*

Espeholt, Lasse, Hubert Soyer, Rémi Munos, Karen Simonyan, Volodymyr Mnih, Tom Ward, Yotam Doron, Vlad Firoiu, Tim Harley, Iain Dunning, Shane Legg, and Koray Kavukcuoglu. 2018. "IMPALA: Scalable distributed deep-RL with importance weighted actor-learner architectures." In *Proceedings of the International Conference on Machine Learning,* 1407–1416. PMLR.

Etessami, Kousha, and Mihalis Yannakakis. 2010. "On the complexity of Nash equilibria and other fixed points." *SIAM Journal on Computing* 39 (6): 2531–2597.

Fan, Ky. 1952. "Fixed-point and minimax theorems in locally convex topological linear spaces." *Proceedings of the National Academy of Sciences* 38 (2): 121–126.

Fan, Ziming, Nianli Peng, Muhang Tian, and Brandon Fain. 2023. "Welfare and fairness in multi-objective reinforcement learning." In *Proceedings of the International Conference on Autonomous Agents and Multiagent Systems,* 1991–1999.

Farina, Gabriele, Tommaso Bianchi, and Tuomas Sandholm. 2020. "Coarse correlation in extensive-form games." In *Proceedings of the AAAI Conference on Artificial Intelligence,* 34:1934–1941.

Filar, Jerzy, and Koos Vrieze. 2012. *Competitive Markov decision processes.* Springer Science & Business Media.

Fink, A. M. 1964. "Equilibrium in a stochastic *n*-person game." *Journal of Science of the Hiroshima University* 28 (1): 89–93.

Fleurbaey, Marc, and François Maniquet. 2011. *A Theory of Fairness and Social Welfare.* Cambridge University Press.

Fleuret, François. 2023. *The Little Book of Deep Learning.*

Foerster, Jakob, Ioannis Alexandros Assael, Nando de Freitas, and Shimon Whiteson. 2016. "Learning to communicate with deep multi-agent reinforcement learning." In *Advances in Neural Information Processing Systems,* vol. 29.

Foerster, Jakob, Richard Chen, Maruan Al-Shedivat, Shimon Whiteson, Pieter Abbeel, and Igor Mordatch. 2018. "Learning with opponent-learning awareness." In *Proceedings of the International Conference on Autonomous Agents and Multiagent Systems.*

Foerster, Jakob, Gregory Farquhar, Triantafyllos Afouras, Nantas Nardelli, and Shimon Whiteson. 2018. "Counterfactual multi-agent policy gradients." In *AAAI conference on artificial intelligence,* vol. 32. 1.

Foerster, Jakob, Nantas Nardelli, Gregory Farquhar, Triantafyllos Afouras, Philip H. S. Torr, Pushmeet Kohli, and Shimon Whiteson. 2017. "Stabilising experience replay for deep multi-agent reinforcement learning." In *Proceedings of the International Conference on Machine Learning,* 1146–1155. PMLR.

Forges, Francoise. 1986. "An approach to communication equilibria." *Econometrica: Journal of the Econometric Society:* 1375–1385.

Fortunato, Meire, Mohammad Gheshlaghi Azar, Bilal Piot, Jacob Menick, Ian Osband, Alex Graves, Volodymyr Mnih, Rémi Munos, Demis Hassabis, Olivier Pietquin, Charles Blundell, and Shane Legg. 2018. "Noisy networks for exploration." In *Conference on Learning Representations.*

Foster, Dean P., and H. Peyton Young. 2001. "On the impossibility of predicting the behavior of rational agents." *Proceedings of the National Academy of Sciences* 98 (22): 12848–12853.

Fudenberg, Drew, and David K. Levine. 1995. "Consistency and cautious fictitious play." *Journal of Economic Dynamics and Control* 19 (5-7): 1065–1089.

Fudenberg, Drew, and David K. Levine. 1998. *The Theory of Learning in Games.* MIT Press.

Fukushima, Kunihiko, and Sei Miyake. 1982. "Neocognitron: A new algorithm for pattern recognition tolerant of deformations and shifts in position." *Pattern recognition* 15 (6): 455–469.

Garg, Sanjam, Omkant Pandey, and Akshayaram Srinivasan. 2016. "Revisiting the cryptographic hardness of finding a Nash equilibrium." In *Annual International Cryptology Conference,* 579–604. Springer.

Gilboa, Itzhak, and Eitan Zemel. 1989. "Nash and correlated equilibria: Some complexity considerations." *Games and Economic Behavior* 1 (1): 80–93.

Glicksberg, Irving L. 1952. "A further generalization of the Kakutani fixed point theorem with application to Nash points points." *Proceedings of the American Mathematical Society,* no. 38: 170–174.

Gmytrasiewicz, Piotr J., and Prashant Doshi. 2005. "A framework for sequential planning in multiagent settings." *Journal of Artificial Intelligence Research* 24 (1): 49–79.

Goodfellow, Ian, Yoshua Bengio, and Aaron Courville. 2016. *Deep Learning.* MIT Press.

Greenwald, Amy, and Keith Hall. 2003. "Correlated Q-learning." In *Proceedings of the International Conference on Machine Learning,* 3:242–249.

Greenwald, Amy, and Amir Jafari. 2003. "A general class of no-regret learning algorithms and game-theoretic equilibria." In *Learning Theory and Kernel Machines,* 2–12. Springer.

Guestrin, Carlos, Daphne Koller, and Ronald Parr. 2001. "Multiagent planning with factored MDPs." In *Advances in Neural Information Processing Systems,* 1523–1530. MIT Press.

Guestrin, Carlos, Michail G. Lagoudakis, and Ronald Parr. 2002. "Coordinated reinforcement learning." In *Proceedings of the International Conference on Machine Learning,* 227–234.

Guo, Shangmin, Yi Ren, Kory Mathewson, Simon Kirby, Stefano V. Albrecht, and Kenny Smith. 2022. "Expressivity of emergent languages is a trade-off between contextual complexity and unpredictability." In *International Conference on Learning Representations.*

Gupta, Jayesh K., Maxim Egorov, and Mykel Kochenderfer. 2017. "Cooperative multi-agent control using deep reinforcement learning." In *Autonomous Agents and Multiagent Systems Workshops, Revised Selected Papers,* 10642:66–83. Lecture Notes in Computer Science. Springer.

Hansen, Eric A., Daniel S. Bernstein, and Shlomo Zilberstein. 2004. "Dynamic programming for partially observable stochastic games." In *Proceedings of the AAAI Conference on Artificial Intelligence,* 4:709–715.

Harsanyi, John C. 1967. "Games with incomplete information played by "Bayesian" players. Part I. The basic model." *Management Science* 14 (3): 159–182.

Harsanyi, John C., and Reinhard Selten. 1988. *A General Theory of Equilibrium Selection in Games.* MIT Press.

Hart, Sergiu, and Andreu Mas-Colell. 2000. "A simple adaptive procedure leading to correlated equilibrium." *Econometrica* 68 (5): 1127–1150.

Hart, Sergiu, and Andreu Mas-Colell. 2001. "A general class of adaptive strategies." *Journal of Economic Theory* 98 (1): 26–54.

Hausknecht, Matthew J., and Peter Stone. 2015. "Deep recurrent Q-learning for partially observable MDPs." In *AAAI Fall Symposium Series,* 29–37. AAAI Press.

Heinrich, Johannes, Marc Lanctot, and David Silver. 2015. "Fictitious self-play in extensive-form games." In *Proceedings of the International Conference on Machine Learning,* 805–813.

Hessel, Matteo, Joseph Modayil, Hado van Hasselt, Tom Schaul, Georg Ostrovski, Will Dabney, Dan Horgan, Bilal Piot, Mohammad Azar, and David Silver. 2018. "Rainbow: Combining improvements in deep reinforcement learning." In *Thirty-second AAAI conference on artificial intelligence.*

Hinton, Geoffrey, Nitish Srivastava, and Kevin Swersky. 2012. *Neural networks for machine learning lecture 6A overview of mini-batch gradient descent.*

Hochreiter, Sepp, and Jürgen Schmidhuber. 1997. "Long short-term memory." *Neural Computation* 9 (8): 1735–1780.

Hofbauer, Josef, and William H. Sandholm. 2002. "On the global convergence of stochastic fictitious play." *Econometrica* 70 (6): 2265–2294.

Hornik, Kurt. 1991. "Approximation capabilities of multilayer feedforward networks." *Neural Networks* 4 (2): 251–257.

Hornik, Kurt, Maxwell Stinchcombe, and Halbert White. 1989. "Multilayer feedforward networks are universal approximators." *Neural Networks* 2 (5): 359–366.

Howard, Ronald A. 1960. *Dynamic programming and Markov processes.* John Wiley.

Hu, Junling, and Michael P. Wellman. 2003. "Nash Q-learning for general-sum stochastic games." *Journal of Machine Learning Research* 4:1039–1069.

Hu, Shuyue, Chin-wing Leung, and Ho-fung Leung. 2019. "Modelling the dynamics of multiagent Q-learning in repeated symmetric games: A mean field theoretic approach." In *Advances in Neural Information Processing Systems,* vol. 32.

Iqbal, Shariq, and Fei Sha. 2019. "Actor-attention-critic for multi-agent reinforcement learning." In *Proceedings of the International Conference on Machine Learning.* PMLR.

Jaderberg, Max, Wojciech M. Czarnecki, Iain Dunning, Luke Marris, Guy Lever, Antonio García Castañeda, Charles Beattie, Neil C. Rabinowitz, Ari S. Morcos, Avraham Ruderman, Nicolas Sonnerat, Tim Green, Louise Deason, Joel Z. Leibo, David Silver, Demis Hassabis, Koray Kavukcuoglu, and Thore Graepel. 2019. "Human-level performance in 3D multiplayer games with population-based reinforcement learning." *Science* 364 (6443): 859–865.

Jaderberg, Max, Valentin Dalibard, Simon Osindero, Wojciech M. Czarnecki, Jeff Donahue, Ali Razavi, Oriol Vinyals, Tim Green, Iain Dunning, Karen Simonyan,

Chrisantha Fernando, and Koray Kavukcuoglu. 2017. "Population based training of neural networks." *arXiv preprint:1711.09846.*

Jafferjee, Taher, Juliusz Ziomek, Tianpei Yang, Zipeng Dai, Jianhong Wang, Matthew E. Taylor, Kun Shao, Jun Wang, and David H. Mguni. 2023. "Taming multi-agent reinforcement learning with estimator variance reduction." *arXiv preprint:2209.01054.*

Jarrett, Kevin, Koray Kavukcuoglu, Marc'Aurelio Ranzato, and Yann LeCun. 2009. "What is the best multi-stage architecture for object recognition?" In *2009 IEEE 12th International Conference on Computer Vision,* 2146–2153. IEEE.

Jiang, Jiechuan, Chen Dun, Tiejun Huang, and Zongqing Lu. 2020. "Graph convolutional reinforcement learning." In *International Conference on Learning Representations.*

Jordan, James S. 1991. "Bayesian learning in normal form games." *Games and Economic Behavior* 3 (1): 60–81.

Jouppi, Norman P., Cliff Young, Nishant Patil, David Patterson, Gaurav Agrawal, Raminder Bajwa, Sarah Bates, Suresh Bhatia, Nan Boden, Al Borchers, Rick Boyle, Pierre-luc Cantin, Clifford Chao, Chris Clark, Jeremy Coriell, Mike Daley, Matt Dau, Jeffrey Dean, Ben Gelb, Tara Vazir Ghaemmaghami, Rajendra Gottipati, William Gulland, Robert Hagmann, C. Richard Ho, Doug Hogberg, John Hu, Robert Hundt, Dan Hurt, Julian Ibarz, Aaron Jaffey, Alek Jaworski, Alexander Kaplan, Harshit Khaitan, Daniel Killebrew, Andy Koch, Naveen Kumar, Steve Lacy, James Laudon, James Law, Diemthu Le, Chris Leary, Zhuyuan Liu, Kyle Lucke, Alan Lundin, Gordon MacKean, Adriana Maggiore, Maire Mahony, Kieran Miller, Rahul Nagarajan, Ravi Narayanaswami, Ray Ni, Kathy Nix, Thomas Norrie, Mark Omernick, Narayana Penukonda, Andy Phelps, Jonathan Ross, Matt Ross, Amir Salek, Emad Samadiani, Chris Severn, Gregory Sizikov, Matthew Snelham, Jed Souter, Dan Steinberg, Andy Swing, Mercedes Tan, Gregory Thorson, Bo Tian, Horia Toma, Erick Tuttle, Vijay Vasudevan, Richard Walter, Walter Wang, Eric Wilcox, and Doe Hyun Yoon. 2017. "In-datacenter performance analysis of a tensor processing unit." In *Proceedings of the 44th Annual International Symposium on Computer Architecture,* 1–12.

Kaelbling, Leslie Pack, Michael L. Littman, and Anthony R. Cassandra. 1998. "Planning and acting in partially observable stochastic domains." *Artificial Intelligence* 101 (1-2): 99–134.

Kalai, Ehud, and Ehud Lehrer. 1993. "Rational learning leads to Nash equilibrium." *Econometrica* 61 (5): 1019–1045.

Kianercy, Ardeshir, and Aram Galstyan. 2012. "Dynamics of Boltzmann Q learning in two-player two-action games." *Physical Review E* 85 (4): 041145.

Kilgour, D. Marc, and Niall M. Fraser. 1988. "A taxonomy of all ordinal 2×2 games." *Theory and Decision* 24 (2): 99–117.

Kim, Dong Ki, Miao Liu, Matthew D. Riemer, Chuangchuang Sun, Marwa Abdulhai, Golnaz Habibi, Sebastian Lopez-Cot, Gerald Tesauro, and Jonathan P. How. 2021. "A policy gradient algorithm for learning to learn in multiagent reinforcement learning." In *Proceedings of the International Conference on Machine Learning.*

Kingma, Diederik P., and Jimmy Ba. 2015. "Adam: A method for stochastic optimization." In *International Conference on Learning Representations.*

Kocsis, Levente, and Csaba Szepesvári. 2006. "Bandit based Monte-Carlo planning." In *European Conference on Machine Learning,* 282–293. Springer.

Kok, Jelle R., and Nikos Vlassis. 2005. "Using the max-plus algorithm for multiagent decision making in coordination graphs." In *Proceedings of the Seventeenth Belgium-Netherlands Conference on Artificial Intelligence,* 359–360.

Krnjaic, Aleksandar, Raul D. Steleac, Jonathan D. Thomas, Georgios Papoudakis, Lukas Schäfer, Andrew Wing Keung To, Kuan-Ho Lao, Murat Cubuktepe, Matthew Haley, Peter Börsting, and Stefano V. Albrecht. 2024. "Scalable multi-agent reinforcement learning for warehouse logistics with robotic and human co-workers." In *IEEE/RSJ International Conference on Intelligent Robots and Systems.*

Kuba, Jakub Grudzien, Muning Wen, Linghui Meng, Shangding Gu, Haifeng Zhang, David H. Mguni, Jun Wang, and Yaodong Yang. 2021. "Settling the variance of multi-agent policy gradients." In *Advances in Neural Information Processing Systems,* 34:13458–13470.

Kurach, Karol, Anton Raichuk, Piotr Stanczyk, Michal Zajac, Olivier Bachem, Lasse Espeholt, Carlos Riquelme, Damien Vincent, Marcin Michalski, Olivier Bousquet, and Sylvain Gelly. 2020. "Google research football: A novel reinforcement learning environment." In *AAAI Conference on Artificial Intelligence,* 34:4501–4510. 04.

Lanctot, Marc, Edward Lockhart, Jean-Baptiste Lespiau, Vin ícius Flores Zambaldi, Satyaki Upadhyay, Julien Pérolat, Sriram Srinivasan, Finbarr Timbers, Karl Tuyls, Shayegan Omidshafiei, Daniel Hennes, Dustin Morrill, Paul Muller, Timo Ewalds, Ryan Faulkner, János Kramár, Bart de Vylder, Brennan Saeta, James Bradbury, David Ding, Sebastian Borgeaud, Matthew Lai, Julian Schrittwieser, Thomas Anthony, Edward Hughes, Ivo Danihelka, and Jonah Ryan-Davis. 2019. "OpenSpiel: A framework for reinforcement learning in games." *arXiv preprint:1908.09453.*

Lanctot, Marc, Vinícius Flores Zambaldi, Audrunas Gruslys, Angeliki Lazaridou, Karl Tuyls, Julien Pérolat, David Silver, and Thore Graepel. 2017. "A unified game-theoretic approach to multiagent reinforcement learning." In *Advances in Neural Information Processing Systems,* vol. 30.

Lattimore, Tor, and Csaba Szepesvári. 2020. *Bandit Algorithms.* Cambridge University Press.

Laurent, Guillaume J., Laëtitia Matignon, and Nadine Le Fort-Piat. 2011. "The world of independent learners is not Markovian." *International Journal of Knowledge-based and Intelligent Engineering Systems* 15 (1): 55–64.

LeCun, Yann, Bernhard Boser, John S. Denker, Donnie Henderson, Richard E. Howard, Wayne Hubbard, and Lawrence D. Jackel. 1989. "Backpropagation applied to handwritten zip code recognition." *Neural Computation* 1 (4): 541–551.

Lehrer, Ehud. 2003. "A wide range no-regret theorem." *Games and Economic Behavior* 42 (1): 101–115.

Leibo, Joel Z., Edgar A. Duéñez-Guzmán, Alexander Sasha Vezhnevets, John P. Agapiou, Peter Sunehag, Raphael Koster, Jayd Matyas, Charlie Beattie, Igor Mordatch, and Thore Graepel. 2021. "Scalable evaluation of multi-agent reinforcement learning with melting pot." In *Proceedings of the International Conference on Machine Learning,* 6187–6199. PMLR.

Leonardos, Stefanos, Will Overman, Ioannis Panageas, and Georgios Piliouras. 2022. "Global convergence of multi-agent policy gradient in Markov potential games." In *International Conference on Learning Representations.*

Leonardos, Stefanos, and Georgios Piliouras. 2022. "Exploration-exploitation in multi-agent learning: Catastrophe theory meets game theory." *Artificial Intelligence* 304:103653.

Leshno, Moshe, Vladimir Ya Lin, Allan Pinkus, and Shimon Schocken. 1993. "Multi-layer feedforward networks with a nonpolynomial activation function can approximate any function." *Neural Networks* 6 (6): 861–867.

Leslie, David S., and Edmund J. Collins. 2006. "Generalised weakened fictitious play."

Games and Economic Behavior 56 (2): 285–298.

Letcher, Alistair, Jakob Foerster, David Balduzzi, Tim Rocktäschel, and Shimon Whiteson. 2019. "Stable opponent shaping in differentiable games." In *Conference on Learning Representations.*

Levy, David, and Monroe Newborn. 1982. "How computers play chess." In *All About Chess and Computers: Chess and Computers and More Chess and Computers.* Springer.

Lin, Tsungnan, Bill G. Horne, Peter Tino, and C. Lee Giles. 1996. "Learning long-term dependencies in NARX recurrent neural networks." *IEEE Transactions on Neural Networks* 7 (6): 1329–1338.

Littman, Michael L. 1994. "Markov games as a framework for multi-agent reinforcement learning." In *Proceedings of the International Conference on Machine Learning,* 157–163.

Littman, Michael L., and Csaba Szepesvári. 1996. "A generalized reinforcement-learning model: Convergence and applications." In *Proceedings of the International Conference on Machine Learning,* 96:310–318.

Liu, Siqi, Guy Lever, Josh Merel, Saran Tunyasuvunakool, Nicolas Heess, and Thore Graepel. 2019. "Emergent coordination through competition." In *International Conference on Learning Representations.*

Lowe, Ryan, Yi I. Wu, Aviv Tamar, Jean Harb, Pieter Abbeel, and Igor Mordatch. 2017. "Multi-agent actor-critic for mixed cooperative-competitive environments." In *Advances in Neural Information Processing Systems,* vol. 30.

Lu, Christopher, Timon Willi, Christian A. Schroeder de Witt, and Jakob Foerster. 2022. "Model-free opponent shaping." In *Proceedings of the International Conference on Machine Learning.*

Lyu, Xueguang, Andrea Baisero, Yuchen Xiao, Brett Daley, and Christopher Amato. 2023. "On centralized critics in multi-agent reinforcement learning." *Journal of Artificial Intelligence Research* 77:295–354.

Marris, Luke, Ian Gemp, and Georgios Piliouras. 2023. "Equilibrium-invariant embedding, metric space, and fundamental set of 2×2 normal-form games." *arXiv preprint:2304.09978.*

Marris, Luke, Paul Muller, Marc Lanctot, Karl Tuyls, and Thore Graepel. 2021. "Multi-agent training beyond zero-sum with correlated equilibrium meta-solvers." In *Proceedings of the International Conference on Machine Learning,* 7480–7491. PMLR.

Matignon, Laëtitia, Guillaume J. Laurent, and Nadine Le Fort-Piat. 2007. "Hysteretic Q-learning: An algorithm for decentralized reinforcement learning in cooperative multi-agent teams." In *IEEE/RSJ International Conference on Intelligent Robots and Systems,* 64–69. IEEE.

McAleer, Stephen, John B. Lanier, Roy Fox, and Pierre Baldi. 2020. "Pipeline PSRO: A scalable approach for finding approximate Nash equilibria in large games." In *Advances in Neural Information Processing Systems,* 33:20238–20248.

McMahan, H. Brendan, Geoffrey J. Gordon, and Avrim Blum. 2003. "Planning in the presence of cost functions controlled by an adversary." In *Proceedings of the International Conference on Machine Learning,* 536–543.

Meta Fundamental AI Research Diplomacy Team, Anton Bakhtin, Noam Brown, Emily Dinan, Gabriele Farina, Colin Flaherty, Daniel Fried, Andrew Goff, Jonathan Gray, Hengyuan Hu, Athul Paul Jacob, Mojtaba Komeili, Karthik Konath, Minae Kwon, Adam Lerer, Mike Lewis, Alexander H. Miller, Sasha Mitts, Adithya Renduchintala, Stephen Roller, Dirk Rowe, Weiyan Shi, Joe Spisak, Alexander Wei, David Wu, Hugh Zhang, and Markus Zijlstra. 2022. "Human-level play in the game of Diplomacy by combining language models with strategic reasoning." *Science* 378 (6624): 1067–1074.

Michalski, Adam, Filippos Christianos, and Stefano V. Albrecht. 2023. "SMAClite: A lightweight environment for multi-agent reinforcement learning." In *Workshop on Multi-agent Sequential Decision Making Under Uncertainty at the International Conference on Autonomous Agents and Multiagent Systems.*

Mihatsch, Oliver, and Ralph Neuneier. 2002. "Risk-sensitive reinforcement learning." *Machine Learning* 49:267–290.

Mirsky, Reuth, Ignacio Carlucho, Arrasy Rahman, Elliot Fosong, William Macke, Mohan Sridharan, Peter Stone, and Stefano V. Albrecht. 2022. "A survey of ad hoc teamwork research." In *European Conference on Multi-Agent Systems.*

Mnih, Volodymyr, Adria Puigdomenech Badia, Mehdi Mirza, Alex Graves, Timothy P. Lillicrap, Tim Harley, David Silver, and Koray Kavukcuoglu. 2016. "Asynchronous methods for deep reinforcement learning." In *Proceedings of the International Conference on Machine Learning,* 1928–1937. PMLR.

Mnih, Volodymyr, Koray Kavukcuoglu, David Silver, Andrei A. Rusu, Joel Veness, Marc G. Bellemare, Alex Graves, Martin A. Riedmiller, Andreas K. Fidjeland, Georg Ostrovski, Stig Petersen, Charles Beattie, Amir Sadik, Ioannis Antonoglou, Helen King, Dharshan Kumaran, Daan Wierstra, Shane Legg, and Demis Hassabis. 2015.

"Human-level control through deep reinforcement learning." *Nature* 518 (7540): 529–533.

Morad, Steven, Ryan Kortvelesy, Matteo Bettini, Stephan Liwicki, and Amanda Prorok. 2023. "POPGym: Benchmarking partially observable reinforcement learning." In *Conference on Learning Representations.*

Mordatch, Igor, and Pieter Abbeel. 2018. "Emergence of grounded compositional language in multi-agent populations." In *AAAI Conference on Artificial Intelligence,* vol. 32. 1.

Moulin, Hervé. 2004. *Fair Division and Collective Welfare.* MIT Press.

Moulin, Hervé, and J.-P. Vial. 1978. "Strategically zero-sum games: The class of games whose completely mixed equilibria cannot be improved upon." *International Journal of Game Theory* 7:201–221.

Mozer, Michael C. 1991. "Induction of multiscale temporal structure." In *Advances in Neural Information Processing Systems,* vol. 4.

Mullainathan, Sendhil, and Richard H. Thaler. 2000. *Behavioral Economics.* National Bureau of Economic Research, Working Paper 7948.

Muller, Paul, Shayegan Omidshafiei, Mark Rowland, Karl Tuyls, Julien Pérolat, Siqi Liu, Daniel Hennes, Luke Marris, Marc Lanctot, Edward Hughes, Zhe Wang, Guy Lever, Nicolas Heess, Thore Graepel, and Rémi Munos. 2020. "A generalized training approach for multiagent learning." In *International Conference on Learning Representations.*

Nachbar, John H. 1997. "Prediction, optimization, and learning in repeated games." *Econometrica* 65 (2): 275–309.

Nachbar, John H. 2005. "Beliefs in Repeated Games." *Econometrica* 73 (2): 459–480.

Nair, Vinod, and Geoffrey E. Hinton. 2010. "Rectified linear units improve restricted Boltzmann machines." In *Proceedings of the International Conference on Machine Learning.*

Nash, John F. 1950. "Equilibrium points in n-person games." *Proceedings of the National Academy of Sciences* 36 (1): 48–49.

Nesterov, Yurii E. 1983. "A method for solving the convex programming problem with convergence rate $O(1/k^2)$." In *Dokl. Akad. Nauk SSSR,* 269:543–547.

Nisan, Noam, Tim Roughgarden, Eva Tardos, and Vijay V. Vazirani. 2007. *Algorithmic Game Theory.* Cambridge University Press.

Nyarko, Yaw. 1998. "Bayesian learning and convergence to Nash equilibria without common priors." *Economic Theory* 11 (3): 643–655.

Oliehoek, Frans A. 2010. "Value-based planning for teams of agents in stochastic partially observable environments." PhD diss.

Oliehoek, Frans A., and Christopher Amato. 2016. *A Concise Introduction to Decentralized POMDPs.* Springer.

Oliehoek, Frans A., Shimon Whiteson, and Matthijs T. J. Spaan. 2013. "Approximate solutions for factored Dec-POMDPs with many agents." In *Proceedings of the International Conference on Autonomous Agents and Multiagent Systems,* 563–570.

Oliehoek, Frans A., Stefan J. Witwicki, and Leslie Pack Kaelbling. 2012. "Influence-based abstraction for multiagent systems." In *Proceedings of the AAAI Conference on Artificial Intelligence,* edited by Jörg Hoffmann and Bart Selman, 1422–1428. AAAI Press.

Omidshafiei, Shayegan, Jason Pazis, Christopher Amato, Jonathan P. How, and John Vian. 2017. "Deep decentralized multi-task multi-agent reinforcement learning under partial observability." In *Proceedings of the International Conference on Machine Learning,* 2681–2690. PMLR.

Osborne, Martin J., and Ariel Rubinstein. 1994. *A Course in Game Theory.* MIT Press.

Owen, Guillermo. 2013. *Game Theory (4th edition).* Emerald Group Publishing.

Palmer, Gregory. 2020. *Independent learning approaches: Overcoming multi-agent learning pathologies in team-games.* The University of Liverpool (United Kingdom).

Palmer, Gregory, Rahul Savani, and Karl Tuyls. 2019. "Negative update intervals in deep multi-agent reinforcement learning." In *Proceedings of the International Conference on Autonomous Agents and Multiagent Systems.*

Palmer, Gregory, Karl Tuyls, Daan Bloembergen, and Rahul Savani. 2018. "Lenient multi-agent deep reinforcement learning." In *Proceedings of the International Conference on Autonomous Agents and Multiagent Systems.*

Panait, Liviu, Karl Tuyls, and Sean Luke. 2008. "Theoretical advantages of lenient learners: An evolutionary game theoretic perspective." *The Journal of Machine Learning Research* 9:423–457.

Papadimitriou, Christos H. 1994. "On the complexity of the parity argument and other inefficient proofs of existence." *Journal of Computer and System Sciences* 48 (3): 498–532.

Papoudakis, Georgios, Filippos Christianos, and Stefano V. Albrecht. 2021. "Agent modelling under partial observability for deep reinforcement learning." In *Advances in Neural Information Processing Systems.*

Papoudakis, Georgios, Filippos Christianos, Lukas Schäfer, and Stefano V. Albrecht. 2021. "Benchmarking multi-agent deep reinforcement learning algorithms in cooperative tasks." In *Proceedings of the Neural Information Processing Systems Track on Datasets and Benchmarks.*

Peake, Ashley, Joe McCalmon, Benjamin Raiford, Tongtong Liu, and Sarra Alqahtani. 2020. "Multi-agent reinforcement learning for cooperative adaptive cruise control." In *IEEE 32nd International Conference on Tools with Artificial Intelligence (ICTAI),* 15–22. IEEE.

Peng, Bei, Tabish Rashid, Christian A. Schroeder de Witt, Pierre-Alexandre Kamienny, Philip H. S. Torr, Wendelin Böhmer, and Shimon Whiteson. 2021. "FACMAC: Factored multi-agent centralised policy gradients." In *Advances in Neural Information Processing Systems.*

Perea, Andrés. 2012. *Epistemic game theory: Reasoning and choice.* Cambridge University Press.

Pérolat, Julien, Bart de Vylder, Daniel Hennes, Eugene Tarassov, Florian Strub, Vincent de Boer, Paul Muller, Jerome T. Connor, Neil Burch, Thomas Anthony, Stephen McAleer, Romuald Elie, Sarah H. Cen, Zhe Wang, Audrunas Gruslys, Aleksandra Malysheva, Mina Khan, Sherjil Ozair, Finbarr Timbers, Toby Pohlen, Tom Eccles, Mark Rowland, Marc Lanctot, Jean-Baptiste Lespiau, Bilal Piot, Shayegan Omidshafiei, Edward Lockhart, Laurent Sifre, Nathalie Beauguerlange, Rémi Munos, David Silver, Satinder Singh, Demis Hassabis, and Karl Tuyls. 2022. "Mastering the game of Stratego with model-free multiagent reinforcement learning." *Science* 378 (6623): 990–996.

Polyak, Boris T. 1964. "Some methods of speeding up the convergence of iteration methods." *USSR Computational Mathematics and Mathematical Physics* 4 (5): 1–17.

Powers, Rob, and Yoav Shoham. 2004. "New criteria and a new algorithm for learning in multi-agent systems." In *Advances in Neural Information Processing Systems,* vol. 17.

Powers, Rob, and Yoav Shoham. 2005. "Learning against opponents with bounded memory." In *Proceedings of the International Joint Conference on Artificial Intelligence,* 5:817–822.

Premack, David, and Guy Woodruff. 1978. "Does the chimpanzee have a theory of mind?" *Behavioral and Brain Sciences* 1 (4): 515–526.

Prince, Simon J. D. 2023. *Understanding Deep Learning.* MIT Press.

Puterman, Martin L. 2014. *Markov decision processes: Discrete stochastic dynamic programming.* John Wiley & Sons.

Qiu, Dawei, Jianhong Wang, Junkai Wang, and Goran Strbac. 2021. "Multi-agent reinforcement learning for automated peer-to-peer energy trading in double-side auction market." In *Proceedings of the International Joint Conference on Artificial Intelligence,* 2913–2920.

Rabinowitz, Neil, Frank Perbet, H. Francis Song, Chiyuan Zhang, S. M. Ali Eslami, and Matthew Botvinick. 2018. "Machine theory of mind." In *Proceedings of the International Conference on Machine Learning.*

Rahman, Arrasy, Ignacio Carlucho, Niklas Höpner, and Stefano V. Albrecht. 2023. "A general learning framework for open ad hoc teamwork using graph-based policy learning." *Journal of Machine Learning Research* 24 (298): 1–74.

Rahman, Arrasy, Elliot Fosong, Ignacio Carlucho, and Stefano V. Albrecht. 2023. "Generating teammates for training robust ad hoc teamwork agents via best-response diversity." *Transactions on Machine Learning Research.*

Rahman, Arrasy, Niklas Höpner, Filippos Christianos, and Stefano V. Albrecht. 2021. "Towards open ad hoc teamwork using graph-based policy learning." In *Proceedings of the International Conference on Machine Learning.*

Rapoport, Anatol, and Melvin Guyer. 1966. "A taxonomy of 2×2 games." *General Systems: Yearbook of the Society for General Systems Research* 11:203–214.

Rashid, Tabish, Gregory Farquhar, Bei Peng, and Shimon Whiteson. 2020. "Weighted QMIX: Expanding monotonic value function factorisation for deep multi-agent reinforcement learning." In *Advances in Neural Information Processing Systems,* vol. 33.

Rashid, Tabish, Mikayel Samvelyan, Christian A. Schroeder de Witt, Gregory Farquhar, Jakob Foerster, and Shimon Whiteson. 2018. "QMIX: Monotonic value function factorisation for deep multi-agent reinforcement learning." In *Proceedings of the International Conference on Machine Learning,* 4295–4304. PMLR.

Robinson, David, and David Goforth. 2005. *The topology of the 2×2 games: A new periodic table.* Vol. 3. Psychology Press.

Robinson, Julia. 1951. "An iterative method of solving a game." *Annals of Mathematics:* 296–301.

Rodrigues Gomes, Eduardo, and Ryszard Kowalczyk. 2009. "Dynamic analysis of multiagent Q-learning with ε-greedy exploration." In *Proceedings of the International Conference on Machine Learning,* 369–376.

Roesch, Martin, Christian Linder, Roland Zimmermann, Andreas Rudolf, Andrea Hohmann, and Gunther Reinhart. 2020. "Smart grid for industry using multi-agent reinforcement learning." *Applied Sciences* 10 (19): 6900.

Rother, David, Thomas Weisswange, and Jan Peters. 2023. "Disentangling interaction using maximum entropy reinforcement learning in multi-agent systems." In *European Conference on Artificial Intelligence.*

Roughgarden, Tim. 2016. *Twenty Lectures on Algorithmic Game Theory.* Cambridge University Press.

Ruder, Sebastian. 2016. "An overview of gradient descent optimization algorithms." *arXiv preprint:1609.04747.*

Rumelhart, David E., Geoffrey E. Hinton, and Ronald J. Williams. 1986. "Learning representations by back-propagating errors." *Nature* 323 (6088): 533–536.

Samvelyan, Mikayel, Tabish Rashid, Christian A. Schroeder de Witt, Gregory Farquhar, Nantas Nardelli, Tim G. J. Rudner, Chia-Man Hung, Philiph H. S. Torr, Jakob Foerster, and Shimon Whiteson. 2019. "The StarCraft multi-agent challenge." In *Workshop on Deep Reinforcement Learning at the Conference on Neural Information Processing Systems.*

Schaul, Tom, John Quan, Ioannis Antonoglou, and David Silver. 2016. "Prioritized experience replay." In *International Conference on Learning Representations.*

Schrittwieser, Julian, Ioannis Antonoglou, Thomas Hubert, Karen Simonyan, Laurent Sifre, Simon Schmitt, Arthur Guez, Edward Lockhart, Demis Hassabis, Thore Graepel, Timothy P. Lillicrap, and David Silver. 2020. "Mastering Atari, Go, chess and shogi by planning with a learned model." *Nature* 588 (7839): 604–609.

Schroeder de Witt, Christian, Tarun Gupta, Denys Makoviichuk, Viktor Makoviychuk, Philip HS Torr, Mingfei Sun, and Shimon Whiteson. 2020. "Is independent learning all you need in the StarCraft multi-agent challenge?" *arXiv preprint:2011.09533.*

Schulman, John, Sergey Levine, Pieter Abbeel, Michael Jordan, and Philipp Moritz. 2015. "Trust region policy optimization." In *Proceedings of the International Conference on Machine Learning,* 1889–1897. PMLR.

Schulman, John, Filip Wolski, Prafulla Dhariwal, Alec Radford, and Oleg Klimov. 2017. "Proximal policy optimization algorithms." *arXiv preprint:1707.06347.*

Selten, Reinhard. 1988. "Reexamination of the perfectness concept for equilibrium points in extensive games." In *Models of Strategic Rationality,* 1–31. Springer.

Sen, Amartya. 2018. *Collective Choice and Social Welfare.* Harvard University Press.

Shalev-Shwartz, Shai, Shaked Shammah, and Amnon Shashua. 2016. "Safe, multi-agent, reinforcement learning for autonomous driving." *arXiv preprint:1610.03295.*

Shapley, Lloyd S. 1953. "Stochastic games." *Proceedings of the National Academy of Sciences of the United States of America* 39 (10): 1095.

Shavandi, Ali, and Majid Khedmati. 2022. "A multi-agent deep reinforcement learning framework for algorithmic trading in financial markets." *Expert Systems with Applications* 208:118124.

Shoham, Yoav, and Kevin Leyton-Brown. 2008. *Multiagent systems: Algorithmic, game-theoretic, and logical foundations.* Cambridge University Press.

Shoham, Yoav, Rob Powers, and Trond Grenager. 2007. "If multi-agent learning is the answer, what is the question?" *Artificial Intelligence* 171 (7): 365–377.

Silver, David, Aja Huang, Chris J. Maddison, Arthur Guez, Laurent Sifre, George van den Driessche, Julian Schrittwieser, Ioannis Antonoglou, Veda Panneershelvam, Marc Lanctot, Sander Dieleman, Dominik Grewe, John Nham, Nal Kalchbrenner, Ilya Sutskever, Timothy P. Lillicrap, Madeleine Leach, Koray Kavukcuoglu, Thore Graepel, and Demis Hassabis. 2016. "Mastering the game of Go with deep neural networks and tree search." *Nature* 529 (7587): 484–489.

Silver, David, Thomas Hubert, Julian Schrittwieser, Ioannis Antonoglou, Matthew Lai, Arthur Guez, Marc Lanctot, Laurent Sifre, Dharshan Kumaran, Thore Graepel, Timothy P. Lillicrap, Karen Simonyan, and Demis Hassabis. 2018. "A general reinforcement learning algorithm that masters chess, shogi, and Go through self-play." *Science* 362 (6419): 1140–1144.

Silver, David, Julian Schrittwieser, Karen Simonyan, Ioannis Antonoglou, Aja Huang, Arthur Guez, Thomas Hubert, Lucas Baker, Matthew Lai, Adrian Bolton, Yutian Chen, Timothy P. Lillicrap, Fan Hui, Laurent Sifre, George van den Driessche, Thore Graepel, and Demis Hassabis. 2017. "Mastering the game of Go without human knowledge." *Nature* 550 (7676): 354–359.

Singh, Satinder, Michael Kearns, and Yishay Mansour. 2000. "Nash convergence of gradient dynamics in general-sum games." In *Proceedings of the 16th Conference on Uncertainty in Artificial Intelligence,* 541–548.

Sion, Maurice, and Philip Wolfe. 1957. "On a game without a value." *Contributions to the Theory of Games* 3:299–306.

Smith, Max Olan, Thomas Anthony, and Michael P. Wellman. 2021. "Iterative empirical game solving via single policy best response." In *International Conference on Learning Representations.*

Solan, Eilon, and Nicolas Vieille. 2002. "Correlated equilibrium in stochastic games." *Games and Economic Behavior* 38 (2): 362–399.

Son, Kyunghwan, Daewoo Kim, Wan Ju Kang, David Earl Hostallero, and Yung Yi. 2019. "QTRAN: Learning to factorize with transformation for cooperative multi-agent reinforcement learning." In *Proceedings of the International Conference on Machine Learning,* 5887–5896.

Song, Yan, He Jiang, Haifeng Zhang, Zheng Tian, Weinan Zhang, and Jun Wang. 2023. "Boosting studies of multi-agent reinforcement learning on Google research football environment: The past, present, and future." *arXiv preprint:2309.12951.*

Stone, Peter, Gal A. Kaminka, Sarit Kraus, and Jeffrey S. Rosenschein. 2010. "Ad hoc autonomous agent teams: Collaboration without pre-coordination." In *Twenty-Fourth AAAI Conference on Artificial Intelligence.*

Sukhbaatar, Sainbayar, Arthur Szlam, and Rob Fergus. 2016. "Learning multiagent communication with backpropagation." In *Advances in Neural Information Processing Systems,* 29:2244–2252.

Sunehag, Peter, Guy Lever, Audrunas Gruslys, Wojciech Marian Czarnecki, Vinícius Flores Zambaldi, Max Jaderberg, Marc Lanctot, Nicolas Sonnerat, Joel Z. Leibo, Karl Tuyls, and Thore Graepel. 2018. "Value-decomposition networks for cooperative multi-agent learning." In *Proceedings of the International Conference on Autonomous Agents and Multiagent Systems,* 2085–2087.

Sutton, Richard S., and Andrew G. Barto. 2018. *Reinforcement learning: An introduction (2nd edition).* MIT Press.

Tan, Ming. 1993. "Multi-agent reinforcement learning: Independent vs. cooperative agents." In *Proceedings of the International Conference on Machine Learning,* 330–337.

Terry, Jordan K., Benjamin Black, Nathaniel Grammel, Mario Jayakumar, Ananth Hari, Ryan Sullivan, Luis S. Santos, Clemens Dieffendahl, Caroline Horsch, Rodrigo Perez-Vicente, Niall Williams, Yashas Lokesh, and Praveen Ravi. 2021. "PettingZoo: Gym for multi-agent reinforcement learning." In *Advances in Neural Information Processing Systems,* 34:15032–15043.

Tesauro, Gerald. 1994. "TD-Gammon, a self-teaching backgammon program, achieves master-level play." *Neural Computation* 6 (2): 215–219.

Thrun, Sebastian, and Anton Schwartz. 1993. "Issues in using function approximation for reinforcement learning." In *Connectionist Models Summer School,* 255–263. Psychology Press.

Tumer, Kagan, and Adrian K. Agogino. 2007. "Distributed agent-based air traffic flow management." In *International joint conference on Autonomous agents and multiagent systems,* 1–8.

Tuyls, Karl, Julien Pérolat, Marc Lanctot, Edward Hughes, Richard Everett, Joel Z. Leibo, Csaba Szepesvári, and Thore Graepel. 2020. "Bounds and dynamics for empirical game theoretic analysis." *Autonomous Agents and Multi-Agent Systems* 34:1–30.

van der Pol, Elise. 2016. "Deep reinforcement learning for coordination in traffic light control." PhD diss.

van Hasselt, Hado. 2010. "Double Q-learning." In *Advances in Neural Information Processing Systems,* vol. 23.

van Hasselt, Hado, Yotam Doron, Florian Strub, Matteo Hessel, Nicolas Sonnerat, and Joseph Modayil. 2018. "Deep reinforcement learning and the deadly triad." *arXiv preprint:1812.02648.*

van Hasselt, Hado, Arthur Guez, and David Silver. 2016. "Deep reinforcement learning with double Q-learning." In *AAAI Conference on Artificial Intelligence,* vol. 30.

Vasilev, Bozhidar, Tarun Gupta, Bei Peng, and Shimon Whiteson. 2021. "Semi-on-policy training for sample efficient multi-agent policy gradients." In *Adaptive and Learning Agents Workshop at the International Conference on Autonomous Agents and Multiagent Systems.*

Vaswani, Ashish, Noam Shazeer, Niki Parmar, Jakob Uszkoreit, Llion Jones, Aidan N. Gomez, Lukasz Kaiser, and Illia Polosukhin. 2017. "Attention is all you need." In *Advances in Neural Information Processing Systems,* vol. 30.

Vinyals, Oriol, Igor Babuschkin, Wojciech M. Czarnecki, Michaël Mathieu, Andrew Dudzik, Junyoung Chung, David H. Choi, Richard Powell, Timo Ewalds, Petko Georgiev, Junhyuk Oh, Dan Horgan, Manuel Kroiss, Ivo Danihelka, Aja Huang, Laurent Sifre, Trevor Cai, John P. Agapiou, Max Jaderberg, Alexander Sasha Vezhnevets, Ré mi Leblond, Tobias Pohlen, Valentin Dalibard, David Budden, Yury Sulsky, James Molloy, Tom Le Paine, Çaglar Gülç ehre, Ziyu Wang, Tobias Pfaff, Yuhuai Wu, Roman Ring, Dani Yogatama, Dario Wünsch, Katrina McKinney, Oliver Smith, Tom Schaul, Timothy P. Lillicrap, Koray Kavukcuoglu, Demis Hassabis, Chris Apps, and David Silver. 2019.

"Grandmaster level in StarCraft II using multi-agent reinforcement learning." *Nature* 575 (7782): 350–354.

Vohra, Rakesh V., and Michael P. Wellman. 2007. "Foundations of multi-agent learning: Introduction to the special issue." *Artificial Intelligence* 171 (7): 363–364.

von Neumann, John. 1928. "Zur Theorie der Gesellschaftsspiele." *Mathematische Annalen* 100 (1): 295–320.

von Neumann, John, and Oskar Morgenstern. 1944. *Theory of Games and Economic Behavior.* Princeton University Press.

von Stengel, Bernhard, and Françoise Forges. 2008. "Extensive-form correlated equilibrium: Definition and computational complexity." *Mathematics of Operations Research* 33 (4): 1002–1022.

Vu, Thuc, Rob Powers, and Yoav Shoham. 2006. "Learning against multiple opponents." In *Proceedings of the International Conference on Autonomous Agents and Multiagent Systems,* 752–759.

Walliser, Bernard. 1988. "A simplified taxonomy of 2×2 games." *Theory and Decision* 25:163–191.

Wang, Jianhao, Zhizhou Ren, Terry Liu, Yang Yu, and Chongjie Zhang. 2021. "QPLEX: Duplex dueling multi-agent Q-learning." In *Conference on Learning Representations.*

Wang, Rose E., Sarah A. Wu, James A. Evans, Joshua B. Tenenbaum, David C. Parkes, and Max Kleiman-Weiner. 2020. "Too many cooks: Coordinating multi-agent collaboration through inverse planning." In *Proceedings of the International Conference on Autonomous Agents and Multiagent Systems.*

Wang, Rundong, Xu He, Runsheng Yu, Wei Qiu, Bo An, and Zinovi Rabinovich. 2020. "Learning efficient multi-agent communication: An information bottleneck approach." In *Proceedings of the International Conference on Machine Learning,* 9908–9918. PMLR.

Wang, Ziyu, Tom Schaul, Matteo Hessel, Hado van Hasselt, Marc Lanctot, and Nando de Freitas. 2016. "Dueling network architectures for deep reinforcement learning." In *Proceedings of the International Conference on Machine Learning,* 1995–2003. PMLR.

Watkins, Christopher J.C.H., and Peter Dayan. 1992. "Q-learning." *Machine Learning* 8 (3): 279–292.

Wei, Chen-Yu, Chung-Wei Lee, Mengxiao Zhang, and Haipeng Luo. 2021. "Last-iterate convergence of decentralized optimistic gradient descent/ascent in infinite-horizon competitive Markov games." In *Conference on Learning Theory,* 4259–4299. PMLR.

Wellman, Michael P. 2006. "Methods for empirical game-theoretic analysis." In *Proceedings of the AAAI Conference on Artificial Intelligence,* 980:1552–1556.

Wellman, Michael P., Amy Greenwald, and Peter Stone. 2007. *Autonomous bidding agents: Strategies and lessons from the trading agent competition.* MIT Press.

Wen, Ying, Yaodong Yang, Rui Luo, Jun Wang, and Wei Pan. 2019. "Probabilistic recursive reasoning for multi-agent reinforcement learning." In *Conference on Learning Representations.*

Williams, Ronald J. 1992. "Simple statistical gradient-following algorithms for connectionist reinforcement learning." *Machine Learning* 8 (3): 229–256.

Wolpert, David H, and Kagan Tumer. 2002. "Optimal payoff functions for members of collectives." In *Modeling Complexity in Economic and Social Systems,* 355–369. World Scientific.

Wooldridge, Michael. 2009. *An Introduction to MultiAgent Systems (2nd edition).* John Wiley & Sons.

Wunder, Michael, Michael L. Littman, and Monica Babes. 2010. "Classes of multiagent Q-learning dynamics with ϵ-greedy exploration." In *Proceedings of the International Conference on Machine Learning.*

Yang, Yaodong, Guangyong Chen, Weixun Wang, Xiaotian Hao, Jianye Hao, and Pheng-Ann Heng. 2022. "Transformer-based working memory for multiagent reinforcement learning with action parsing." In *Advances in Neural Information Processing Systems.*

Young, H. Peyton. 2004. *Strategic Learning and Its Limits.* Oxford University Press.

Zeiler, Matthew D. 2012. "ADADELTA: An adaptive learning rate method." *arXiv preprint:1212.5701.*

Zhang, Kaiqing, Zhuoran Yang, and Tamer Basar. 2019. "Policy optimization provably converges to Nash equilibria in zero-sum linear quadratic games." In *Advances in Neural Information Processing Systems,* vol. 32.

Zhou, Meng, Ziyu Liu, Pengwei Sui, Yixuan Li, and Yuk Ying Chung. 2020. "Learning implicit credit assignment for cooperative multi-agent reinforcement learning." In *Advances in Neural Information Processing Systems,* 33:11853–11864.

Zhou, Ming, Jun Luo, Julian Villella, Yaodong Yang, David Rusu, Jiayu Miao, Weinan Zhang, Montgomery Alban, Iman Fadakar, Zheng Chen, Aurora Chongxi Huang, Ying Wen, Kimia Hassanzadeh, Daniel Graves, Dong Chen, Zhengbang Zhu, Nhat Nguyen, Mohamed Elsayed, Kun Shao, Sanjeevan Ahilan, Baokuan Zhang, Jiannan Wu, Zhengang Fu, Kasra Rezaee, Peyman Yadmellat, Mohsen Rohani, Nicolas Perez Nieves, Yihan Ni, Seyedershad Banijamali, Alexander Cowen Rivers, Zheng Tian, Daniel Palenicek, Haitham Bou Ammar, Hongbo Zhang, Wulong Liu, Jianye Hao, and Jun Wang. 2020. "SMARTS: Scalable multi-agent reinforcement learning training school for autonomous driving." In *Proceedings of the 4th Conference on Robot Learning.*

Zhou, Wei, Dong Chen, Jun Yan, Zhaojian Li, Huilin Yin, and Wanchen Ge. 2022. "Multi-agent reinforcement learning for cooperative lane changing of connected and autonomous vehicles in mixed traffic." *Autonomous Intelligent Systems* 2 (1): 5.

Zinkevich, Martin. 2003. "Online convex programming and generalized infinitesimal gradient ascent." In *Proceedings of the International Conference on Machine Learning,* 928–936.

Zinkevich, Martin, Amy Greenwald, and Michael L. Littman. 2005. "Cyclic equilibria in Markov games." In *Advances in Neural Information Processing Systems,* vol. 18.

Zinkevich, Martin, Michael Johanson, Michael Bowling, and Carmelo Piccione. 2007. "Regret minimization in games with incomplete information." In *Advances in Neural Information Processing Systems,* 20:1729–1736.

Zintgraf, Luisa, Sam Devlin, Kamil Ciosek, Shimon Whiteson, and Katja Hofmann. 2021. "Deep interactive Bayesian reinforcement learning via meta-learning." In *Proceedings of the International Conference on Autonomous Agents and Multiagent Systems.*

推荐阅读

AGENT
智能体
设计指南
成为提示词高手
和AI Agent设计师
智能体设计指南

AI时代，不会用AI等于主动降薪
KIMI
高效办公
AI 10倍提升工作效率的
方法和技巧
KIMI高效办公

AI时代，不会用AI等于主动降薪
豆包
高效办公
AI 10倍提升工作效率的
方法与技巧
豆包高效办公

DeepSeek
使用指南
全职业场景应用实践

高效使用
DeepSeek
实现智能、高效、创新的效率指南
零基础快速上手，DeepSeek保姆级教程

A COMPREHENSIVE GUIDE TO
LARGE LANGUAGE
MODELS
一本书读懂
大模型
技术创新、商业应用
与产业变革

一本书读懂
AI Agent
技术、应用与商业

PROMPT MAGIC
Prompt魔法
提示词工程
与ChatGPT行业应用

AIGC
智能营销
4A模型驱动的
AI营销方法与实践
AI
Marketing

推荐阅读

Python机器学习：基于PyTorch和Scikit-Learn

作者:（美）塞巴斯蒂安·拉施卡（Sebastian Raschka）（美）刘玉溪（海登）（Yuxi（Hayden）Liu）
（美）瓦希德·米尔贾利利（Vahid Mirjalili）译者：李波 张帅 赵炀
ISBN：978-7-111-72681-4 定价：159.00元

Python深度学习“四大名著”之一全新PyTorch版；PyTorch深度学习入门首选。

基础知识+经典算法+代码实现+动手实践+避坑技巧，完美平衡概念、理论与实践，带你快速上手实操。

本书是一本在PyTorch环境下学习机器学习和深度学习的综合指南，既可以作为初学者的入门教程，也可以作为读者开发机器学习项目时的参考书。

本书添加了基于PyTorch的深度学习内容，介绍了新版Scikit-Learn。本书涵盖了多种用于文本和图像分类的机器学习与深度学习方法，介绍了用于生成新数据的生成对抗网络（GAN）和用于训练智能体的强化学习。最后，本书还介绍了深度学习的新动态，包括图神经网络和用于自然语言处理（NLP）的大型Transformer。

本书几乎为每一个算法都提供了示例，并通过可下载的Jupyter notebook给出了代码和数据。值得一提的是，本书还提供了下载、安装和使用PyTorch、Google Colab等GPU计算软件包的说明。